新编

中文版 CorelDRAW X8 入门与提高

时代印象 编著

人 民 邮 电 出 版 社
北 京

图书在版编目（CIP）数据

新编中文版CorelDRAW X8入门与提高 / 时代印象编著. -- 北京 : 人民邮电出版社, 2020.5（2023.7重印）
ISBN 978-7-115-50521-7

Ⅰ. ①新… Ⅱ. ①时… Ⅲ. ①图形软件 Ⅳ. ①TP391.413

中国版本图书馆CIP数据核字(2019)第033460号

内 容 提 要

本书共 11 课，由浅入深地讲解了 CorelDRAW X8 的核心功能和应用技法，内容详尽，案例丰富，图文并茂。书中每个重要知识点均配有操作练习。第 1～10 课结尾有“综合练习”和“课后习题”。“综合练习”可帮助读者系统地梳理和巩固本章所学知识；“课后习题”有助于读者拓展思维，进一步提升设计能力。

本书附带学习资源，内容包含操作练习、综合练习和课后习题的素材文件、实例文件，以及 PPT 课件和在线教学视频。读者可通过在线方式获取这些资源，具体方法请参看本书前言。

本书适合 CorelDRAW X8 初学者阅读使用，同时也可以作为相关教育培训机构的教材。

◆ 编　　著　时代印象
　责任编辑　张丹丹
　责任印制　马振武
◆ 人民邮电出版社出版发行　　北京市丰台区成寿寺路 11 号
　邮编　100164　　电子邮件　315@ptpress.com.cn
　网址　https://www.ptpress.com.cn
　廊坊市印艺阁数字科技有限公司印刷
◆ 开本：700×1000　1/16
　印张：14.25　　2020 年 5 月第 1 版
　字数：422 千字　　2023 年 7 月河北第 8 次印刷

定价：49.80 元

读者服务热线：(010)81055410　印装质量热线：(010)81055316
反盗版热线：(010)81055315
广告经营许可证：京东市监广登字 20170147 号

前言

CorelDRAW是Corel公司旗下知名的图形设计软件，自诞生以来就一直受到设计师的喜爱。其功能非常强大，应用领域也非常广泛，涉及插画设计、字体设计、版式设计、Logo设计、海报设计、包装设计等，这使其在平面设计、商业插画、VI设计和工业设计等领域中占据重要地位，成为全球深受欢迎的矢量绘图软件之一。

为了满足越来越多的人对CorelDRAW技能的学习需求，我们特别编写了本书。作为一本简洁实用的CorelDRAW入门与提高教程，本书立足CorelDRAW常用、实用的软件功能，力求为读者提供一套“门槛低、易上手、能提升”的CorelDRAW学习方案，同时也能够满足教学、培训等方面的使用需求。

下面就本书的一些具体情况做详细介绍。

内容特色

本书的内容特色有以下4个方面。

入门轻松：本书从CorelDRAW的基础知识入手，逐一讲解了设计制作中常用的工具，力求使零基础的读者能轻松入门。

由浅入深：根据读者学习新技能的思维习惯，本书注重设计案例的难易程度安排，尽可能把简单的案例放在前面，使读者学习起来更加轻松。

主次分明：即使专业的设计师也不用将CorelDRAW掌握得面面俱到，掌握设计工作中常用的工具和命令即可。本书针对软件的各种常用工具进行讲解，使读者可以深入掌握这些工具的使用方法。

随学随练：每一个重要知识点的后面均配有相应的操作练习，帮助读者掌握工具的具体使用方法。第1~10课结尾设有综合练习，读者可以对本课内容做一个综合性练习；其后还配有课后习题，让读者在学完本课内容后继续强化所学内容，加深对本课所学内容的理解和掌握。

图书结构

本书总计11课内容，分别介绍如下。

第1课：介绍图像的相关概念、CorelDRAW的界面设置方法、文件操作方法等，这些都是学习CorelDRAW的基础。

第2课：介绍CorelDRAW的对象操作方法，包括选择对象、旋转对象、复制对象、锁定或隐藏对象等。

第3课：介绍CorelDRAW的常用绘图工具，包括线条工具、艺术笔工具、矩形工具等。

第4课：介绍CorelDRAW的绘画和图像修饰功能，包括自由变换工具、形状工具、涂抹工具、粗糙工具等。

第5课：介绍CorelDRAW的填充工具，这是该软件的关键技术之一，熟练掌握这些工具的使用方法，有助于提高工作效率。

第6课：介绍CorelDRAW的度量工具和连接工具。

第7课：介绍CorelDRAW的各种特效功能，包括阴影效果、变形效果、立体化效果、透明效果和透视效果等。

第8课：介绍CorelDRAW的位图操作技巧，重点讲解了位图的转换和编辑，以及位图特效的制作。

第9课：介绍CorelDRAW的文本操作工具，重点讲解了文字排版的一些方法。

第10课：介绍CorelDRAW的表格工具。

第11课：本课为综合练习，内容以商业案例为主，读者可通过对这些案例的操作掌握CorelDRAW的设计思路和方法，做到学以致用。

版面结构

本书的内容由软件讲解、操作练习、综合练习和课后习题4个部分组成。该书用11课来讲解CorelDRAW相关知识，每一课除了该课的软件使用方法讲解外，还有相应的操作练习供读者边学边练。实例基本按照从简单到复杂的顺序安排，读者都能轻松学习。

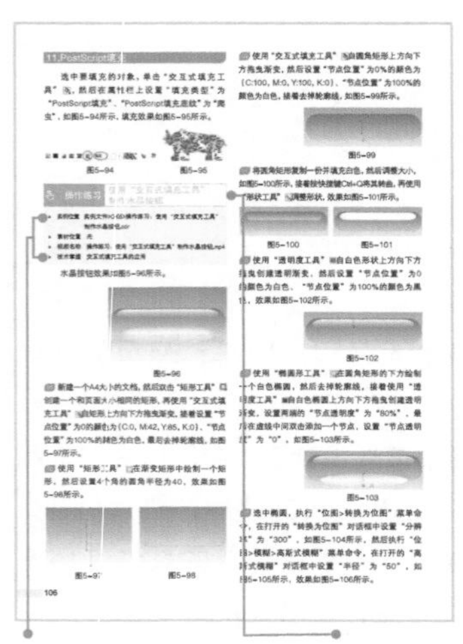

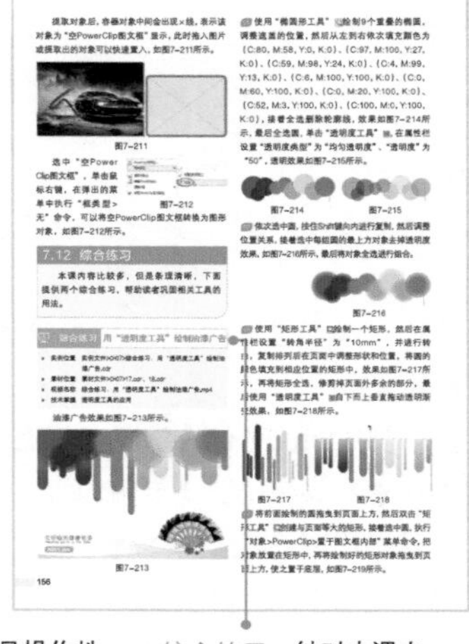

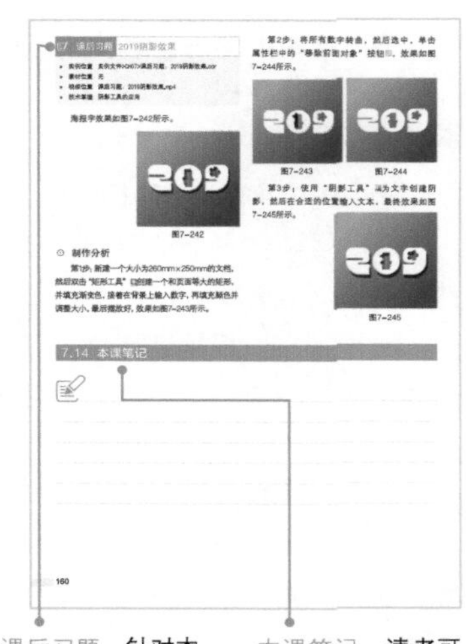

实例、素材及视频：列出了该练习的素材、实例文件在学习资源中的位置，以及视频名称，方便读者查找。

操作练习：主要是操作性较强又比较重要的知识点的实际操作小练习，供读者边学边练，加深理解。

综合练习：针对本课内容做综合性的练习，案例相对于“操作练习”更加完整，操作步骤略微复杂。

课后习题：针对本课部分重要内容进行巩固练习，加强读者独立完成设计的能力。

本课笔记：读者可以将学到的知识、遇到的问题等记录在这里。

其他说明

本书附带一套学习资源，内容包括书中操作练习、综合练习和课后习题的素材文件、实例文件，以及PPT课件和在线教学视频。扫描“资源获取”二维码，关注“数艺设”的微信公众号，即可得到资源文件获取方式。如需资源获取技术支持，请致函szys@ptpress.com.cn。在学习的过程中，如果遇到问题，欢迎您与我们交流，客服邮箱：press@iread360.com。

资源获取

编者

2019年12月

目录

第1课

CorelDRAW X8基础知识

本课将介绍CorelDRAW X8的基础知识，以及CorelDRAW X8的工作环境和基本操作。通过学习本课内容，读者会对CorelDRAW X8有一个初步的认识。

学习要点

- 矢量图与位图的概念
- CorelDRAW X8的工作环境
- CorelDRAW X8的基本操作

1.1 初识CorelDRAW X8

CorelDRAW是一款通用且强大的图形设计软件，为了适应设计领域的不断发展，Corel公司着力于软件的完善与升级，已经将版本更新为CorelDRAW X8。

1.1.1 启动与关闭软件

安装CorelDRAW X8软件后，首先要了解启动与关闭该软件的方法。

1.启动软件

CorelDRAW功能强大，已广泛应用于商标设计、图标制作、模型绘制、插图绘制、排版、网页及分色输出等诸多领域，是当今设计和创意过程中不可或缺的有力助手。

在一般情况下，可以采用以下两种方法来启动CorelDRAW X8。

第1种：执行“开始>所有程序>CorelDRAW Graphics Suite X8 (64-Bit)”命令，如图1-1所示。

图1-1

第2种：在桌面上双击CorelDRAW X8快捷图标，启动CorelDRAW X8后会弹出“欢迎屏幕”对话框，在该对话框中，可以快速新建文档、从模板新建、打开最近用过的文档、打开其他文档和查看导览等，如图1-2所示。

图1-2

2.关闭软件

在一般情况下，可以采用以下两种方法来关闭CorelDRAW X8。

第1种：在标题栏最右侧单击“关闭”按钮 ×。

第2种：执行“文件>退出”菜单命令（快捷键为Alt+F4），如图1-3所示。

图1-3

1.1.2 矢量图与位图

在CorelDRAW中，可以编辑的图像包含矢量图和位图两种，在特定情况下，二者可以相互转换，但是转换后的对象与原图有一定的偏差。

1.矢量图

CorelDRAW软件主要以矢量图形为基础进行创作，矢量图也称为“矢量形状”或“矢量对象”，在数学上被定义为一系列由线连接的点。矢量文件中每个对象都是一个自成一体的实体，具有颜色、形状、轮廓、大小和屏幕位置等属性，可以直接进行轮廓修饰、颜色填充和效果添加等操作。

矢量图与分辨率无关，因此在进行任意移动或修改时都不会丢失细节或影响其清晰度。当调整矢量图形的大小、将矢量图形打印到任何尺寸的介质上、在PDF文件中保存矢量图形或将矢量图形导入基于矢量的图形应用程序中时，矢量图形都将保持清晰的边缘。打开一个矢量图形文件，如图1-4所示，继续放大，不会出现锯齿，如图1-5所示。

图1-4

图1-5

2.位图

位图也称为“栅格图像”。位图由众多像素组成，每个像素都会被分配一个特定位置和颜色值，在编辑位图图像时，只针对图像像素而无法直接编辑形状或填充颜色。将位图放大后图像会“发虚”，并且可以清晰地观察到图像中有很多像素小方块，这些小方块就是构成图像的像素。打开一张位图图像，如图1-6所示，放大到400%，就会看到非常明显的马赛克，如图1-7所示。

图1-6

图1-7

操作练习 矢量图转换位图

» 实例位置 实例文件>CH01>操作练习：矢量图转换位图.cdr
» 素材位置 素材文件>CH01>01.cdr
» 视频名称 操作练习：矢量图转换位图.mp4
» 技术掌握 将矢量图转换为位图的方法

位图效果如图1-8所示。

图1-8

01 打开软件，在欢迎屏幕中单击“新建文件”，弹出“创建新文档”对话框，单击“确定”按钮。执行“文件>打开”菜单命令，打开学习资源中的“素材文件>CH01>01.cdr”文件，选中图片，单击“打开”按钮，如图1-9所示。

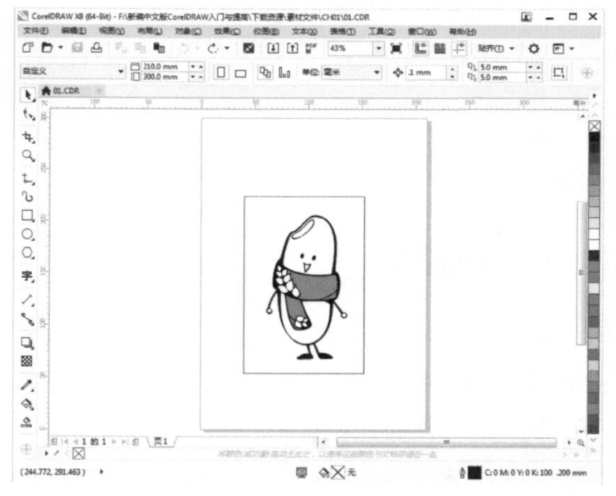

图1-9

02 选中对象，执行“位图>转换为位图”菜单命令，在“转换为位图”对话框中设置“分辨率”为100，然后单击“确定”按钮，如图1-10所示。

03 转换为位图后滑动鼠标中键放大图片，可以观察到放大后的位图的像素点，如图1-11所示。

图1-10

图1-11

1.2 工作环境

在默认情况下，CorelDRAW X8的界面组成元素包含标题栏、菜单栏、常用工具栏、属性栏、文档标题栏、工具箱、页面、工作区、标尺、导航器、状态栏、调色板、泊坞窗、视图导航器、滚动条和用户登录，如图1-12所示。

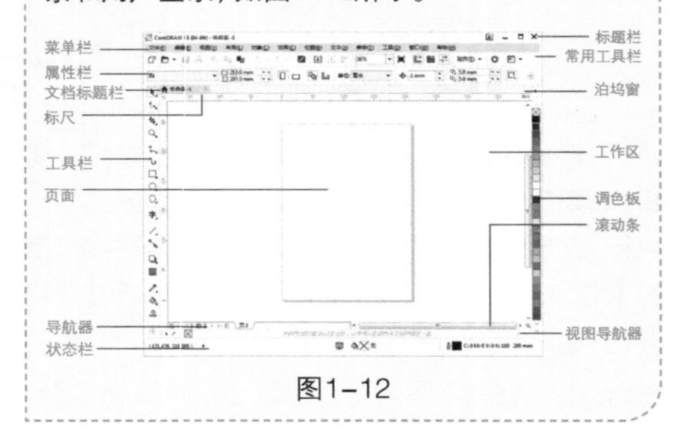

图1-12

提示

CorelDRAW X8在最初启动时泊坞窗是不显示的，可以执行“窗口>泊坞窗”菜单命令调出相应的泊坞窗。

1.2.1 标题栏

标题栏位于界面的最上方，标注软件名称CorelDRAW X8（64-Bit）和当前编辑文档的名称，如图1-13所示，标题显示黑色为激活状态。

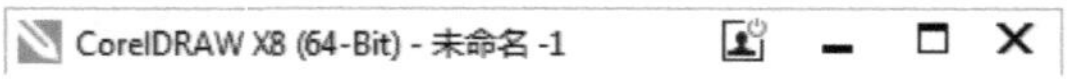

CorelDRAW X8 (64-Bit) - 未命名 -1

图1-13

1.2.2 菜单栏

菜单栏包含CorelDRAW X8中常用的各种菜单命令，包括“文件”“编辑”“视图”“布局”“对象”“效果”“位图”“文本”“表格”“工具”“窗口”和“帮助”12组菜单，如图1-14所示。

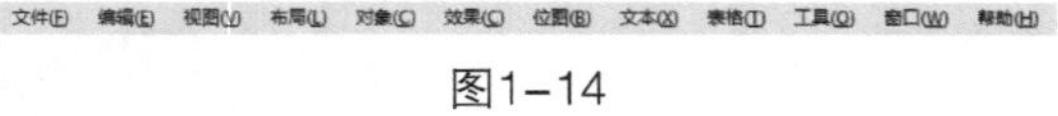

文件(F) 编辑(E) 视图(V) 布局(L) 对象(C) 效果(C) 位图(B) 文本(X) 表格(T) 工具(O) 窗口(W) 帮助(H)

图1-14

⊙ 参数介绍

“文件”菜单：可以对文档进行基本操作，选择相应菜单命令可以进行页面的新建、打开、关闭、保存等操作，也可以进行导入、导出或执行打印设置、退出等操作。

“编辑”菜单：用于进行对象编辑操作，选择相应的菜单命令可以进行步骤的撤销与重做，对象的剪切、复制、粘贴、选择性粘贴、删除，还可以再制、克隆、复制属性、步长和重复、全选、查找并替换。

“视图”菜单：用于进行文档的视图操作。选择相应的菜单命令可以切换文档视图模式、调整视图预览模式和显示界面。

“布局”菜单：用于文本编排时的操作。在该菜单下可以执行页面和页码的基本操作。

“对象”菜单：用于对象编辑的辅助操作。在该菜单下可以对对象进行插入条码、插入QR码、验证条形码、插入新对象、链接、符号、PowerClip、形状变换、排放、组合、隐藏、锁定、造形、将轮廓转为对象、连接曲线、叠印填充、叠印轮廓、叠印位图、对象提示的操作，以及批量处理对象属性、对象管理器等。

“效果”菜单：用于编辑图像的效果。在该菜单下可以校正调节位图的颜色、加载矢量图的材质效果。

“位图”菜单：可以编辑和调整位图、为位图添加特殊效果。

“文本”菜单：用于编辑与设置文本，在该菜单下可以设置文本的段落、设置路径和查询。

“表格”菜单：用于创建与设置文本中的表格。在该菜单栏下可以创建和编辑表格、文本与表格的转换。

“工具”菜单：用于打开样式管理器批量处理对象。

“窗口”菜单：用于调整窗口文档视图和切换编辑窗口。在该菜单下可以添加、排放和关闭文档窗口。

提示

打开的多个文档窗口在菜单最下方显示，正在编辑的文档窗口名称以蓝底显示，未选中的文档窗口为灰色，单击选择相应的文档可以进行快速切换编辑。

“帮助”菜单：用于新手入门学习和查看CorelDRAW X8软件的信息。

1.2.3 常用工具栏

常用工具栏包含CorelDRAW X8软件常用的基本工具图标，方便用户直接单击使用，如图1–15所示。

图1–15

1.2.4 属性栏

单击工具箱中的工具时，属性栏上就会显示该工具的属性设置。属性栏在默认情况下为页面属性设置，如图1–16所示。如果单击矩形工具，则切换为矩形属性设置，如图1–17所示。

图1–16

图1–17

1.2.5 工具箱

工具箱包含文档编辑的常用基本工具，以工具的用途分类，如图1–18所示。在右下角有下拉箭头的工具上长按鼠标左键可以打开隐藏的工具组，单击可以更换需要的工具，如图1–19所示。

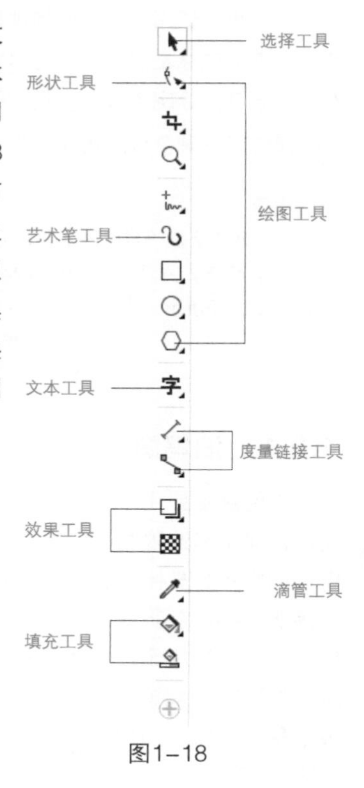

图1–18

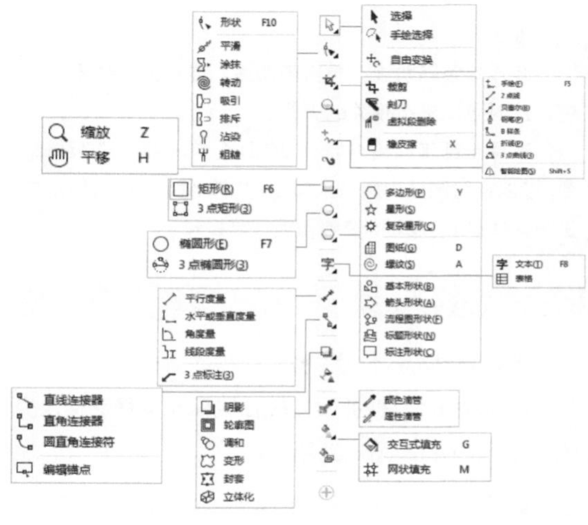

图1–19

1.2.6 标尺

标尺起到辅助精确制图和缩放对象的作用，默认情况下，原点坐标位于页面左上角，如图1–20所示，在标尺交叉处拖曳可以移动原点位置，双击标尺交叉点可以回到默认原点。

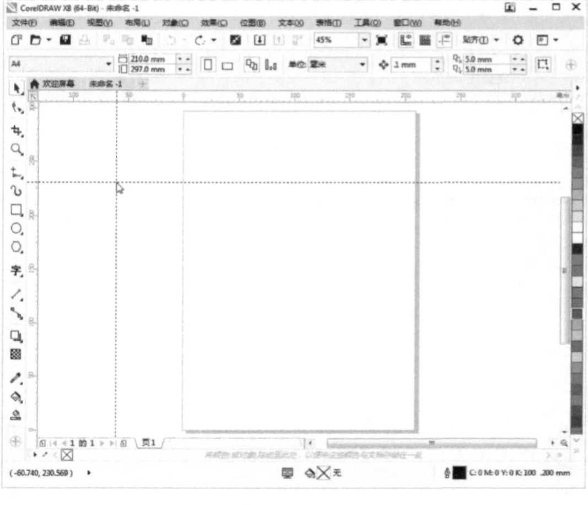

图1–20

1.辅助线的操作

辅助线是帮助用户准确定位的虚线。辅助线可以位于绘图窗口的任何地方，不会在文件输出时显示，使用鼠标左键拖曳可以添加或移动平行辅助线、垂直辅助线和倾斜辅助线。

提示

选择单条辅助线：单击辅助线，显示为红色表示选中，此时可以进行相关的编辑。

选择全部辅助线：执行“编辑>全选>辅助线”菜单命令，可以将绘图区内所有未锁定的辅助线选中，方便用户进行整体删除、移动、变色和锁定等操作。

2.标尺的设置与移位

整体移动标尺位置：将光标移动到标尺交叉处原点上，按住Shift键的同时，按住鼠标左键移动标尺交叉点，如图1-21和图1-22所示。

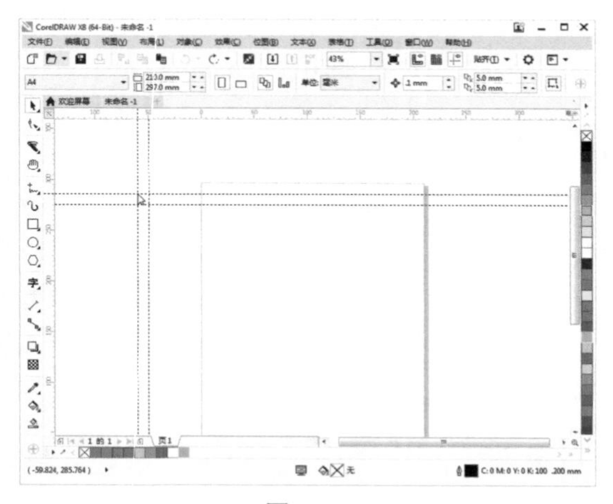

图1-21

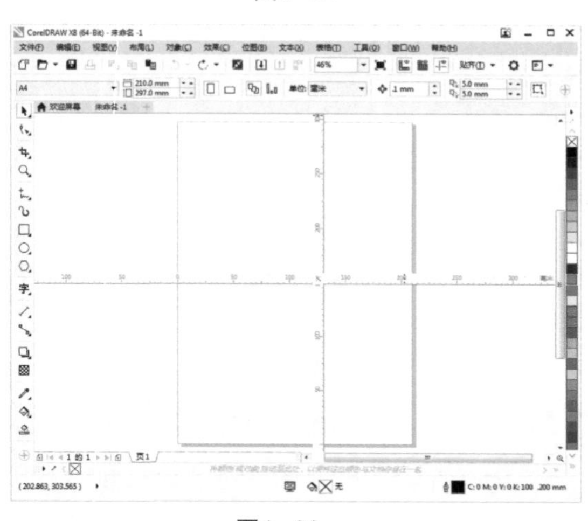

图1-22

分别移动水平或垂直标尺：将光标移动到水平或垂直标尺上，按住Shift键的同时，按住鼠标左键移动位置。

1.2.7 页面

页面指工作区中的矩形区域，表示会被输出显示的内容，页面外的内容不会进行输出，并且编辑时可以自定页面大小和页面方向，也可以建立多个页面进行操作。

1.2.8 导航器

导航器可以定位引导视图和页面，以及执行跳页和视图移动定位等操作，如图1-23所示。

图1-23

1.2.9 状态栏

状态栏可以显示当前鼠标所在位置和文档信息，如图1-24所示。

图1-24

1.2.10 调色板

调色板可使用户快速便捷地进行颜色填充，在色样上单击鼠标左键可以填充对象颜色，单击鼠标右键可以填充轮廓线颜色。用户可以根据相应的菜单栏操作重置调色板颜色和载入调色板。

提示

文档调色板位于导航器下方，显示文档编辑过程中使用过的颜色，方便用户预览文档用色和重复填充对象，如图1-25所示。

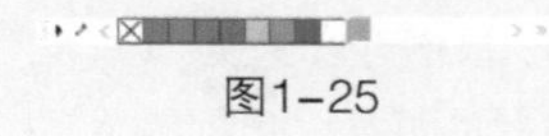

图1-25

1.2.11 泊坞窗

泊坞窗主要用于放置管理器和选项面板，可以单击图标激活展开相应选项面板，如图1-26所示。执行“窗口>泊坞窗”菜单命令可以添加相应的泊坞窗。

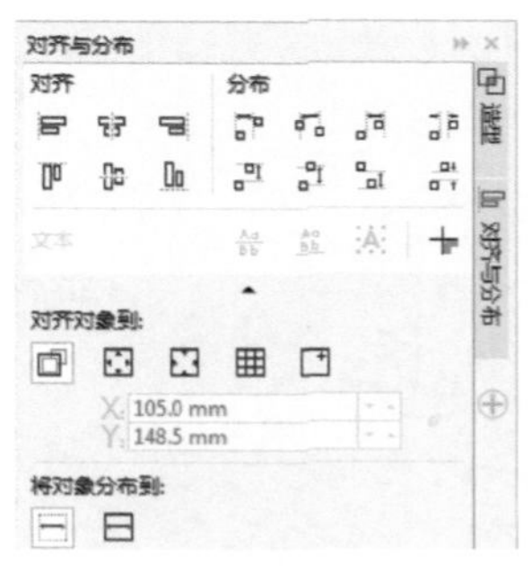

图1-26

操作练习 添加泊坞窗

» 实例位置 无
» 素材位置 无
» 视频名称 操作练习：添加泊坞窗.mp4
» 技术掌握 添加泊坞窗

01 打开软件，在欢迎屏幕中单击“新建文件”，弹出“创建新文档”对话框，然后单击“确定”按钮，接着执行“窗口>泊坞窗>彩色”菜单命令，如图1-27所示。

图1-27

02 在页面右侧可以观察到“颜色泊坞窗”，在泊坞窗里面可以进行参数设置，如图1-28所示。

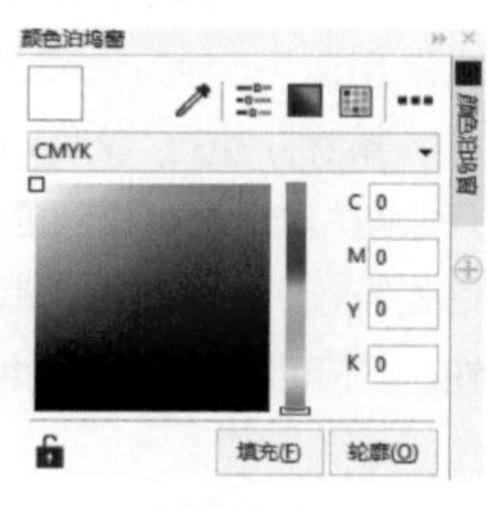

图1-28

1.3 基本操作

CorelDRAW X8的工作界面布局很人性化，便于用户操作。启动CorelDRAW X8后便可看到其工作界面。

1.3.1 创建新文档

启动CorelDRAW X8后，编辑界面是浅灰色的，如图1-29所示。如果要进行更深入的操作，就需要新建一个编辑用的文档。

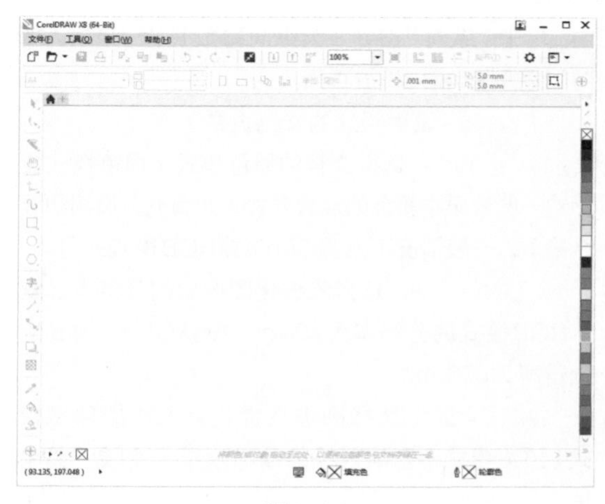

图1-29

新建文档的方法有以下4种。

第1种：在“欢迎屏幕”对话框中单击“新建文档”或“从模板新建”选项。

第2种：执行“文件>新建”菜单命令或直接按快捷键Ctrl+N。

第3种：在常用工具栏上单击“新建”按钮。

第4种：在文档标题栏上单击“新建”按钮。

新建文档后打开“创建新文档”对话框，如图1-30所示，在该对话框中可以详细设置文档的相关参数。

图1-30

⊙ 重要参数介绍

名称：设置文档的名称。

预设目标：设置编辑图形的类型，包含5种，“自定义”“CorelDRAW默认”“Web”“默认RGB”“默认CMYK”。

大小：选择页面的大小，如A4（默认大小）、A3、B2和网页等，也可以选择“自定义”选项来自行设置文档大小。

宽度：设置页面的宽度，可以在后面选择单位。

高度：设置页面的高度，可以在后面选择单位。

纵向/横向：这两个按钮用于切换页面的方

向。单击“纵向”按钮为纵向排放页面，单击“横向”按钮为横向排放页面。

页码数：设置新建的文档页数。

原色模式：选择文档的原色模式（原色模式会影响一些效果中颜色的混合方式，如填充、透明和混合等），一般情况下选择CMYK或RGB模式即可。

渲染分辨率：选择光栅化图形后的分辨率。默认RGB模式的分辨率为72dpi；默认CMYK模式的分辨率为300dpi。

预览模式：选择图像在操作界面中的预览模式（预览模式不影响最终的输出效果），包含“简单线框”“线框”“草稿”“常规”“增强”和“像素”6种，其中“增强”的效果最好。

1.3.2 页面操作

新建文档之后，可以根据需要进行页面设置和页面切换，并且在页面中可以进行导入、缩放和撤销文件等操作。

1.设置页面尺寸

除了在新建文档时可以设置页面外，还可以在编辑过程中重新设置，其设置方法有以下两种。

第1种：执行“布局>页面设置”菜单命令，打开“选项”对话框，如图1-31所示。在该对话框中可以重新设置页面的尺寸以及分辨率。在“页面尺寸”选项组下有一个“只将大小应用到当前页面”选项，如果勾选该选项，那么所修改的尺寸就只针对当前页面，而不会影响到其他页面。

图1-31

第2种：单击页面或其他空白处，可以切换到页面的设置属性栏，如图1-32所示。在属性栏中可以调整页面的尺寸、方向以及应用方式。调整相关数值以后，单击“当前页”按钮可以将设置仅应用于当前页；单击“所有页面”按钮可以将设置应用于所有页面。

图1-32

2.添加页面

如果页面不够，还可以在原有页面上快速添加页面，页面下方的导航器上有页数显示与添加页面的相关按钮，如图1-33所示。单击页面导航器前后的“添加页”按钮，可以在当前页的前后添加一个或多个页面。

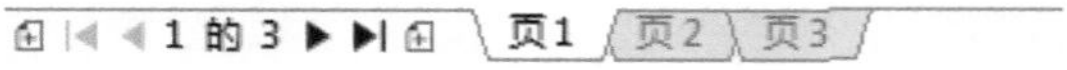

图1-33

1.3.3 打开文件

如果计算机中有CorelDRAW的保存文件，可以采用以下5种方法将其打开并继续编辑。

第1种：执行“文件>打开”菜单命令，在弹出的“打开绘图”对话框中找到要打开的CorelDRAW文件（标准格式为.cdr），单击对话框右上角的“显示预览窗格”按钮，还可以查看文件的缩略图效果，如图1-34所示。

图1-34

第2种：在常用工具栏中单击“打开”按钮也可以打开“打开绘图”对话框。

第3种：在“欢迎屏幕”对话框中单击最近使用过的文档（最近使用过的文档会以列表的形式排列在“打开最近用过的文档”下面）。

第4种：在文件夹中找到要打开的CorelDRAW文件，然后双击鼠标左键将其打开。

第5种：在文件夹中找到要打开的CorelDRAW文件，然后使用鼠标左键将其拖曳到CorelDRAW 的操作界面中的灰色区域将其打开，如图1–35所示。

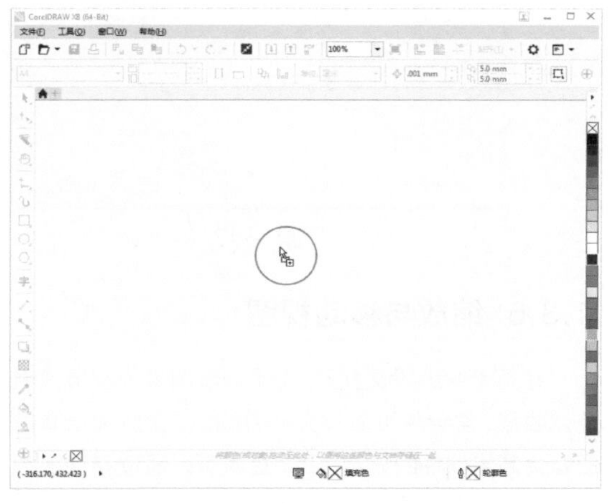

图1–35

1.3.4 导入与导出文件

在实际工作中，经常需要将其他文件导入文档中进行编辑，如JPG、AI和TIF格式的素材文件，可以采用以下3种方法将文件导入文档中。

第1种：执行“文件>导入”菜单命令，在弹出的“导入”对话框中选择需要导入的文件，如图1–36所示，然后单击“导入”按钮，待光标变为直角形状时，单击进行导入，如图1–37示。

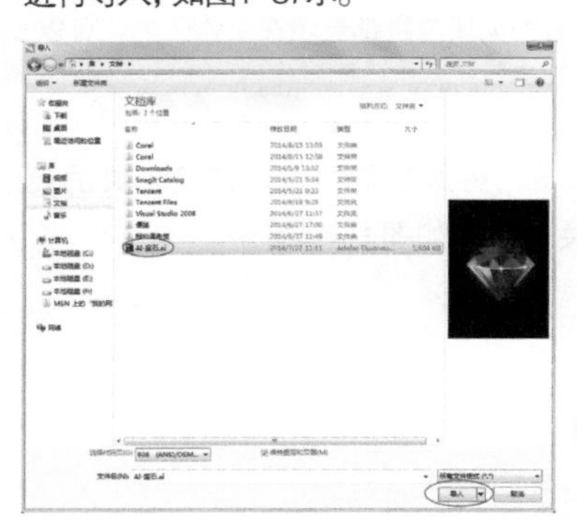

图1–36

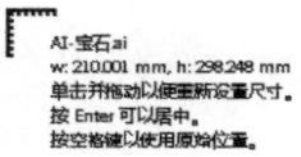

AI-宝石.ai
w: 210.001 mm, h: 298.248 mm
单击并拖动以便重新设置尺寸。
按 Enter 可以居中。
按空格键以使用原始位置。

图1–37

第2种：在常用工具栏上单击“导入”按钮，也可以打开“导入”对话框。

第3种：在文件夹中找到要导入的文件，将其拖曳到编辑的文档中。采用这种方法导入的文件会按原比例大小显示。

> **提示**
> 按快捷键Ctrl+I也可以打开“导入”对话框。

编辑完成的文档可以导出为不同的保存格式，方便用户导入其他软件中进行编辑，导出方法如下。

在常用工具栏上单击“导出”按钮打开“导出”对话框，然后选择保存路径，在“文件名”文本框中输入名称，接着设置文件的“保存类型”（如：AI、BMP、GIF、JPG），最后单击“导出”按钮，如图1–38所示。

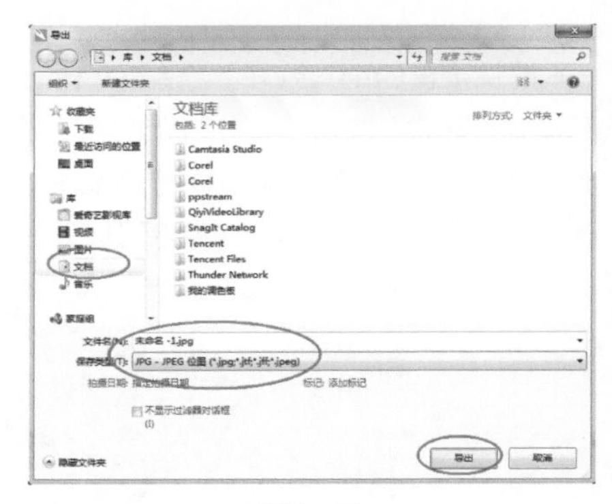

图1–38

当选择的“保存类型”为JPG时，弹出“导出到JPEG”对话框，然后设置“颜色模式”（CMYK、RGB、灰度），再设置“质量”以调整图片输出显示效果（通常情况下选择“高”），其他的默认即可，如图1–39所示。

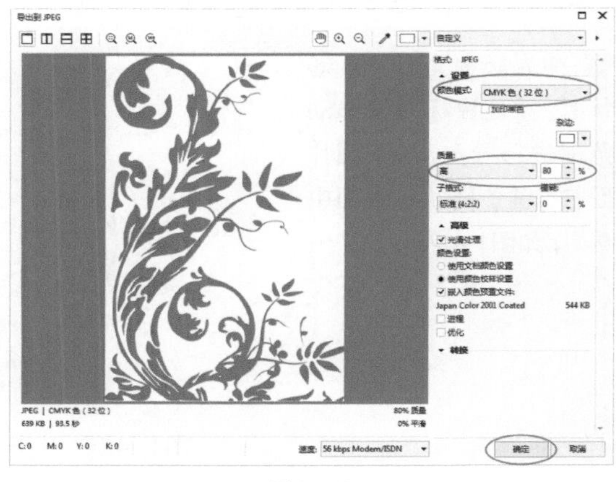

图1–39

操作练习 导入与导出

» 实例位置 实例文件> CH01>操作练习：导入与导出.jpg
» 素材位置 素材文件> CH01>02.jpg
» 视频名称 操作练习：导入与导出.mp4
» 技术掌握 导入与导出对象

导出后的效果如图1-40所示。

图1-40

01 按快捷键Ctrl+N打开“创建新文档”对话框，然后单击“确定”按钮确定完成创建，接着执行“文件>导入”菜单命令，打开“导入”对话框，如图1-41所示，最后选中图片，单击“导入”按钮导入。

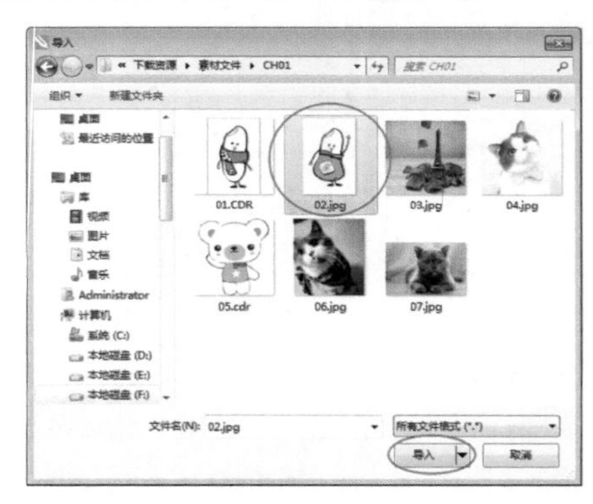

图1-41

02 待光标变为直角形状时，按住鼠标左键拖动范围进行导入，导入图片后按P键使图片在页面中居中，如图1-42示。

图1-42

03 执行“文件>导出”菜单命令，然后选择需要存储文件的位置，接着单击“导出”按钮导出，如图1-43所示。

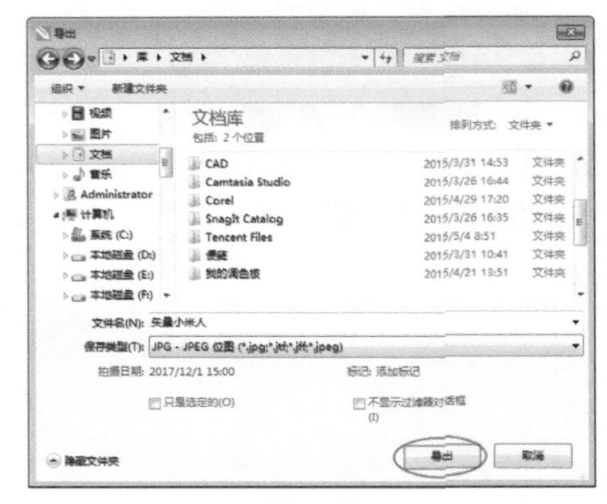

图1-43

1.3.5 缩放与移动视图

在页面中编辑文档时，为了查看图像的细节或者整体效果，常会将页面放大或者缩小。在放大后有时图像会超出软件的显示范围，这时可以通过移动视图的位置来查看图像。

1.缩放视图

缩放视图的方法有以下3种。

第1种：在工具箱中单击“缩放工具”，光标会变成形状，此时在图像上单击鼠标左键，可以增大图像的显示比例；如果要缩小显示比例，可以单击鼠标右键，或按住Shift键，待光标变成形状时，单击缩小显示比例。

提示

如果要让所有的编辑内容都显示在工作区内，可以直接双击“缩放工具”。

第2种：单击“缩放工具”，在该工具的属性栏上进行相关操作，如图1-44所示。

100%

图1-44

⊙ 参数介绍

放大：增大显示比例。

缩小：缩小显示比例。

缩放选定对象：选中某个对象后，单击该按钮可以将选中的对象完全显示在工作区中。

缩放全部对象：单击该按钮可以将所有编辑内容都显示在工作区内。

显示页面：单击该按钮可以显示页面内的编辑内容，超出页面边框太多的内容将无法显示。

按页宽显示：单击该按钮将以页面的宽度值最大化自适应显示在工作区内。

按页高显示：单击该按钮将以页面的高度值最大化自适应显示在工作区内。

第3种：滚动鼠标中键进行放大缩小操作。如果按住Shift键再滚动鼠标中键，则可以微调显示比例。

2.移动视图

在编辑过程中，移动视图位置的方法有以下两种。

第1种：在工具箱中“缩放工具”位置处长按鼠标左键打开下拉工具组，然后单击“平移工具”，再按住鼠标左键平移视图位置，如图1–45所示，在使用“平移工具”时不会移动编辑对象的位置，也不会改变视图的比例。

第2种：使用鼠标左键在导航器上拖曳滚动条平移视图。

图1–45

1.3.6 撤销与重做

在编辑对象的过程中，如果前面某操作步骤出错，则可以使用“撤销”命令和“重做”命令进行撤销重做，撤销与重做的方法有以下两种。

第1种：执行“编辑>撤销”菜单命令，可以撤销前一步的编辑操作，或者按快捷键Ctrl+Z进行快速操作；执行“编辑>重做”菜单命令，可以重做当前撤销的操作步骤，或者按快捷键Ctrl+Shift+Z进行快速操作。

第2种：在常用工具栏中单击“撤销”后面的按钮打开可撤销的步骤选项，单击撤销的步骤名称可以快速撤销该步骤极其之后的所有步骤；单击“重做”后面的按钮打开可重做的步骤选项，单击重做的步骤名称可以快速重做该步骤及其之前的所有步骤。

1.3.7 保存与关闭文档

执行“文件>保存”菜单命令，在打开的对话框中设置保存路径，在“文件名”文本框中输入名称，选择“保存类型”，然后单击“保存”按钮进行保存，如图1–46所示。注意，首次进行保存才会打开“保存绘图”对话框，之后可以直接覆盖保存。

执行“文件>另存为”菜单命令，弹出“保存绘图”对话框，在“文件名”文本框中修改当前名称，然后单击“保存”按钮，保存的文件不会覆盖原文件，如图1–47所示。

图1–46

图1–47

提示

在常用工具栏中单击“保存”按钮可进行快速保存，按快捷键Ctrl+S也可进行快速保存。

单击文档标题栏末尾的☒按钮可快速关闭文档。在关闭文档时，未编辑的文档可以直接关闭；编辑后的文档关闭时会弹出提示用户是否保存的对话框，如图1–48所示，单击“取消”按钮取消关闭，单击“否”按钮关闭时不保存文档，单击“是”按钮关闭文档时弹出“保存绘图”对话框，设置保存文档。

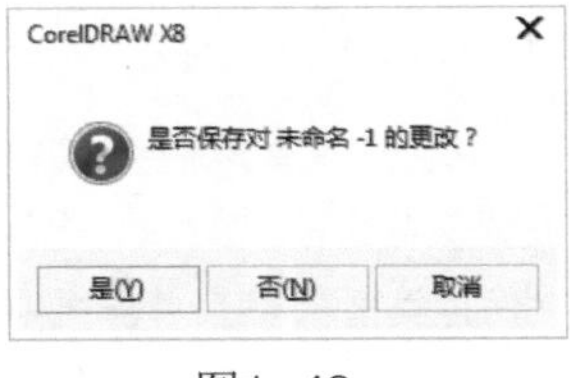

图1–48

提示

执行“文件>全部关闭”菜单命令可以关闭打开的所有文档。

操作练习 打开与关闭文件

- 实例位置　无
- 素材位置　素材文件> CH01>03.jpg
- 视频名称　操作练习：打开与关闭文件.mp4
- 技术掌握　打开与关闭文件

01 新建文件，然后打开文件夹，选中需要打开的图片“素材文件> CH01>03.jpg”，按住鼠标左键将图片拖曳到软件页面中，松开鼠标即可打开图片，如图1–49所示。

图1–49

02 选中图片，将光标移动到图片边缘，当光标变为↘时，按住鼠标左键并拖动可调整图片大小，如图1–50所示。

03 单击界面右上角的“关闭”按钮×关闭软件，会弹出提示用户是否进行保存的对话框，单击“否”按钮可以在不保存对象的情况下关闭软件，如图1–51所示。

图1–50　　图1–51

1.4 综合练习

通过对这一课的学习，相信读者了解了CorelDRAW X8的一些基础知识，下面提供两个案例供读者练习。

综合练习 设置A6页面

- 实例位置　无
- 素材位置　无
- 视频名称　综合练习：设置A6页面.mp4
- 技术掌握　设置页面大小

01 打开软件后，在常用工具栏上单击“新建”按钮，新建文档后弹出“创建新文档”对话框，然后单击“确定”按钮，如图1–52所示。

02 创建新文档后，在属性栏中将光标移动到“页面大小”上，在下拉菜单中单击“A6”选项，如图1–53所示。

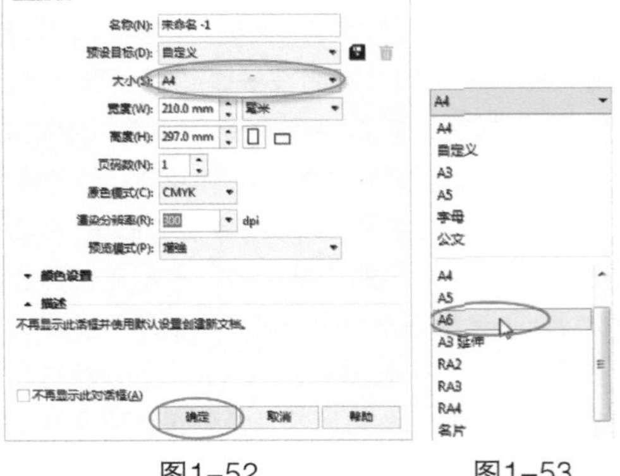

图1–52　　图1–53

03 设置A6页面后属性栏如图1-54所示，A6与A4页面大小的对比如图1-55所示。

图1-54

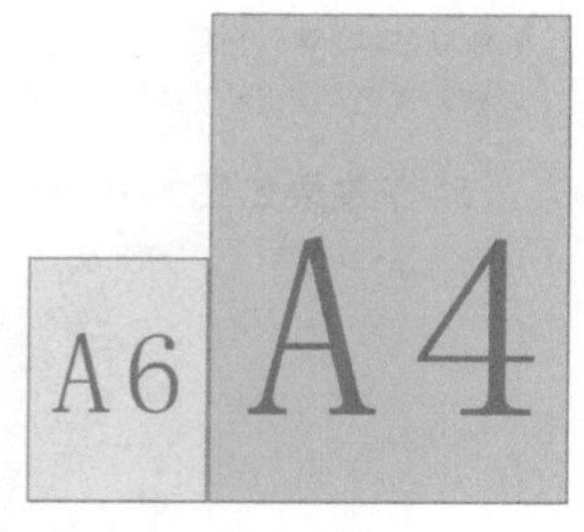

图1-55

综合练习 JPG文件另存为CDR文件

» 实例位置 实例文件> CH01>综合练习：JPG文件另存为CDR文件.cdr
» 素材位置 素材文件> CH01>04.jpg
» 视频名称 综合练习：JPG文件另存为CDR文件.mp4
» 技术掌握 JPG文件另存为CDR文件

01 在“创建新文档”对话框中单击“确定”按钮 新建文档，然后执行“文件>导入”菜单命令，导入学习资源中的“素材文件>CH01>04.jpg”文件，选中图片，单击“导入”按钮，如图1-56所示。

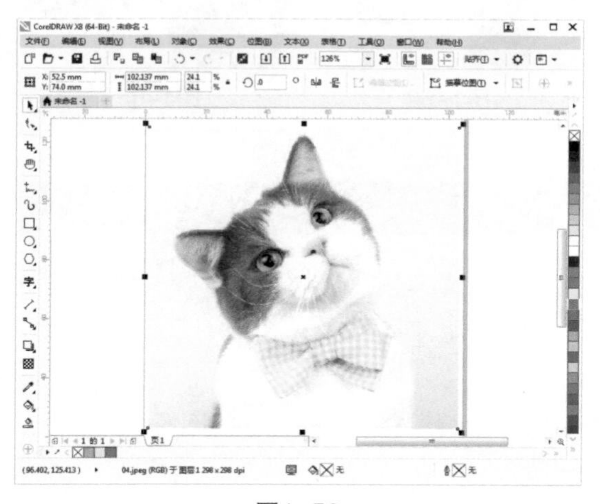

图1-56

02 执行“文件>另存为”菜单命令，选择需要储存的文件，然后单击“保存”按钮，如图1-57所示。

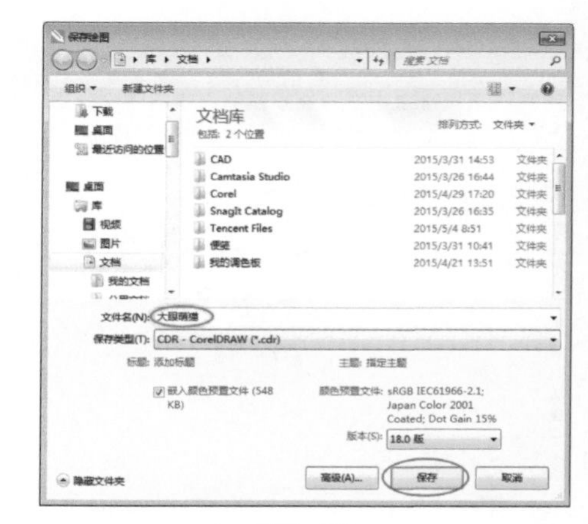

图1-57

1.5 课后习题

本课主要讲解一些基础知识，因此课后习题也十分简单，重在加深读者对基础知识的印象。

课后习题 CDR文件导出JPG文件

» 实例位置 实例文件> CH01> CDR文件导出JPG文件.jpg
» 素材位置 素材文件> CH01>05.cdr
» 视频名称 课后习题：CDR文件导出JPG文件.mp4
» 技术掌握 CDR文件导出JPG文件

导出图片效果如图1-58所示。

图1-58

⊙ 制作分析

第1步：在“创建新文档”对话框中单击“确定”按钮 新建文档，然后执行“文件>打开”菜单命令，找到学习资源中的“素材文件>CH01>05.cdr”文件并选中，接着单击“打开”按钮 打开文件，如图1-59所示。

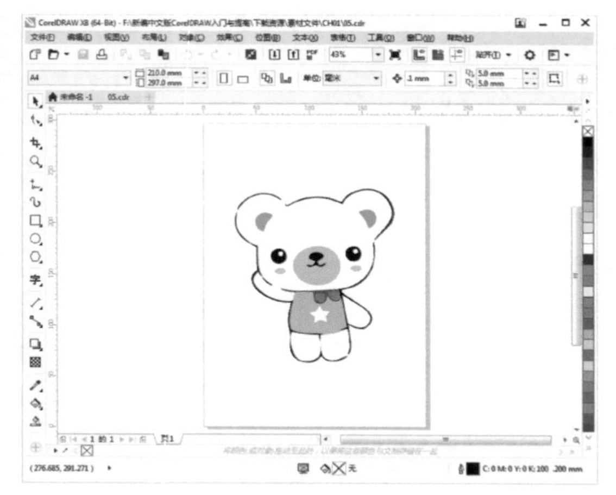

图1-59

第2步：执行“文件>导出”菜单命令，选择需要储存的文件位置和格式，然后单击“导出”按钮，如图1-60所示。

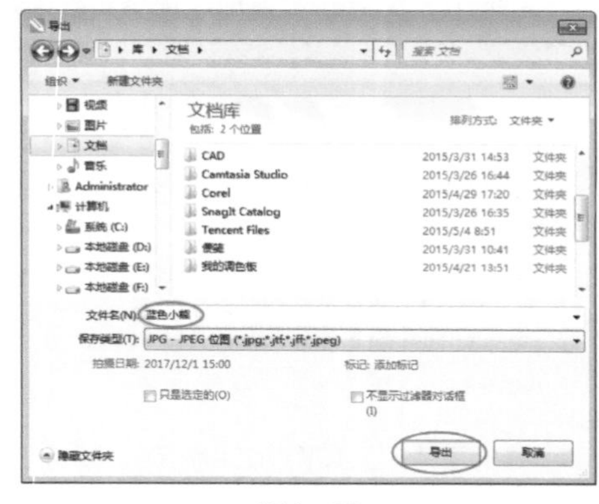

图1-60

课后习题 使用辅助线对齐导入的图片

» 实例位置 实例文件> CH01>课后习题：使用辅助线对齐导入的图片.cdr
» 素材位置 素材文件> CH01>06.jpg、07.jpg
» 视频名称 课后习题：使用辅助线对齐导入的图片.mp4
» 技术掌握 使用辅助线对齐图片

对齐效果如图1-61所示。

图1-61

⊙ 制作分析

第1步：在“创建新文档”对话框中单击“确定”按钮新建文档，然后将光标移动到上方标尺的位置，按住鼠标左键向下拖曳，松开鼠标，辅助线变为红色虚线，完成添加辅助线，导入学习资源中的“素材文件>CH01>06.jpg、07.jpg”文件，如图1-62所示。

第2步：执行“视图>贴齐>辅助线”菜单命令，然后分别选中图片，将图片的顶端移动到辅助线附近，对象将会自动贴齐辅助线，如图1-63所示。

图1-62

图1-63

1.6 本课笔记

第2课

对象操作

本课将讲解CorelDRAW X8的对象操作，包括对象的选择、对象基本变换、复制对象、对象的控制、对齐与分布和步长与重复。通过学习本课内容，读者可以学会简单、精确地操作和控制对象。

学习要点

- 对象的选择
- 对象基本变换
- 复制对象
- 对象的控制
- 对象的对齐与分布
- 步长与重复的运用

2.1 选择对象

在文档编辑的过程中，有时需要选取单个或多个对象，下面对相关操作进行详细介绍。

2.1.1 选择单个对象

单击工具箱上的“选择工具”，单击要选择的对象，当该对象四周出现黑色控制点时，表示对象被选中，选中后可以对其进行移动和变换等操作。

2.1.2 选择多个对象

单击工具箱上的“选择工具”，然后按住鼠标左键在空白处拖动出虚线矩形框，如图2-1所示，松开鼠标后，该范围内的对象全部被选中，如图2-2所示。

图2-1

图2-2

2.1.3 选择多个不相邻的对象

单击“选择工具”，然后按住Shift键逐个单击不相邻的对象进行加选。

2.1.4 全选对象

全选对象的方法有3种。

第1种：单击“选择工具”，按住鼠标左键在所有对象外围拖动出虚线矩形框，松开鼠标将所有对象全选。

第2种：双击“选择工具”可以快速全选编辑的内容。

第3种：执行“编辑>全选”菜单命令，在子菜单中选择相应的类型可以全选该类型所有的对象，如图2-3所示。

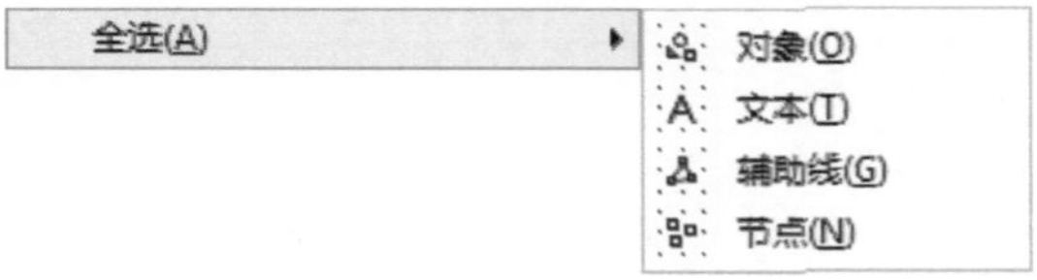

全选(A)
对象(O)
文本(T)
辅助线(G)
节点(N)

图2-3

提示

在执行“编辑>全选”菜单命令时，锁定的对象、文本或辅助线将不会被选中；双击“选择工具”进行全选时，全选类型不包含辅助线和节点。

2.2 对象基本变换

在编辑对象时，可以对选中的对象进行简单快捷的变换和辅助操作，使对象效果更丰富。下面进行详细介绍。

2.2.1 移动对象

移动对象的方法有两种。

第1种：选中对象，当光标变为✥时，按住鼠标左键进行拖曳（不精确）。

第2种：选中对象，然后利用键盘上的方向键进行移动（相对精确）。

2.2.2 旋转对象

旋转对象的方法有两种。

第1种：双击需要旋转的对象，出现旋转箭头后才可以进行旋转，如图2-4所示，将光标移动到标有曲线箭头的锚点上，按住鼠标左键拖动即可旋转。还可以在旋转的中心点上按住鼠标左键调整旋转中心。

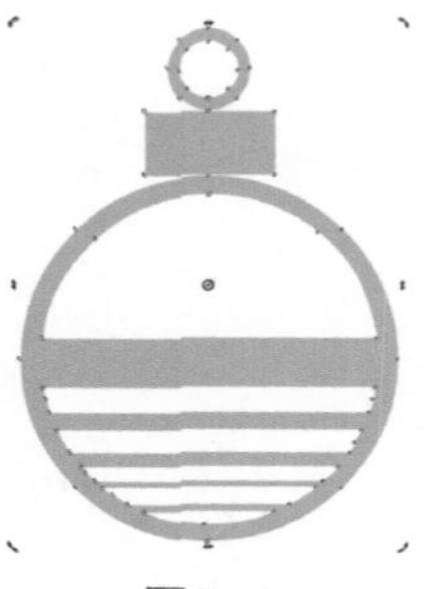

图2-4

第2种：选中对象后，在属性栏上“旋转角度”后面的文本框中输入数值，按“Enter”键进行旋转，如图2-5所示。

图2-5

操作练习 用“旋转”和“移动”命令制作标志

» 实例位置 实例文件> CH02>操作练习：用“旋转”和“移动”命令制作标志.cdr
» 素材位置 素材文件> CH02>01.cdr、02cdr
» 视频名称 操作练习：用“旋转”和“移动”命令制作标志.mp4
» 技术掌握 旋转的应用

标志效果如图2-6所示。

图2-6

01 创建新文档，然后单击“导入”按钮导入学习资源中的“素材文件> CH02>01.cdr”文件，如图2-7所示。

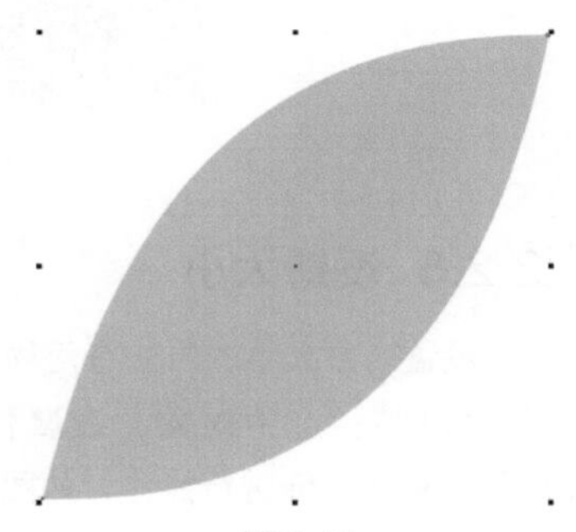

图2-7

02 执行“对象>变换>旋转”菜单命令，然后在打开的泊坞窗中设置“角度”为“90”、“副本”为“3”、“旋转中心”为“左下”，接着单击“应用”按钮完成旋转，设置如图2-8所示，效果如图2-9所示。

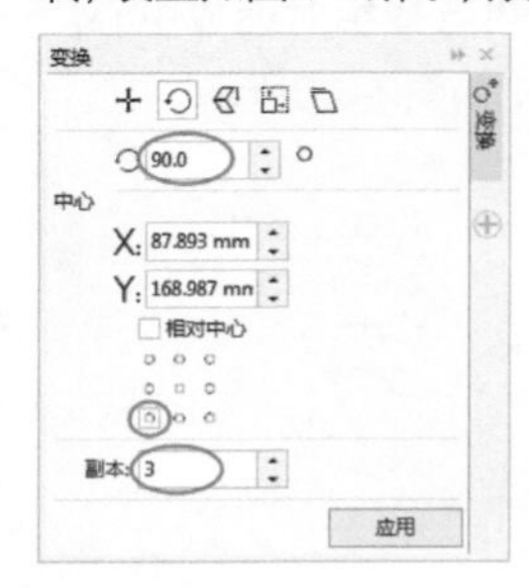

图2-8 图2-9

03 选中左上角的树叶，为其填充深黄色（C：0，M：20，Y：100，K：0），如图2-10所示，然后选中左下角的树叶，对其进行适当缩放，如图2-11所示。

图2-10 图2-11

04 导入学习资源中的“素材文件> CH02>02.cdr”文件，如图2-12所示，选中该文本，按住鼠标左键拖曳移动到页面中的适当位置，最后对标志进行整体调整，最终效果如图2-13所示。

图2-12 图2-13

2.2.3 缩放对象

选中对象后，将光标移动到锚点上，按住鼠标左键拖曳即可实现缩放，蓝色线框为缩放大小的预览效果，如图2-14所示。从顶点开始进行缩放为等比例缩放，从水平或垂直锚点开始缩放会改变对象的形状。

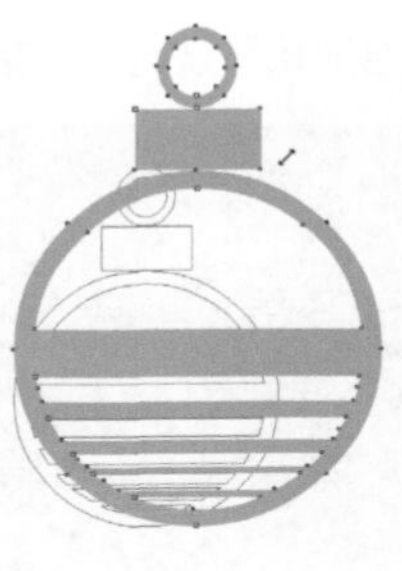

图2-14

提示

缩放时，按住Shift键可以进行中心缩放。

2.2.4 镜像对象

选中对象，在属性栏上单击“水平镜像”按钮或“垂直镜像”按钮进行操作。

操作练习 用“镜像”命令制作复古金属图标

» 实例位置　实例文件>CH02>操作练习：用“镜像”命令制作复古金属图标.cdr
» 素材位置　素材文件>CH02> 03.cdr、04.cdr、05.cdr
» 视频名称　操作练习：用“镜像”命令制作复古金属图标.mp4
» 技术掌握　镜像的应用

复古金属图标效果如图2-15所示。

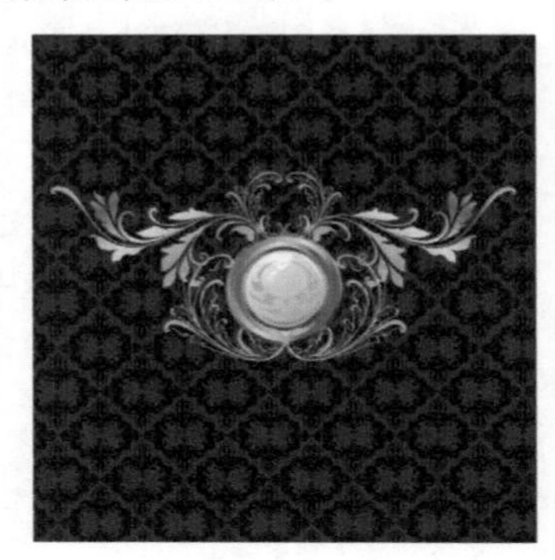

图2-15

01 打开学习资源中的“素材文件>CH02>03.cdr”文件，然后导入学习资源中的“素材文件>CH02>04.cdr”文件，将其缩放到适当大小，接着移动到背景上，如图2-16所示。

02 导入学习资源中的“素材文件>CH02>05.cdr”文件，如图2-17所示，然后在属性栏单击“取消组合对象”按钮将花纹解散为独立个体。

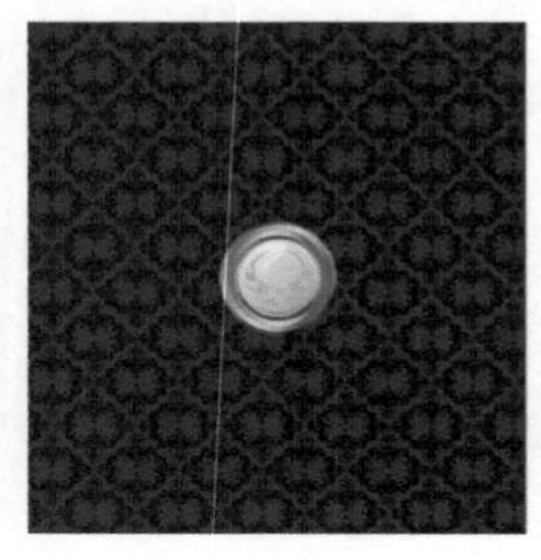

图2-16

图2-17

03 依次选中花纹，执行“对象>变换>缩放和镜像”菜单命令，然后在打开的“变换”泊坞窗内，单击“水平镜像”按钮，选择镜像中心为“左中”，设置“副本”为1，设置如图2-18所示，镜像后的效果如图2-19所示。

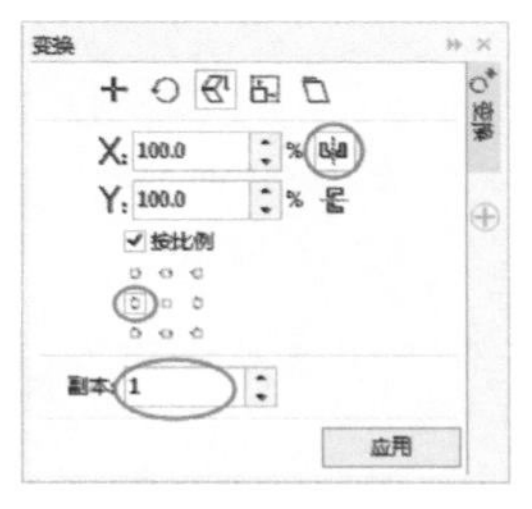

图2-18

图2-19

04 分别选中镜像后的两组细边花纹，然后单击属性栏上的“组合对象”按钮进行组合，将小的细边花纹拖动到金属圆盘正上方，将另一组细边花纹放置于金属圆盘正下方，接着选中粗边花纹，再分别拖放在细边花纹的间隙处，最终效果如图2-20所示。

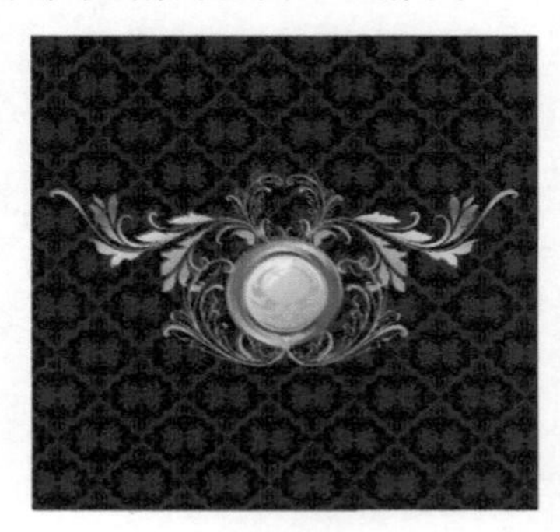

图2-20

2.2.5 设置大小

设置对象大小的方法有两种。

第1种：选中对象，在属性面板的“对象大小”里输入数值进行操作，如图2-21所示。

图2-21

第2种：选中对象，然后执行“对象>变换>大小”菜单命令打开“变换”泊坞窗，接着在x轴和y轴后面的文本框中输入大小，再选择相对缩放中心，最后单击“应用”按钮，如图2-22所示。

图2-22

操作练习　用“大小”命令制作玩偶淘宝图片

» 实例位置　实例文件>CH02>操作练习：用“大小”命令制作玩偶淘宝图片.cdr
» 素材位置　素材文件>CH02> 06.psd、07.jpg、08.cdr
» 视频名称　操作练习：用“大小”命令制作玩偶淘宝图片.mp4
» 技术掌握　大小的应用

玩偶淘宝图片效果如图2-23所示。

图2-23

01 新建文档，设置页面大小为“A4”、页面方向为“横向”，然后导入学习资源“素材文件>CH02>06.psd”文件，如图2-24所示。

图2-24

02 执行“对象>变换>大小”菜单命令，然后在打开的“变换”泊坞窗中勾选“按比例”选项，接着设置对象的高度为120mm、“副本”为4，再单击“应用”按钮 应用 ，如图2-25所示，最后将复制好的缩放对象按从大到小的顺序进行排列，效果如图2-26所示。

图2-25

图2-26

03 依次选中玩偶，然后使用“阴影工具”从玩偶底部向左上方拖动，创建一个阴影，如图2-27所示，接着在属性栏设置“阴影角度”为135、“阴影羽化”为30，效果如图2-28所示，再选中全部娃娃，单击属性栏中的“组合对象”按钮进行组合。

图2-27　　图2-28

04 导入学习资源中的“素材文件>CH02>07.jpg”文件，然后将图片拖曳到页面中，按P键置于页面中心，如图2-29所示。

图2-29

05 导入学习资源中的“素材文件>CH03>08.cdr”文件，然后拖曳到页面右上角进行缩放，接着将编辑好的娃娃拖曳到页面下方，缩放到合适的大小，最终效果如图2-30所示。

图2-30

2.2.6 倾斜处理

倾斜的方法有两种。

第1种：双击需要倾斜的对象，当对象周围出现旋转/倾斜箭头后，将光标移动到水平或垂直线上的倾斜锚点上，按住鼠标左键拖曳出倾斜程度，如图2-31所示。

第2种：选中对象，然后执行“对象>变换>倾斜”菜单命令打开“变换”泊坞窗，接着设置“水平倾斜对象”和“竖直倾斜对象”的角度，再选择“使用锚点”的位置，最后单击“应用”按钮 应用 完成倾斜，如图2-32所示。

图2-31

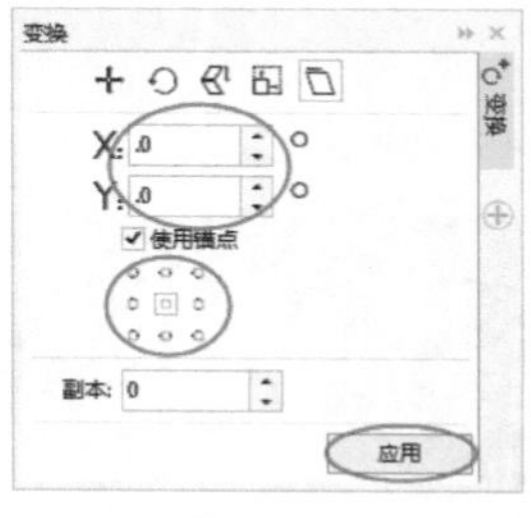

图2-32

操作练习 用“倾斜”命令制作飞鸟挂钟

» 实例位置 实例文件>CH02>操作练习：用“倾斜”命令制作飞鸟挂钟.cdr
» 素材位置 素材文件>CH02>09.cdr、10.cdr、11.jpg
» 视频名称 操作练习：用“倾斜”命令制作飞鸟挂钟.mp4
» 技术掌握 倾斜的应用

飞鸟挂钟效果如图2-33所示。

图2-33

01 新建文档，设置页面大小为“A4”、页面方向为“横向”，然后使用“椭圆形工具” 绘制一个黑色椭圆，如图2-34所示。

图2-34

02 选中黑色椭圆，执行“对象>变换>倾斜”菜单命令，然后在打开的“变换”泊坞窗中设置“水平倾斜对象”的角度为15、“竖直倾斜对象”的角度为10、“变换中心”为“左上”、“副本”为11，接着单击“应用”按钮 应用 ，设置如图2-35所示，效果如图2-36所示，最后全选对象进行组合。

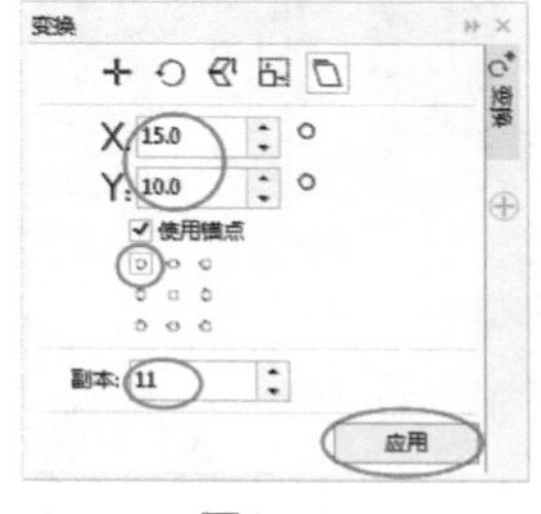

图2-35

图2-36

03 导入学习资源中的“素材文件>CH02>09.cdr”文件，然后将翅膀拖曳到鸟身上进行旋转缩放，接着全选进行组合，效果如图2-37所示。

04 导入学习资源中的“素材文件>CH02>10.cdr”文件，然后拖曳到页面内缩放至合适大小，再将飞鸟缩放至合适大小拖曳到钟摆位置，最后全选进行组合对象，效果如图2-38所示。

图2-37

图2-38

05 添加背景环境。导入学习资源中的“素材文件>CH02>11.jpg”文件，然后拖曳到页面中缩放大小，接着执行“对象>顺序>到页面后面”菜单命令将背景置于最下面，最后调整挂钟大小，最终效果如图2-39所示。

图2-39

2.3 复制对象

CorelDRAW X8为用户提供了两种复制的类型，一种是对象的复制，另一种是对象属性的复制，下面进行具体讲解。

2.3.1 对象的复制

对象复制的常用方法有以下3种。

第1种：在对象上单击鼠标右键，然后在弹出的快捷菜单中执行“复制”命令，接着将光标移动到目标粘贴位置，再单击鼠标右键，在弹出的快捷菜单中执行“粘贴”命令。

第2种：选中对象，按快捷键Ctrl+C将对象复制在剪切板上，再按快捷键Ctrl+V进行原位置粘贴。

第3种：选中对象，按住鼠标左键将对象拖动到空白处，此时会出现蓝色线框进行预览，如图2-40所示。然后在释放鼠标左键前，单击鼠标右键，完成复制。

图2-40

2.3.2 对象属性的复制

使用“选择工具”选中要复制属性的对象，执行“编辑>复制属性自”菜单命令，打开“复制属性”对话框，勾选要复制的属性类型，单击“确定”按钮，如图2-41所示。

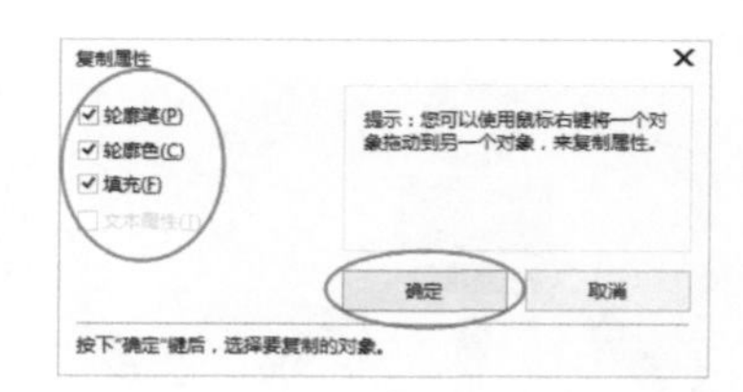

图2-41

⊙ 参数介绍

轮廓笔：复制轮廓线的宽度和样式。

轮廓色：复制轮廓线使用的颜色属性。

填充：复制对象的填充颜色和样式。

文本属性：复制文本对象的字符属性。

当光标变为➡时，移动到源文件位置单击鼠标左键完成属性的复制，如图2-42所示，复制后的效果如图2-43所示。

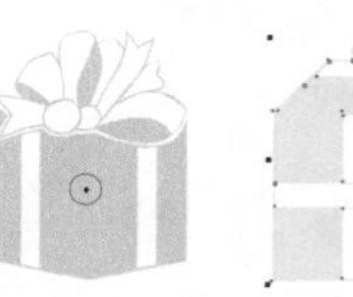

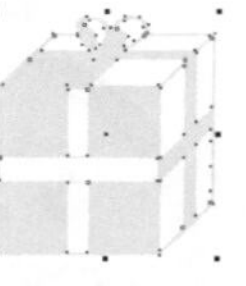

图2-42

图2-43

2.4 对象的控制

在编辑对象的过程中，用户可以对对象进行锁定与解锁、组合与取消组合、隐藏与显示、合并与拆分和排序等操作。

2.4.1 锁定和解锁

在文档编辑的过程中，为了避免操作失误，可以将编辑完毕或不需要编辑的对象锁定，锁定的对象无法进行编辑也不会被误删，继续编辑则需要解锁对象。

1.锁定对象

选中需要锁定的对象，单击鼠标右键，然后在弹出的快捷菜单中执行“锁定对象”命令完成锁定，如图2-44所示，锁定后的对象锚点变为小锁形，如图2-45所示。

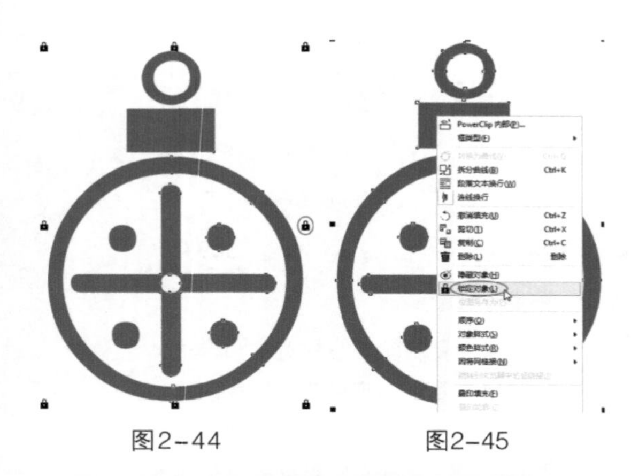

图2-44　　图2-45

2.解锁对象

在需要解锁的对象上单击鼠标右键，然后在弹出的快捷菜单中执行“解锁对象”命令可完成解锁，如图2-46所示。

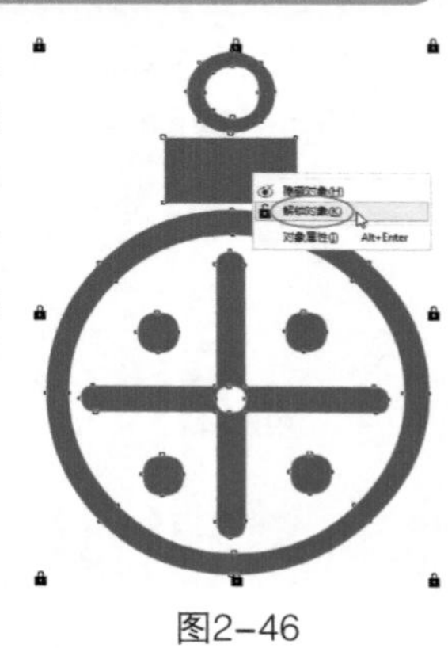

图2-46

> 提示
>
> 执行“对象>解除锁定全部对象”菜单命令可以同时解锁所有锁定对象。

2.4.2 隐藏与显示

在编辑对象时，用户可以隐藏对象和对象组，以便更轻松地编辑复杂项目中的对象，隐藏的对象无法被选中、编辑，也不会被误删，继续编辑则需要显示对象。

1.隐藏对象

选中需要隐藏的对象，单击鼠标右键，然后在弹出的快捷菜单中执行“隐藏对象”命令完成隐藏，如图2-47所示，隐藏后的对象不再显示，如图2-48所示。锁定后的对象依然可以将其隐藏，如图2-49所示。

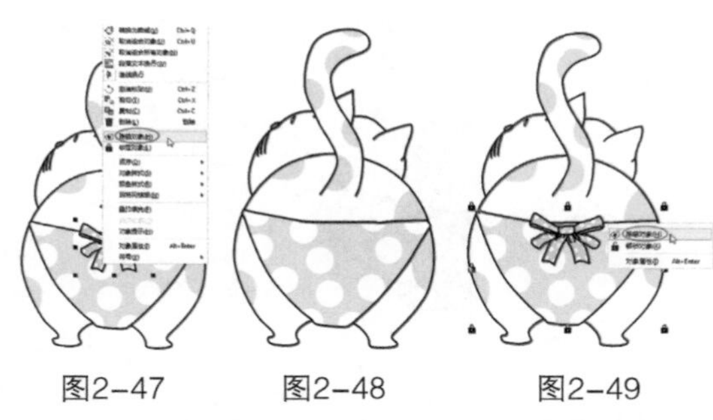

图2-47　　图2-48　　图2-49

2.显示对象

执行“对象>隐藏>显示所有对象”菜单命令可完成解锁，如图2-50所示。

图2-50

2.4.3 组合对象与取消组合对象

复杂的图像由很多独立对象组成，用户可以将对象编组进行统一操作，也可以取消组合来编辑单个对象。

1.组合对象

组合对象的方法有两种。

第1种：选中需要组合的所有对象，然后单击鼠标右键，在弹出的快捷菜单中执行“组合对象”命令，如图2-51所示。

第2种：选中需要组合的所有对象，在属性栏上单击“组合对象”按钮进行快速组合。

图2-51

2.取消组合对象

取消组合对象的方法有两种。

第1种：选中组合对象，然后单击鼠标右键，在弹出的快捷菜单中执行“取消组合对象”命令，如图2-52所示。

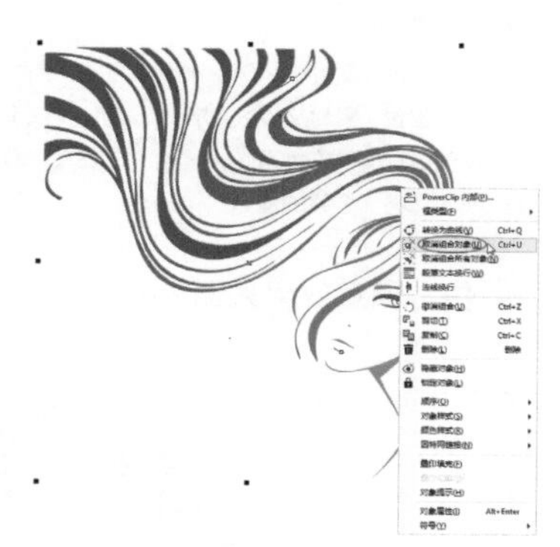

图2-52

第2种：选中组合对象，然后在属性栏上单击“取消组合对象”按钮进行快速解组。

3.取消组合所有对象

执行“取消组合所有对象”命令，可以将组合对象进行彻底解组，变为最基本的独立对象。取消全部组合对象的方法有以下两种。

第1种：选中组合对象，然后单击鼠标右键，在弹出的快捷菜单中执行“取消组合所有对象”命令，解开所有的组合对象，如图2-53所示。

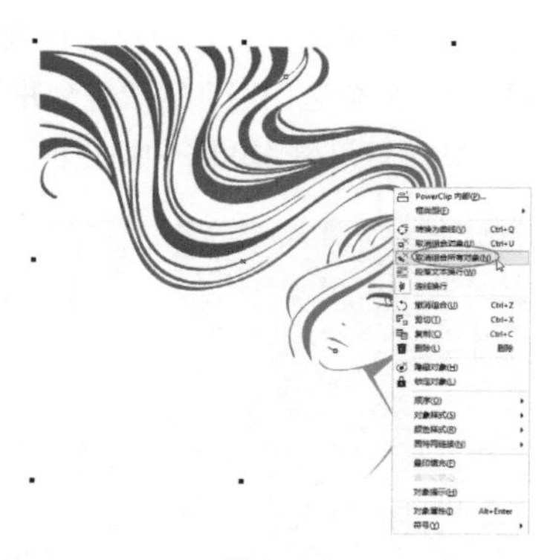

图2-53

第2种：选中组合对象，然后在属性栏上单击“取消组合所有对象”按钮进行快速解组。

2.4.4 对象的排序

在编辑图像时，通常利用叠加图层的方法组成图案或体现效果。可以把独立对象和群组的对象看作一个图层，如图2-54所示。

图2-54

选中相应的图层，单击鼠标右键，然后在弹出的快捷菜单中执行“顺序”命令，在子菜单选择相应的命令进行操作，如图2-55所示。

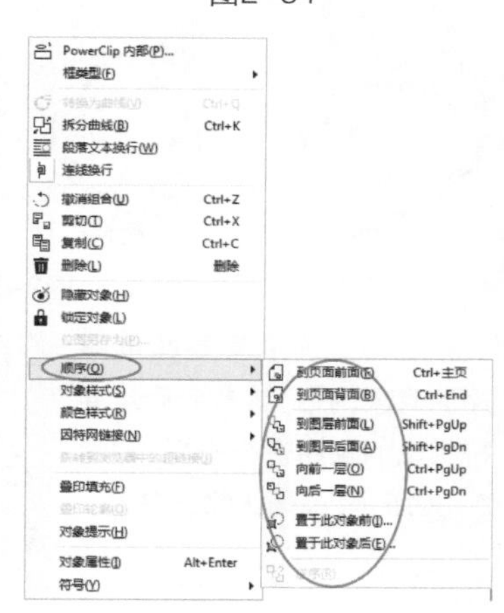

图2-55

⊙ 参数介绍

到页面前面/背面：将所选对象调整到当前页面的最前面或最后面，如图2-56所示的卡通人物身子的位置。

图2-56

到图层前面/后面：将所选对象调整到当前页所有对象的最前面或最后面。

向前/后一层：将所选对象调整到当前所在图层的上面或下面，如图2-57所示，卡通人物身子逐步向下一层或上一层移动。

图2-57

置于此对象前/后：执行该命令后，当光标变为➧形状时单击目标对象，如图2-58所示，可以将所选对象置于该对象的前面或后面，如图2-59所示的卡通人物的位置。

图2-58　　图2-59

逆序：选中需要颠倒顺序的对象，执行该命令后对象按相反的顺序进行排列，如图2-60所示，卡通人物转身了。

图2-60

2.4.5 合并与拆分

合并对象与组合对象不同，组合是将两个或多个对象编成一个组，内部各对象还是独立的，对象属性不变；合并是将两个或多个对象合并为一个全新的对象，其对象的属性也会随之变化。

合并与拆分的方法有以下两种。

第1种：选中要合并的对象，然后在属性栏上单击“合并”按钮合并为一个对象（属性改变）；单击“拆分”按钮可以将合并对象拆分为单个对象（属性维持改变后的），排放顺序为由大到小。

第2种：选中要合并的对象，然后单击鼠标右键，在弹出的快捷菜单中执行“合并”或“拆分”命令。

提示

合并后对象的属性与合并前最底层对象的属性保持一致，拆分后属性无法恢复。

操作练习　用“合并”命令制作仿古印章

» 实例位置　实例文件>CH02>操作练习：用“合并”命令制作仿古印章.cdr
» 素材位置　素材文件>CH02> 12.cdr、13.cdr、14.jpg、15.cdr
» 视频名称　操作练习：用“合并”命令制作仿古印章.mp4
» 技术掌握　合并的应用

仿古印章效果如图2-61所示。

图2-61

01 新建空白文档，设置页面大小为“A4”、页面方向为“横向”，单击“确定”按钮，然后导入学习资源中的“素材文件>CH02>12.cdr”文件，接着选中方块图形按快捷键Ctrl+C进行复制，再按快捷键Ctrl+V进行原位置复制，最后按住Shift键的同时按住鼠标左键向内进行中心缩放，如图2-62所示。

02 导入学习资源中的“素材文件>CH02>13.cdr”文件，然后拖曳到方块内部进行缩放，接着调整位置，将对象全选，执行“对象>合并”菜单命令，得到完整的印章效果，如图2-63所示。

图2-62　　图2-63

03 导入学习资源中的“素材文件>CH02>14.jpg、15.cdr”文件，然后将水墨画背景图拖曳到页面进行缩放，接着把书法字拖曳到水墨画的右上角，再将印章拖曳到书法字下方空白位置，最后缩放到合适大小，最终效果如图2-64所示。

图2-64

2.5 对齐与分布

在编辑对象的过程中，可以对其进行很准确的对齐和分布操作。

选中对象，执行“对象>对齐和分布”菜单命令，在子菜单中选择相应的命令进行操作，如图2-65所示。

图2-65

2.5.1 对齐对象

在“对齐与分布”泊坞窗中可以进行对齐的相关操作，如图2-66所示。

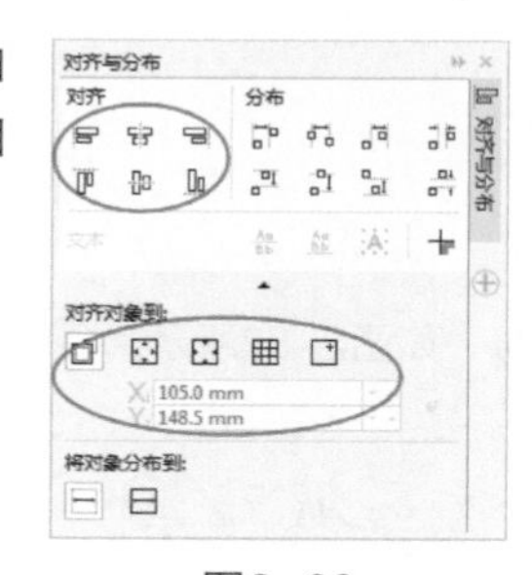

图2-66

⊙ 参数介绍

左对齐：将所有对象向最左边对齐，如图2-67所示。

水平居中对齐：将所有对象向水平方向的中心点对齐，如图2-68所示。

右对齐：将所有对象向最右边对齐，如图2-69所示。

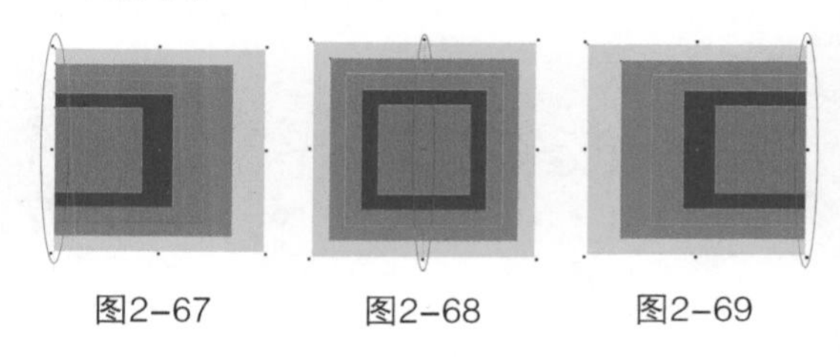

图2-67　图2-68　图2-69

顶端对齐：将所有对象向最上边对齐，如图2-70所示。

垂直居中对齐：将所有对象向垂直方向的中心点对齐，如图2-71所示。

底端对齐：将所有对象向最下边对齐，如图2-72所示。

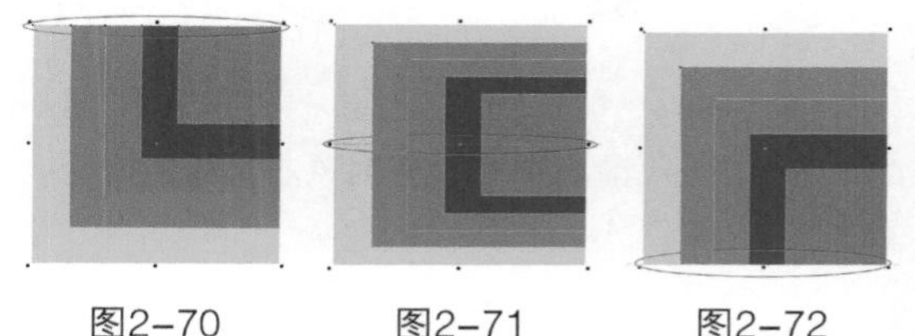

图2-70　图2-71　图2-72

活动对象：将对象对齐到选中的活动对象。

页面边缘：将对象对齐到页面的边缘。

页面中心：将对象对齐到页面中心。

网格：将对象对齐到网格。

指定点：在横纵坐标上输入数值，或者单击“指定点”按钮，在页面上指定点，将对象对齐到设定点上。

2.5.2 对象分布

在“对齐与分布”泊坞窗中可以进行分布的相关操作，如图2-73所示。

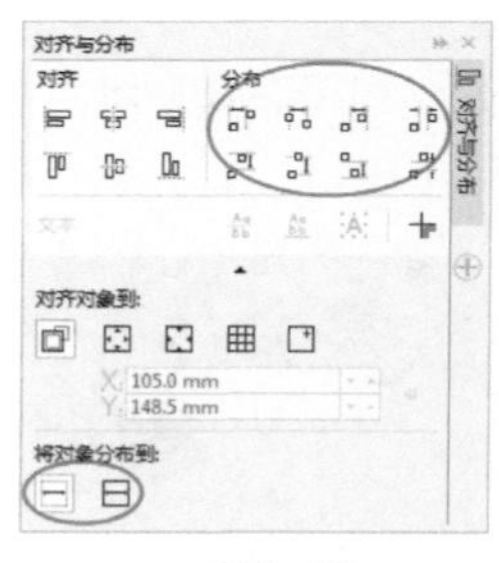

图2-73

⊙ 参数介绍

左分散排列：平均设置对象左边缘的间距，如图2-74所示。

图2-74

水平分散排列中心：平均设置对象水平中心的间距，如图2-75所示。

图2-75

右分散排列：平均设置对象右边缘的间距，如图2-76所示。

图2-76

水平分散排列间距：平均设置对象水平的间距，如图2-77所示。

图2-77

顶部分散排列：平均设置对象上边缘的间距，如图2-78所示。

图2-78

垂直分散排列中心：平均设置对象垂直中心的间距，如图2-79所示。

图2-79

底部分散排列：平均设置对象底边缘的间距，如图2-80所示。

图2-80

垂直分散排列间距：平均设置对象垂直的间距，如图2-81所示。

图2-81

选定的范围：在选定的对象范围内进行分布，如图2-82所示。

图2-82

页面范围：将对象以页边距为定点平均分布在页面范围内，如图2-83所示。

图2-83

2.6 步长与重复

在编辑的过程中可以利用“步长和重复”功能进行水平、垂直和角度再制。执行“编辑>步长和重复”菜单命令，打开“步长和重复”泊坞窗，如图2-84所示。

图2-84

⊙ 参数介绍

水平设置：水平方向重复再制，可以设置“类型”“距离”和“方向”，如图2-85所示，在“类型”中可以选择“无偏移”“偏移”“对象之间的间距”。

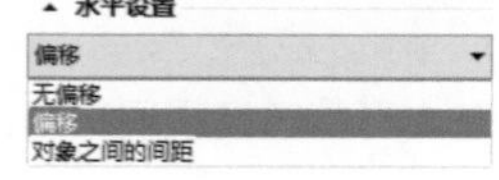

图2-85

垂直设置：垂直方向重复再制，可以设置“类型”“距离”和“方向”。

份数：设置重复再制的份数，单击右侧按钮可以调整份数。

2.7 综合练习

本课讲解了CorelDRAW X8的对象操作，这些操作虽然简单，但很实用，下面提供两个案例供读者练习。

综合练习 制作信封

» 实例位置 实例文件>CH02>综合练习：制作信封.cdr
» 素材位置 素材文件>CH02>16.jpg、17.cdr、18.cdr
» 视频名称 综合练习：制作信封.mp4
» 技术掌握 步长与重复的应用

信封效果如图2-86所示。

图2-86

01 新建一个文档，然后单击“导入”按钮打开对话框，导入学习资源中的“素材文件>CH02>16.jpg、17.cdr”文件，接着将图形调整大小并拖曳到页面中适当位置，如图2-87所示。

图2-87

02 单击选中蓝色方框，然后执行“编辑>步长和重复”菜单命令，接着在“步长和重复”泊坞窗中设置“水平设置”为“对象之间的间距”、“距离”为“4.0mm”、“方向”为“右”、“垂直设置”为“无偏移”、“份数”为“5”，如图2-88所示，最后单击“应用”按钮 应用 ，完成操作，如图2-89所示。

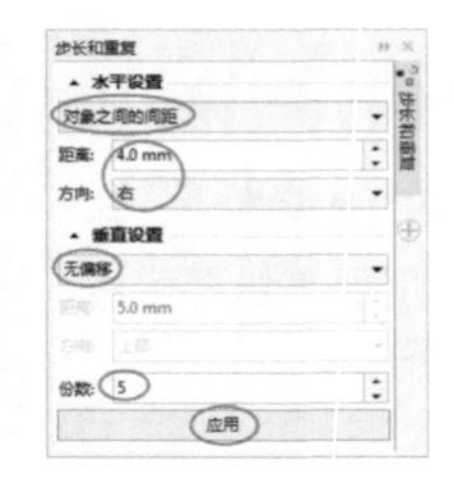

图2-88

图2-89

03 分别单击选中垂直木栅和青草，执行“编辑>步长和重复”菜单命令，在“步长和重复”泊坞窗中设置参数，如图2-90和图2-91所示，效果如图2-92所示。

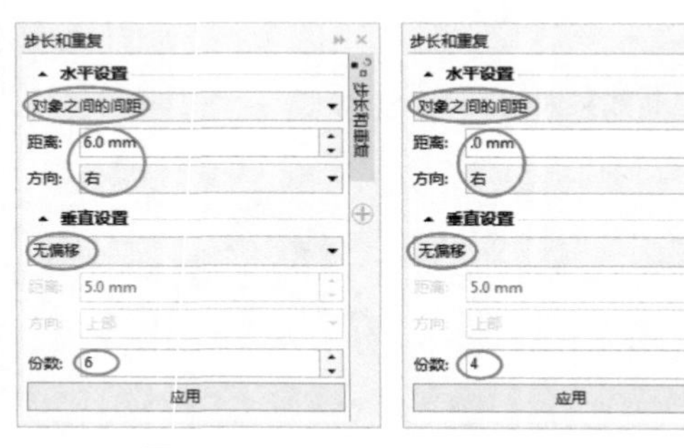

图2-90　　图2-91

图2-92

04 单击“导入”按钮打开对话框，导入学习资源中的“素材文件>CH02>18.cdr”文件，拖曳到页面中调整大小，如图2-93所示，然后将图形摆放在图中的适当位置，最终效果如图2-94所示。

图2-93　　图2-94

综合练习 制作扇子

» 实例位置 实例文件> CH02>综合练习：制作扇子.cdr
» 素材位置 素材文件> CH02>19.cdr、20.cdr、21.psd、22.jpg、23.cdr
» 视频名称 综合练习：制作扇子.mp4
» 技术掌握 对象的旋转和移动

扇子效果如图2-95所示。

图2-95

01 打开学习资源中的“素材文件>CH02>19.cdr”文件，然后选中扇骨，在属性栏“旋转”文本框中输入数值78.0° 进行旋转，接着将旋转后的扇骨移动到扇面左边缘，如图2-96所示。

02 使用鼠标左键拖曳一条通过扇面中心的垂直辅助线，然后双击扇骨，将旋转中心单击定位于垂直中心的扇柄处，如图2-97所示。

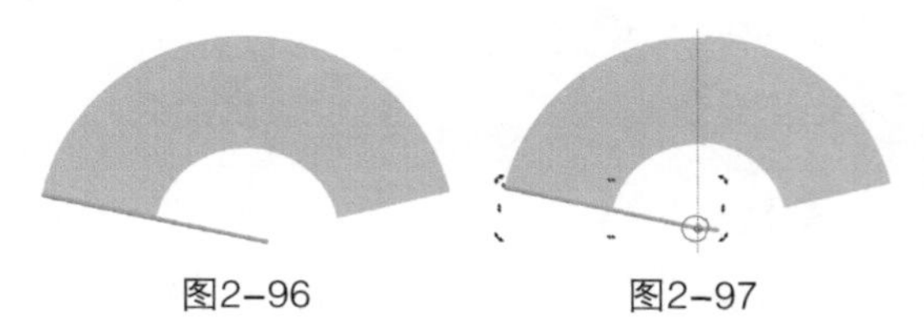

图2-96　　图2-97

03 执行“对象>变换>旋转”菜单命令，在“变换”泊坞窗中设置“旋转角度”为-11.9、“副本”为13，最后单击“应用”按钮，如图2-98所示。扇子的基本形状已经展现出来，效果如图2-99所示。

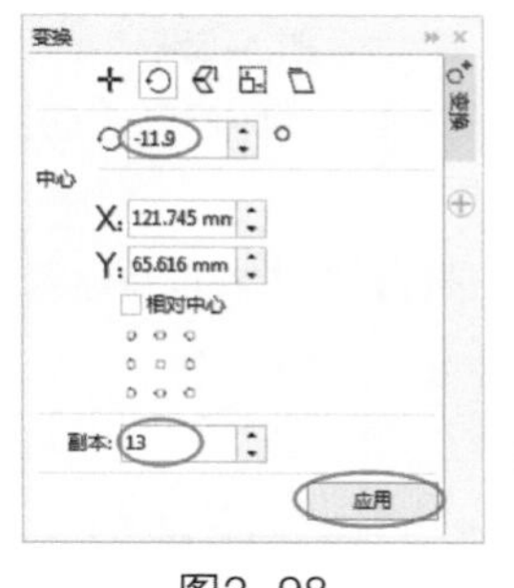

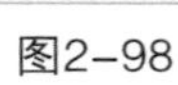

图2-98

图2-99

04 为扇面添加图案。导入学习资源中的“素材文件>CH02>20.cdr”文件，然后将图案拖曳到扇面进行缩放，接着单击鼠标左键进行手动旋转，如图2-100所示。

05 选中上一步导入的图案，使用鼠标右键单击调色板☒去掉轮廓线颜色，然后执行“对象>PowerClip>置于图文框内部”菜单命令，当光标变成箭头➧形状时单击扇面，将图案放置在扇面内，如图2-101所示。

图2-100

图2-101

06 导入学习资源中的“素材文件> CH02>21.psd”文件，拖曳到扇柄处缩放至合适大小，然后全选对象并单击属性栏“组合对象”按钮▣进行组合，接着导入学习资源中的“素材文件> CH02>22.jpg”文件，拖曳到页面内进行缩放，再按P键置于页面中心位置，最后按快捷键Shift+PageDown使背景图置于底层，效果如图2-102所示。

图2-102

07 双击“矩形工具”□创建一个与页面大小相同的矩形，然后填充颜色为（C：0，M：20，Y：20，K：6），并去掉边框，接着导入学习资源中的“素材文件>CH02>23.cdr”文件，放置在页面左上角，再将扇子缩放拖曳到页面右边，最终效果如图2-103所示。

图2-103

2.8 课后习题

下面根据本课内容设置了两个习题供读者练习，以巩固所学的知识。

课后习题 制作脚印

» 实例位置 实例文件> CH02>课后习题：制作脚印.cdr
» 素材位置 素材文件> CH02>24.cdr、25.cdr
» 视频名称 课后习题：制作脚印.mp4
» 技术掌握 对象的复制与旋转

脚印效果如图2-104所示。

图2-104

⊙ 制作分析

第1步：打开学习资源中的“素材文件>CH02>24.cdr”文件，然后将椭圆复制3份，并将中间两个椭圆适当放大，接着选中所有图形按快捷键Ctrl+G将其组合，如图2-105所示。

图2-105

第2步：导入学习资源中的“素材文件>CH02>25.cdr”文件，然后将组合后的脚印旋转一定角度并复制多份，接着调整为合适大小，拖曳到素材中适当位置，最终效果如图2-106所示。

图2-106

课后习题 制作雪花标签

» 实例位置 实例文件> CH02>课后习题：制作雪花标签.cdr
» 素材位置 素材文件> CH02>26.cdr、27.cdr
» 视频名称 课后习题：制作雪花标签.mp4
» 技术掌握 对象的复制与旋转

雪花标签如图2-107所示。

图2-107

⊙ 制作分析

第1步：打开学习资源中的“素材文件>CH02>26.cdr”文件，然后将对象的中心移动到对象上方，如图2-108所示。

图2-108

第2步：执行“对象>变换>旋转”菜单命令，然后在“变换”泊坞窗中设置不同的参数，如图2-109~图2-111所示，得到3个不同的雪花，再分别将每个雪花进行组合，效果如图2-112所示。

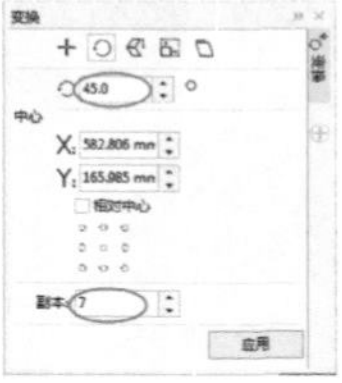

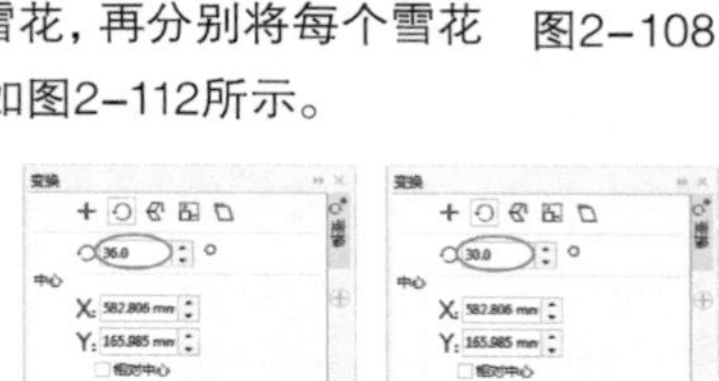

图2-109　图2-110　图2-111

图2-112

第3步：导入学习资源中的“素材文件>CH02>27.cdr”文件，然后将上一步制作的3个雪花复制多份，分别拖曳到素材中的合适位置，接着选中所有雪花，按快捷键Ctrl+G将其组合，最后调节组合雪花的中心位置，效果如图2-113所示。

图2-113

第4步：在“变换”泊坞窗中设置参数，如图2-114所示，单击“应用”按钮 应用 ，最终效果如图2-115所示。

图2-114

图2-115

2.9 本课笔记

第3课

绘图工具的使用

本课将讲解CorelDRAW X8的绘图工具的使用方法，尤其是绘制矢量图形的各种工具的使用方法。这些工具在矢量图的制作中具有很强的灵活性。

学习要点

- 手绘工具
- 艺术笔工具
- 矩形工具
- 椭圆形工具
- 多边形工具
- 轮廓线的操作

3.1 手绘工具组

“手绘工具”具有很强的自由性，使用时就像我们用笔在纸上绘画一样。“手绘工具”同时兼顾直线和曲线功能，并且在绘制过程中会自动将毛糙的边缘进行平滑处理。

3.1.1 绘制方法

1.绘制直线线段

单击“工具箱”中的“手绘工具”，然后在页面空白处单击鼠标左键，接着移动光标确定另外一点的位置，再单击鼠标左键形成一条线段，如图3-1所示。

图3-1

提示

线段的长短与鼠标移动的距离相关，结尾端点的位置也相对随意。如果我们需要一条水平或垂直的直线，在移动时按住Shift键即可。

2.连续绘制线段

使用“手绘工具”绘制一条直线线段，然后将光标移动到线段末尾的节点上，当光标变为时单击鼠标左键，然后再移动光标到空白位置单击鼠标左键可创建折线，以此类推可以绘制连续线段，如图3-2所示。

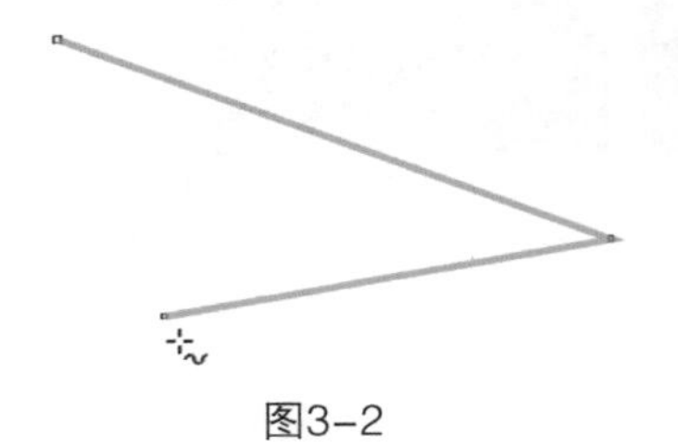

图3-2

3.绘制曲线

在工具箱中单击“手绘工具”，然后在页面空白处按住鼠标左键进行拖动绘制，松开鼠标形成曲线，如图3-3所示。

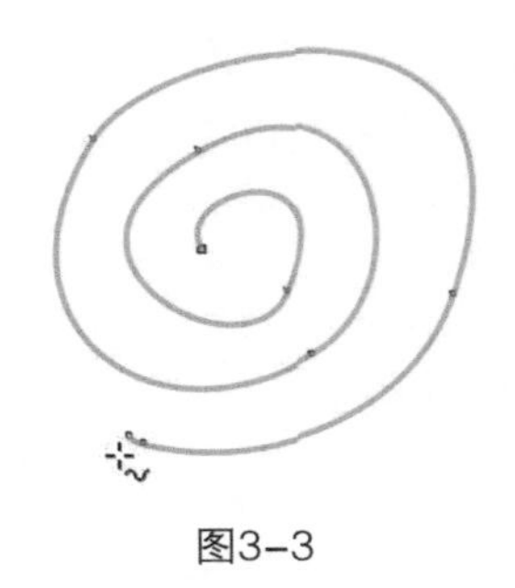

图3-3

3.1.2 线条设置

“手绘工具”的属性栏如图3-4所示。

图3-4

⊙ 重要参数介绍

轮廓宽度：输入数值可以调整线条的粗细。

起始箭头：用于设置线条起始箭头的样式，可以在下拉箭头样式面板中选择。

线条样式：设置绘制线条的样式，可以在下拉线条样式面板中选择。

终止箭头：设置线条结尾箭头的样式，可以在下拉箭头样式面板中选择。

闭合曲线：选中绘制的未合并线段，单击该按钮将起始节点和终止节点闭合，形成面。

手绘平滑：设置手绘时自动平滑的程度，最大为100，最小为0，默认为50。

边框：激活该按钮则隐藏边框，默认情况下显示边框。

操作练习 设置线条手绘藏宝图

» 实例位置 实例文件>CH03>操作练习：设置线条手绘藏宝图.cdr
» 素材位置 素材文件>CH03>01.jpg、02.cdr
» 视频名称 操作练习：设置线条手绘藏宝图.mp4
» 技术掌握 手绘工具的使用和线条的设置

藏宝图效果如图3-5所示。

图3-5

01 新建文档，设置页面大小为“A4”、页面方向为“横向”，单击“确定”按钮，然后先单击“手绘工具”再按住鼠标左键绘制藏宝图外轮廓（注意，如果曲线断了，就在结束节点上单击继续绘制直至完成），接着设置“轮廓宽度”为1mm、颜色为（C:60，M:90，Y:100，K:55），藏宝图的外轮廓就画好了，如图3-6所示。

02 绘制陆地分布细节。使用“手绘工具”绘制山峦，然后设置“轮廓宽度”为0.5mm、颜色为（C:80，M:90，Y:90，K:70），接着在山峦的接口处绘制河流与湖泊，再设置“轮廓宽度”为0.5mm、颜色为（C:50，M:80，Y:100，K:30），最后选中绘制的对象进行组合，拖曳到陆地相应位置进行缩放，如图3-7所示。

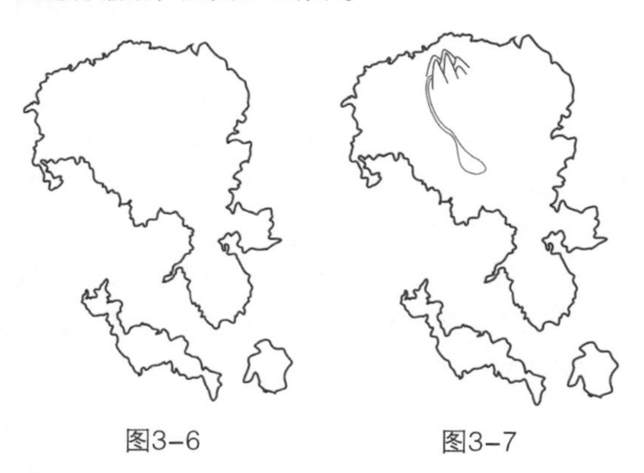

图3-6　　图3-7

03 使用“手绘工具”绘制鱼的外形，然后使用“椭圆形工具”绘制鱼的眼睛，接着选中绘制的两个对象并执行“对象>造形>修剪”菜单命令，将鱼变为独立对象，填充颜色为（C:70，M:90，Y:90，K:65），最后复制一份，缩放后进行群组，如图3-8所示。

04 使用“手绘工具”绘制卡通版骷髅头，然后设置“轮廓宽度”为0.5mm、颜色为（C:50，M:100，Y:100，K:15），效果如图3-9所示，接着绘制登陆标志，再设置“轮廓宽度”为0.75mm、颜色为（C:90，M:90，Y:80，K:80），效果如图3-10所示。

图3-8　　图3-9　　图3-10

05 绘制椰子树。使用“手绘工具”绘制叶子和树干，填充树干颜色为（C:67，M:86，Y:100，K: 62）。绘制树干上的曲线纹理，全选椰子树后组合对象，设置“轮廓宽度”为0.2mm、颜色为（C:50，M:80，Y:100，K:30），效果如图3-11所示。

06 将之前绘制的图案复制拖曳到藏宝图中相应的位置，使用“手绘工具”绘制藏宝图上的板块区分线，设置“轮廓宽度”为0.5mm、颜色为（C:50，M:80，Y:100，K:30），接着绘制寻宝路线，设置“轮廓宽度”为2mm、颜色为（C:50，M:100，Y:100，K:15），效果如图3-12所示。

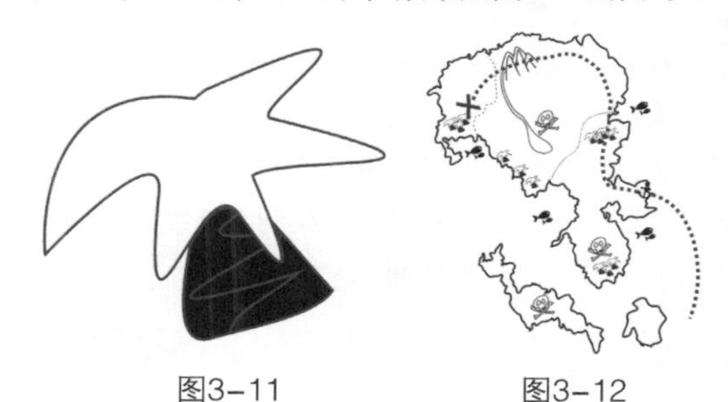

图3-11　　图3-12

07 导入学习资源中的“素材文件>CH03>01.jpg”文件，将素材缩放至页面大小，然后按P键将其置于页面居中位置，接着按快捷键Ctrl+End置于对象最下面，最后使用“矩形工具”创建一个和页面大小相同的矩形，填充颜色为黑色，效果如图3-13所示。

图3-13

08 导入学习资源中的“素材文件>CH03>02.cdr”文件，然后将对象分别拖曳到背景的相应位置，最终效果如图3-14所示。

图3-14

3.1.3 2点线工具

“2点线工具”专门用于绘制直线线段，还可以直接创建与对象垂直或相切的直线。

1.基本绘制方法

使用“2点线工具”绘制线段和连续线段。

绘制一条线段。单击工具箱中的“2点线工具”，将光标移动到页面空白处，按住鼠标左键不放拖动一段距离，松开鼠标左键完成绘制。

绘制连续线段。单击工具箱中的“2点线工具”，在绘制一条线段后不移开光标，光标会变为，然后按住鼠标左键拖动绘制，连续绘制到首尾节点合并，可以形成面。

2.设置绘制类型

在“2点线工具” 的属性栏里可以切换绘制的2点线的类型，如图3-15所示。

图3-15

⊙ 重要参数介绍

2点线工具：连接起点和终点绘制一条直线。

垂直2点线：绘制一条与现有对象或线段垂直的2点线。

相切2点线：绘制一条与现有对象或线段相切的2点线。

3.1.4 贝塞尔工具

“贝塞尔工具”是绘图类软件中非常重要的工具，可以创建更为精确的直线和对称流畅的曲线，可以通过改变节点和控制节点位置来改变曲线弯度。绘制完成后，还可以通过节点修改曲线和直线。

1.直线绘制方法

单击工具箱中的“贝塞尔工具”，将光标移动到页面空白处，单击鼠标左键确定起始节点，然后移动光标单击鼠标左键确定下一个点，此时两点间将出现一条直线。

与手绘工具的绘制方法不同，使用“贝塞尔工具”只需要连续移动光标，单击鼠标左键添加节点就可以连续绘制，如图3-16所示，可以按“空格”键或者单击“选择工具”完成绘制。

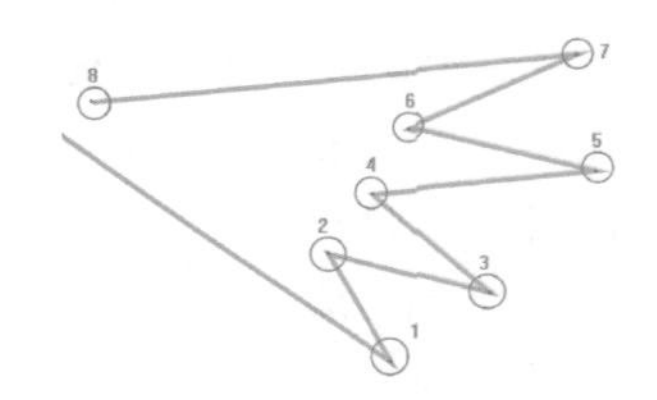

图3-16

2.曲线绘制方法

单击工具箱中的“贝塞尔工具”，然后将光标移动到页面空白处，按住鼠标左键进行拖曳，确定第一个起始节点，此时节点两端出现蓝色控制线，如图3-17所示，调节控制线来控制曲线的弧度和大小。因为节点在选中时以实色方块显示，所以也可以叫“锚点”。

调整第一个节点后松开鼠标，然后移动光标到下一个位置，按住鼠标左键拖曳控制线调整节点间曲线的形状，如图3-18所示。

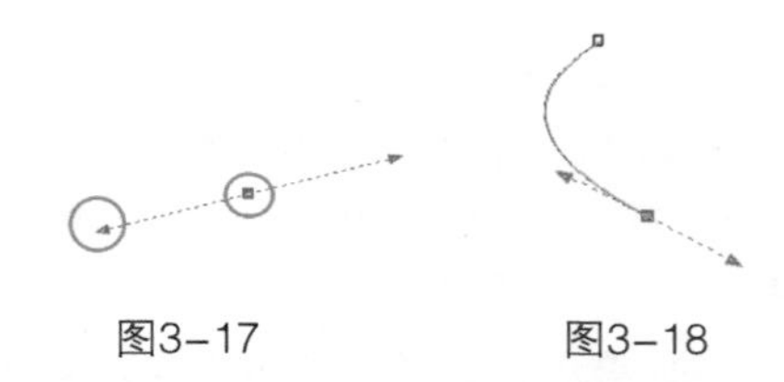

图3-17　　图3-18

3.贝塞尔的设置

双击“贝塞尔工具”打开“选项”对话框，在“手绘/贝塞尔工具”选项组中进行设置，如图3-19所示。

图3-19

⊙ 参数介绍

手绘平滑：设置自动平滑程度和范围。

边角阈值：设置边角平滑的范围。

直线阈值：设置线条平滑的范围。

自动连结：设置节点之间自动吸附连接的范围。

4.贝塞尔的修饰

在使用“贝塞尔工具”进行绘制时，无法一次性得到需要的图案，所以要在绘制后修饰线条，配合“形状工具”和属性栏，可以修改绘制的贝塞尔线条，如图3-20所示。

图3-20

⊙ 曲线转直线

在工具箱中单击“形状工具”，然后单击选中对象，在要变为直线的曲线上单击，出现黑色小点则为选中，如图3-21所示。

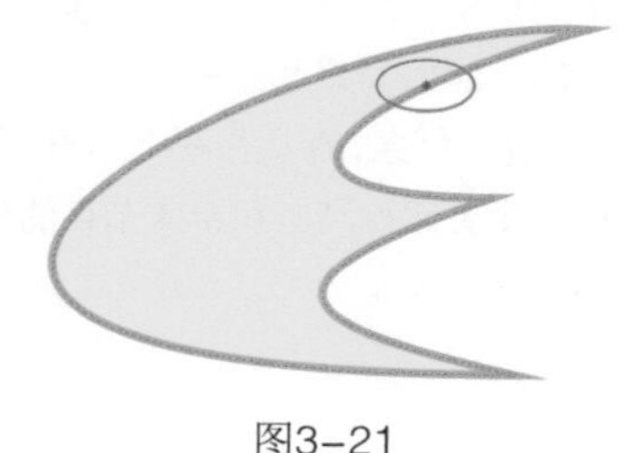

图3-21

在属性栏上单击“转换为线条”按钮，该线条变为直线，如图3-22所示。也可以选中曲线后单击鼠标右键，在弹出的快捷菜单中执行“到直线”命令，完成曲线变直线，如图3-23所示。

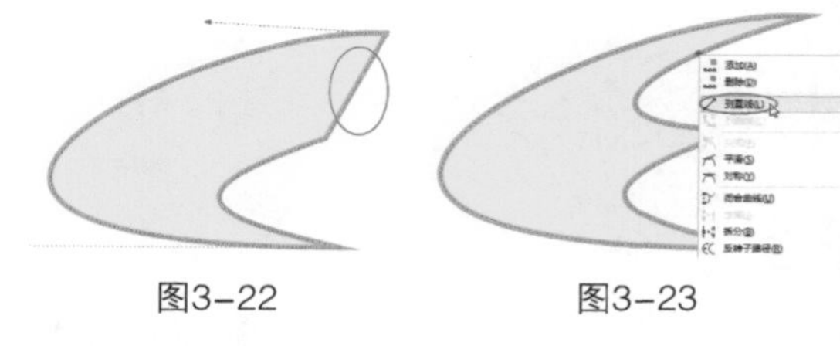

图3-22　　图3-23

⊙ 直线转曲线

选中要变为曲线的直线，如图3-24所示，然后在属性栏上单击“转换为曲线”按钮转换为曲线，接着将光标移动到转换后的曲线上，当光标变为时，按住鼠标左键拖动调节曲线，最后双击增加节点，调节“控制点”使曲线变得更平滑，如图3-25所示。

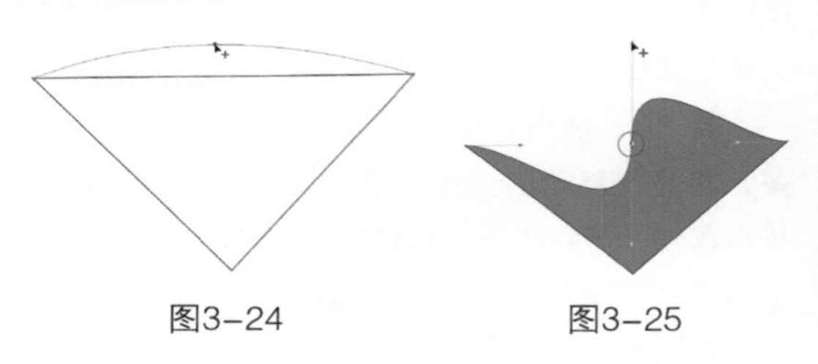

图3-24　　图3-25

⊙ 对称节点转尖突节点

这项操作是针对节点的调节，它会影响节点与其两端曲线的变化。

选择“形状工具”，然后单击选中节点，如图3-26所示，接着单击属性栏中的“尖突节点”按钮，将其转换为尖突节点，再拖动其中一个“控制点”，调节同侧的曲线，对应一侧的曲线和“控制线”并没有变化，如图3-27所示。

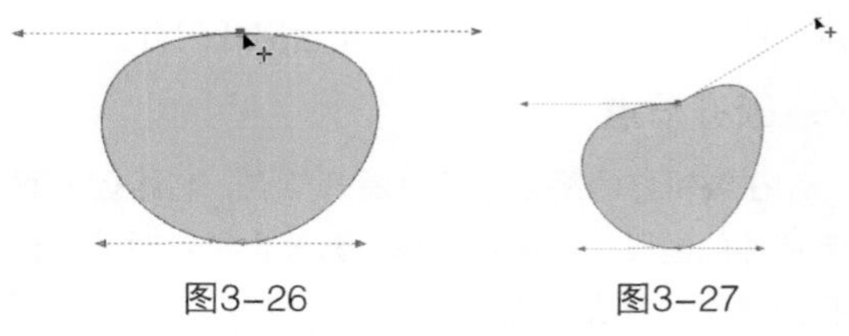

图3-26　　图3-27

⊙ 尖突节点转对称节点

选择“形状工具”，然后单击选中节点，如图3-28所示，接着单击属性栏中的“对称节点”按钮，将该节点变为对称节点，再拖动“控制点”，同时调整两端的曲线，如图3-29所示。

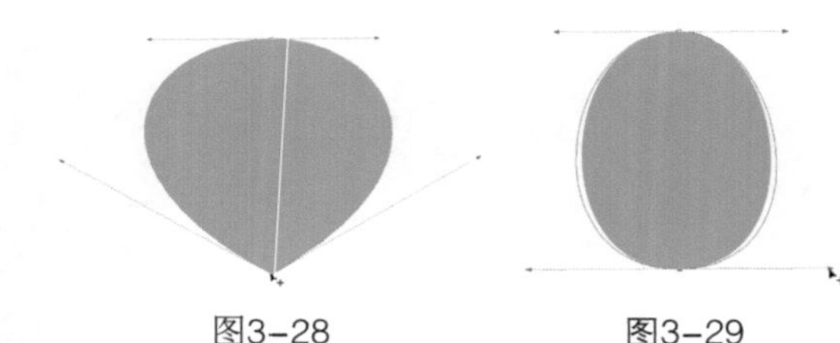
图3-28　　图3-29

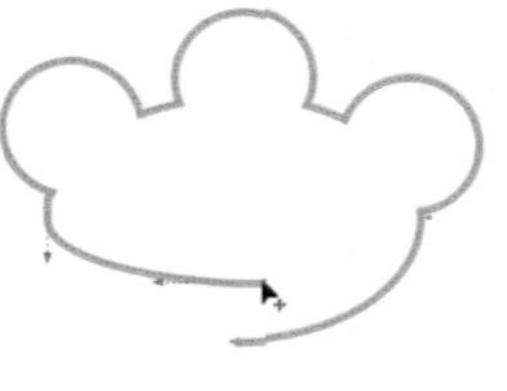
图3-30　　图3-31

⊙ 闭合曲线

在使用“贝塞尔工具”绘制曲线时，如果起点和终点不闭合，就不会形成封闭的路径，不能进行填充处理，闭合是针对节点进行的，闭合曲线的方法有以下6种。

第1种：使用“形状工具”选中结束节点，按住鼠标左键拖曳到起始节点，可以自动吸附闭合为封闭式路径。

第2种：使用“贝塞尔工具”选中未闭合线条，将光标移动到结束节点上，当光标出现时单击鼠标左键，然后将光标移动到开始节点，当光标出现时单击鼠标左键完成闭合。

第3种：使用“形状工具”选中未闭合线条的两个节点，在属性栏上单击“闭合曲线”按钮来完成闭合。

第4种：使用“形状工具”选中未闭合线条，单击鼠标右键，在弹出的快捷菜单中执行“闭合曲线”命令来完成闭合。

第5种：使用“形状工具”选中未闭合线条，在属性栏上单击“延长曲线使之闭合”按钮，添加一条曲线来完成闭合。

第6种：使用“形状工具”选中未闭合的起始节点和结束节点，在属性栏上单击“连接两个节点”按钮，将两个节点连接重合完成闭合。

⊙ 断开节点

在编辑好的路径中可以断开节点，将路径分解为单独的线段，和闭合一样，断开也是针对节点进行的操作，方法有两种。

第1种：使用“形状工具”选中要断开的节点，在属性栏上单击“断开曲线”按钮，断开当前节点的连接，如图3-30和图3-31所示，闭合路径中的填充消失。

第2种：使用“形状工具”选中要断开的节点，单击鼠标右键，在弹出的快捷菜单中执行“拆分”命令，断开节点。

⊙ 选取节点

线段与线段之间的节点可以像对象一样被选取，单击“形状工具”可对节点进行多选、单选、节选等操作。

⊙ 参数介绍

选择单独节点：逐个单击节点进行选择编辑。

选择全部节点：按住鼠标左键，在空白处拖动选取范围进行全选；按快捷键Ctrl+A全选节点；在属性栏上单击“选择所有节点”按钮进行全选。

选择相邻的多个节点：在空白处拖动选取范围进行选择。

选择不相邻的多个节点：按住Shift键单击节点进行选择。

⊙ 添加和删除节点

在使用“贝塞尔工具”进行编辑时，为了使编辑更加细致，会在调整时增加与删除节点，在需要增加节点的地方，双击鼠标即可添加节点，双击已有节点可以将其删除。

⊙ 翻转曲线方向

从起始节点到终止节点，曲线的所有节点由开始到结束是顺序排列的，就算首尾相接，也是有方向的，起始节点和结束节点都有箭头来表示方向。

选中线条，在属性栏上单击“反转方向”按钮，可以变更起始节点和结束节点的位置，翻转方向，如图3-32所示。

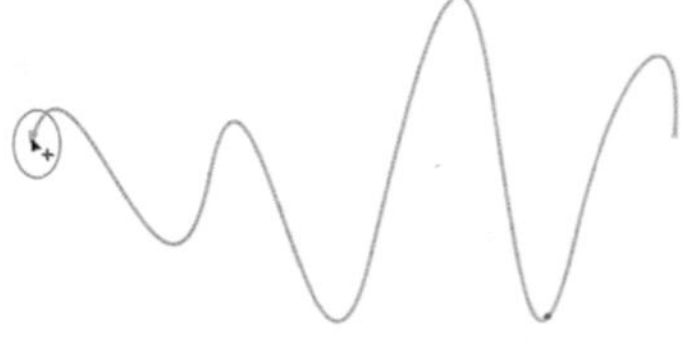
图3-32

⊙ 节点的对齐

使用对齐节点的命令可以将节点对齐在一条平行或垂直线上。使用“形状工具”选中对象，然后单击属性栏上的“选择所有节点”按钮选中所有节点，接着单击属性栏上的“对齐节点”按钮打开“节点对齐”对话框进行选择操作，如图3-33所示。

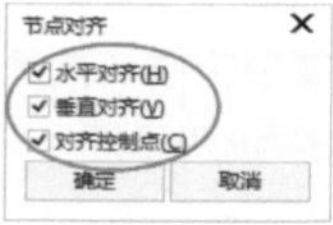

图3-33

⊙ 参数介绍

水平对齐：将两个或多个节点水平对齐，也可以全选节点进行对齐，如图3-34所示。

垂直对齐：将两个或多个节点垂直对齐，如图3-35所示，也可以全选节点进行对齐。

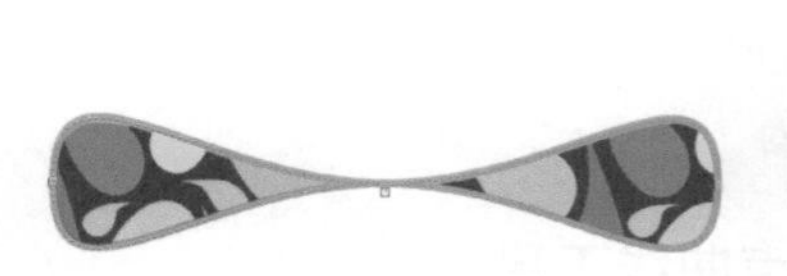

图3-34

图3-35

同时勾选“水平对齐”和“垂直对齐”选项，可以将两个或多个节点居中对齐，也可以全选节点进行对齐，如图3-36所示。

对齐控制点：将两个节点重合并以控制点为基准对齐，如图3-37所示。

图3-36

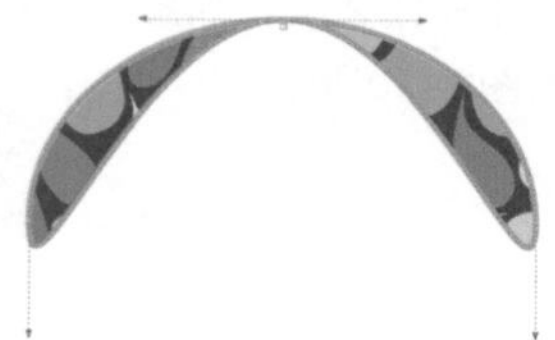

图3-37

3.1.5 钢笔工具

“钢笔工具”和“贝塞尔工具”很相似，也是通过节点的连接绘制直线和曲线，绘制之后通过“形状工具”进行修饰。

1.绘制方法

在绘制过程中，“钢笔工具”可以让用户预览绘制拉伸的状态，方便移动和修改。

⊙ 绘制直线和折线

在工具箱中单击“钢笔工具”，然后将光标移动到页面空白处，单击鼠标左键定下起始节点，接着移动光标，出现蓝色预览线条后进行查看，选择好结束节点的位置后，单击鼠标左键，线条变为实线，双击鼠标左键即可完成编辑，如图3-38所示。

绘制连续折线时，将光标移动到结束节点上，当光标变为时单击鼠标左键，然后继续移动光标并单击以定位节点，如图3-39所示，当起始节点和结束节点重合时形成闭合路径，可以进行填充操作。

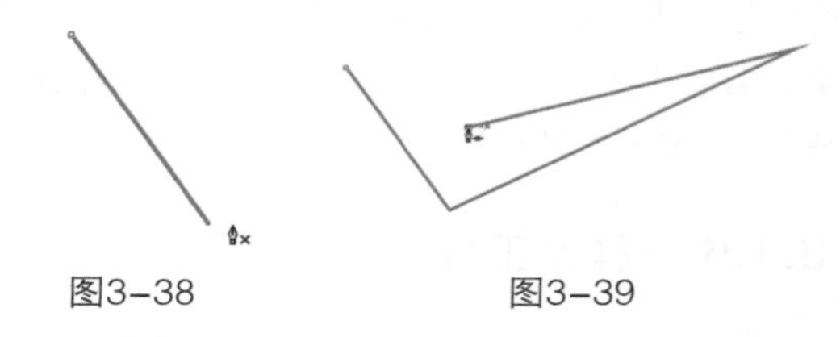

图3-38　　图3-39

⊙ 绘制曲线

单击“钢笔工具”，将光标移动到页面空白处，单击鼠标左键定下起始节点，然后移动光标到下一位置，按住鼠标左键不放拖动“控制线”，如图3-40所示。松开鼠标左键，移动光标则会有蓝色弧线供预览，如图3-41所示。

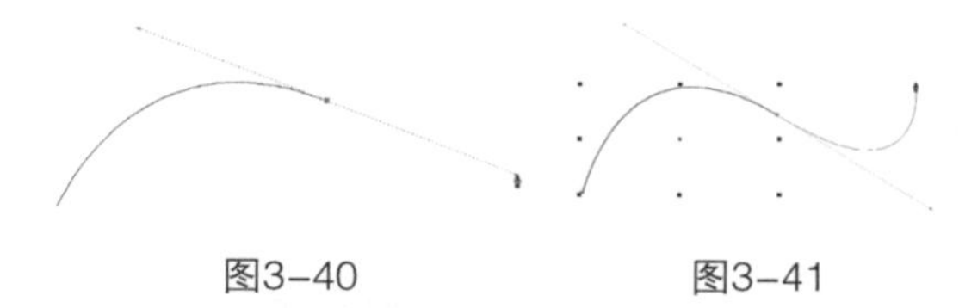

图3-40　　图3-41

绘制连续的曲线要考虑到曲线的转折，“钢笔工具”可以生成预览线供用户查看，所以在确定节点之前，可以进行修正，如果位置不合适，可以及时调整，如图3-42所示。起始节点和结束节点重合可以形成闭合路径，进行填充操作，在路径中间绘制一个圆形，便可形成一朵小花，如图3-43所示。

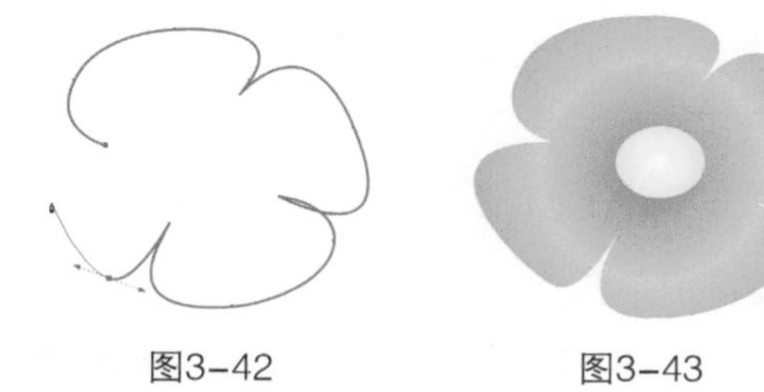

图3-42　　图3-43

2.属性栏设置

“钢笔工具”的属性栏如图3-44所示。

图3-44

⊙ 重要参数介绍

预览模式：激活该按钮后，会在确定下一节点前自动生成一条预览当前曲线形状的蓝线；关掉则不显示预览线。

自动添加或删除节点：单击激活该按钮后，将光标移动到曲线上，当光标变为时，单击添加节点，当指针变为时，单击删除节点；关掉就无法通过单击进行快速添加。

3.1.6 B样条工具

利用“B样条工具”可通过建造控制点来轻松创建连续平滑的曲线。

单击工具箱中的“B样条工具”，将光标移动到页面空白处，单击鼠标定下第1个控制点，移动光标，会拖动出一条实线与虚线重合的线段，如图3-45所示，单击确定第2个控制点。

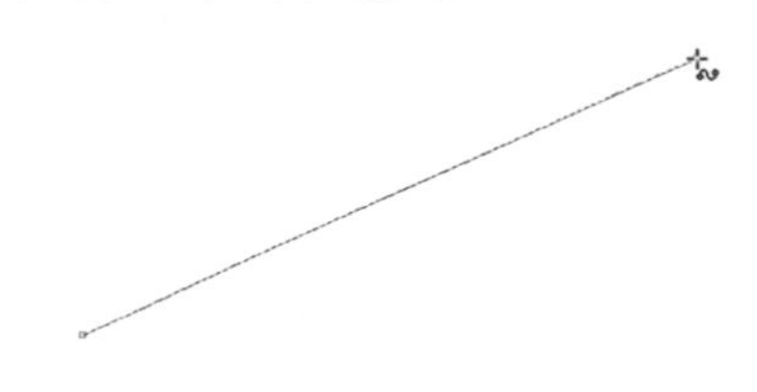

图3-45

确定第2个控制点后，再移动光标时实线会被分离出来，如图3-46所示，此时可以看出实线为绘制的曲线，虚线为连接控制点的控制线，继续增加控制点直到闭合控制点，在闭合控制线时，自动生成平滑曲线，如图3-47所示。

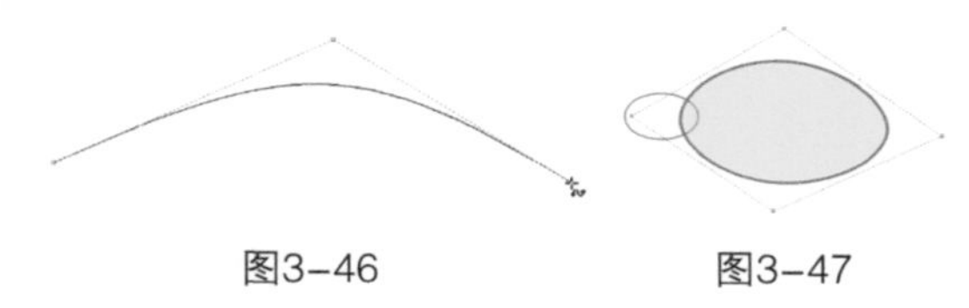

图3-46　　图3-47

> **提示**
>
> 绘制曲线时，双击可以完成曲线编辑；绘制闭合曲线时，直接将控制点闭合即可完成编辑。

3.1.7 折线工具

使用“折线工具”可以方便快捷地创建复杂的几何形和折线。

在工具箱中单击“折线工具”，在页面空白处单击确定起始节点，移动光标会出现一条线，然后单击确定第2个节点的位置，继续绘制，形成复杂折线，接着双击鼠标左键可以结束编辑，如图3-48所示。

除了可以绘制折线外，还可以绘制曲线。选择“折线工具”，在页面空白处按住鼠标左键拖动进行绘制，双击结束编辑，此时自动平滑曲线。

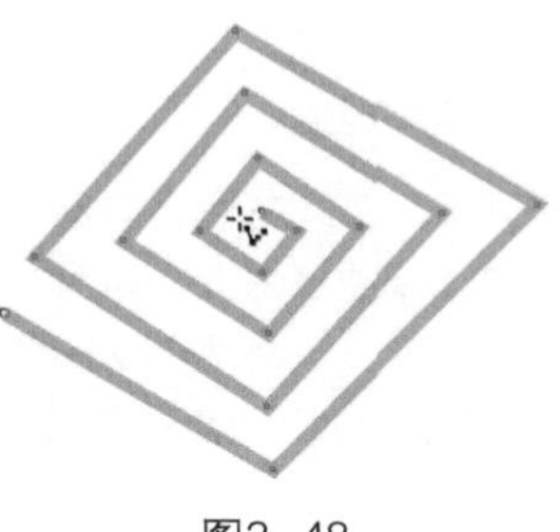

图3-48

3.1.8 3点曲线工具

“3点曲线工具”可以准确地确定曲线的弧度和方向。

在工具箱中单击“3点曲线工具”，将光标移动到页面内按住鼠标左键进行拖动，出现一条直线，拖动到合适位置后，松开鼠标左键并移动光标调整曲线弧度，如图3-49 所示，单击完成编辑，如图3-50所示。

图3-49　　图3-50

熟练运用“3点曲线工具”可以快速制作流线造型的花纹，如图3-51所示，重复排列可以制作花边。

图3-51

3.1.9 智能绘图工具

“智能绘图工具”可以将手绘笔触转换为基本形状或平滑的曲线。

1.绘制单一图形

在工具箱中单击“智能绘图工具”，将光标移动到页面上，按住鼠标左键绘制想要的图形，如图3-52所示，待松开鼠标后，系统自动将手绘笔触转换为与所绘形状近似的图形，如图3-53所示。

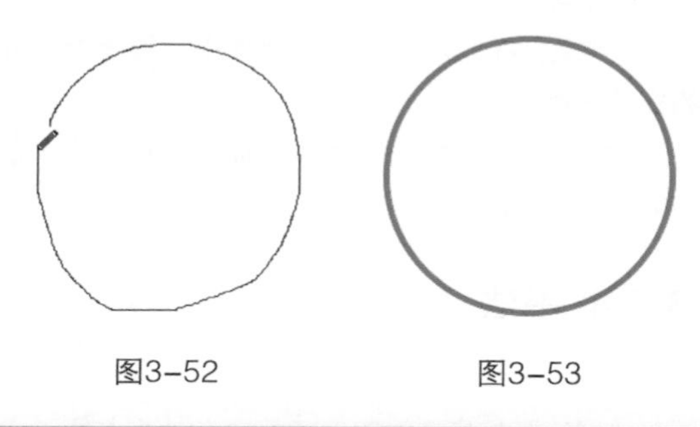

图3-52　　图3-53

2.绘制多个图形

在绘制过程中，当绘制的前一个图形未自动平滑前，可以继续绘制下一个图形，如图3-54所示，松开鼠标左键以后，图形将自动平滑，并且绘制的图形会形成同一组编辑对象，如图3-55所示。

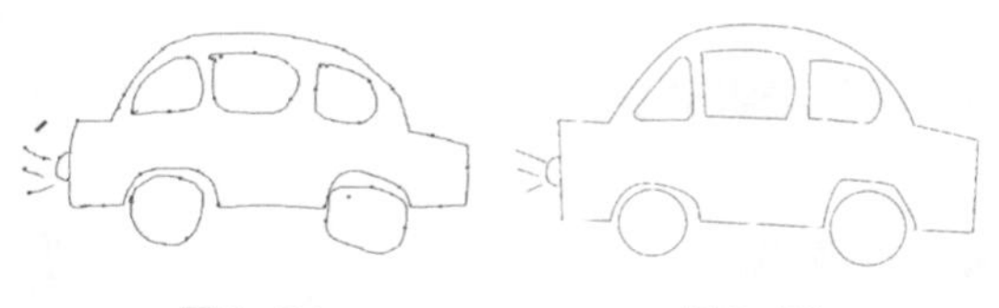

图3-54　　图3-55

当光标呈双向箭头形状时，拖曳绘制的图形可以改变图形的大小，如图3-56所示，当光标呈十字箭头形状时，可以移动图形的位置，在移动的同时单击鼠标右键还可以对其进行复制。

图3-56

3.智能绘图属性设置

“智能绘图工具”的属性栏如图3-57所示。

图3-57

⊙ 参数介绍

形状识别等级：设置检测形状并将其转换为对象的等级，包括“无”“最低”“低”“中”“高”和“最高”6个选项。

智能平滑等级：包括“无”“最低”“低”“中”“高”和“最高”6个选项。

轮廓宽度：为对象设置轮廓宽度。

3.2 艺术笔工具

“艺术笔工具”是所有绘画工具中最灵活多变的工具之一，不但可以绘制各种图形，还可以绘制各种笔触和底纹，为矢量绘画添加丰富的效果。也可以通过笔触路径节点来调整形状。

单击“艺术笔工具”，将光标移动到页面内，按住鼠标左键拖动绘制路径，如图3-58所示，松开鼠标左键完成绘制，如图3-59所示。

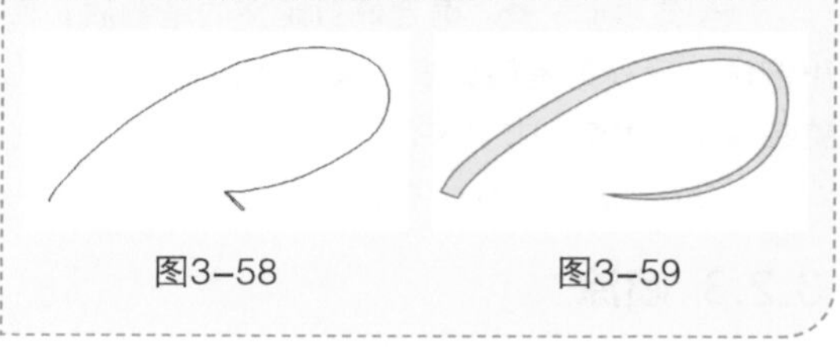

图3-58　　图3-59

3.2.1 预设

“预设”是指使用预设的矢量图形来绘制曲线。

在“艺术笔工具”属性栏上单击“预设”按钮，属性栏如图3-60所示。

图3-60

⊙ 重要参数介绍

手绘平滑：设置数值调整线条的平滑度，最高平滑度为100。

笔触宽度：调整绘制笔触的宽度，值越大笔触越宽，反之越小。

预设笔触：单击后面的按钮，打开下拉样式列表，可以选取相应的笔触样式。

随对象一起缩放笔触：单击该按钮后，缩放笔触时，笔触线条的宽度会随着缩放改变。

边框：单击后会隐藏或显示边框。

3.2.2 笔刷

“笔刷”是指绘制与笔刷笔触相似的曲线，可以利用“笔刷”绘制出仿真效果的笔触。

在“艺术笔工具”的属性栏上单击“笔刷”按钮，属性栏如图3-61所示。

图3-61

⊙ 重要参数介绍

类别：单击按钮，在下拉列表中可以选择要使用的笔刷类型。

笔刷笔触：在下拉列表中可以选择相应笔刷类型的笔刷样式。

浏览：可以浏览硬盘中的艺术笔刷文件夹，选中的艺术笔刷可以导入使用。

保存艺术笔触：确定好自定义的笔触后，使用该命令保存到笔触列表，文件格式为.cmx，位置在默认艺术笔刷文件夹。

删除：删除已有的笔触。

3.2.3 喷涂

“喷涂”是指通过喷涂一组预设图案进行绘制。

在“艺术笔工具”属性栏上单击“喷涂”按钮，属性栏如图3-62所示。

图3-62

⊙ 重要参数介绍

喷涂对象大小：在上方的数值框中将喷涂对象的大小统一调整为特定的百分比，可以手动调整数值。

递增按比例放缩：单击该按钮激活下方的数值框，在下方的数值框输入百分比可以将每一个喷涂对象的大小调整为前一个对象大小的某一特定百分比。

类别：选择要使用的喷涂类别。

喷射图样：选择相应喷涂类别的图案样式，可以是矢量的图案组。

喷涂顺序：提供了“随机”“顺序”和“按方向”3种顺序，这3种顺序要参考播放列表的顺序。

添加到喷涂列表：添加一个或多个对象到喷涂列表。

喷涂列表选项：可以打开“创建播放列表”对话框，设置喷涂对象的顺序和数目。

每个色块中的图案像素和图像间距：在上方的文本框中输入数值设置每个色块中的图像数；在下方的文本框中输入数值调整笔触长度中各色块之间的距离。

旋转：在“旋转”选项面板中设置喷涂对象的旋转角度。

偏移：在“偏移”选项面板中设置喷涂对象的偏移方向和距离。

3.2.4 书法

“书法”是指通过笔锋角度变化达到与书法笔触相似的效果。

在“艺术笔工具”属性栏上单击“书法”按钮，属性栏如图3-63所示。

图3-63

⊙ 重要参数介绍

书法角度∠：设置笔尖的倾斜角度，范围为0°~360°，如图3-64所示。

图3-64

3.2.5 压力

“压力”是指模拟压感画笔的效果进行绘制，可以配合数位板使用。

在工具箱中单击“艺术笔工具”，然后单击属性栏中的“压力”按钮，如图3-65所示，属性栏变为压力基本属性。该功能与在Adobe Photoshop软件中用数位板绘画的感觉相似，模拟压感进行绘制，笔触流畅。

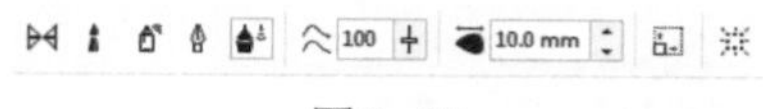

图3-65

3.3 矩形工具组

矩形是常用的基本图形，CorelDRAW X8软件提供了两种绘制矩形的工具，即“矩形工具”和“3点矩形工具”。

3.3.1 矩形工具

单击工具箱中的“矩形工具”□，将光标移动到页面空白处，按住鼠标左键以对角的方向拉伸，如图3-66所示，形成实线矩形，确定大小后松开鼠标左键完成绘制。

图3-66

在绘制矩形时按住Ctrl键，可以绘制一个正方形，如图3-67所示，也可以在属性栏中输入宽和高的值，将原有的矩形变为正方形，如图3-68所示。

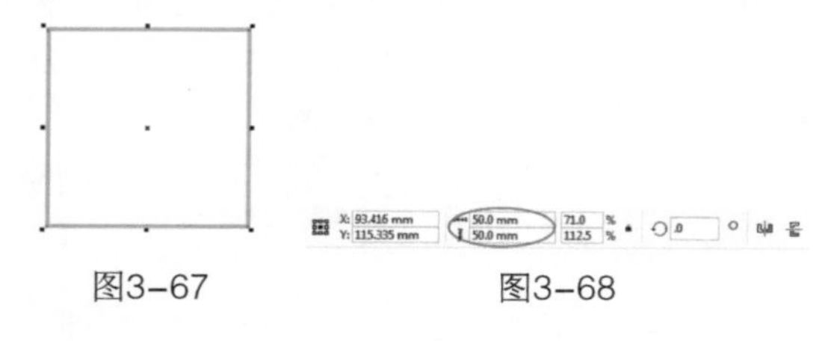

图3-67　　图3-68

提示

在绘制矩形时按住Shift键，可以以起始点为中心绘制一个矩形；同时按住Shift键和Ctrl键则是以起始点为中心绘制正几何图形，如矩形、圆、星形等。

“矩形工具”□的属性栏如图3-69所示。

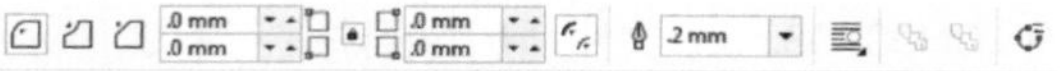

图3-69

⊙ 重要参数介绍

圆角：单击可以将角变为圆弧角，数值可以在后面输入。

扇形角：单击可以将角变为扇形相切的角，形成曲线角。

倒棱角：单击可以将角变为直棱角。

圆角半径：在4个文本框中输入数值可以分别设置边角的平滑度。

同时编辑所有角：单击激活后在任意一个“圆角半径”文本框中输入数值，其他3项数值将会随之变化；如果没有激活，可以分别修改“圆角半径”的数值。

相对的角缩放：单击激活后，边角在缩放时“圆角半径”也会相应缩放；如果没有激活，缩放的同时“圆角半径”将不会缩放。

轮廓宽度：可以设置矩形边框的宽度。

转换为曲线：在没有转曲时只能进行角上的变化，单击转曲后可以进行自由变换和添加节点等操作。

3.3.2 3点矩形工具

“3点矩形工具”可以通过指定3个点的位置，以指定的高度和宽度绘制矩形。

单击工具箱中的“3点矩形工具”，在页面空白处单击确定第1个点后按住鼠标不放进行拖动，此时会出现一条实线，如图3-70所示，确定位置后松开鼠标定下第2个点，然后移动光标进行定位，如图3-71所示，确定位置后单击，即可绘制一个矩形。

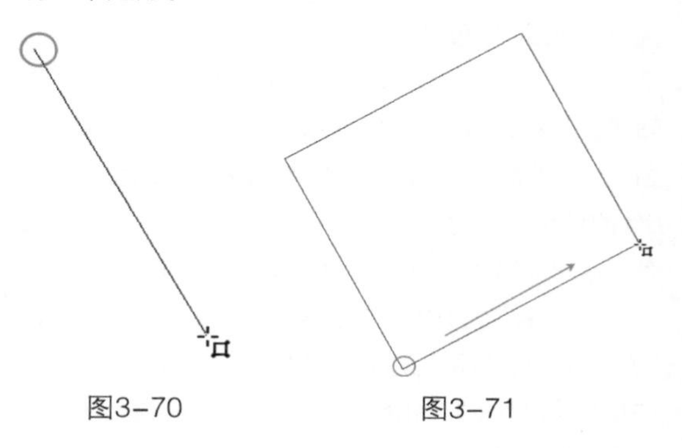

图3-70　　图3-71

操作练习 用“矩形工具”绘制日历

» 实例位置 实例文件>CH03>操作练习：用“矩形工具”绘制日历.cdr
» 素材位置 素材文件>CH03>03~04.psd、05~06.cdr
» 视频名称 操作练习：用“矩形工具”绘制日历.mp4
» 技术掌握 矩形工具的应用

日历效果如图3-72所示。

图3-72

01 新建一个页面大小为128mm×100mm的空白文档，单击“确定”按钮。使用“矩形工具”在页面上方绘制一个大小为128mm×34mm的矩形，填充颜色为（C:19，M:11，Y:5，K:0），然后去掉轮廓线，如图3-73所示。

图3-73

02 绘制相框。使用“矩形工具”绘制矩形，然后单击状态栏中的“编辑填充”按钮，在打开的“编辑填充”对话框中选择“渐变填充”方式，设置“类型”为“线性渐变填充”，接着设置“节点位置”为0%的色标颜色为（C:0，M:0，Y:0，K:90）、“节点位置”为58%的色标颜色为（C:0，M:0，Y:0，K:50）、“节点位置”为100%的色标颜色为（C:0，M:0，Y:0，K:60），“填充宽度”为140%、“旋转”为-73，并取消勾选的“自由缩放和倾斜” 选项，再单击“确定”按钮完成填充，设置如图3-74所示，最后去掉轮廓线，效果如图3-75所示。

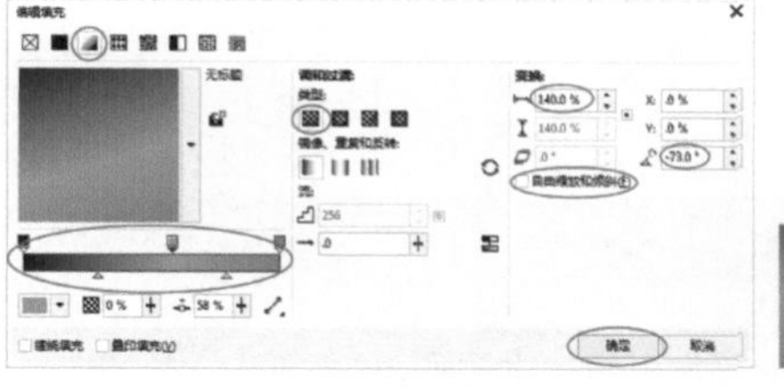

图3-74 图3-75

03 将矩形向内复制一份，填充颜色为白色，然后单击“透明度工具”，在矩形下面设置“均匀透明度”为50，如图3-76所示。

04 使用“钢笔工具”绘制边框，然后填充颜色为白色，接着使用“透明度工具”从左到右拖动渐变效果，如图3-77所示，再复制一份进行水平镜像，然后拖曳到另一边，更改渐变方向，效果如图3-78所示。

图3-76 图3-77 图3-78

05 选中其中一条边框，然后复制一份旋转-90°，放置在矩形上边并调整渐变方向，接着将新的边框复制一份进行垂直镜像，放置在矩形下面，最后填充为（C:0，M:0，Y:0，K:90），调整渐变效果，如图3-79所示。

06 将底部渐变矩形复制一份进行中心缩放，然后使用“透明度工具”单击矩形，设置“透明度”为50，接着将外层边框复制，再相应地排放在内部，注意复制时考虑光照效果，效果如图3-80所示。

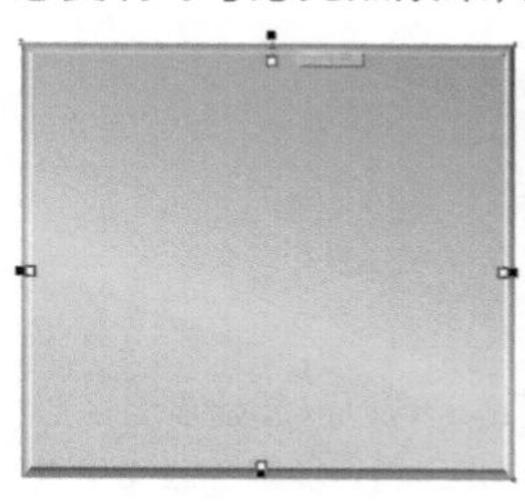

图3-79 图3-80

07 使用“矩形工具”在相框内绘制一个矩形，填充颜色为黑色，然后导入学习资源中的“素材文件>CH03>03.psd”文件，取消组合并进行缩放，接着选中图片执行“对象> PowerClip >置于图文框内部”菜单命令，把图片放置在矩形中，如图3-81所示。

图3-81

08 调整相框内图片的位置，然后将独立的鱼拖放在相框遮盖的相同位置，如图3-82所示，接着将相框进行对象组合并拖曳到页面左下角。

09 导入学习资源中的“素材文件>CH03>04.psd”文件，然后取消组合并拖曳到页面相应位置，注意鲤鱼和相框的位置关系。导入学习资源中的“素材文件>CH03>05.cdr”文件，拖曳到鲤鱼环绕的空白处，调整大小和位置，如图3-83所示。

图3-82

图3-83

10 导入学习资源中的“素材文件>CH03>06.cdr”文件，将素材放置在页面中的合适位置，最终效果如图3-84所示。

图3-84

3.4 椭圆形工具组

椭圆形是另一个常用的基本图形，CorelDRAW X8提供了两种绘制椭圆的工具，分别为“椭圆形工具”和“3点椭圆形工具”。

3.4.1 椭圆形工具

单击工具箱中的“椭圆形工具”，然后将光标移动到页面空白处，按住鼠标左键以对角的方向进行拉伸，如图3-85所示，可以预览圆弧大小，确定大小后松开鼠标左键完成绘制。

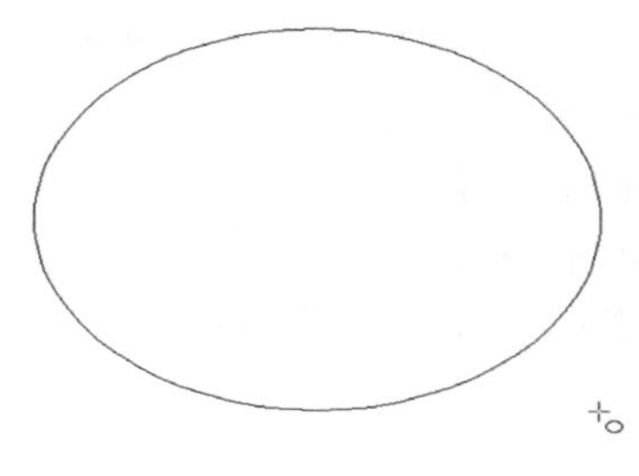

图3-85

提示

在绘制椭圆形时按住Ctrl键可以绘制一个圆，按住Shift键可以以起始点为中心绘制一个椭圆形，同时按住Shift键和Ctrl键则是以起始点为中心绘制圆。

“椭圆形工具”的属性栏如图3-86所示。

图3-86

⊙ 重要参数介绍

椭圆形：单击“椭圆形工具”，默认该图标是激活的，绘制椭圆形。单击“饼图”和“弧”按钮后，该图标为未选中状态。

饼图：单击激活后可以绘制圆饼，或者将已有的椭圆变为饼图，单击“椭圆形”和“弧”按钮后，则恢复为未选中状态。

弧：单击激活后可以绘制以椭圆为基础的弧线，或者将已有的椭圆或饼图变为弧，变为弧后，填充消失，只显示轮廓线，单击“椭圆形”和“饼图”按钮后，则恢复为未选中状态。

起始和结束角度：设置“饼图”和“弧”的断开位置的起始角度与终止角度，范围为0°~360°。

更改方向：用于变更起始和终止的角度方向，也就是顺时针和逆时针调换。

转曲：在没有转曲的情况下进行“形状”编辑时，是以饼图或弧为对象进行编辑的。转曲后可以编辑曲线，增减节点。

3.4.2 3点椭圆形工具

“3点椭圆形工具”和“3点矩形工具”的绘制原理相同，都是通过指定3个点来确定形状，不同之处是矩形以高度和宽度确定形状，椭圆则是以高度和直径确定形状。

单击工具箱中的“3点椭圆形工具”，在页面空白处单击确定第1个点后按住鼠标不放进行拖动，此时会出现一条实线，如图3-87所示，确定位置后，松开鼠标确定第2个点，然后移动光标进行定位，如图3-88所示，确定后单击鼠标左键完成绘制。

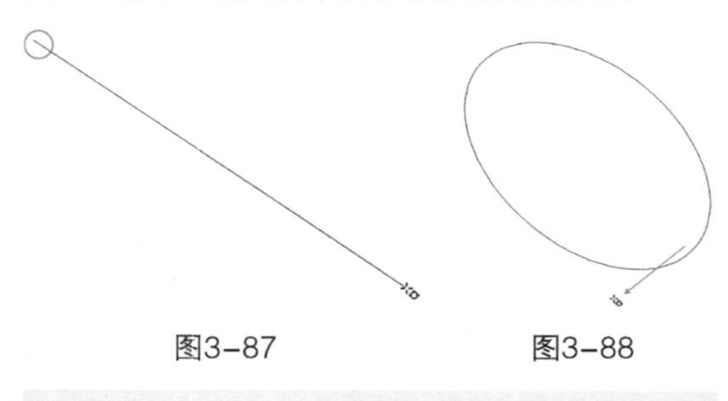

图3-87　　图3-88

> **提示**
> 用“3点椭圆形工具”绘制时，按住Ctrl键进行拖动可以绘制一个圆形。

3.5 多边形工具与星形工具

使用多边形工具与星形工具可以绘制出稍微复杂的图形，可以自定义图形的点数、边数来绘制需要的形状。

3.5.1 多边形工具

“多边形工具”专门用于绘制多边形，可以自定义多边形的边数。

1.绘制与设置

单击工具箱中的“多边形工具”，将光标移动到页面空白处，按住鼠标左键以对角的方向进行拉伸，如图3-89所示，可以预览多边形大小，确定后松开鼠标完成绘制。在默认情况下，多边形边数为5条。

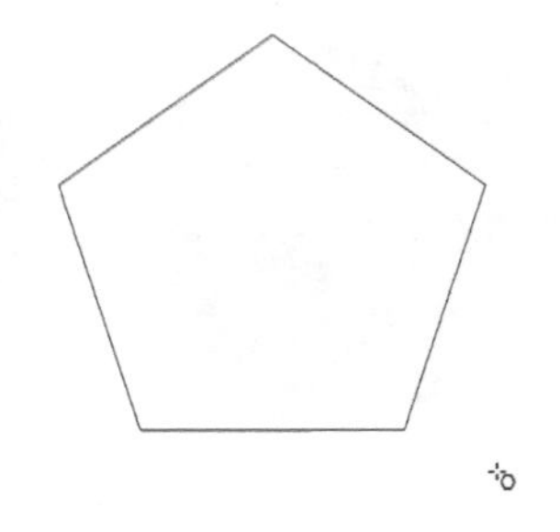

图3-89

“多边形工具”的属性栏如图3-90所示。

5　.2 mm

图3-90

⊙ 重要参数介绍

点数或边数： 在文本框中输入数值，可以设置多边形的边数，边数最小为3，边数越多，越接近于圆，如图3-91所示，但是边数最多为500。

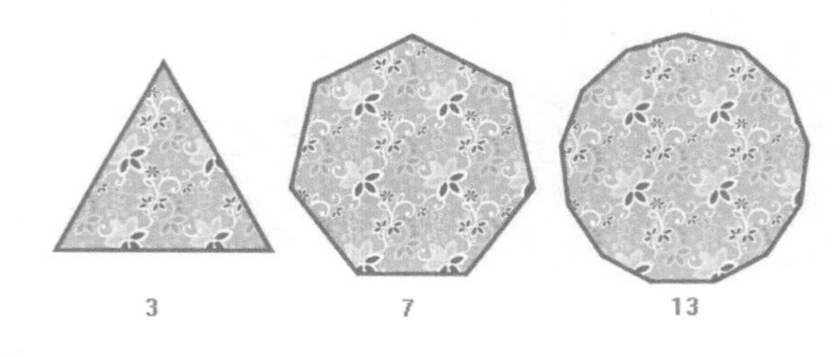

图3-91

2.多边形的修饰

多边形和星形、复杂星形都是息息相关的，可以通过增加边数和“形状工具”的修饰进行转化。

⊙ 多边形转星形

在默认的5条边情况下，绘制一个正多边形，在工具箱中单击“形状工具”，选择线段上的一个节点，按住Ctrl键和鼠标左键向内拖动，如图3-92所示，松开鼠标得到一个五角星形，如图3-93所示。

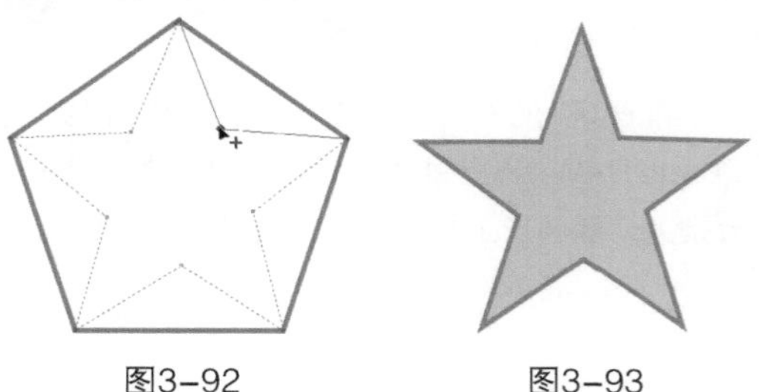

图3-92　　图3-93

⊙ 多边形转复杂星形

单击工具箱中的“多边形工具”，在属性栏上将“边数”设置为9，然后按住Ctrl键绘制一个正多边形，接着单击“形状工具”，选择线段上的一个节点，拖动至重叠，如图3-94所示，松开鼠标左键就得到一个复杂的重叠的星形，如图3-95所示。

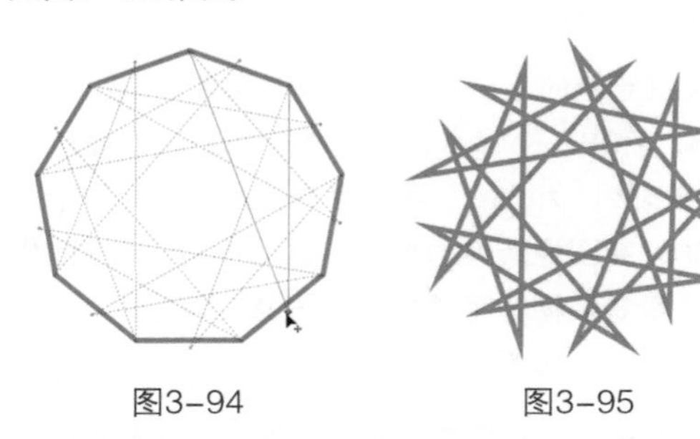

图3-94　　图3-95

3.5.2 星形工具

“星形工具”用于绘制规则的星形，默认星形的边数为12。

1.星形的绘制

单击工具箱中的“星形工具”，然后在页面空白处按住鼠标左键以对角的方向进行拖动，如图3-96所示，松开鼠标左键完成绘制。

图3-96

2.星形的参数设置

“星形工具”的属性栏如图3-97所示。

图3-97

⊙ 重要参数介绍

锐度▲：调整角的锐度，可以在文本框中输入数值，数值越大角越尖，数值越小角越钝，最大为99，角向内几乎缩成线；最小为1，角向外扩几乎贴平；值为50比较适中。

操作练习　制作星形吊牌

» 实例位置　实例文件>CH03>操作练习：制作星形吊牌.cdr
» 素材位置　素材文件>CH03>07.jpg
» 视频名称　操作练习：制作星形吊牌.mp4
» 技术掌握　星形工具的应用

星形吊牌效果如图3-98所示。

图3-98

01 新建一个大小为210mm×210mm的空白文档，然后单击“星形工具”，并在其属性栏设置“点数或边数”为5、“锐度”为45，接着按住Ctrl键在页面中绘制正五角星，如图3-99所示。

02 使用“椭圆形工具”以五角星的顶点为中心绘制一个圆，然后将圆向中心缩小复制一份，如图3-100所示，接着全选图形，单击属性栏中的“创建边界”按钮创建一个边框，最后删除五角星和较大的圆，效果如图3-101所示。

图3-99　　图3-100　　图3-101

03 将边框复制一份，填充颜色为80%黑色，然后去掉轮廓线，接着执行“位图>转换为位图”菜单命令，在打开的“转换为位图”对话框中设置“分辨率”为300，如图3-102所示。

图3-102

04 执行“位图>模糊>高斯式模糊”菜单命令，在打开的“高斯式模糊”对话框中设置“半径”为5，如图3-103所示，效果如图3-104所示。

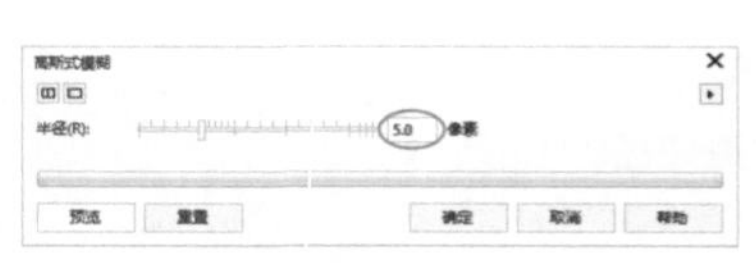

图3-103

图3-104

05 复制边框，然后双击状态上的“编辑填充”按钮，在打开的“编辑填充”对话框中单击“双色图样填充”按钮，接着选择图样，设置颜色为（C:13，M:9，Y:9，K:0）和（C:88，M:43，Y:93，K:13），再设置“填充宽度”和“填充高度”均为25，如图3-105所示。

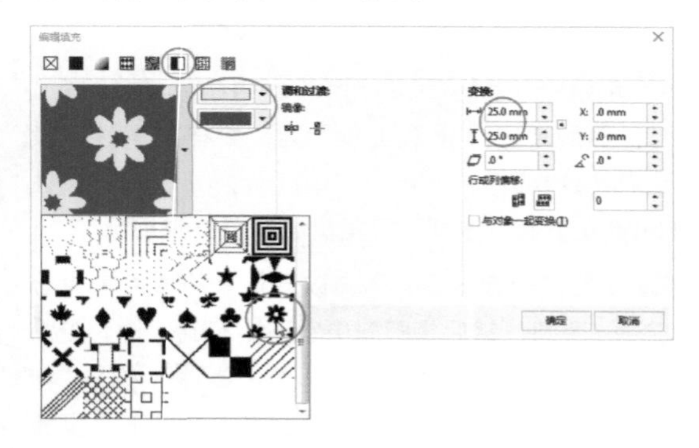

图3-105

06 为图形去掉轮廓线并复制一份备用，然后执行“位图>转换为位图”菜单命令，设置“分辨率”为300，将图像转换为位图，接着执行“位图>模糊>高斯式模糊”菜单命令，设置“半径”为5，效果如图3-106所示。

07 选中复制的对象，执行“位图>转换为位图”菜单命令，设置“分辨率”为300，将图像转换为位图，然后执行“位图>模糊>高斯式模糊”菜单命令，设置“半径”为2，效果如图3-107所示。

08 按照制作顺序将图形进行叠加排放，并适当移动下面两层图形的位置，如图3-108所示。

图3-106　图3-107　图3-108

09 使用“星形工具”绘制正五角星，“点数或边数”为5、“锐度”为35，如图3-109所示。

10 复制绘制的五角星，然后填充颜色为（C:65，M:53，Y:98，K:11），并去掉轮廓线，接着执行“位图>转换为位图”菜单命令，设置“分辨率”为300，将图像转换为位图，最后执行“位图>模糊>高斯式模糊”菜单命令，设置“半径”为5，效果如图3-110所示。

11 复制绘制的五角星，然后填充颜色为（C:65，M:53，Y:98，K:11），并去掉轮廓线，接着执行“位图>转换为位图”菜单命令，设置“分辨率”为300，将图像转换为位图，最后执行“位图>模糊>高斯式模糊”菜单命令，设置“半径”为2，效果如图3-111所示。

图3-109　图3-110　图3-111

12 选中之前绘制的正五角星，更改“锐度”为35，然后复制一份，导入学习资源中的“素材文件>CH03>07.jpg”文件，如图3-112所示，接着执行“对象>PowerClip>置于图文框内部”菜单命令，将图片置于五角星内，并适当调整图片在五角星内的显示内容，最后去掉轮廓线，效果如图3-113所示。

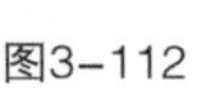

图3-112

图3-113

13 选中更改后的五角星，然后双击状态栏中的“轮廓笔”按钮，在打开的“轮廓笔”对话框中设置“颜色”为（C:33，M:100，Y:100，K:2）、“宽度”为5mm，并选择合适的“样式”，如图3-114所示，效果如图3-115所示。

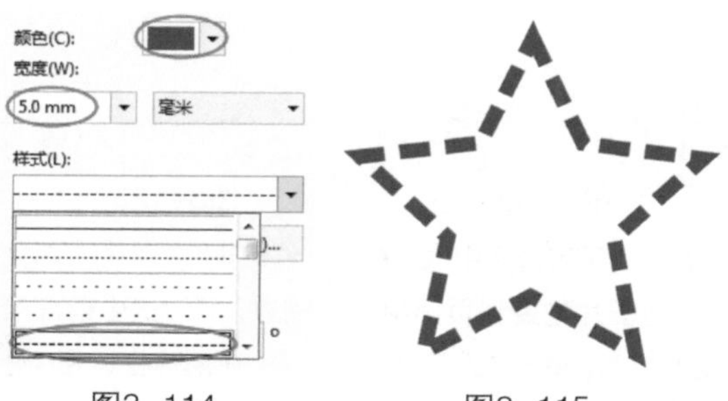

图3-114　　图3-115

14 按绘制顺序叠加排放图形，并适当调整位置和大小，最终效果如图3-116所示。

图3-116

3.5.3 复杂星形工具

“复杂星形工具”用于绘制有交叉边缘的星形，与星形的绘制方法相同。

1.绘制复杂星形

单击工具箱中的“复杂星形工具”，然后在页面空白处按住鼠标左键以对角的方向拖动，松开鼠标完成绘制，如图3-117所示。

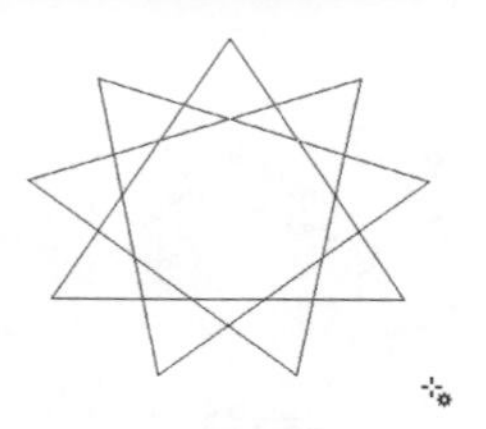

图3-117

2.复杂星形的设置

“复杂星形工具”的属性栏如图3-118所示。

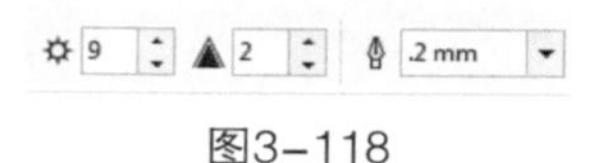

图3-118

⊙ **重要参数介绍**

点数或边数：最大值为500（值没有变化），变为圆；最小值为5（其他值为3），为交叠五角星。

锐度：最小值为1（值没有变化），边数越大越偏向于圆。最大值随着边数递增。

3.6 图纸与螺纹工具

可以利用图纸与螺纹工具的特性，简单巧妙地绘制出需要的图形。

3.6.1 图纸工具

利用“图纸工具”可以绘制一组由矩形组成的网格，格子数可以设置。

1.绘制图纸

单击工具箱中的“图纸工具”，设置好网格的行数与列数，在页面空白处按住鼠标左键以对角拖动预览，松开鼠标键完成绘制，如图3-119所示。

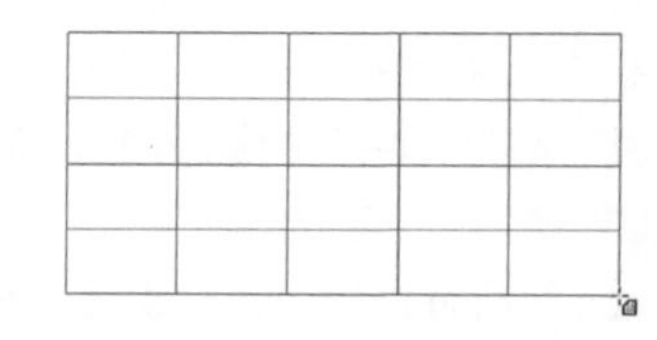

图3-119

2.设置参数

设置网格的行数和列数有助于在绘制时更加精确。单击工具箱中的“图纸工具”，在属性栏中输入“行数和列数”值，如图3-120所示，输入“行”为“5”，“列”为“4”，得到的网格图纸如图3-121所示。

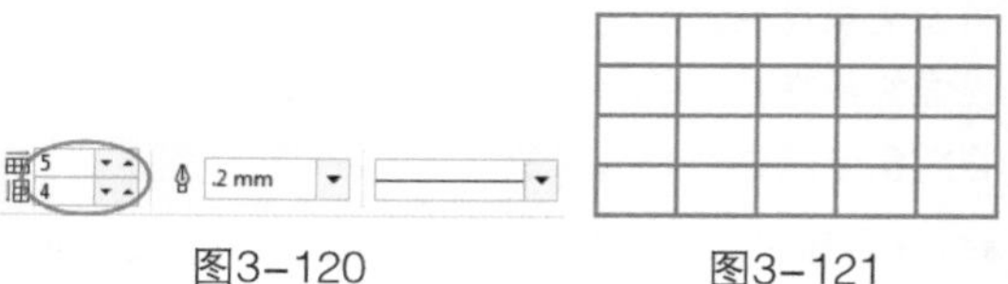

图3-120　　图3-121

操作练习 用“图纸工具”绘制象棋盘

» 实例位置 实例文件>CH03>操作练习：用“图纸工具”绘制象棋盘.cdr
» 素材位置 素材文件>CH03>08.cdr、09.jpg
» 视频名称 操作练习：用“图纸工具”绘制象棋盘.mp4
» 技术掌握 图纸工具的应用

象棋盘效果如图3-122所示。

图3-122

01 新建空白文档，设置页面大小为“A4”、页面方向为“横向”，单击“确定”按钮，然后单击“图纸工具”，并在属性栏中设置“行数和列数”分别为“8”和“4”，接着在页面中绘制方格，最后使用“2点线工具”在左边中间方格上绘制对角线，如图3-123所示。

02 使用“钢笔工具”在方格衔接处绘制直角折线，然后将折线组合对象复制在方格相应位置上，如图3-124所示。

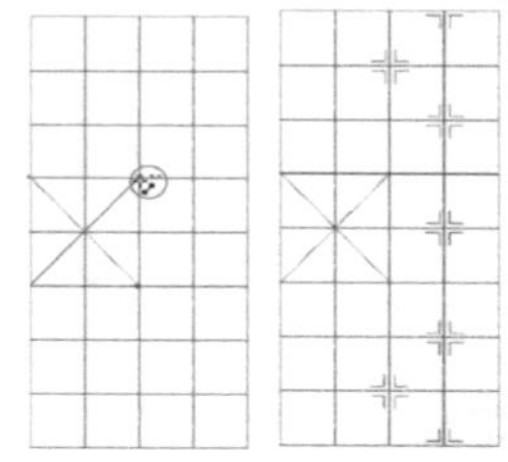
图3-123 图3-124

03 使用“矩形工具”在方格外绘制矩形，然后将左边棋盘格全选进行组合对象，并复制一份水平镜像拖放在右边的棋盘上，如图3-125所示，接着将棋盘全选进行组合对象。

04 选中棋盘，双击状态栏中的“编辑填充”按钮，填充颜色为(C:1，M:7，Y:9，K:0)，然后设置“轮廓宽度”为“0.5mm”、颜色为(C:36，M:94，Y:100，K:4)，接着导入学习资源中的“素材文件>CH03>08.cdr”文件，将“楚河汉界”文字拖曳到棋盘中间的空白处，如图3-126所示，最后将对象全选进行组合。

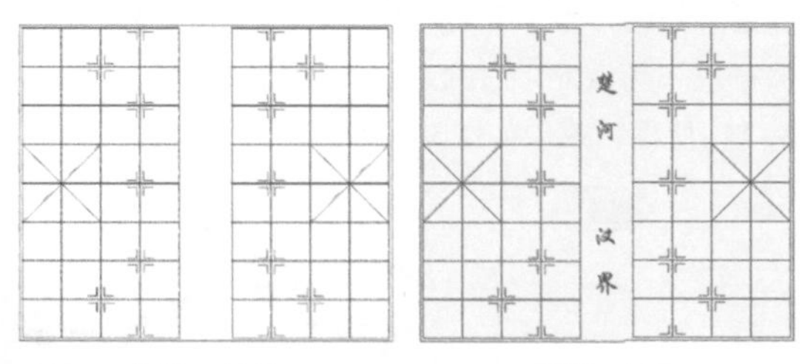
图3-125 图3-126

05 导入学习资源中的“素材文件>CH03>09.jpg”文件，将图片拖曳到页面中进行缩放，然后选中前面绘制的棋盘，单击“透明度工具”，在属性栏设置“透明度类型”为“均匀透明度”、“合并模式”为“底纹化”、“透明度”为“11”，接着将棋盘旋转15.6°，再拖曳到背景图右边墨迹处，如图3-127所示。

图3-127

06 导入学习资源中的“素材文件>CH03>08.cdr”文件，调整棋盘、棋子和文字的位置，最终效果如图3-128所示。

图3-128

3.6.2 螺纹工具

利用“螺纹工具”可以直接绘制特殊的对称式和对数式的螺旋纹图形。

1.绘制螺纹

单击工具箱中的“螺纹工具”，在页面空白处按住鼠标左键以对角进行拖动预览，松开鼠标完成绘制，如图3-129所示。

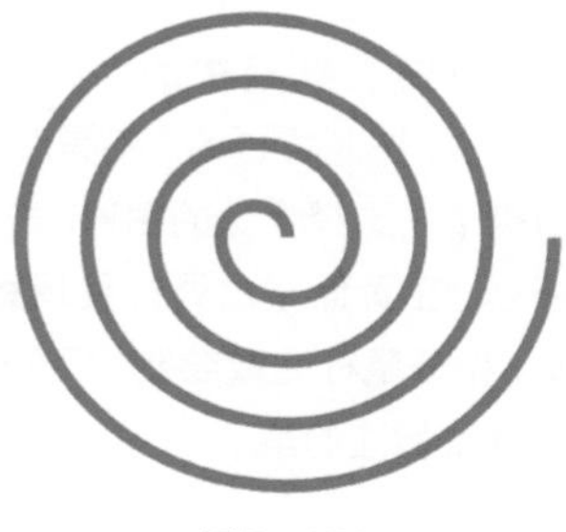

图3-129

2.螺纹的设置

“螺纹工具”的属性栏如图3-130所示。

图3-130

⊙ 参数介绍

螺纹回圈：设置螺纹中完整圆形回圈的圈数，范围为1~100，值越大，圈数越密。

对称式螺纹：单击激活后，螺纹的回圈间距是均匀的。

对数螺纹：单击激活后，螺纹的回圈间距是由内向外不断增大的。

螺纹扩展参数：设置对数螺纹时激活，向外扩展的速率的最小值为1，最大值为100，间距内圈最小，越往外越大。

3.7 形状工具组

CorelDRAW X8软件将工具箱中一些常用的形状编组，方便用户单击选取并绘制。长按鼠标左键打开形状工具组，包括“基本形状工具”、“箭头形状工具”、“流程图形状工具”、“标题形状工具”、“标注形状工具”共5种形状样式。

3.7.1 基本形状工具

利用“基本形状工具”可以快速绘制梯形、心形、圆柱体、水滴等基本形状，如图3-131所示。绘制方法和多边形绘制方法相同，个别形状在绘制时会出现红色轮廓的沟槽，可通过轮廓沟槽修改形状。

图3-131

单击工具箱中的“基本形状工具”，在属性栏的“完美形状”下拉列表中选择，如图3-132所示。单击按钮，在页面空白处按住鼠标左键拖动，松开鼠标完成绘制，如图3-133所示。

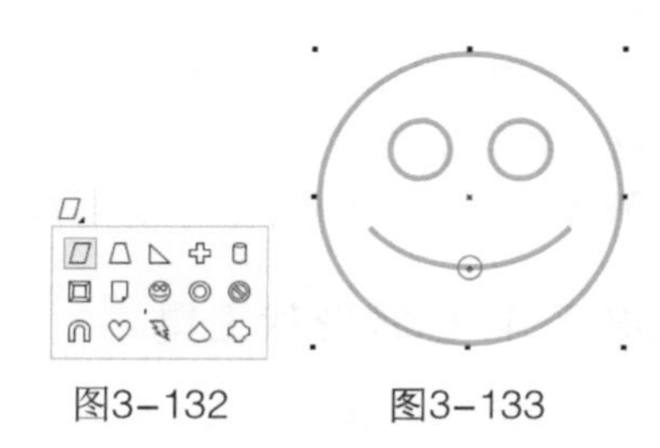

图3-132　　图3-133

3.7.2 箭头形状工具

利用“箭头形状工具”可以快速绘制路标、指示牌和方向引导标识，移动轮廓沟槽可以修改形状。

单击工具箱中的“箭头形状工具”，在属性栏的“完美形状”下拉列表中选择，如图3-134所示。单击按钮，在页面空白处按住鼠标左键拖动，松开鼠标完成绘制，如图3-135所示。

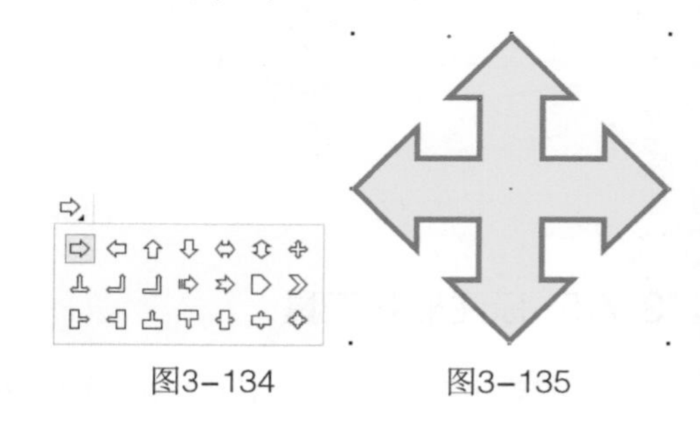

图3-134　　图3-135

由于箭头相对于复杂，变量也相对多，所以控制点为两个，黄色的轮廓沟槽控制十字干的粗细，如图3-136所示；红色的轮廓沟槽控制箭头的宽度，如图3-137所示。

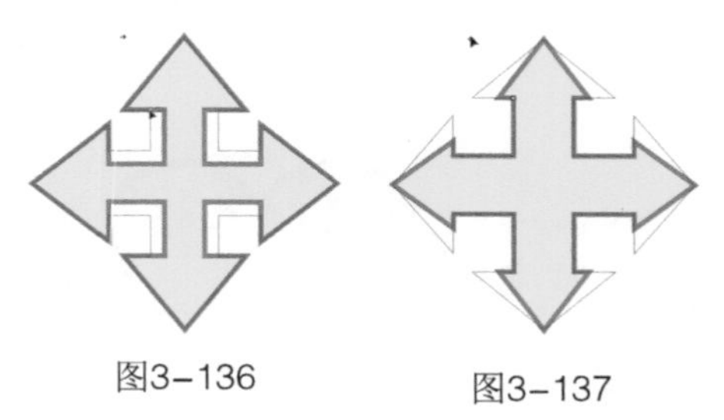

图3-136　　图3-137

3.7.3 流程图形状工具

利用“流程图形状工具”可以快速绘制数据流程图和信息流程图，不能通过轮廓沟槽修改形状。

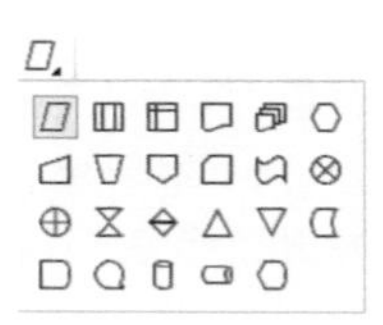

图3-138

单击工具箱中的“流程图形状工具”，在属性栏的“完美形状”的下拉列表中进行选择，如图3-138所示。

3.7.4 标题形状工具

利用“标题形状工具”可以快速绘制标题栏、旗帜标语、爆炸效果，如图3-139所示，可以通过轮廓沟槽修改形状。

单击工具箱中的“标题形状工具”，在属性栏的“完美形状”的下拉列表中选择合适的图形，如图3-140所示，在页面空白处按住鼠标左键拖动，松开鼠标完成绘制，可拖动轮廓沟槽控制宽度或透视。

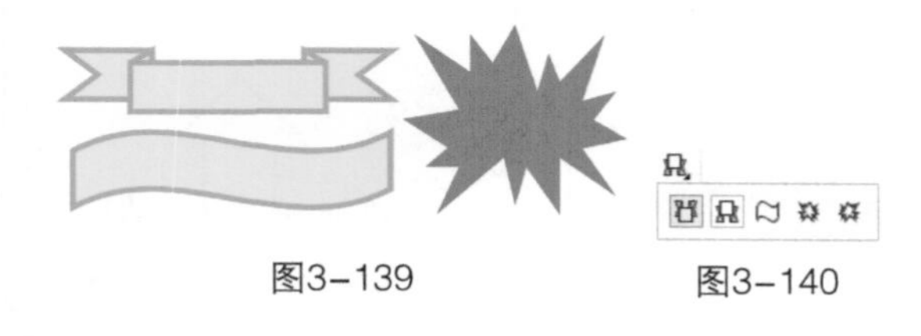

图3-139　　图3-140

3.7.5 标注形状工具

利用“标注形状工具”可以快速绘制补充说明和对话框，如图3-141所示，可以通过轮廓沟槽修改形状。

图3-141

单击工具箱中的“标注形状工具”，在属性栏的“完美形状”下拉列表中选择合适的图形，如图3-142所示，在页面空白处按住鼠标左键拖动，松开鼠标完成绘制，可拖动轮廓沟槽修改标注的角。

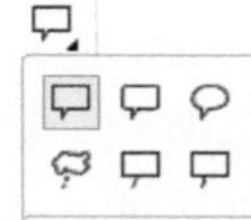

图3-142

3.8 轮廓线的操作

在设计图形的过程中，调整对象轮廓线的样式、颜色、宽度等属性，可以使图形更加丰富，更加灵活，从而提高设计的水准。轮廓线的属性可以在对象与对象之间复制，并且可以将轮廓转换为对象进行编辑。

3.8.1 轮廓笔对话框

“轮廓笔”对话框用于设置轮廓线的属性，如颜色、宽度、样式、箭头等。

在状态栏中双击“轮廓笔”按钮，可以打开“轮廓笔”对话框，如图3-143所示。

图3-143

⊙ 重要参数介绍

颜色：可以在下拉列表中选择填充线条的颜色，可以单击已有的颜色进行填充，也可以单击“滴管”按钮吸取图片上的颜色进行填充。

宽度：可以在文本框中输入线条宽度数值，或者在下拉列表中选择，在下拉列表中选择单位。

样式：可以在下拉列表中选择线条样式。

斜接限制：用于解决添加轮廓时出现的尖突情况，可以在文本框中输入数值进行修改，数值越小，越容易出现尖突，正常情况下，45°为最佳值。

角：用于设置轮廓线夹角的“角”样式。

线条端头：用于设置单线条或未闭合路径线段顶端的样式。

箭头：在相应的方向下拉列表中设置添加左边与右边端点的箭头样式。

选项：可以在下拉列表中进行快速设置，左右两个“选项”按钮，分别控制相应方向的箭头样式。

书法：设置书法效果可以将单一粗细的线条修饰为书法线条。

3.8.2 轮廓线宽度

变更对象轮廓线的宽度可以使图像效果更丰富，同时起到增强对象醒目程度的作用。

1.设置轮廓线宽

选中对象，在属性栏的“轮廓宽度”后面的文本框中输入数值或在下拉列表中修改，如图3-144所示，数值越大，轮廓线越宽。

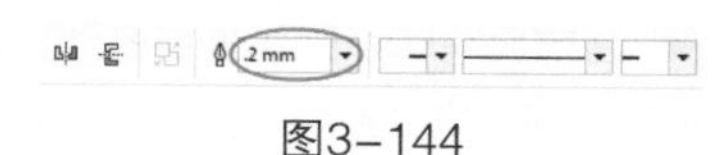

图3-144

2.清除轮廓线

绘制图形时，默认会出现宽度为0.2mm、颜色为黑色的轮廓线，也可以将轮廓线清除。

清除轮廓线的方法有两种。

第1种：单击选中对象，在默认调色板中单击“无填充”，将轮廓线清除。

第2种：选中对象，在属性栏的“轮廓宽度”下拉列表中选择“无”，将轮廓清除。

3.8.3 轮廓线颜色

设置轮廓线的颜色可以将轮廓与对象区分开，同时使轮廓线效果更丰富。

设置轮廓线颜色的方法有4种。

第1种：单击选中对象，在右边的默认调色板中单击鼠标右键进行修改，默认情况下，单击鼠标左键为填充对象、单击鼠标右键为填充轮廓线，可以利用调色板进行快速填充，如图3-145所示。

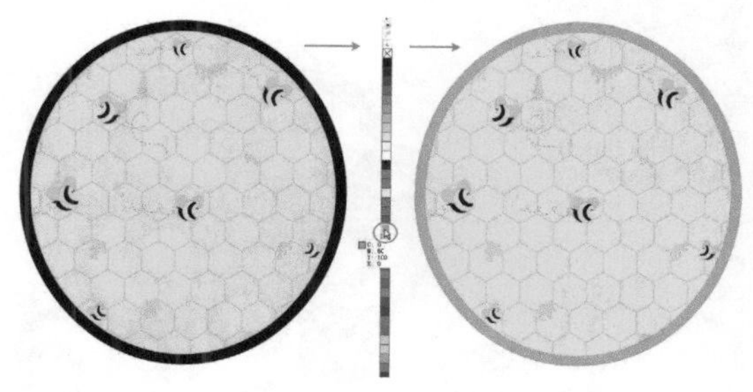

图3-145

第2种：单击选中对象，如图3-146所示，在状态栏上双击轮廓线颜色，在弹出的“轮廓线”对话框中修改。

图3-146

第3种：选中对象，执行“窗口>泊坞窗>颜色”菜单命令，打开“颜色泊坞窗”面板，单击选取颜色或输入CMYK数值，再单击“轮廓”按钮进行填充，如图3-147所示。

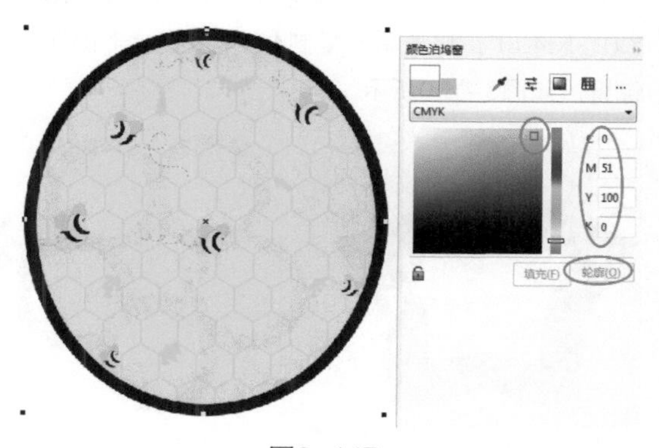

图3-147

第4种：选中对象，双击状态栏中的“轮廓笔工具” ，打开“轮廓笔”对话框，在“颜色”栏中输入数值进行填充。

操作练习 通过调整轮廓线颜色来绘制杯垫

- 实例位置 实例文件>CH03>操作练习：通过调整轮廓线颜色来绘制杯垫.cdr
- 素材位置 素材文件>CH03>10.psd、11.cdr
- 视频名称 操作练习：通过调整轮廓线颜色来绘制杯垫.mp4
- 技术掌握 轮廓颜色的应用

杯垫效果如图3-148所示。

图3-148

01 新建空白文档，设置页面大小为“A4”、页面方向为“横向”，单击“确定”按钮 ，然后使用“星形工具” 绘制正星形，在属性栏设置“点数或边数”为5、“锐度”为20、“轮廓宽度”为8mm，再填充轮廓线颜色为（C:60，M:40，Y:0，K:40），如图3-149所示。

02 使用“椭圆形工具” 绘制一个圆，然后设置“轮廓宽度”为8mm、颜色为（C:60，M:40，Y:0，K:40），接着将圆复制4个排放在星形的凹陷位置，如图3-150所示。

图3-149　　图3-150

03 复制一个圆进行缩放，然后复制排放在大圆内，接着复制一份进行缩放，再放置在星形中间，最后将小圆复制在圆的相交处，如图3-151所示。

04 组合对象，然后复制一份，填充轮廓颜色为（C:20，M:0，Y:0，K:40），将其放置在原对象下方，体现厚度效果，接着全选对象复制一份，再向下进行缩放，调整厚度位置，如图3-152所示。

图3-151　　图3-152

05 将绘制好的杯垫复制2份，删掉厚度，然后旋转角度排放在页面对角位置，如图3-153所示，接着执行“位图>转换为位图”菜单命令，打开“转换为位图”对话框，设置“分辨率”为“300”，最后单击“确定”按钮 ，将对象转换为位图。

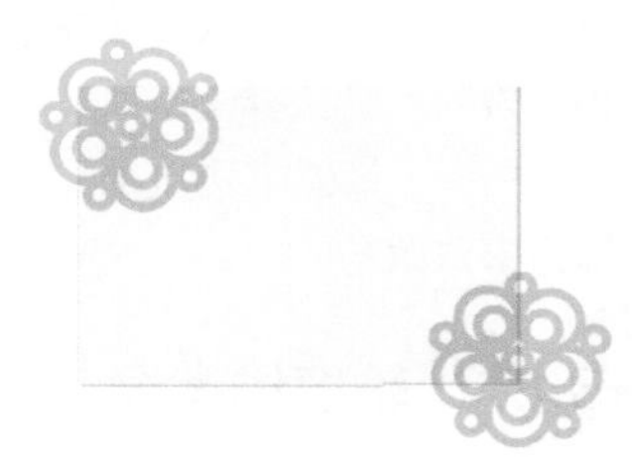

图3-153

06 使用“透明度工具” 单击位图，然后在图像下方设置“透明度”为70。双击“矩形工具” 创建一个与页面大小相同的矩形，然后填充10%黑，接着选中位图并执行“对象>PowerClip>置于图文框内部”菜单命令，把图片放置在矩形中，再取消轮廓线，效果如图3-154所示。

07 将前面编辑好的杯垫拖曳到页面右边，然后将缩放过的杯垫拖曳到页面左下方，如图3-155所示。

图3-154　　图3-155

08 将小杯垫复制2个放在旁边，然后为这两个杯垫添加适当的阴影，效果如图3-156所示。

图3-156

09 导入学习资源中的“素材文件>CH03>10.psd”文件，然后将杯子缩放拖曳到杯垫上，导入学习资源中的“素材文件>CH03>11.cdr”文件，解散文本拖曳到页面中，最终效果如图3-157所示。

图3-157

3.8.4 轮廓线样式

设置轮廓线的样式可以提升图形美观度，也可以起到醒目和提示作用。

改变轮廓线的样式有两种方法。

第1种：选中对象，在属性栏的“线条样式”下拉列表中选择相应样式来变更轮廓线样式，如图3-158所示。

第2种：选中对象后，双击状态栏下的“轮廓笔工具”，打开“轮廓笔”对话框，在“样式”下拉列表中选择相应的样式进行修改，如图3-159所示。

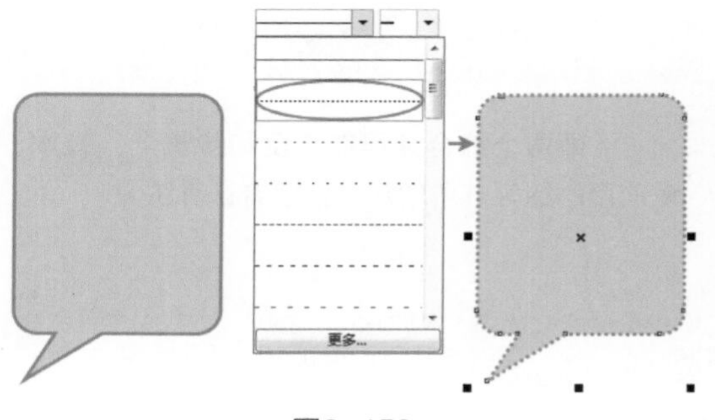

图3-158

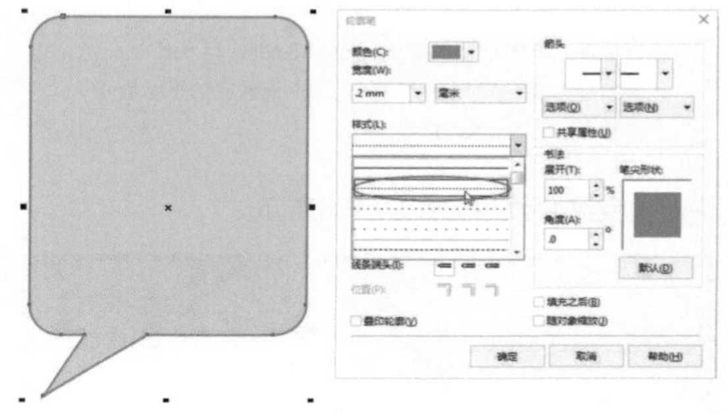

图3-159

3.8.5 轮廓线转换为对象

在CorelDRAW X8中，只能对轮廓线进行宽度调整、颜色均匀填充、样式变更等操作，如果在编辑对象的过程中需要对轮廓线执行对象的相关操作，可以将轮廓线转换为对象。

选中要编辑的轮廓，如图3-160所示，执行“对象>将轮廓转换为对象”菜单命令，将轮廓线转换为对象。

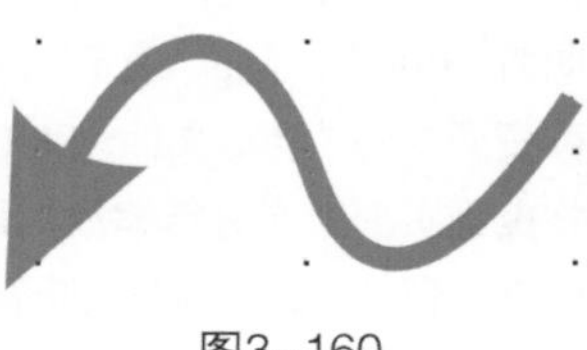

图3-160

转为对象后，可以进行形状修改、渐变填充、图案填充等操作，如图3-161~图3-163所示。

图3-161　图3-162　图3-163

3.9 综合练习

下面两个综合练习在难度和步骤上，较本章前面的练习有所增加，请读者认真练习。

综合练习 用“手绘工具”制作宝宝照片

» 实例位置 实例文件>CH03>综合练习：用“手绘工具”制作宝宝照片.cdr
» 素材位置 素材文件>CH03>12.jpg、13.cdr、14.cdr
» 视频名称 综合练习：用“手绘工具”制作宝宝照片.mp4
» 技术掌握 手绘工具的应用

宝宝照片效果如图3-164所示。

图3-164

01 新建空白文档，设置页面大小为“A4”、页面方向为“横向”，单击“确定”按钮，然后导入学习资源中的“素材文件>CH03>12.jpg”文件，将其拖曳到页面上方进行缩放，让图片贴齐页面上方，页面下方留白，如图3-165所示。

图3-165

02 双击“矩形工具”，创建与页面等大小的矩形，填充颜色为(C:35, M:73, Y:100, K:0)，然后双击创建第2个矩形，接着设置轮廓线“宽度”为“10mm”，轮廓线颜色为(C:35, M:73, Y:100, K:0)，再在属性栏设置“圆角”为“5mm”，如图3-166所示。

图3-166

03 绘制边框内角。使用“矩形工具”绘制一个正方形，填充与边框相同的颜色，如图3-167所示。单击属性栏中的“转曲”按钮，将正方形转为自由编辑对象，然后单击“形状工具”，双击右下角的节点，将其去掉；选中斜线，单击鼠标右键，在弹出的快捷菜单中选择“到曲线”命令，最后拖动斜线得到均匀曲线，如图3-168所示。

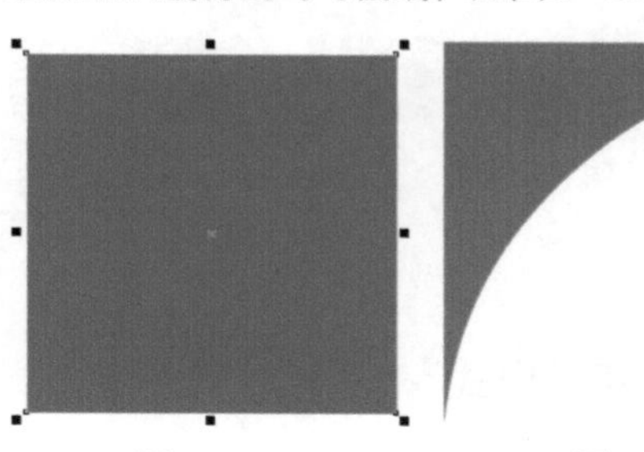

图3-167 图3-168

04 将绘制好的对象拖曳到页面左上角，进行缩放调整，如图3-169所示，然后复制一份拖动到右上角，接着单击“水平镜像”按钮进行水平反转。

05 添加外框装饰。导入学习资源中的“素材文件>CH03>13.cdr”文件，然后选中小鸡，执行“编辑>步长和重复”菜单命令，在“步长和重复”面板中设置“垂直设置”的“类型”为“无偏移”、“水平设置”的“类型”为“对象之间的间距”、“距离”为“0mm”、“方向”为“右”、“份数”为“8”，接着单击“应用”按钮应用进行复制，最后将小鸡群组拖曳到照片与边框的交界线上居中对齐，效果如图3-170所示。

图3-169

图3-170

06 使用“手绘工具”绘制翅膀形状，双击对象选中相应节点，单击鼠标右键，在弹出的快捷菜单中选择“尖突”命令修改曲线形状，如图3-171所示，接着填充翅膀颜色为（C:7，M:16，Y:53，K:0），设置轮廓线“宽度”为“3mm”、轮廓线颜色为白色，最后单击“透明度工具”，在属性栏设置“透明度类型”为“均匀透明度”、“透明度”为“20”，效果如图3-172所示。

图3-171　　图3-172

07 将绘制的翅膀拖曳到宝宝照片上，然后复制一份双击微调透视角度，再拖曳到相应的宝宝后背上，如图3-173所示。

08 绘制鸡蛋的表情。使用“手绘工具”绘制鸡蛋的表情，然后填充嘴巴颜色为白色，填充轮廓线颜色为（C:48，M:100，Y:100，K:25），接着设置眼睛的轮廓线“宽度”为“1.5mm”、嘴巴的轮廓线“宽度”为“1mm”，效果如图3-174所示。

图3-173

图3-174

09 使用“手绘工具”绘制脸部红晕形状，然后填充颜色为（C:0，M:100，Y:0，K: 0），并去掉轮廓线，接着使用“透明度工具”单击脸部红晕，在其下方设置“透明度”为“40”，最后使用“手绘工具”在脸部红晕上绘制几条线段，设置轮廓线“宽度”设为“0.2mm”、颜色为（C:48，M:100，Y:100，K:25），效果如图3-175所示。

10 导入学习资源中的“素材文件>CH03>14.cdr”文件，将文字取消组合，排放在相应的鸡蛋中，最终效果如图3-176所示。

图3-175

图3-176

综合练习 用“多边形工具”绘制七巧板

- 实例位置 实例文件>CH03>综合练习：用“多边形工具”绘制七巧板.cdr
- 素材位置 素材文件>CH03>17.jpg、18.cdr
- 视频名称 综合练习：用“多边形工具”绘制七巧板.mp4
- 技术掌握 几何绘图工具的应用

七巧板效果如图3-177所示。

图3-177

01 新建文档，设置页面大小为“A4”、页面方向为“横向”，单击“确定”按钮，然后使用“矩形工具”绘制正方形，使用“手绘工具”绘制对角线，接着全选并组合对象，然后旋转45°，如图3-178所示。

02 使用“矩形工具”以正方形中心为原点绘制一个小正方形，然后全选旋转45°，如图3-179所示，接着使用“手绘工具”绘制分割七巧板块面的线，如图3-180所示。

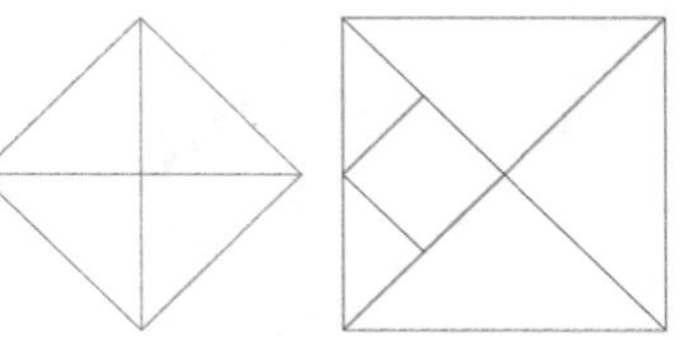

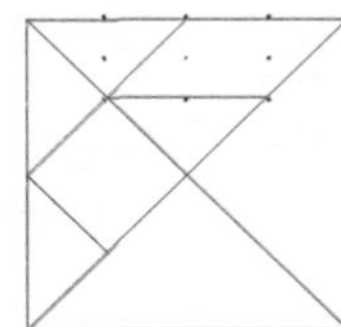

图3-178　图3-179　图3-180

03 使用“形状工具”调整其中一条对角线的长度，如图3-181所示，然后选中除正方形外的所有对象，将其锁定，如图3-182所示。

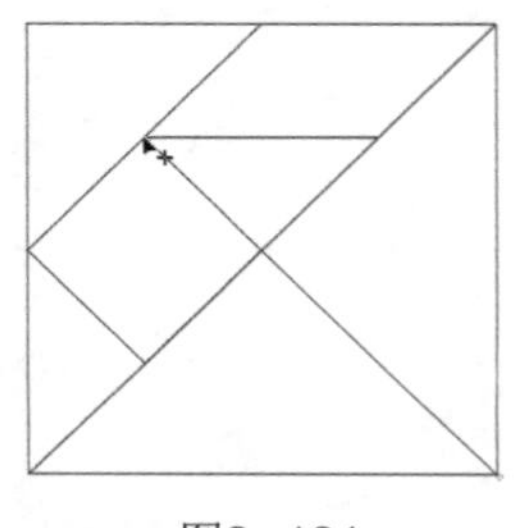

图3-181　图3-182

04 使用“多边形工具”绘制多边形，然后在属性栏设置“点数或边数”为“3”，并将多边形转曲，接着选中直线上的节点进行删除，最后使用“形状工具”将三角形复制在七巧板里进行编辑，如图3-183所示，使用同样的方法编辑其他独立模块，最后移除多余线条，再复制一份将其组合，如图3-184所示。

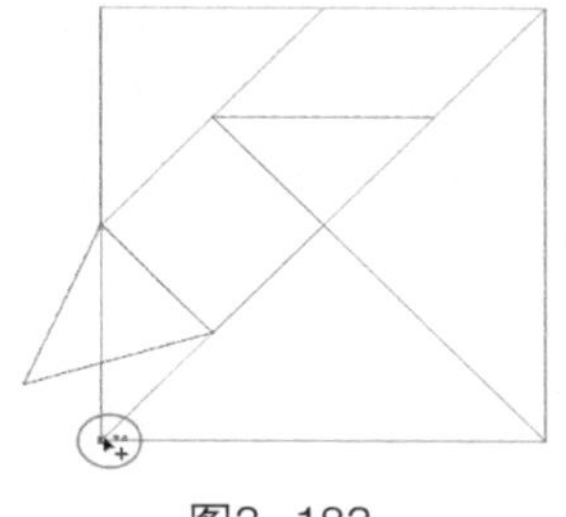

图3-183

图3-184

提示

图3-184的轮廓线只是为了区分每个版块而填充颜色，在实际操作时可不用填充轮廓线的颜色。

05 选中组合对象，导入学习资源中的“素材文件>CH03>17.jpg”文件，选中素材执行“对象>PowerClip>置于图文框内部”菜单命令，把图片放置在组合的对象中，如图3-185所示，效果如图3-186所示，然后取消组合。

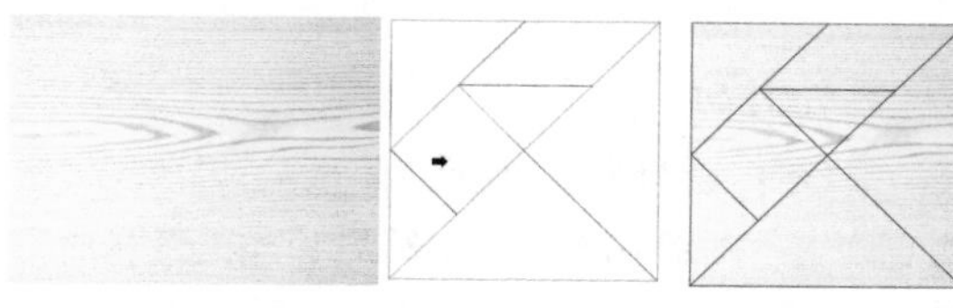

图3-185　　图3-186

06 为剩下的一个七巧板的每个小版块填充颜色，板1为浅橘色（C:0，M:40，Y:80，K:0）、板2为粉色（C:0，M:40，Y:20，K:0）、板3为绿色（C:100，M:0，Y:100，K:0）、板4为秋橘红（C:0，M:60，Y:80，K:0）、板5为绿松石（C:60，M:0，Y:20，K:0）、板6为天蓝（C:100，M:20，Y:0，K:0）、板7为蓝光紫（C:40，M:60，Y:0，K:0），最后去掉轮廓线，效果如图3-187所示。

07 选中纹理七巧板，按P键将其置于页面中间，然后去掉轮廓线，接着选中彩色七巧板，将其组合后按P键将其置于页面中间，与纹理七巧板重合叠加放置，最后使用“透明度工具”单击彩色七巧板，在其下方输入“透明度”的值“20”，如图3-188所示。

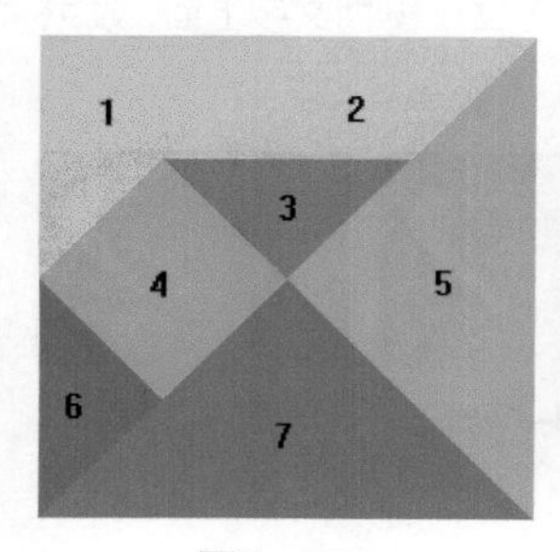

图3-187

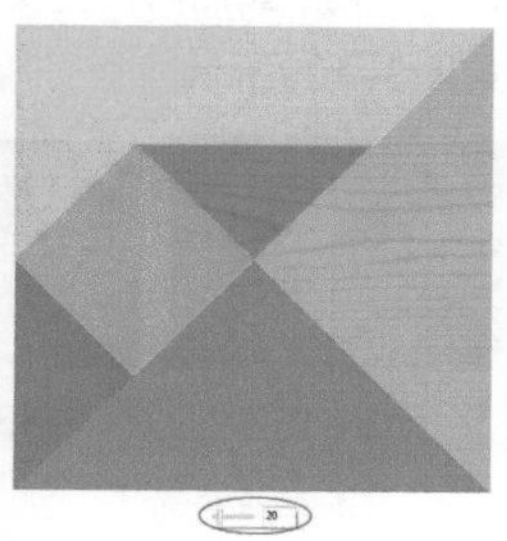

图3-188

08 将所有对象取消组合，然后将重叠的每个小版块分别进行组合，接着拖曳到空白处进行拼凑，组成船的形状，最后全选所有对象进行组合，如图3-189所示。

09 将船在原位置复制粘贴一份，然后填充颜色为（C:0，M:0，Y:0，K:40），接着按快捷键Ctrl+End将其置于底层，再向左侧偏移一定距离，最后全选对象进行组合，效果如图3-190所示。

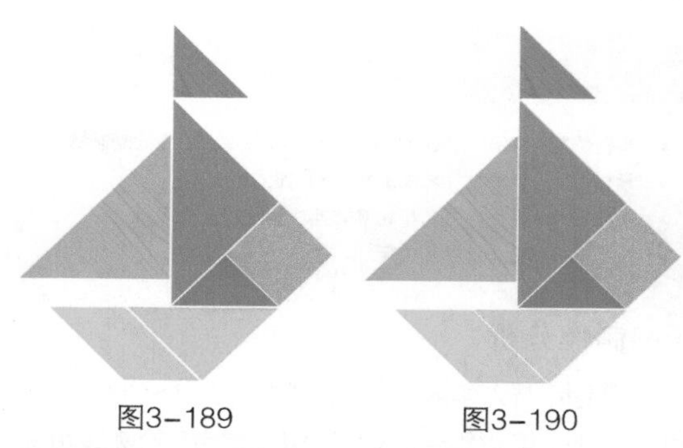

图3-189　　图3-190

10 使用“阴影工具”从对象底部向右上方拖曳新建阴影，然后在属性栏中设置参数，如图3-191所示，效果如图3-192所示。

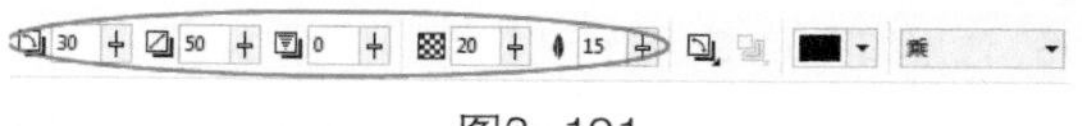

图3-191

图3-192

11 导入学习资源中的“素材文件>CH03>18.cdr”文件，然后按P键置于页面中心位置，接着将制作好的小船拖曳到背景中，最终效果如图3-193所示。

图3-193

3.10 课后习题

下面两个课后习题比较简单，用来巩固本课所学知识。

课后习题 用轮廓转换命令绘制渐变字

- » 实例位置 实例文件>CH03>课后习题：用轮廓转换命令绘制渐变字.cdr
- » 素材位置 素材文件>CH03>19.cdr、20.cdr
- » 视频名称 课后习题：用轮廓转换功能绘制渐变字.mp4
- » 技术掌握 轮廓转换的应用

⊙ 制作分析

第1步：导入学习资源中的“素材文件>CH03>19.cdr”文件，取消组合，为文字填充黑色，轮廓线填充灰色。选中汉字，执行“对象>将轮廓线转换为对象”菜单命令，再选中汉字轮廓填充渐变颜色，设置透明度，与汉字居中对齐，执行“对象>造型>合并”菜单命令，效果如图3-194所示。

第2步：英文对象与汉字的操作步骤类似，然后执行“位图>转换为位图”菜单命令，将对象转换为位图，效果如图3-195所示。

图3-194 图3-195

第3步：绘制背景。绘制矩形填充渐变色，再绘制矩形填充颜色，然后使用“透明度工具”调整纯色矩形的透明度，接着导入学习资源中的“素材文件>CH03>20.cdr”文件，最终效果如图3-196所示。

图3-196

课后习题 绘制心形创作梦幻壁纸

- » 实例位置 实例文件>CH03>课后习题：绘制心形创作梦幻壁纸.cdr
- » 素材位置 素材文件>CH03>21.cdr、22.cdr
- » 视频名称 课后习题：绘制心形创作梦幻壁纸.mp4
- » 技术掌握 形状工具的应用

⊙ 制作分析

第1步：绘制背景。使用“矩形工具”与“透明度工具”绘制背景色，然后使用“椭圆形工具”绘制椭圆，接着执行“位图>转换为位图”菜单命令将椭圆转换为位图，再执行“位图>模糊>高斯式模糊”菜单命令，最后导入学习资源中的“素材文件>CH03>21.cdr”文件，如图3-197所示。

第2步：绘制心形。使用“基本形状工具”绘制两个心形，然后使用“形状工具”调整形状，将心形复制3份，接着填充颜色，并选中后两个心形执行“位图>转换为位图”菜单命令，将椭圆转换为位图，再执行“位图>模糊>高斯式模糊”菜单命令，最后使用“透明度工具”拖动渐变效果，如图3-198所示。

第3步：使用“椭圆形工具”绘制圆，然后执行“位图>转换为位图”菜单命令转换为位图，接着执行“位图>模糊>高斯式模糊”菜单命令，再导入“素材文件>CH03>22.cdr”文件，复制一份填充颜色、进行模糊，最后将白色文字放在模糊文字上面，效果如图3-199所示。

图3-197 图3-198 图3-199

3.11 本课笔记

第4课

图形的修饰

本课将介绍图形的修饰与调整。在绘制矢量对象的过程中，可以使用CorelDRAW X8提供的多种工具修饰对象，使矢量图形更精准、更美观。

学习要点

- 形状工具
- 涂抹工具
- 造型操作
- 裁剪工具
- 刻刀工具

4.1 自由变换工具

“自由变换工具”用于对对象进行自由变换，也可以对组合对象进行操作。选中对象，单击“自由变换工具”，然后通过属性栏进行操作，如图4-1所示。

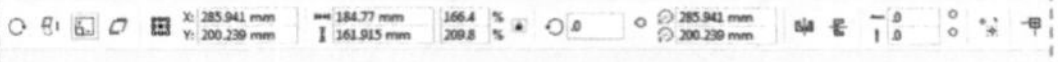

图4-1

⊙ 重要参数介绍

自由旋转：单击鼠标左键确定轴的位置，拖动旋转柄旋转对象。

自由角度反射：单击鼠标左键确定轴的位置，拖动旋转柄旋转来反射对象，松开鼠标左键完成。

自由缩放：单击鼠标左键确定中心的位置，拖动中心点改变对象大小，松开鼠标左键完成。

自由倾斜：单击鼠标左键确定倾斜轴的位置，拖动轴来倾斜对象，松开鼠标左键完成。

应用到再制：将变换应用到再制的对象上。

应用于对象：根据对象应用变换，不是根据*x*轴和*y*轴。

4.2 形状工具

“形状工具”可以直接编辑由“手绘”“贝塞尔”“钢笔”等曲线工具绘制的对象，对于使用“椭圆形”“多边形”“文本”等工具绘制的对象不能直接编辑，需要转曲才能进行相关操作，可通过增加与减少节点，以及移动控制节点来改变曲线。使用“形状工具”选中线段上的两个或多个节点，可以复制和剪切选中的节点线段。

“形状工具”的属性栏如图4-2所示。

图4-2

⊙ 参数介绍

选取范围模式：切换选择节点的模式，包括“手绘”和“矩形”两种。

添加节点：单击该按钮增加节点，以增加可编辑线段的数量。

删除节点：单击该按钮删除节点，改变曲线的形状，使曲线更加平滑，或重新修改曲线。

连接两个节点：连接开放路径的起始和结束节点，创建闭合路径。

断开曲线：断开闭合或开放对象的路径。

转换为线条：将曲线转换为直线。

转换为曲线：将直线转换为曲线，可以调整曲线的形状。

尖突节点：通过将节点转换为尖突，制作一个锐角。

平滑节点：将节点转换为平滑节点来提高曲线的平滑度。

对称节点：将节点的调整应用到两侧的曲线。

反转方向：反转起始与结束节点的方向。

延长曲线使之闭合：以直线连接起始与结束节点来闭合曲线。

提取子路径：在对象中提取出其子路径，创建两个独立的对象。

闭合曲线：连接曲线的结束节点，闭合曲线。

延展与缩放节点：延展与缩放曲线对象上所选相应节点的线段。

旋转与倾斜节点：旋转与倾斜曲线对象上所选相应节点的线段。

对齐节点：水平、垂直或以控制柄来对齐节点。

水平反射节点：激活编辑对象水平镜像的相应节点。

垂直反射节点：激活编辑对象垂直镜像的相应节点。

弹性模式：为曲线创建另一种具有弹性的形状。

选择所有节点：选中对象所有的节点。

减少节点：自动删减选定对象的节点来提高曲线的平滑度。

曲线平滑度：通过更改节点数量调整平滑度。

边框：激活则去掉边框。

提示

“形状工具”无法对组合的对象进行修改，只能逐个对单个对象进行编辑。

4.3 平滑工具

单击“平滑工具”后沿对象轮廓拖动，可使对象变得平滑。

4.3.1 线的修饰

选中要修饰的对象，单击“平滑工具”，在对象上需要修饰的地方按住鼠标左键拖动，光标移动时间的长短决定线条的平滑程度，移动光标会出现一条虚线，如图4–3所示，调整好之后松开鼠标，如图4–4所示。

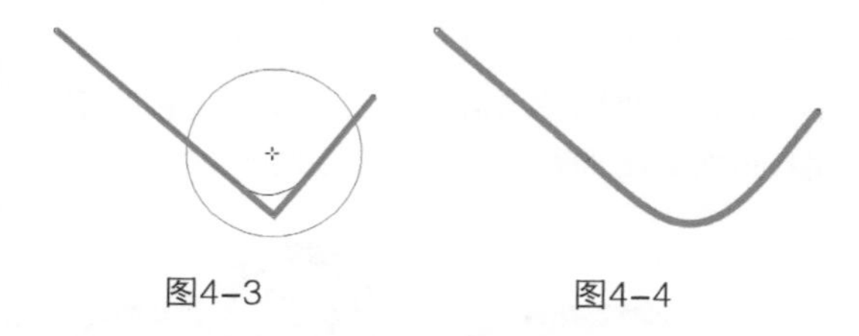

图4–3　　图4–4

4.3.2 面的修饰

选中需要修饰的闭合路径，单击“平滑工具”，在对象轮廓需要修饰的位置按住鼠标左键进行拖动，如图4–5所示，笔尖半径覆盖的节点都会变平滑，没有覆盖的节点则不会改变，修饰后的对象如图4–6所示。

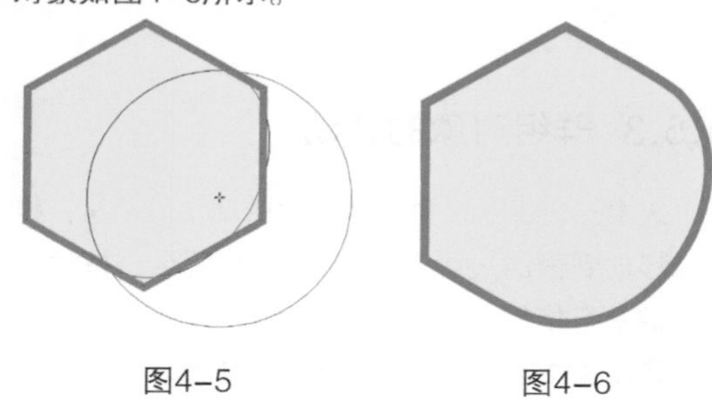

图4–5　　图4–6

4.3.3 平滑的设置

“平滑工具”的属性栏如图4–7所示。

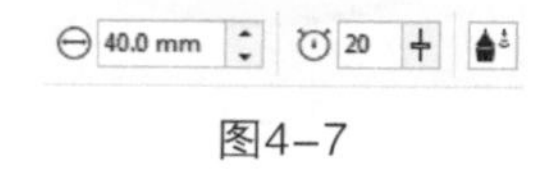

图4–7

⊙ **参数介绍**

笔尖半径⊖：设置笔尖的半径，半径的大小决定修改节点的多少。

速度：设置应用效果的速度，可通过输入数值来调整速度。

笔压：绘图时，通过数字笔或写字板的压力控制效果。

4.4 涂抹工具

“涂抹工具”用于修改边缘形状，既可以对单一对象进行涂抹操作，也可以应用于组合对象。

4.4.1 单一对象修饰

选中要修饰的对象，单击“涂抹工具”，在对象边缘按住鼠标左键拖动进行微调，松开鼠标可以产生扭曲效果，如图4–8所示，利用这种效果可以制作海星，如图4–9所示。

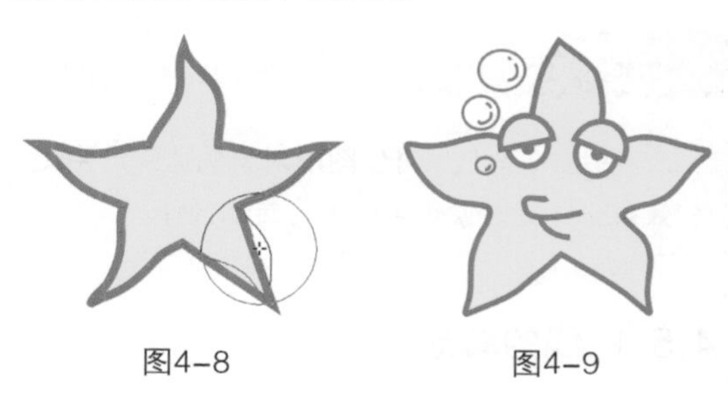

图4–8　　图4–9

4.4.2 组合对象修饰

选中要修饰的组合对象，该对象每一图层填充有不同颜色，单击“涂抹工具”，在对象边缘按住鼠标左键进行拖动，如图4–10所示，松开鼠标左键可以产生拉伸效果，群组中每一层都被均匀拉伸，可以用此方法制作酷炫的光速效果，如图4–11所示。

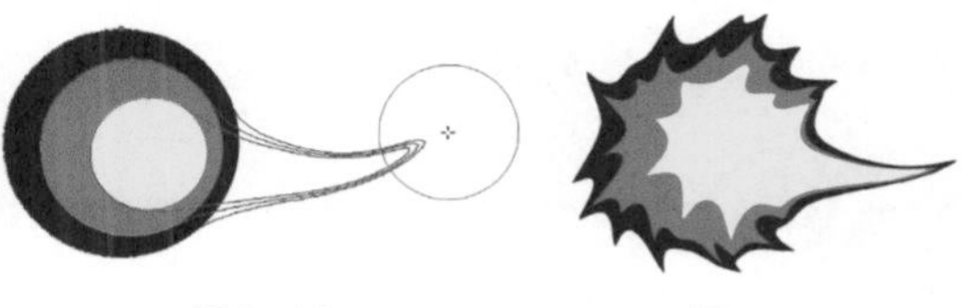

图4–10　　图4–11

4.4.3 涂抹的设置

"涂抹工具"的属性栏如图4-12所示。

图4-12

⊙ 重要参数介绍

压力：输入数值设置涂抹效果的强度，如图4-13所示，值越大，拖动效果越强；值越小，拖动效果越弱；值为1时不显示涂抹，值为100时涂抹效果最强。

平滑涂抹：激活可以使用平滑的曲线进行涂抹，如图4-14所示。

尖状涂抹：激活可以使用带有尖角的曲线进行涂抹，如图4-15所示。

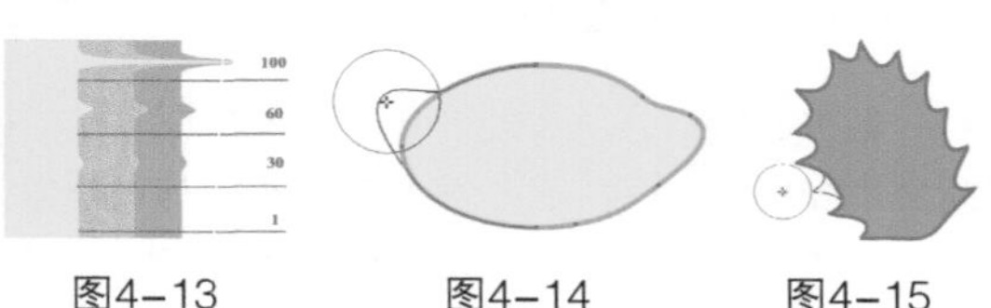

图4-13　　图4-14　　图4-15

4.5 转动工具

"转动工具"可使图形对象的边缘产生旋转效果，群组对象也可以进行转动操作。

4.5.1 线的转动

选中绘制的线，然后单击"转动工具"，将光标移动到线上，按住鼠标左键，笔刷范围内出现转动效果预览，如图4-16所示，达到想要的效果后松开鼠标左键完成编辑，如图4-17所示。

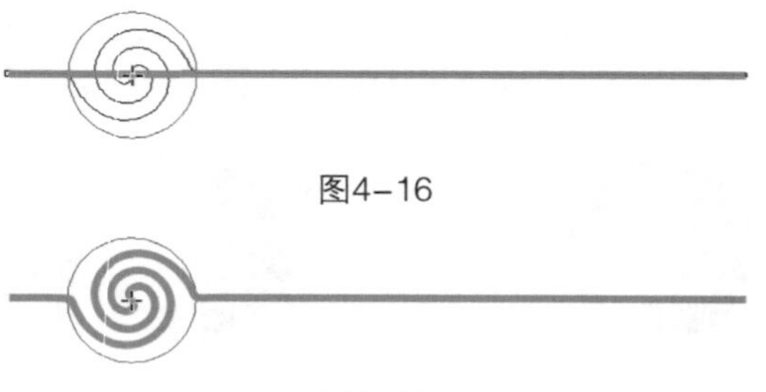

图4-16

图4-17

提示

"转动工具"会根据按鼠标左键的时间长短来决定转动的圈数，按住鼠标左键的时间越长，圈数越多；时间越短，圈数越少，如图4-18所示。

图4-18

4.5.2 面的转动

选中要涂抹的面，单击"转动工具"，将光标移动到面的边缘上，按住鼠标左键进行旋转，如图4-19所示。和线的转动不同，在封闭路径上转动可以进行填充编辑，同样是闭合路径，如图4-20所示。

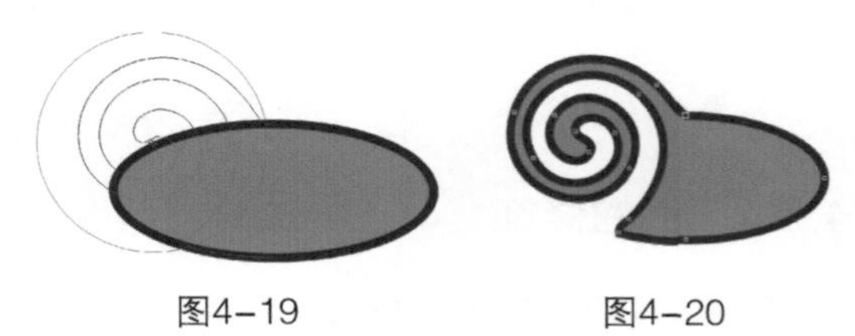

图4-19　　图4-20

提示

在闭合路径中进行转动时，将光标中心移动到边缘线外，旋转效果为封闭式的尖角；将光标移动到边线上，旋转效果为封闭的圆角。

4.5.3 群组对象的转动

选中一个组合对象，单击"转动工具"，将光标移动到面的边缘上，如图4-21所示，按住鼠标左键进行旋转，如图4-22所示，旋转的效果和单一路径的效果相同，可以产生层次感。

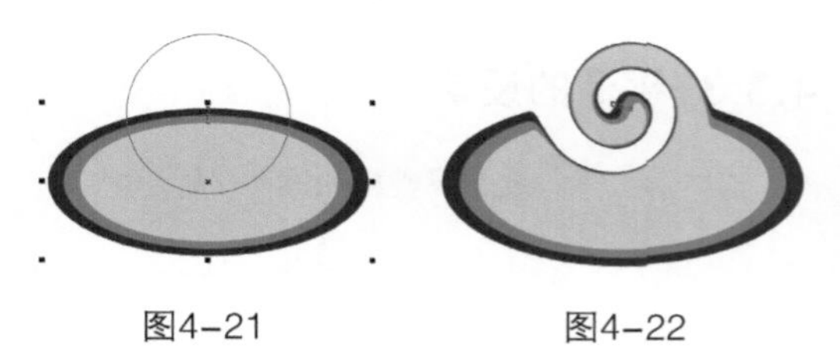

图4-21　　图4-22

4.5.4 转动的设置

"转动工具"的属性栏如图4-23所示。

图4-23

⊙ 重要参数介绍

逆时针转动：按逆时针方向进行转动。

顺时针转动：按顺时针方向进行转动。

4.6 吸引工具

"吸引工具"可使对象内部或外部边缘产生回缩涂抹效果，组合对象也可以进行这样的操作。

4.6.1 单一对象吸引

选中对象，单击"吸引工具"，然后将光标移动到边缘线上，如图4-24所示，光标移动的位置会影响吸引的效果，接着按住鼠标左键进行编辑，浏览吸引的效果，如图4-25所示，最后松开鼠标左键完成编辑。

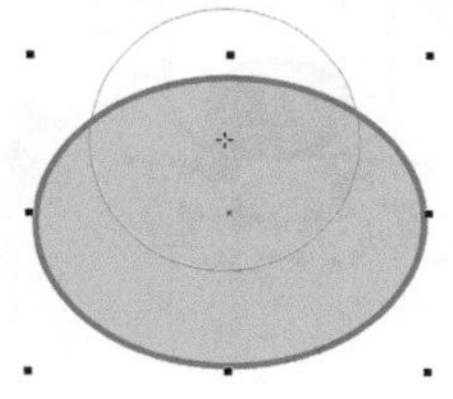

图4-24

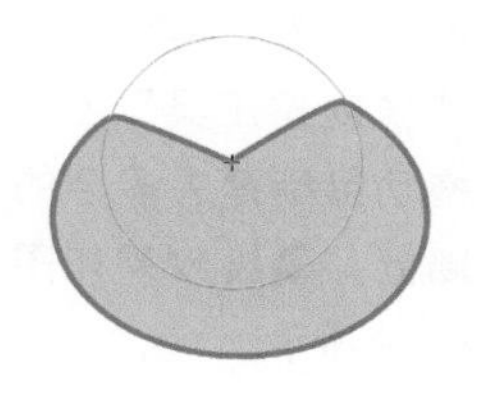

图4-25

提示

在使用"吸引工具"的时候，对象的轮廓线必须出现在笔触的范围内，才能显示涂抹效果。

4.6.2 群组对象吸引

选中组合的对象，单击"吸引工具"，将光标移动到相应位置上，如图4-26所示，然后按住鼠标左键进行编辑，浏览吸引的效果，如图4-27所示。因为是组合对象，所以根据对象的叠加位置不同，吸引后产生的凹陷程度也不同，松开鼠标左键完成编辑。

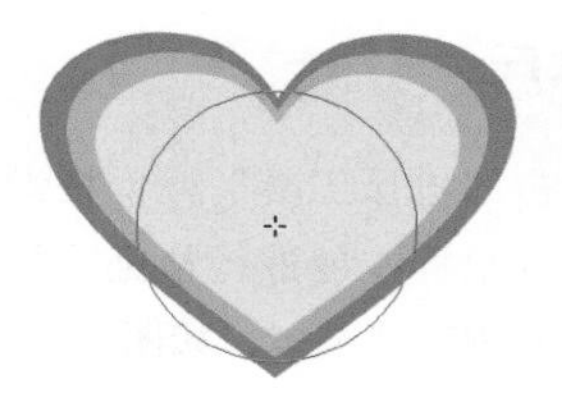

图4-26

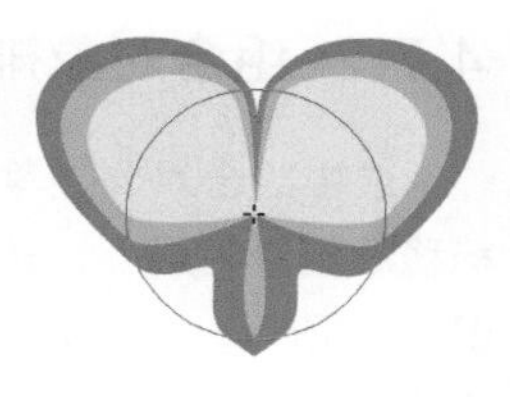

图4-27

提示

在吸引过程中移动鼠标，会产生涂抹吸引的效果，在心形下面的端点按住鼠标左键向上拖动，涂抹预览如图4-28所示，达到想要的效果后松开鼠标左键完成编辑，如图4-29所示。

图4-28

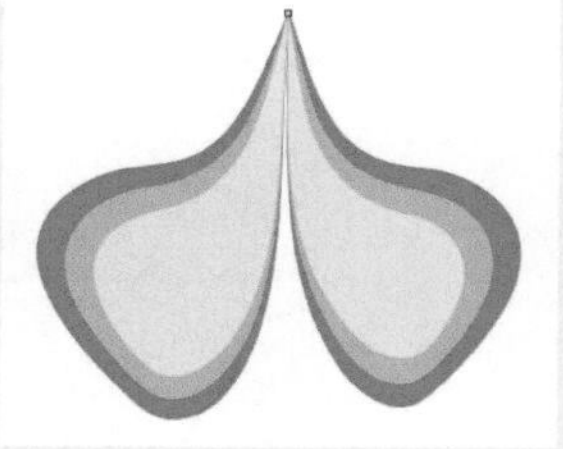

图4-29

4.7 排斥工具

"排斥工具"可使对象内部或外部边缘产生推挤涂抹效果，组合对象也可以进行这样的操作。

4.7.1 单一对象排斥

选中对象，单击"排斥工具"，将光标移动到线段上，按住鼠标左键进行预览，如图4-30所示，松开鼠标左键完成编辑，如图4-31所示。

图4-30

图4-31

4.7.2 组合对象排斥

选中组合对象，单击“排斥工具”，将光标移动到最内层上，按住鼠标左键进行预览，如图4-32所示，松开鼠标左键完成编辑，如图4-33所示。

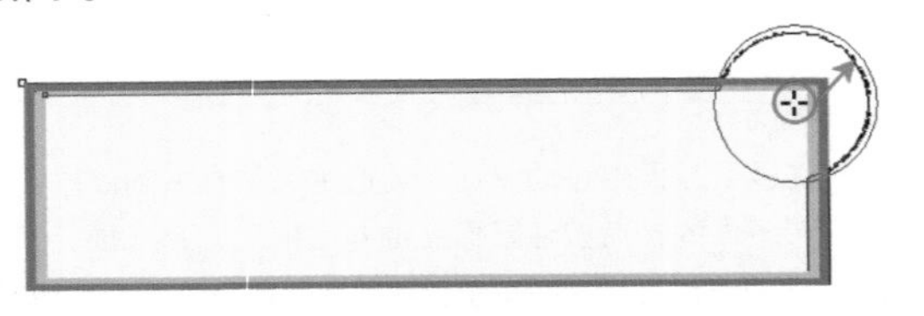

图4-32

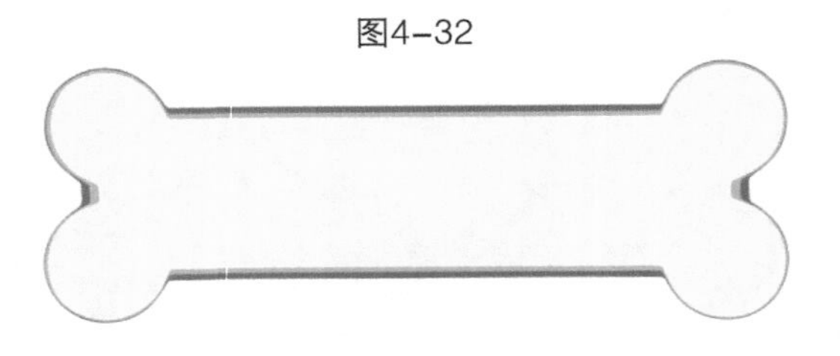

图4-33

将笔刷中心移至对象外，进行排斥涂抹会形成扇形角的效果，如图4-34所示。

图4-34

操作练习 用“排斥工具”制作狗骨头

- 实例位置 实例文件>CH04>操作练习：用“排斥工具”制作狗骨头.cdr
- 素材位置 素材文件>CH04>01.psd
- 视频名称 操作练习：用“排斥工具”制作狗骨头.mp4
- 技术掌握 排斥工具的应用

狗骨头效果如图4-35所示。

图4-35

01 新建空白文档，使用“矩形工具”按照从上到下、从大到小的顺序绘制3个矩形，并按照从上到下的顺序依次填充颜色为“白色”“80%黑色”和“黑色”，如图4-36所示。

图4-36

02 单击工具箱中的“排斥工具”，然后设置属性栏中的“笔尖半径”为“25mm”、“速度”为“20”，接着将光标分别放在矩形的4个角上，再按住鼠标左键，待图形达到理想效果后松开鼠标，如图4-37所示。

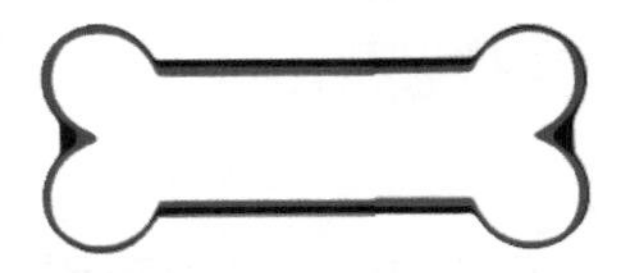

图4-37

03 单击“导入”按钮打开对话框，导入学习资源中的“素材文件>CH04>01.psd”文件，然后对前面绘制的骨头图形进行适当缩放，并放在图中的适当位置，接着单击工具箱中的“橡皮擦工具”，拖动鼠标擦去多余的部分，最终效果如图4-38所示。

图4-38

4.8 沾染工具

使用“沾染工具”在矢量对象外轮廓上拖动可使其变形。

4.8.1 线的修饰

选中要编辑的线条，然后单击“沾染工具”，在线条上按住鼠标左键进行拖动，如图4-39所示，笔刷拖动的方向决定挤出的方向和长短。注意，在调整时重叠的位置会被修剪掉，如图4-40所示。

图4-39　　图4-40

提示

沾染工具不能用于组合对象，需要将对象解散后分别对线和面进行编辑。

4.8.2 面的修饰

选中需要编辑的闭合路径，然后单击“沾染工具”，在对象轮廓位置按住鼠标左键进行拖动，如图4-41所示，笔尖向外拖动为添加，拖动的方向和距离决定挤出的方向和长短，如图4-42所示；笔尖向内拖动为修剪，其方向和距离决定修剪的方向和长短，在涂抹过程中重叠的位置会被修剪掉。

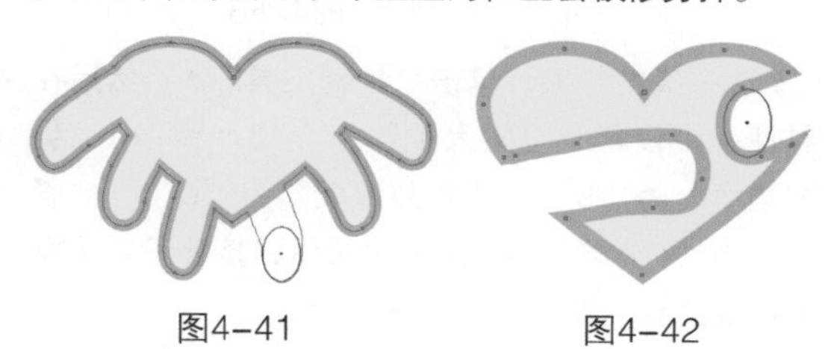

图4-41　　图4-42

提示

沾染的修剪不是真正的修剪，如图4-43所示，如果内部调整的范围超出对象，则会有轮廓显示，不是修剪成两个独立的对象。

图4-43

4.8.3 沾染的设置

“沾染工具”的属性栏如图4-44所示。

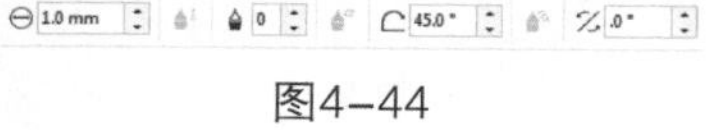

图4-44

⊙ 重要参数介绍

干燥：增大或减小渐变效果的比率，范围为-10~10，值为0是不渐变的；数值为-10时，如图4-45所示，笔刷随着鼠标的移动而变大；数值为10时，笔刷随着鼠标的移动而变小，如图4-46所示。

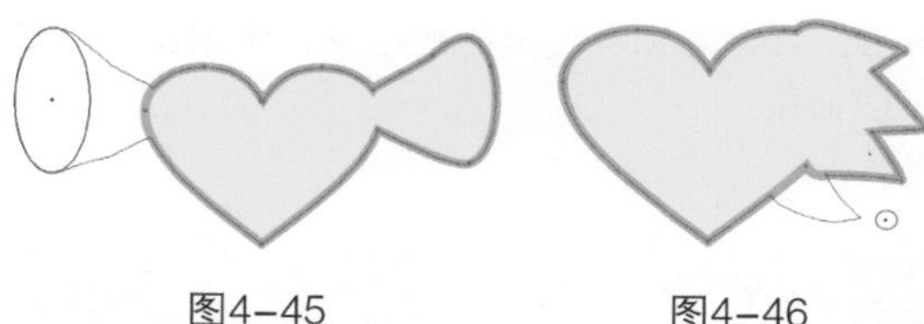

图4-45　　图4-46

笔倾斜：设置笔刷尖端的饱满程度，角度固定为15°~90° ，角度越大越圆，越小越尖。

笔方位：以固定的数值更改沾染笔刷的方位。

4.9 粗糙工具

“粗糙工具”可以沿着对象的轮廓进行操作，从而改变轮廓形状，不能对组合对象进行操作。

4.9.1 粗糙工具的使用

单击“粗糙工具”，在对象轮廓位置按住鼠标左键进行拖动，会形成细小且均匀的粗糙尖突效果，如图4-47所示；在相应轮廓位置单击鼠标左键，则会形成单个的尖突效果。使用此方法可以制作褶皱等效果，如图4-48所示。

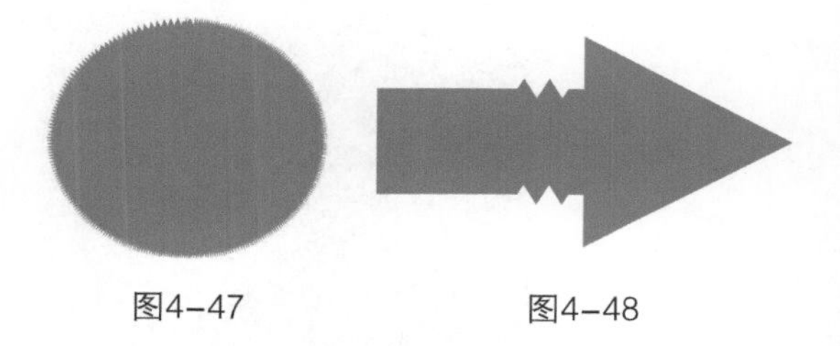

图4-47　　图4-48

4.9.2 粗糙的设置

“粗糙工具”的属性栏如图4-49所示。

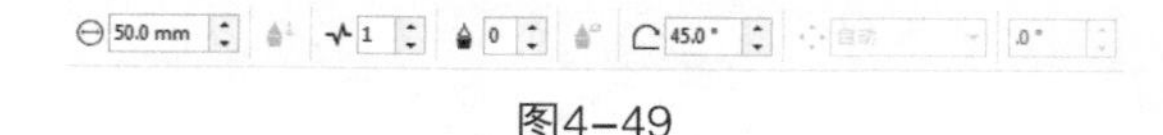

图4-49

⊙ 重要参数介绍

尖突的频率：通过输入数值改变粗糙的尖突频率，数值最小为1，尖突比较缓，如图4-50所示；最大为10，尖突比较密集，像锯齿，如图4-51所示。

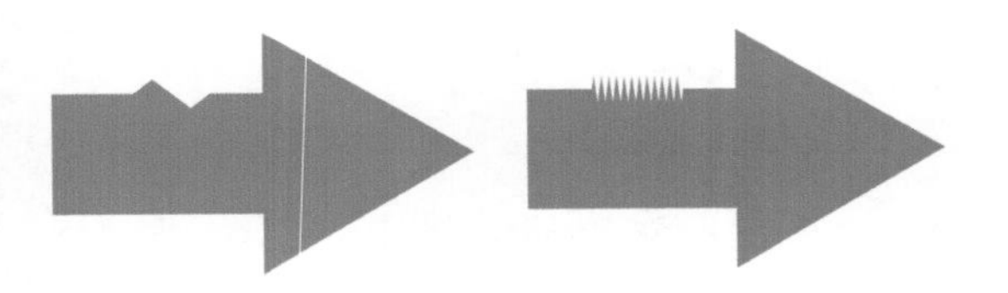

图4-50　　图4-51

尖突方向：可以更改粗糙尖突的方向。

> **提示**
>
> 转曲之后，如果在对象上添加了效果，如变形、透视、封套等，那么在使用“粗糙工具”之前还要再转曲一次，不然无法使用。

操作练习　用“粗糙工具”制作爆炸头

- 实例位置　实例文件>CH04>操作练习：用“粗糙工具”制作爆炸头.cdr
- 素材位置　素材文件>CH04>02.cdr
- 视频名称　操作练习：用“粗糙工具”制作爆炸头.mp4
- 技术掌握　粗糙工具的应用

爆炸头效果如图4-52所示。

图4-52

01 打开软件，执行“文件>打开”菜单命令，打开“素材文件>CH04>02.cdr”文件，然后选中对象，单击属性栏中的“取消所有组合对象”按钮，效果如图4-53所示。

图4-53

02 选中头发对象，单击“粗糙工具”，然后在属性栏中设置“笔尖大小”为“40mm”、“尖突频率”为“5”、“水分浓度”为“0”、“斜移”为“45°”，如图4-54所示，接着沿着头发的边缘绘制，效果如图4-55所示。

图4-54　　图4-55

03 选中头发，单击“粗糙工具”，然后在属性栏中设置“笔尖大小”为“10mm”、“尖突频率”为“5”、“水分浓度”为“0”、“斜移”为“45°”，接着沿着头发的尖刺边缘绘制一圈，效果如图4-56所示。

图4-56

04 选中头发区域，单击“阴影工具”拖动出阴影效果，最终效果如图4-57所示。

图4-57

4.10 裁剪工具

“裁剪工具”可以裁剪掉对象或导入图像中不需要的部分，并且可以裁切组合的对象和未转曲的对象。

选中需要修整的图像，单击“裁剪工具”，在图像上绘制范围，如图4-58所示，如果裁剪范围不理想，可以拖动节点进行修正，调整到理想的范围后，按Enter键完成裁剪，如图4-59所示。

图4-58

图4-59

在绘制裁剪范围时，如果绘制失误，单击属性栏中的“清除裁剪选取框”按钮即可取消裁剪的范围，如图4-60所示，方便用户重新进行范围绘制。

X: 128.092 mm Y: 128.851 mm 74.789 mm 42.333 mm .0 °

图4-60

操作练习 用“裁剪工具”制作照片桌面

» 实例位置 实例文件>CH04>操作练习：用“裁剪工具”制作照片桌面.cdr
» 素材位置 素材文件>CH04>03.psd、04.jpg、05.jpg
» 视频名称 操作练习：用“裁剪工具”制作照片桌面.mp4
» 技术掌握 裁剪功能的应用

照片桌面效果如图4-61所示。

图4-61

01 新建空白文档，设置页面“宽”为“240mm”，“高”为“170mm”，单击“确定”按钮，然后双击“矩形工具”，在页面内创建与页面等大的矩形，设置填充颜色为黑色，在调色栏“无色”上单击鼠标右键去掉矩形的边框，接着导入学习资源中的“素材文件>CH04>03.psd”文件，最后按P键将图片移动到页面中心，如图4-62所示。

图4-62

02 导入学习资源中的“素材文件>CH04>04.jpg”文件，然后将照片缩放到正好覆盖住第一个相框的黑色区域，接着将图片拖到页面外，如图4-63所示。

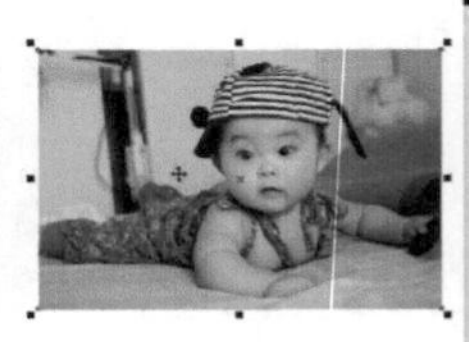 

图4-63

03 选中图片，单击“裁剪工具”，在照片背景上绘制一个范围，然后在裁剪范围内单击鼠标左键进行旋转，将范围旋转到与黑色区域重合，接着单击裁剪范围缩放大小至与黑色区域完全重合，如图4-64所示。

图4-64

04 将绘制好的裁剪范围拖曳到宝宝照片上调整位置，然后按Enter键完成裁剪，将图片拖到相框上方遮盖黑色区域，如图4-65所示。

图4-65

05 导入学习资源中的“素材文件>CH04>05.jpg”文件，然后以同样的方法进行裁剪，将裁剪好的宝宝照片拖动到背景图中与黑色区域重合，如图4-66所示。

图4-66

06 单击鼠标右键，执行“顺序>置于此对象后”菜单命令，当光标变为➡时单击照片素材图层，使照片位于前面完成的效果图层下方，最终完成效果如图4-67所示。

图4-67

4.11 刻刀工具

“刻刀工具”可以将对象沿直线或曲线拆分为两个独立的对象。

4.11.1 直线拆分对象

单击“刻刀工具”，在属性栏中单击“2点线模式”按钮，在对象轮廓线上单击鼠标左键，如图4-68所示，按住鼠标左键，将光标移动到另外一边，如图4-69所示，会有一条实线供预览。

图4-68

图4-69

确认后松开鼠标，绘制的切割线变为轮廓属性，如图4-70所示，此时可以分别移动拆分后的对象，如图4-71所示。

图4-70

图4-71

4.11.2 曲线拆分对象

使用“刻刀工具”完成曲线拆分对象的方法有两种，下面进行详细讲解。

1.手绘模式拆分

单击“刻刀工具”，在属性栏中单击“手绘模式”按钮，移动光标到对象轮廓线上，如图4-72所示，然后按住鼠标左键拖曳绘制曲线，如图4-73所示，会有一条实线供预览。

图4-72

图4-73

确认后松开鼠标，绘制的切割线变为轮廓属性，如图4-74所示，此时可以分别移动拆分后的对象。

图4-74

2.贝塞尔模式拆分

单击“刻刀工具”，在属性栏中单击“贝塞尔模式”按钮，移动光标到对象轮廓线上，按住鼠标左键拖曳绘制曲线，如图4-75所示。

图4-75

绘制曲线时会有一条实线供预览，如图4-76所示，绘制到边线后双击鼠标会形成轮廓线，如图4-77所示，此时可以分别移动拆分后的对象。

图4-76

图4-77

4.11.3 刻刀的设置

“刻刀工具”的属性栏如图4-78所示。

图4-78

⊙ 参数介绍

2点线模式：单击激活该按钮，可以沿直线切割对象。

手绘模式：单击激活该按钮，可以沿手绘曲线切割对象。

贝塞尔模式：单击激活该按钮，可以沿贝塞尔曲线切割对象。

剪切时自动闭合：激活后在分割时自动闭合路径，关掉该按钮，切割后不会闭合路径，但是填充内容也不会消失，如图4-79所示。

图4-79

手绘平滑：在创建手绘曲线时调整其平滑度，范围为0~100。图4-80所示的手绘平滑为0，图4-81所示的手绘平滑为100。

图4-80

图4-81

剪切跨度：有3种模式。无，沿着宽度为0的线拆分对象，如图4-82所示；间隙，在新对象之间创建间隙，如图4-83所示；重叠，使新对象重叠，如图4-84所示。

图4-82

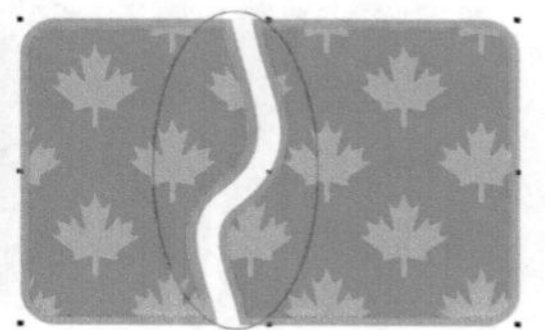
图4-83

图4-84

宽度：设置新对象之间的间隙或重叠，当“剪切跨度”为“间隙”和“重叠”时可用。

轮廓选项：有3种模式。自动，在拆分对象时，让软件自动选择是将轮廓转换为曲线还是保留轮廓；转换为对象，在拆分对象时将轮廓转换为曲线；保留轮廓，在拆分对象时保留轮廓。

边框：单击激活该按钮，在使用曲线工具时隐藏边框。

操作练习 用“刻刀工具”绘制小鸡破壳

» 实例位置　实例文件>CH04>操作练习:用“刻刀工具”绘制小鸡破壳.cdr
» 素材位置　素材文件>CH04>06.cdr、07.cdr
» 视频名称　操作练习:用“刻刀工具”绘制小鸡破壳.mp4
» 技术掌握　刻刀工具的应用

小鸡破壳效果如图4-85所示。

图4-85

01 打开学习资源中的“素材文件>CH04>06.cdr”文件，然后单击工具箱中的“刻刀工具”，单击属性栏中的“手绘模式”按钮，接着将光标移动到鸡蛋的边缘，按住鼠标左键拖曳绘制一条曲线，如图4-86所示。

02 松开鼠标，然后将拆分后的两个鸡蛋壳分别进行旋转，接着拖动至适当的位置，如图4-87所示。

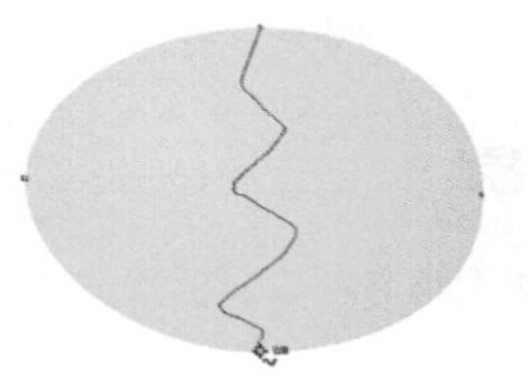
图4-86

图4-87

03 单击“导入”按钮打开对话框，然后导入学习资源中的“素材文件>CH04>07.cdr”文件，拖曳到页面中调整大小，并放在图中的适当位置，最终效果如图4-88所示。

图4-88

4.12 虚拟段删除工具

“虚拟段删除工具”用于移除对象中重叠和不需要的线段。

绘制一个图形，然后选中图形并单击“虚拟段删除工具”，将光标移动到要删除的线段上，光标变为，如图4-89所示，单击选中的线段进行删除，如图4-90所示。

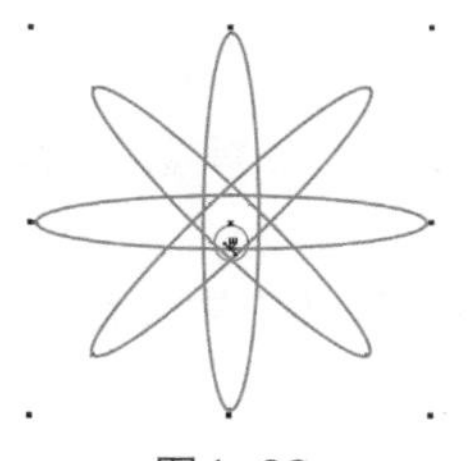

图4-89

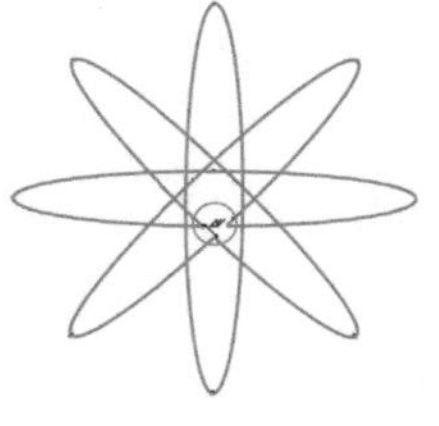

图4-90

删除多余线段后，如图4-91所示，删除线段后节点是断开的，所以无法对图形进行填充操作。单击“形状工具”连接节点，闭合路径后即可进行填充操作，如图4-92所示。

图4-91

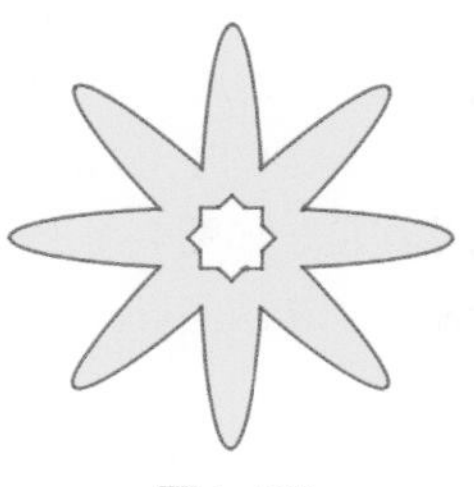

图4-92

提示

“虚拟段删除工具”不能对组合对象、文本、阴影和图像进行操作。

4.13 橡皮擦工具

“橡皮擦工具”用于擦除位图或矢量图中不需要的部分，文本和有辅助效果的图形需要转曲后进行操作。

4.13.1 橡皮擦的使用

选中导入的位图后单击“橡皮擦工具”，将光标移动到对象内，单击鼠标左键定下开始点，移动光标会出现一条虚线供预览，单击鼠标左键进行直线擦除，如图4-93所示，将光标移动到对象外也可以进行擦除，如图4-94所示。

按住鼠标左键可以进行曲线擦除，如图4-95所示。与“刻刀工具”不同的是，橡皮擦可以在对象内进行擦除。

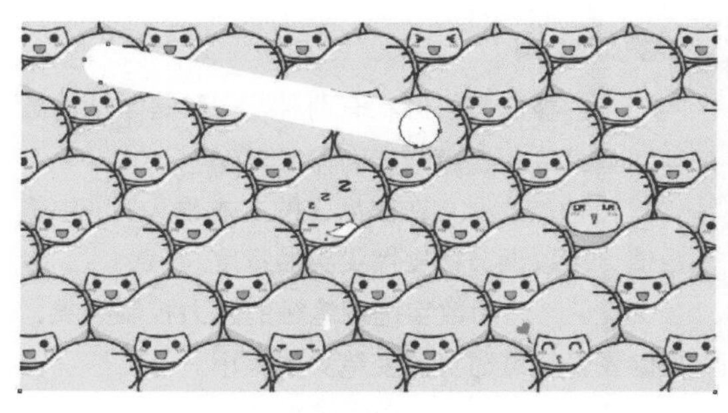

图4-93

图4-94

图4-95

提示

在使用“橡皮擦工具”时，擦除的对象并没有拆分开。需要进行分开编辑时，执行“对象>拆分位图”菜单命令，可以将原来的对象拆分成两个独立的对象，方便进行分别编辑。

4.13.2 橡皮擦的设置

“橡皮擦工具”的属性栏如图4-96所示。

形状: ○ □ 1.0 mm

图4-96

⊙ **参数介绍**

形状：橡皮擦的形状有两种，一种是默认的圆形尖端，一种是激活后的方形尖端。

橡皮擦厚度：在其后面的文本框中输入数值，可以调节橡皮擦尖头的宽度。

笔压：运用数字笔或笔触的压力控制效果，在擦除图像区域时可改变笔尖的大小。

减少节点：单击激活该按钮，可以在擦除过程中减少节点的数量。

4.14 造型操作

执行“对象>造形>造型”菜单命令，打开“造型”泊坞窗，如图4-97所示，在该泊坞窗中可以通过执行“焊接”“修剪”“相交”“简化”“移除后面对象”“移除前面对象”和“边界”命令对对象进行编辑。

执行“对象>造形”的子菜单命令也可以进行相关造型操作，如图4-98所示。这种菜单栏操作方式可以一次性编辑对象，下面进行详细介绍。

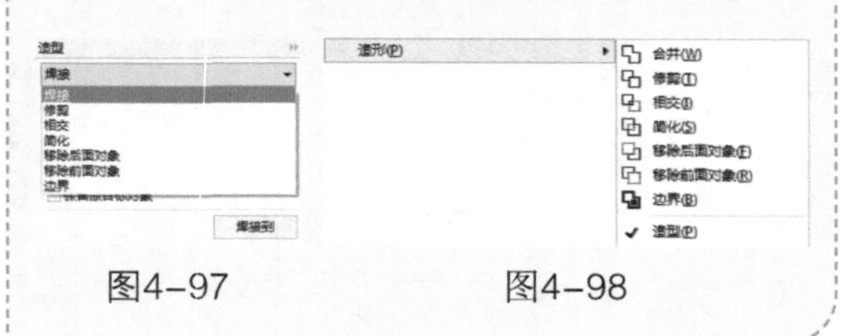

图4-97　　图4-98

4.14.1 焊接

“焊接”命令可以将两个或者多个对象焊接成一个独立对象。

选中上方的对象，选中的对象为“原始源对象”，没有选中的为“目标对象”，如图4-99所示。在“造型”泊坞窗中选择“焊接”，如图4-100所示，有两个选项可以进行设置，勾选相应的复选框，可以在复选框上方预览效果，避免出错。

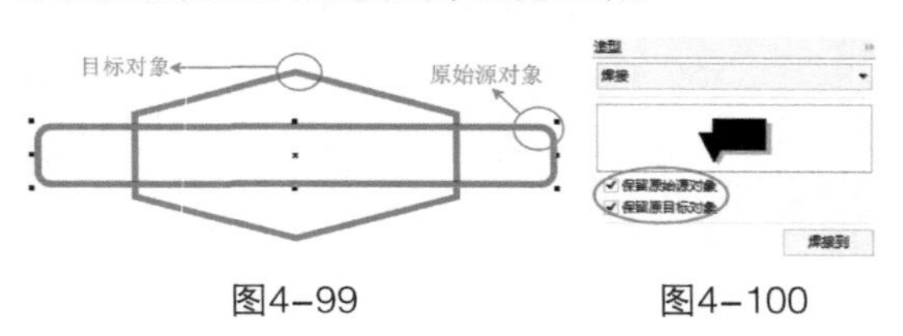

图4-99　　图4-100

⊙ **参数介绍**

保留原始源对象：选中后可以在焊接后保留源对象。

保留原目标对象：选中后可以在焊接后保留目标对象。

> **提示**
>
> 菜单命令里的“合并”和“造型”泊坞窗中的“焊接”按钮功能相同，只是名称有变化，菜单命令是一键操作，泊坞窗中的“焊接”可以设置，使焊接更精确。

选中上方的原始源对象，在“造型”泊坞窗中选择要保留的原对象，单击“焊接到”按钮，当光标变为时，如图4-101所示，单击目标对象完成焊接，如图4-102所示。可以利用“焊接”命令制作复杂的图形。

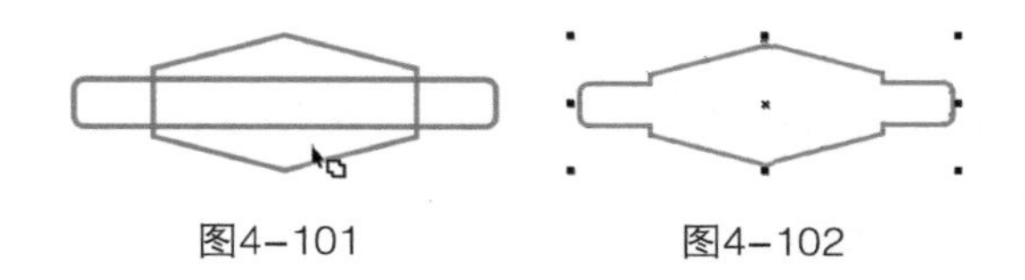

图4-101　　图4-102

4.14.2 修剪

“修剪”命令可以对一个对象用另一个或多个对象修剪，去掉多余的部分，在修剪时需要确定源对象和目标对象的前后关系。

打开“造型”泊坞窗，在下拉列表中将类型切换为“修剪”，面板上列出修剪的选项，如图4-103所示，预览不同效果，单击相应的选项可以保留相应的原对象。

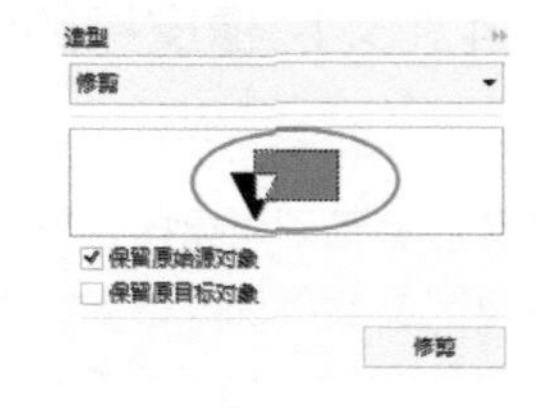

图4-103

选中上方的原始源对象，在“造型”泊坞窗中去掉对“保留”复选框的勾选，接着单击“修剪”按钮，当光标变为时，如图4-104所示，单击目标对象完成修剪，如图4-105所示。

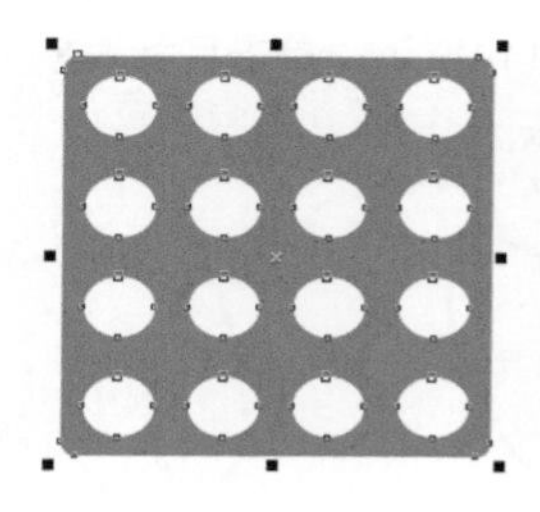

图4-104

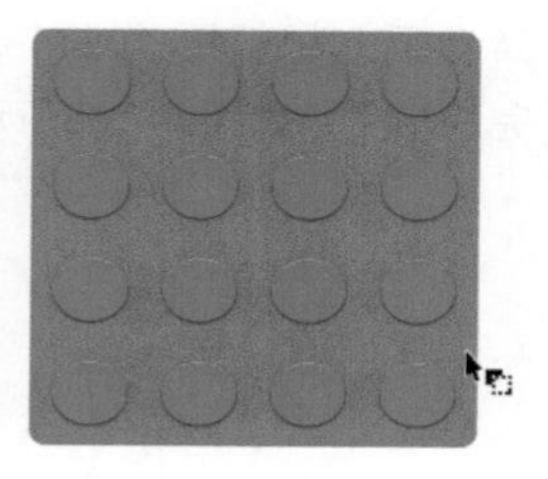

图4-105

操作练习 用“修剪”和“焊接”命令制作拼图

» 实例位置 实例文件>CH04>操作练习：用“修剪”和“焊接”命令制作拼图.cdr
» 素材位置 素材文件>CH04>08.jpg、09.cdr
» 视频名称 操作练习：用“修剪”和“焊接”命令制作拼图.mp4
» 技术掌握 修剪和焊接功能的应用

拼图游戏界面效果如图4-106所示。

图4-106

01 新建文档，设置页面方向为“横向”，单击“确定”按钮，然后单击“图纸工具”，在属性栏设置“行数”为“6”，“列数”为“5”，将光标移动到页面内，按住鼠标左键绘制表格，接着使用“椭圆形工具”绘制圆，最后将表格拖动到圆后面调整位置，如图4-107所示。

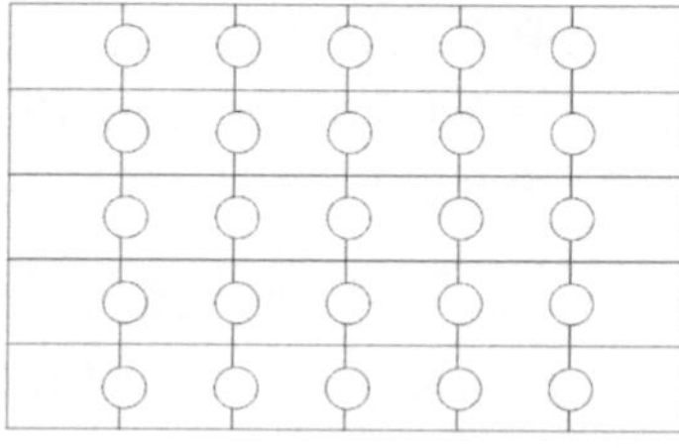

图4-107

02 将圆全选后单击属性栏中的“取消组合所有对象”按钮，取消全部组合，然后单击选中第1个圆形，在“修剪”面板上勾选“保留原始源对象”复选框，单击“修剪”按钮，再单击圆右边的矩形，在保留原对象的同时剪切，如图4-108所示，最后按图示方向，将所有的矩形修剪完毕。

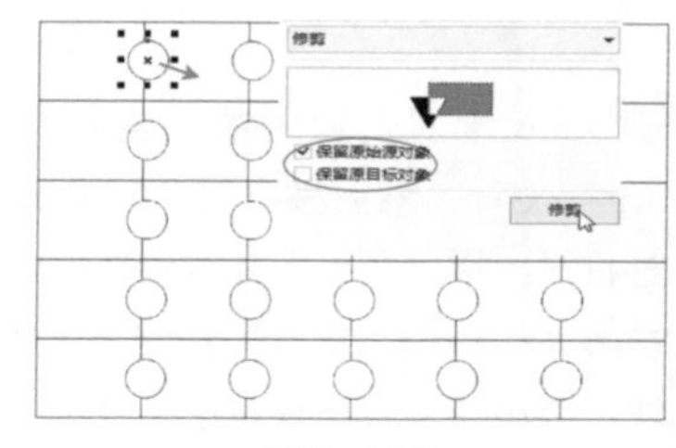

图4-108

03 进行焊接操作。单击选中第1个圆形，在“焊接”面板上不勾选任何选项，然后单击“焊接到”按钮，单击左边的矩形完成焊接，接着将所有的矩形焊接完毕，如图4-109所示。

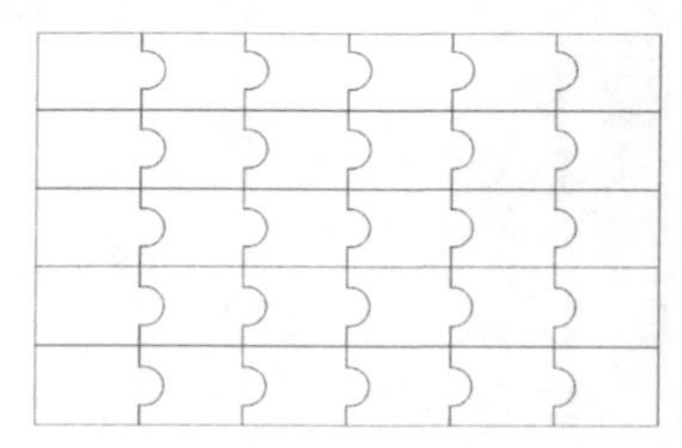

图4-109

04 用前面所述的方法，制作纵向修剪焊接的圆形，得到拼图的轮廓模板，如图4-110所示，接着选中所有拼图并单击“合并”按钮合并对象。

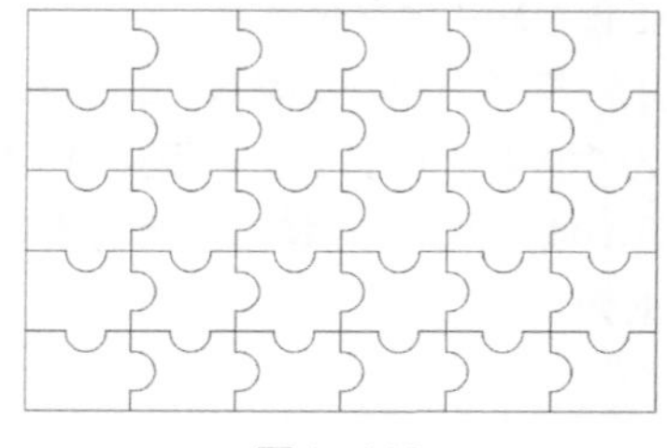

图4-110

05 导入学习资源中的“素材文件>CH04>08.jpg”文件，然后选中图片，执行“对象> PowerClip >置于图文框内部”菜单命令，将图片贴到模板中，接着全选对象，设置拼图“轮廓宽度”为“0.75mm”、颜色为（C:0，M:20，Y:20，K:40），如图4-111所示。

图4-111

06 导入学习资源中的“素材文件>CH04>09.cdr”文件，然后按P键将对象置于页面中间，接着将拼图拖进背景内并放置在右边，选中拼图，单击属性栏中的“拆分”按钮，将拼图拆分成独立块，最后将任意一块拼图拖曳到盘子中旋转一下，最终效果如图4-112所示。

图4-112

4.14.3 相交

“相交”命令可以在两个或多个对象重叠区域上创建新的独立对象。

打开“造型”泊坞窗，在下拉列表中将类型切换为“相交”，面板上显示相交的选项，如图4-113所示，预览效果，选择相应的选项可以保留相应的原对象。

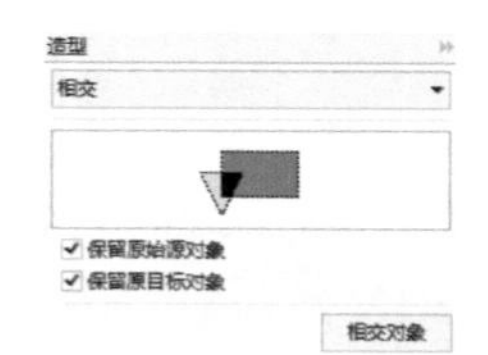

图4-113

选中上方的原始源对象，在“造型”泊坞窗中不勾选复选框，接着单击“相交对象”按钮，当光标变为时，如图4-114所示，单击目标对象完成相交，如图4-115所示。

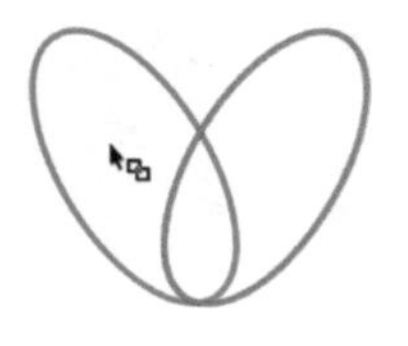

图4-114

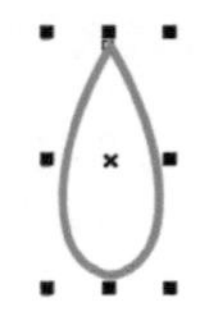

图4-115

4.14.4 简化

“简化”命令和“修剪”相似，用于修剪相交区域的重合部分，不同的是简化不分源对象。

打开“造型”泊坞窗，在下拉列表中将类型切换为“简化”，面板上出现相交的选项，如图4-116所示。简化面板与之前3种造型不同，没有保留源对象的选项，并且在操作上也有不同。

选中两个或多个重叠对象，单击“应用”按钮完成，将对象移开，可以看出最下方的对象有剪切的痕迹，如图4-117所示。

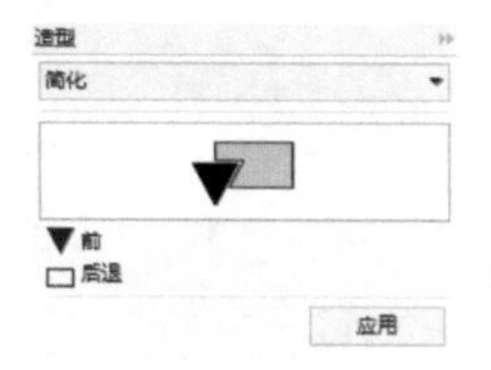

图4-116

图4-117

提示

在执行“简化”操作时，需要同时选中2个或多个对象才可以激活“应用”按钮，如果选中的对象有阴影、文本、立体模型、艺术笔、轮廓图和调和的效果，在进行简化前需要转曲对象。

4.14.5 移除对象操作

移除对象操作分为2种，“移除后面对象”命令用于后面对象减去顶层对象的操作，“移除前面对象”命令用于前面对象减去底层对象的操作。

1.移除后面对象操作

选中需要移除的对象，确保最上层为最终保留的对象，执行“对象>造型>移除后面对象”菜单命令，如图4-118所示。

执行“移除后面对象”命令时，如果选中对象中没有被顶层对象覆盖的对象，那么在执行命令后该层对象删除，有重叠的对象则为修剪顶层对象，如图4-119所示。

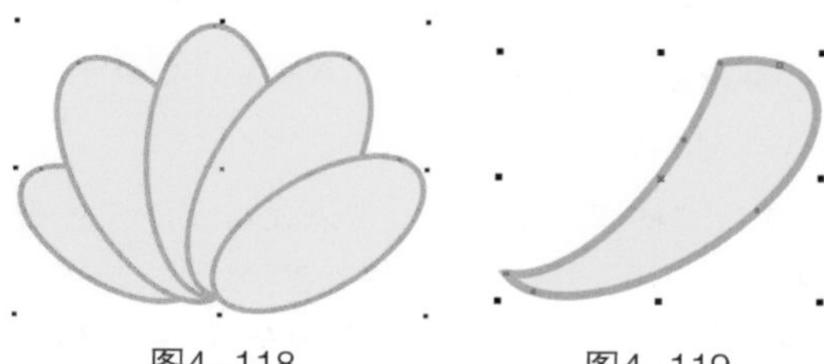

图4-118　　图4-119

2.移除前面对象操作

选中需要移除的对象，确保底层为最终保留的对象，如图4-120所示。保留底层的黄色星形，执行“对象>造型>移除后面对象”菜单命令，最终保留底图的黄色星形轮廓，如图4-121所示。

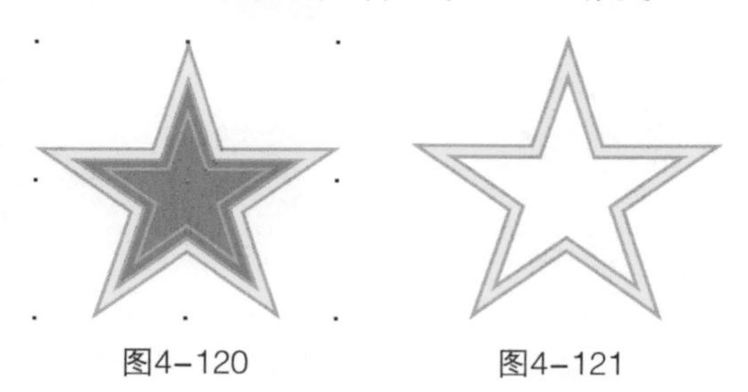

图4-120　　图4-121

4.14.6 边界

“边界”命令用于将所有选中对象的轮廓以线描方式显示。

选中需要进行边界操作的对象，如图4-122所示，执行“对象>造型>边界”菜单命令，移开线描轮廓，可见菜单边界操作会默认在线描轮廓下保留源对象，如图4-123所示。

图4-122　　图4-123

4.15 综合练习

通过对这一课的学习，相信读者对图形的修饰有了深入的了解，利用这些修饰工具或者命令可以制作出精美的作品。

综合练习　用“沾染工具”绘制恐龙

- 实例位置　实例文件>CH04>综合练习：用“沾染工具”绘制恐龙.cdr
- 素材位置　无
- 视频名称　综合练习：用“沾染工具”绘制恐龙.mp4
- 技术掌握　沾染工具的应用

恐龙效果如图4-124所示。

图4-124

01 新建空白文档，设置“宽”和“高”均为“265mm”，单击“确定”按钮，然后使用“钢笔工具”绘制出恐龙的大致轮廓，尽量使路径的节点少一些，接着使用“形状工具”进行微调，效果如图4-125所示。

02 为图形填充颜色为（C:87，M:57，Y:100，K:34），然后去掉轮廓线，效果如图4-126所示，接着按快捷键Ctrl+C将对象复制。

图4-125　　图4-126

03 单击“沾染工具”，然后在属性栏设置“笔尖半径”为“20mm”、“笔倾斜”为“90°”，接着绘制恐龙脖子上凸起的尖刺，设置如图4-127所示，绘制如图4-128所示，效果如图4-129所示。

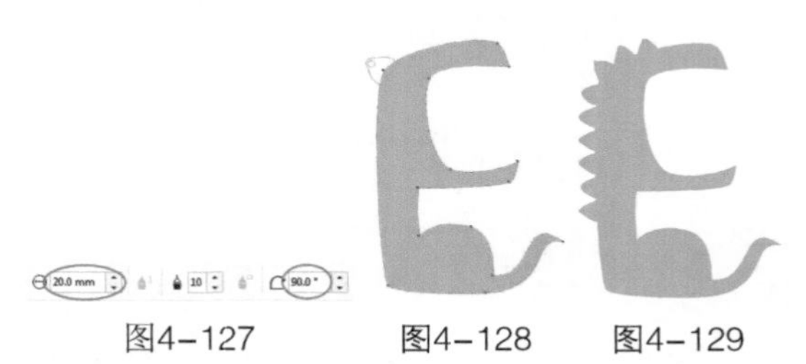

图4-127　图4-128　图4-129

> **提示**
>
> “笔尖半径”的大小应根据被修饰对象的大小来设置。

04 设置“沾染工具”的“笔尖半径”为“10mm”，然后绘制恐龙的脊背，填充颜色为（C:18，M:82，Y:64，K:0），效果如图4-130所示。

05 按快捷键Ctrl+V将复制的对象进行原位置粘贴，然后全选对象，单击属性栏中的“修剪”按钮，修剪底层的对象，效果如图4-131所示。

06 使用“椭圆形工具”在恐龙腹部绘制一个椭圆，旋转一定角度，然后填充颜色为（C:31，M:0，Y:24，K:0），将轮廓线去掉，接着选中椭圆和恐龙身体进行修剪，将超出身体的部分修剪掉，最后使用“折线工具”绘制恐龙腿部，填充颜色为（C:87，M:57，Y:100，K:34），去掉轮廓线，效果如图4-132所示。

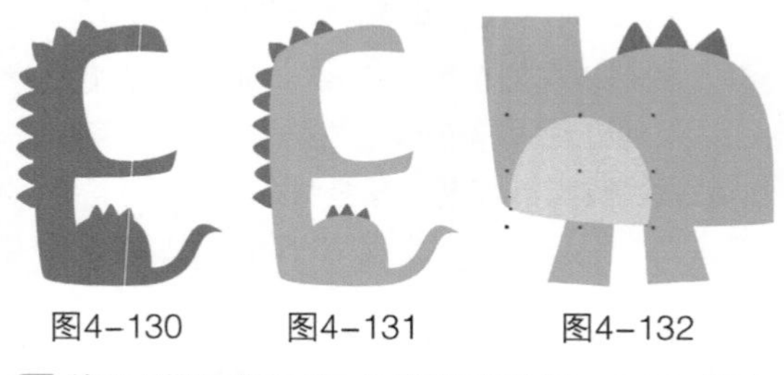

图4-130　图4-131　图4-132

07 使用“椭圆形工具”在腿部绘制一个圆，填充颜色为（C:31，M:0，Y:24，K:0），然后复制多份，调整角度和位置，并每3个进行组合，如图4-133所示，接着选中圆并执行“对象>PowerClip>置于图文框内部”菜单命令，将其置于腿中，效果如图4-134所示。

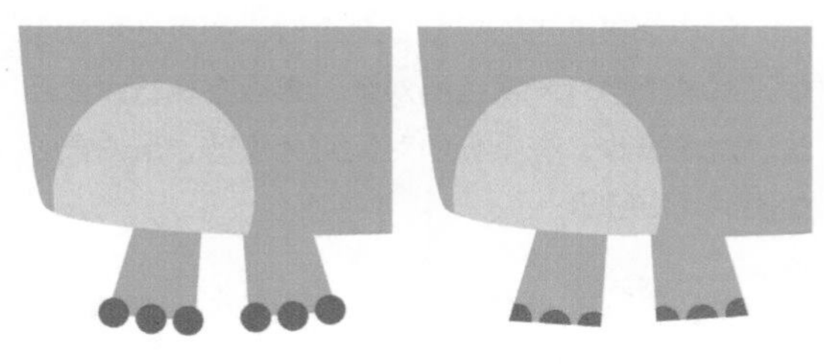

图4-133　图4-134

08 使用“椭圆形工具”在恐龙身体不同位置绘制大小不同的圆，然后填充颜色为（C:65，M:21，Y:53，K:0），去掉轮廓线，如图4-135所示，接着将所有圆组合，再执行“对象>PowerClip>置于图文框内部”菜单命令，将其置于身体中，效果如图4-136所示。

图4-135　图4-136

09 使用“椭圆形工具”绘制眼睛，然后在“轮廓笔”对话框中设置“宽度”为“2.8mm”、“角”为“圆角”、“线条端头”为“圆形端头”，设置如图4-137所示，接着使用“椭圆形工具”绘制鼻孔，效果如图4-138所示。

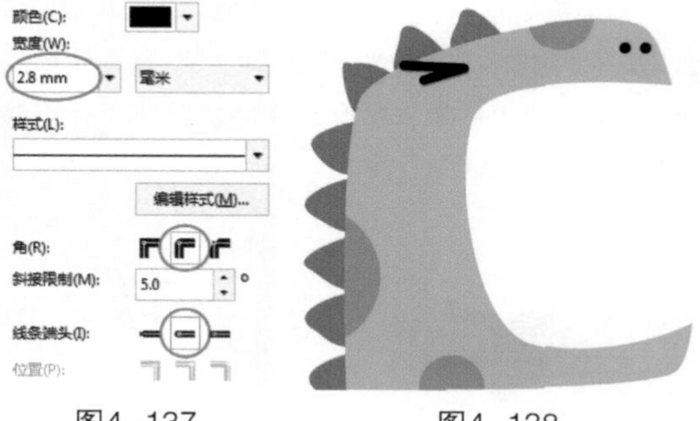

图4-137　图4-138

10 双击“矩形工具”创建一个和页面大小相同的矩形，然后填充颜色为（C:0，M:27，Y:42，K:0）并去掉轮廓线，接着使用“椭圆形工具”绘制牙齿，填充白色并去掉轮廓线，再进行适当修剪，如图4-139所示，最后将牙齿组合置于背景图层上面，效果如图4-140所示。

图4-139

图4-140

11 使用“文本工具”在背景上输入文本，然后设置字体，并设置合适的大小和行间距，最终效果如图4-141所示。

图4-141

综合练习 利用“造型”功能制作闹钟

» 实例位置 实例文件>CH04>综合练习：利用“造型”功能制作闹钟.cdr
» 素材位置 素材文件>CH04>10.cdr、11.jpg
» 视频名称 综合练习：利用“造型”功能制作闹钟.mp4
» 技术掌握 造型功能的应用

青蛙闹钟效果如图4-142所示。

图4-142

01 使用“椭圆形工具”绘制3个圆，然后将两个圆底端对齐，并全选进行群组，接着将组合好的对象拖到椭圆上方，设置“水平居中对齐”，最后全选对象，执行“对象>造型>合并”菜单命令，将对象焊接成整体，如图4-143所示。

图4-143

02 在“编辑填充”对话框中设置“类型”为“椭圆形渐变填充”，分别填充节点颜色为（C:66, M:37, Y:100, K:0）、（C:0, M:0, Y:100, K:0），然后适当调整节点位置，去掉轮廓线，接着单击“刻刀工具”，按住Shift键移到相对边框上，单击进行切割，再单击下方多余的对象按Delete删除，最后单击“形状工具”选中下方直线，单击鼠标右键执行“到曲线”命令，拖动线条将底部变为曲线，如图4-144所示。

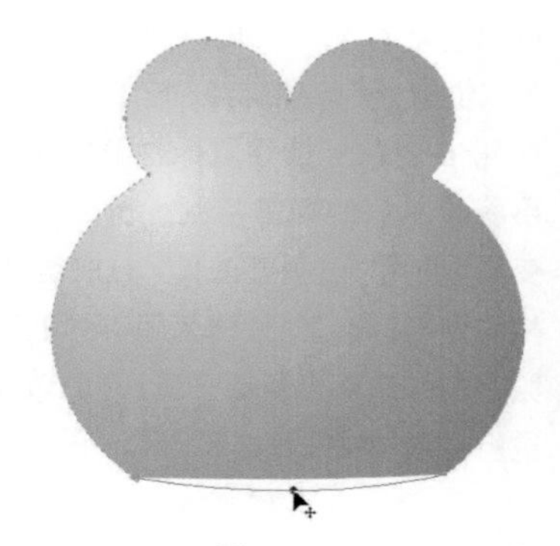
图4-144

03 使用“椭圆形工具”绘制椭圆，然后在“编辑填充”对话框中设置“类型”为“椭圆形渐变填充”，分别填充节点颜色为（C:66, M:37, Y:100, K:0）、（C:0, M:0, Y:0, K:10）、白色，接着将圆形切割为曲线，并在该对象中绘制一个椭圆，再在“编辑填充”对话框中设置“类型”为“线性渐变填充”，分别填充节点颜色为（C:100, M:0, Y:100, K:0）、（C:100, M:0, Y:100, K:0）、（C:40, M:0, Y:100, K:0），最后适当调整节点位置，效果如图4-145所示。

04 将眼睛对象全选并进行组合，复制一份水平镜像，将眼睛拖放在先前绘制的对象上，复制左边眼睛的眼白对象并填充为白色，然后略微放大后放置在眼白下方，向右边移动一些距离，接着选中右边眼白，在原位置复制一份并填充颜色为（C:66，M:37，Y:100，K:0），再向右边移动一些距离，效果如图4–146所示。

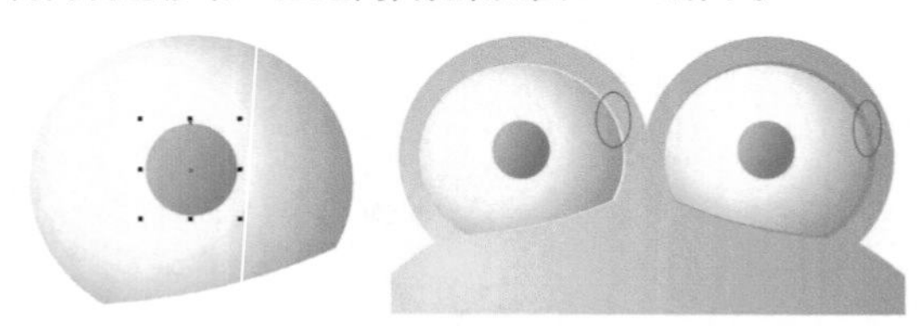

图4–145　　图4–146

05 使用“手绘工具”绘制眼睛高光，然后填充白色，接着单击“透明度工具”，在属性栏设置“透明度类型”为“线性渐变透明度”，将光标移动到对象上按住鼠标左键拖动，预览渐变效果，松开鼠标左键完成，最后将高光复制到另一只眼睛上，效果如图4–147所示。

06 使用“椭圆形工具”绘制椭圆，转曲后使用“形状工具”调整形状，然后在“编辑填充”对话框中设置“类型”为“线性渐变填充”，分别填充节点颜色为黑色、（C:40，M:0，Y:100，K:0），适当调整节点位置，删除轮廓线，接着设置为“线性渐变透明度”，在对象上按住鼠标左键拖动，预览渐变效果，再将绘制好的椭圆复制一份，用之前所述方法切割变形，使用“透明度工具”拖动以调整透明程度，拖动到与椭圆重合，作为闹钟的玻璃罩。接着将之前绘制的眼睛高光复制一份，拖到玻璃内放大，再全选进行组合，如图4–148所示。

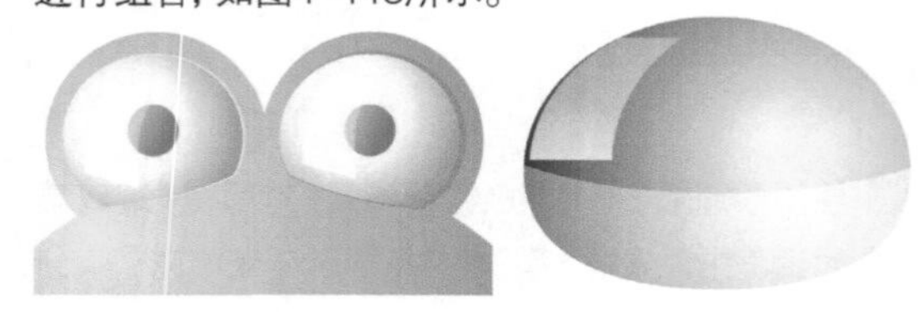

图4–147　　图4–148

07 将玻璃拖曳到青蛙身体上，将玻璃外层的椭圆复制一份等比例放大，然后单击组合对象的玻璃对象，在“修剪”面板上勾选“保留原始源对象”选项，并单击“修剪”按钮，接着单击椭圆完成修剪，最后为其填充白色，将圆环置于玻璃对象下方，效果如图4–149所示。

08 制作表盘。将椭圆移到旁边，导入学习资源中的“素材文件>CH04>10.cdr”文件，取消组合，然后将时间刻数拖放到表盘内相应位置，并在表盘内绘制椭圆形，填充颜色为红色，去掉边框，接着复制一份放置在表盘内相对的位置，再使用“贝塞尔工具”绘制嘴巴，将指针对象拖入表盘，排列在顶层，最后单击“阴影工具”，拖动预览阴影效果，效果如图4–150所示。

图4–149　　图4–150

09 将椭圆玻璃拖回表盘，按快捷键Ctrl+Home置于所有对象的顶层，然后选中青蛙闹钟进行组合，接着使用“阴影工具”绘制阴影，再导入学习资源中的“素材文件>CH04>11.jpg”文件，按快捷键Ctrl+End将图片放于闹钟后面，最后将闹钟缩放至合适大小，最终效果如图4–151所示。

图4–151

4.16 课后习题

下面安排了两个有针对性的课后习题，帮助读者巩固知识。

课后习题 用“粗糙工具”制作蛋挞招贴

- 实例位置 实例文件>CH04>课后习题：用“粗糙工具”制作蛋挞招贴.cdr
- 素材位置 素材文件>CH04>12. cdr
- 视频位置 课后习题：用“粗糙工具”制作蛋挞招贴.mp4
- 技术掌握 粗糙工具的应用

蛋挞招贴效果如图4-152所示。

图4-152

制作分析

第1步：使用“椭圆形工具”和“粗糙工具”绘制小鸡的身体，如图4-153所示。

图4-153

第2步：使用绘图工具组和“渐变填充”绘制蛋壳和小鸡，如图4-154所示。

图4-154

第3步：导入学习资源中的“素材文件>CH04>12.cdr”文件，将对象拖动到相应的位置，如图4-155所示。

图4-155

课后习题 用“刻刀工具”制作明信片

- 实例位置 实例文件>CH04>课后习题：用“刻刀工具”制作明信片.cdr
- 素材位置 素材文件>CH04>13.jpg、14.cdr
- 视频名称 课后习题：用“刻刀工具”制作明信片.mp4
- 技术掌握 刻刀功能的应用

明信片效果如图4-156和图4-157所示。

图4-156

图4-157

第1步：导入学习资源中的“素材文件>CH04>13.jpg”文件，使用“刻刀工具”裁剪对象，如图4-158和图4-159所示。

图4-158

图4-159

第2步：绘制正面图形，颜色填充为（C:25，M:55，Y:0，K:0），然后使用“矩形工具”□和“透明度工具”▩绘制背面右下角图形，如图4-160和图4-161所示。

图4-160

图4-161

第3步：导入学习资源中的“素材文件>CH04>14.cdr”文件，将文字缩放后至于正面右边空白处，然后使用“矩形工具”□和线形工具绘制背面对象，如图4-162和图4-163所示。

图4-162

图4-163

4.17 本课笔记

第5课

填充与智能填充

在本课中，我们将学习如何在图形绘制和编辑的过程中通过多样化的填充操作赋予对象更多的变化，使对象表现出更丰富的视觉效果。

学习要点

» 均匀填充
» 渐变填充
» 滴管工具
» 调色板填充
» 智能填充工具

5.1 智能填充工具

使用“智能填充工具”可以填充多个图形的交叉区域，并使填充区域成为独立的图形。另外，还可以通过属性栏设置新对象的填充颜色和轮廓颜色。

5.1.1 基本填充方法

使用“智能填充工具”可以对单一图形、多个图形，以及图形的交叉区域填充颜色。

1.单一对象填充

选中要填充的对象，单击“智能填充工具”，在对象内单击，即可为对象填充颜色，如图5-1所示。

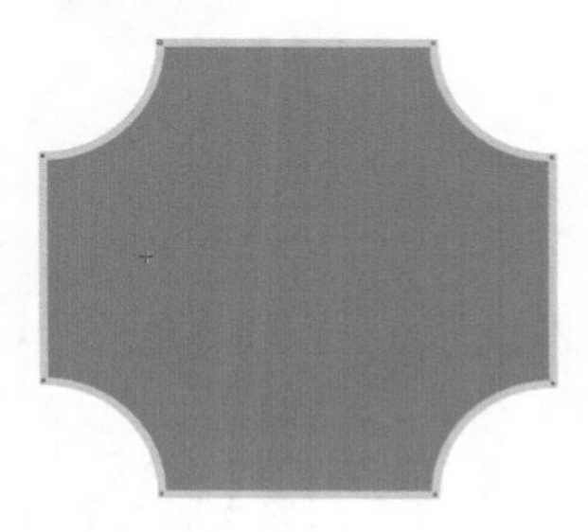

图5-1

2.多个对象合并填充

使用“智能填充工具”可以将多个重叠对象合并填充为一个路径。使用“矩形工具”在页面上任意绘制多个重叠的矩形，如图5-2所示，然后单击“智能填充工具”，在页面空白处单击，将重叠的矩形填充为一个独立对象，如图5-3所示。

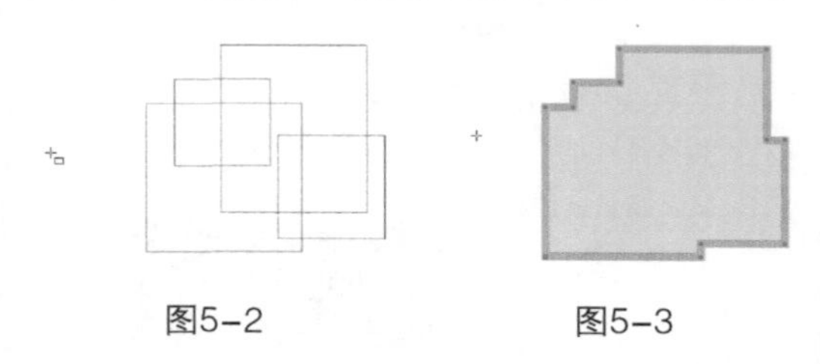

图5-2　　图5-3

提示

在对多个对象进行合并填充时，填充后的对象为一个独立对象，当使用“选择工具”移动填充形成的图形时，可以观察到原始对象不会有任何改变。

3.交叉区域填充

使用“智能填充工具”可以将多个重叠对象形成的交叉区域填充为一个独立对象。单击“智能填充工具”，在多个图形的交叉区域内部单击，为该区域填充颜色，如图5-4所示。

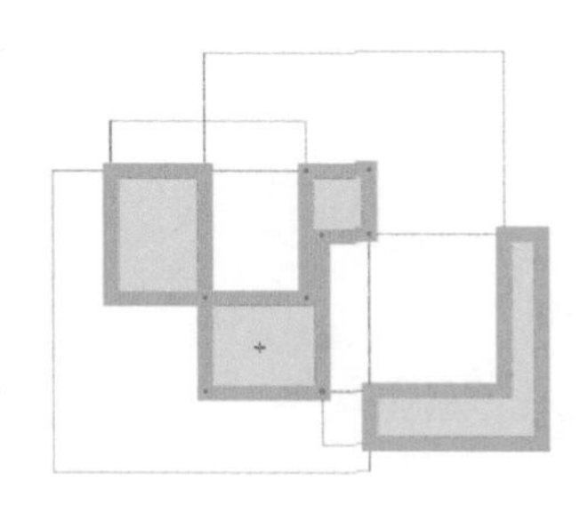

图5-4

5.1.2 设置填充属性

“智能填充工具”的属性栏如图5-5所示。

图5-5

⊙ **参数介绍**

填充选项：将选择的填充属性应用到新对象上，包括“使用默认值”“指定”和“无填充”3个选项。

填充色：为对象设置内部填充颜色，该选项只有“填充选项”设置为“指定”时才可用。

轮廓选项：将选择的轮廓属性应用到对象上，包括“使用默认值”“指定”和“无轮廓”3个选项。

轮廓色：为对象设置轮廓颜色，该选项只有“轮廓选项”设置为“指定”时才可用。单击该选项后面的按钮，可以在弹出的颜色挑选器中选择对象的轮廓颜色。

操作练习　绘制电视标版

» 实例位置　实例文件>CH05>操作练习：绘制电视标版.cdr
» 素材位置　素材文件>CH05>01.cdr
» 视频名称　操作练习：绘制电视标版.mp4
» 技术掌握　智能填充工具的应用

电视标版效果如图5-6所示。

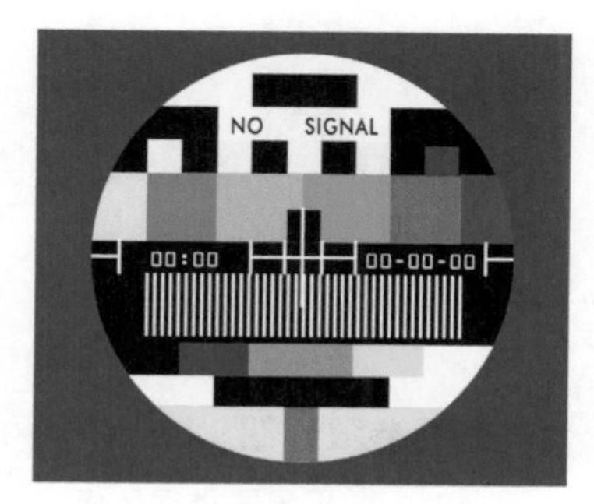

图5-6

01 新建空白文档，设置“宽度”为“240mm”、“高度”为“210mm”，单击“确定”按钮 确定 ，然后双击“矩形工具”□创建一个与页面重合的矩形，填充颜色为（C:0, M:0, Y:0, K:80），去除轮廓，接着使用“椭圆工具”○在页面中间绘制一个正圆，填充白色，去除轮廓，再使用“矩形工具”□绘制出方块轮廓，设置“轮廓宽度”为“0.2mm”、轮廓颜色为（C:0, M:100, Y:100, K:0），最后按快捷键Ctrl+Q转换为曲线，效果如图5-7所示。

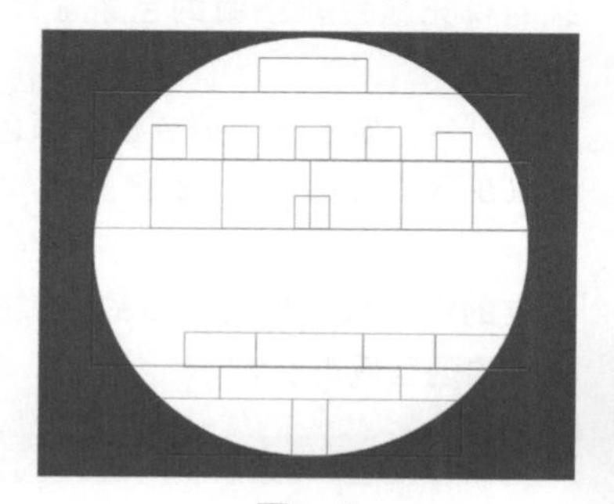

图5-7

02 使用“形状工具”调整好方块轮廓，完成后的效果如图5-8所示，然后选中所有的方块轮廓，按快捷键Ctrl+G进行组合，接着单击“智能填充工具”，在属性栏上设置“填充选项”为“指定”、“填充色”为黑色、“轮廓选项”为“无轮廓”，接着在图形中的部分区域内单击，进行智能填充，效果如图5-9所示。

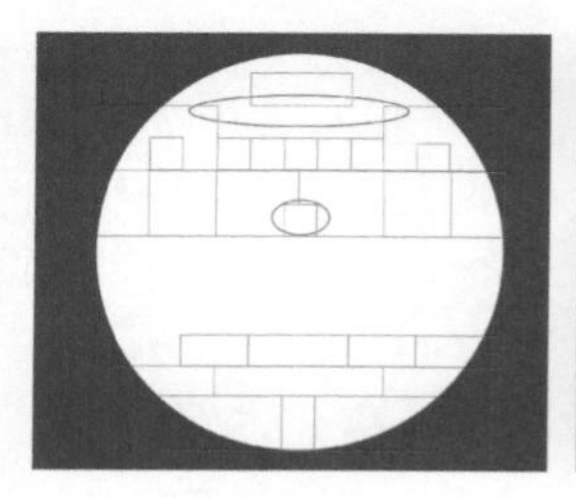

图5-8

图5-9

03 在属性栏上分别更改“填充色”为黄色、青色、酒绿、（C:0, M:60, Y:0, K:0）、红色、（C:100, M:50, Y:0, K:0）、（C:0, M:0, Y:0, K:80）、（C:0, M:0, Y:0, K:50）、（C:0, M:0, Y:0, K:20）、（C:0, M:0, Y:0, K:10），然后在图形中的部分区域内分别单击，进行智能填充，最后选中前面组合对象后的方块轮廓，然后按Delete键将其删除，效果如图5-10所示。

图5-10

04 使用“矩形工具”□在中下部的黑色区域绘制矩形长条，然后填充白色，并去除轮廓，完成后的效果如图5-11所示，接着选择所有的白色矩形，按快捷键Ctrl+G进行对象组合。

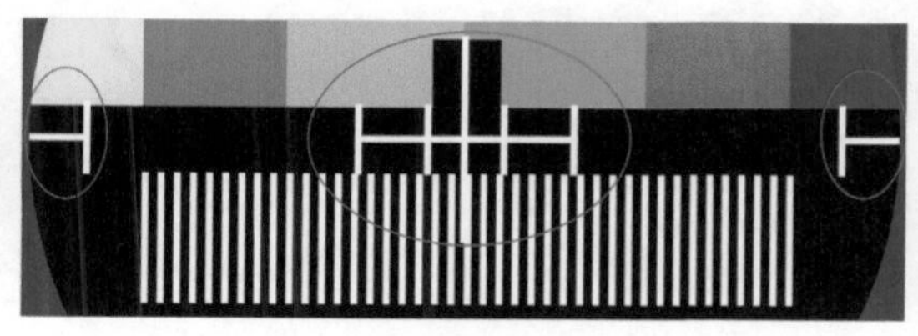

图5-11

05 导入学习资源中的“素材文件>CH05>01.cdr”文件，然后调整好文本的大小与位置，最终效果如图5-12所示。

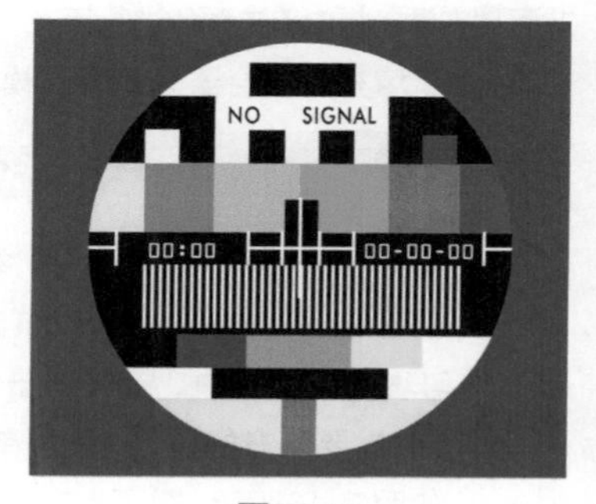

图5-12

5.2 填充工具

双击状态栏上的“编辑填充”按钮，弹出“编辑填充”对话框，可选择多种填充方式进行填充，包括“无填充”“均匀填充”“渐变填充”“向量图样填充”“位图图样填充”“双色图样填充”“底纹填充”“PostScript填充”8种，如图5-13所示。

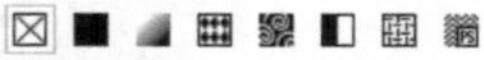

图5-13

5.2.1 无填充

选中一个已填充的对象，如图5-14所示，双击状态栏上的“编辑填充”按钮，在弹出的“编辑填充”对话框中选择“无填充”方式，即可观察到对象内的填充内容直接被移除，但轮廓颜色没有任何改变，如图5-15所示。

图5-14

图5-15

5.2.2 均匀填充

使用“均匀填充”方式可以为对象填充单一颜色，也可以在调色板中单击颜色进行填充。“编辑填充”包含“调色板”填充、“混合器”填充和“模型”填充3种。

1.调色板填充

绘制一个图形并将其选中，然后双击“编辑填充”按钮，在弹出的“编辑填充”对话框中选择“均匀填充”方式，接着单击“调色板”选项卡，再单击想要填充的色样，最后单击“确定”按钮，如图5-16所示，即可为对象填充选定的单一颜色，如图5-17所示。

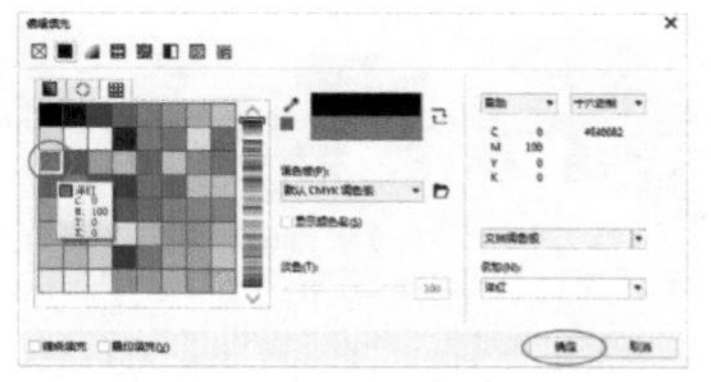

图5-16

图5-17

⊙ **重要参数介绍**

调色板：用于选择调色板。

打开调色板：用于载入用户自定义的调色板。单击该按钮，打开“打开调色板”对话框，然后选择要载入的调色板，接着单击“打开”按钮即可载入自定义的调色板。

滴管：单击该按钮可以在整个文档窗口内进行颜色取样。

颜色预览窗口：显示对象当前的填充颜色和对话框中选择的颜色，上面的色条显示选中对象的填充颜色，下面的色条显示对话框中选择的颜色。

名称：显示选中调色板中颜色的名称，同时可以在下拉列表中快速选择颜色。

文档调色板：将颜色添加到相应的调色板。单击后面的按钮可以选择系统提供的调色板类型。

2.混和器填充

绘制一个图形并将其选中，然后双击“编辑填充”按钮，在弹出的“编辑填充”对话框中选择“均匀填充”方式，接着单击“混和器”选项卡，在“色环”上单击选择颜色范围，再单击颜色列表中的色样选择颜色，接着单击“确定”按钮，如图5-18所示，填充效果如图5-19所示。

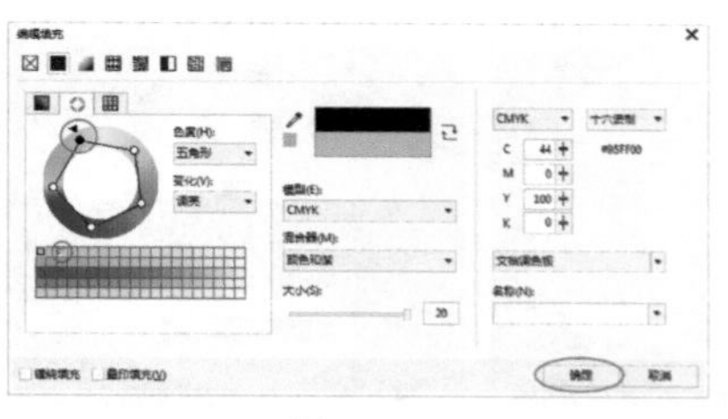

图5-18

图5-19

⊙ 重要参数介绍

模型：选择调色板的色彩模式。其中CMYK和RGB为常用色彩模式，CMYK用于打印输出，RGB用于显示预览。

色度：用于选择对话框中色样的显示范围和所显示色样之间的关系。

变化：用于选择显示色样的色调。

大小：控制显示色样的列数，值越大，相邻两列色样间的颜色差距越小（当数值为1时，只显示色环上颜色滑块对应的颜色）；值越小，相邻两列色样间颜色差距越大。

混合器：单击该按钮，下拉列表中会显示混合选项。

3.模型填充

绘制一个图形并将其选中，然后双击“编辑填充”按钮，在弹出的“编辑填充”对话框中选择“均匀填充”方式，接着单击“模型”选项卡，在该选项卡中使用鼠标左键在颜色选择区域单击选择色样，最后单击“确定”按钮，如图5-20所示，填充效果如图5-21所示。

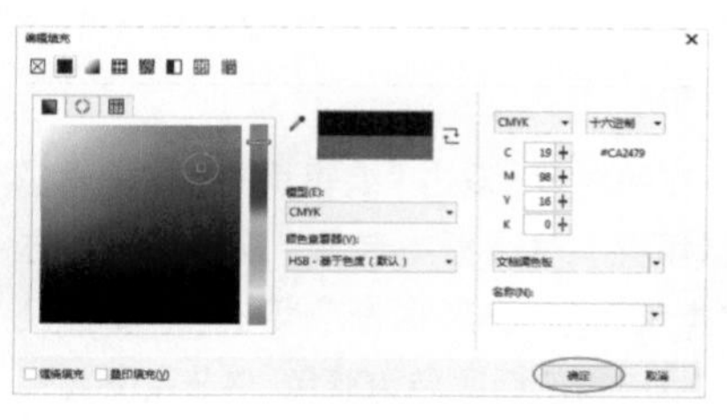

图5-20

图5-21

提示

在“模型”选项卡中，除了可以在色样上单击为对象选择填充颜色，还可以在“组建”中输入所要填充颜色的数值，输入数值得到的颜色更精准。

操作练习 用“均匀填充”方式绘制怪物

» 实例位置 实例文件>CH05>操作练习：用“均匀填充”方式绘制怪物.cdr
» 素材位置 素材文件>CH05>02.cdr、03.jpg
» 视频名称 操作练习：用“均匀填充”方式绘制怪物.mp4
» 技术掌握 均匀填充的应用

怪物效果如图5-22所示。

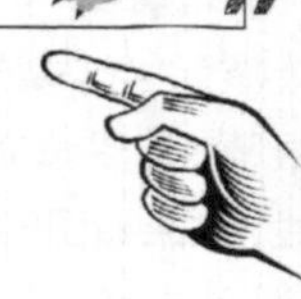

图5-22

01 新建空白文档，单击“导入”按钮打开对话框，导入学习资源中的“素材文件>CH05>02.cdr”文件，然后拖曳到页面中调整大小，接着选中对象，单击属性栏的“取消组合所有对象”按钮，取消对象所有群组，如图5-23所示。

02 选中身体，双击状态栏上的“编辑填充”按钮，然后在“编辑填充”对话框中选择“均匀填充”方式，接着在“调色板”选项卡中选择橘红色，最后单击“确定”按钮完成填充，如图5-24所示。

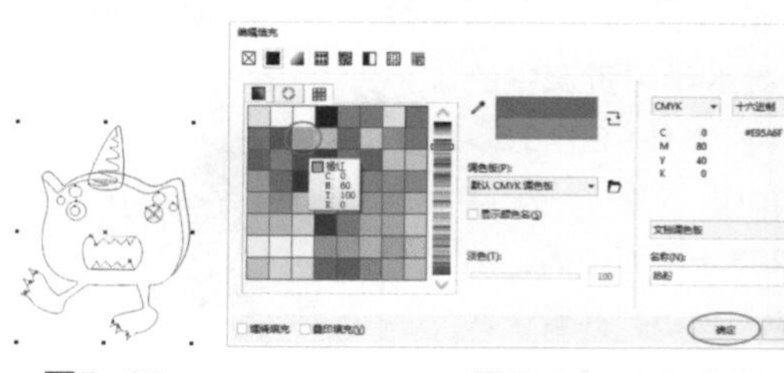

图5-23 图5-24

03 选中身体的暗部，双击状态栏上的“编辑填充”按钮，然后在“编辑填充”对话框中选择“均匀填充”方式，接着在“模型”选项卡中设置CMYK颜色值为（C:11，M:67，Y:100，K:0），再单击“确定”按钮完成填充，如图5-25所示，最后去掉轮廓线，效果如图5-26所示。

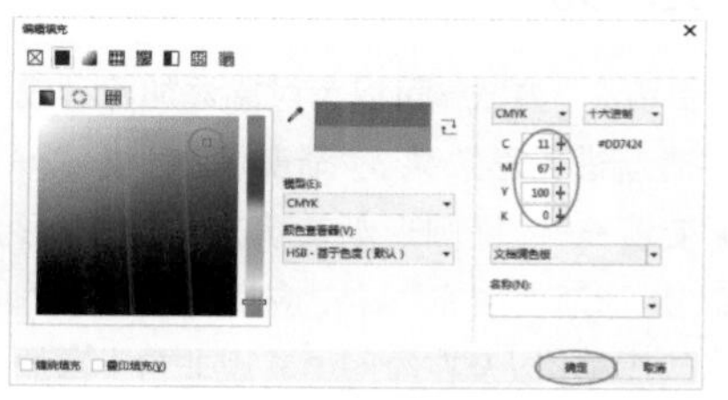

图5-25

图5-26

04 选中独角，双击状态栏上的“编辑填充”按钮，然后在“编辑填充”对话框中选择“均匀填充”方式■，接着分别填充独角颜色为（C:58，M:75，Y:86，K:29）、独角的暗部颜色为（C:62，M:84，Y:100，K:53），最后去掉轮廓线，效果如图5-27所示。

05 分别选中嘴、牙齿、眼睛、指甲，双击状态栏上的“编辑填充”按钮，然后在“编辑填充”对话框中选择“均匀填充”方式■，接着分别为嘴、牙齿、眼睛、指甲填充颜色为黑色、白色，最后去掉轮廓线，效果如图5-28所示。

06 选中怪物的4个斑点，双击状态栏上的“编辑填充”按钮，然后在“编辑填充”对话框中选择“均匀填充”方式■，接着为怪物的斑点填充颜色为（C:4，M:47，Y:62，K:0），最后去掉轮廓线，效果如图5-29所示。

图5-27　图5-28　图5-29

07 导入学习资源中的“素材文件>CH05>03.jpg”文件，按P键将其置于页面中间，然后调整大小，并置于底层，接着将怪兽拖曳到素材的空白区域，最终效果如图5-30所示。

图5-30

5.2.3 渐变填充

使用“渐变填充”方式可以为对象添加两种或多种颜色的平滑渐进色彩效果。“渐变填充”方式包括“线性渐变填充”“椭圆形渐变填充”“圆锥形渐变填充”和“矩形渐变填充”4种，应用到设计创作中可表现物体的质感，以及在绘图中表现非常丰富的色彩变化。

1.线性渐变填充

“线性渐变填充”用于在两个或多个颜色之间产生直线型的颜色渐变。选中要填充的对象，双击“编辑填充”按钮，然后在弹出的“编辑填充”面板中选择“渐变填充”方式，切换到“渐变填充”对话框，接着设置“类型”为“线性渐变填充”，再设置“节点位置”为0的色标颜色为黄色、“节点位置”为100%的色标颜色为红色，最后单击“确定”按钮，填充效果如图5-31所示。

图5 -31

2.椭圆形渐变填充

“椭圆形渐变填充”用于在两个或多个颜色之间产生以同心圆的形式由对象中心向外辐射生成的渐变效果，该填充类型可以很好地体现球体的光线变化和光晕效果。

选中要填充的对象，双击“编辑填充”按钮，然后在“编辑填充”对话框中选择“渐变填充”方式，设置“类型”为“椭圆形渐变填充”，接着设置“节点位置”为0的色标颜色为蓝色、“节点位置”为100%的色标颜色为冰蓝，最后单击“确定”按钮，效果如图5-32所示。

图5-32

3.圆锥形渐变填充

“圆锥形渐变填充”用于在两个或多个颜色之

间产生色彩渐变，可以模拟光线落在圆锥上的视觉效果，使平面图形表现出空间立体感。

选中要填充的对象，双击“编辑填充”按钮，然后在“编辑填充”对话框中选择“渐变填充”方式，设置“类型”为“圆锥形渐变填充”、“镜像、重复和反转”为“重复和镜像”，接着设置“节点位置”为0的色标颜色为黄色、“节点位置”为100%的色标颜色为红色，最后单击“确定”按钮，效果如图5-33所示。

图5-33

4.矩形渐变填充

“矩形渐变填充”用于在两个或多个颜色之间产生以同心方形的形式从对象中心向外扩散的色彩渐变效果。

选中要填充的对象，双击“编辑填充”按钮，然后在“编辑填充”对话框中选择“渐变填充”方式，设置“类型”为“矩形渐变填充”、“镜像、重复和反转”为“默认渐变填充”，接着设置“节点位置”为0的色标颜色为绿色、“节点位置”为100%的色标颜色为白色，最后单击“确定”按钮，效果如图5-34所示。

图5-34

5.填充的设置

“渐变填充”对话框选项如图5-35所示。

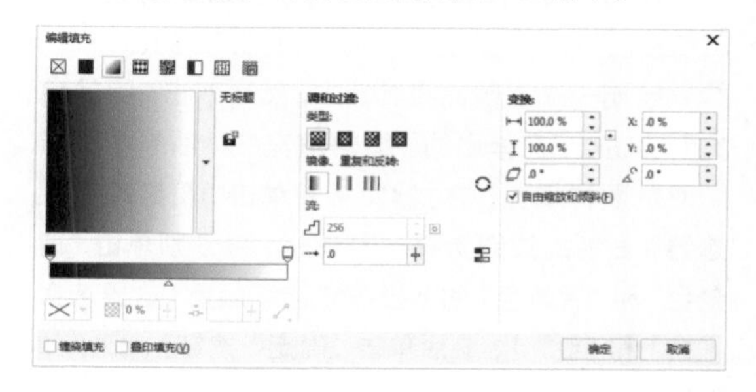

图5-35

⊙ 重要参数介绍

填充挑选器：单击“填充挑选器”按钮，选择下拉菜单中的填充纹样填充对象。

节点颜色：以两种或多种颜色设置渐变，可在频带上双击添加色标，单击色标可在颜色样式中为所选色标选择颜色。

节点透明度：指定选定节点的透明度。

节点位置：指定中间节点相对于第一个和最后一个节点的位置。

调和过渡：可以选择填充方式的类型，选择填充的方法。

渐变步长：设置各个颜色之间的过渡数量，数值越大，渐变的层次越多，渐变颜色也就越细腻；数值越小，渐变层次越少，渐变越粗糙。

加速：指定渐变填充从一个颜色调和到另一个颜色的速度。

变换：用于调整颜色渐变过渡的范围，数值范围为0~49%，数值越小范围越大，数值越大范围越小。

旋转：设置渐变颜色的倾斜角度（在“椭圆形渐变填充”类型中不能设置“角度”选项），可以在数值框中输入数值，也可以在预览窗口中拖动色标，设置填充对象的角度。

5.2.4 图样填充

CorelDRAW X8提供了预设的多种图案，使用“图样填充”对话框可以直接为对象填充预设的图案，也可用绘制的对象或导入的图像创建图样进行填充。

1.双色图样填充

使用“双色图样填充”，可以为对象填充只有“前景色”和“背景色”两种颜色的图案样式。

绘制一个正圆并将其选中，然后双击“编辑填充”按钮，在弹出的“编辑填充”对话框中选择“双色图样填充”方式，接着单击“图样填充挑选器”右侧的按钮选择一种图样，再分别单击“前景色”和“背景色”的下拉按钮选取颜色（这里选择“白”和“红”），最后单击“确定”按钮，如图5-36所示，填充效果如图5-37所示。

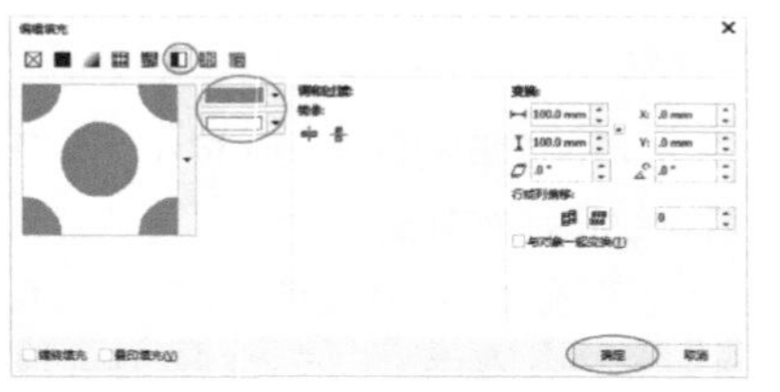

图5-36

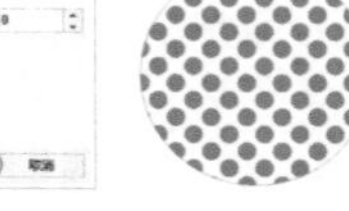

图5-37

2.向量图样填充

使用“向量图样填充”，可以把矢量花纹生成为图案样式来填充对象，软件中提供了多种“向量”填充图案，也可以学习和创建图案进行填充。

绘制一个星形并将其选中，然后双击“编辑填充”按钮，在弹出的“编辑填充”对话框中选择“向量图样填充”方式，再单击“图样填充挑选器”右边的下拉按钮选择图样，最后单击“确定”按钮，如图5-38所示，填充效果如图5-39所示。

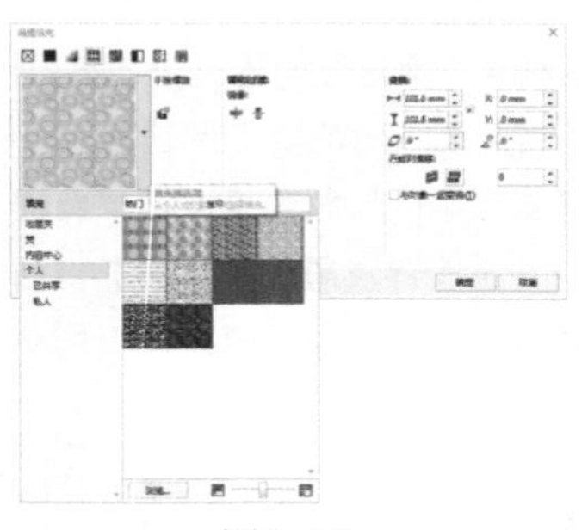

图5-38

图5-39

单击“图样填充挑选器”右边的下拉按钮，再单击“浏览”按钮，弹出“打开”对话框，然后在该对话框中选择一个图片文件，接着单击“打开”按钮，如图5-40所示，系统会完全保留导入图片原有的颜色，并添加到“图样填充挑选器”中。

图5-40

3.位图图样填充

使用“位图图样填充”，可以选择位图图像为对象进行填充，填充后的图像属性取决于位图的大小、分辨率和深度。

绘制一个图形并将其选中，然后双击“编辑填充”按钮，在弹出的“编辑填充”对话框中选择“位图图样填充”方式，接着单击“图样填充挑选器”下拉按钮选择图样，最后单击“确定”按钮，如图5-41所示，填充效果如图5-42所示。

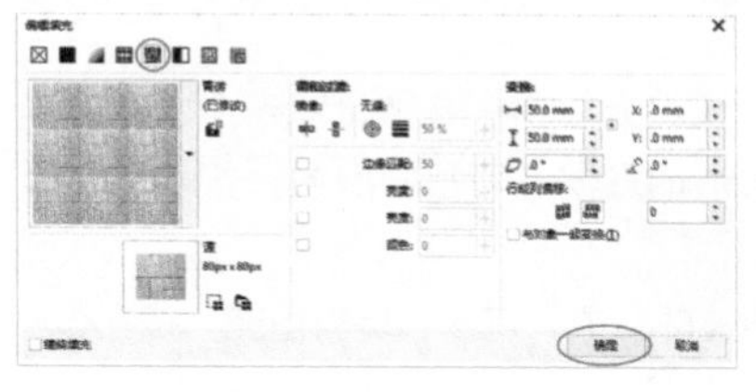

图5-41

图5-42

提示

在使用位图填充时，复杂的位图会占用较多的内存空间，所以会影响填充速度。

操作练习 用“渐变”与“图样”填充方式绘制复古胸针

- 实例位置 实例文件>CH05>操作练习：用“渐变”与“图样”填充方式绘制复古胸针.cdr
- 素材位置 素材文件>CH05>04.cdr
- 视频名称 操作练习：用“渐变”与“图样”填充方式绘制复古胸针.mp4
- 技术掌握 渐变与图样填充的应用

复古胸针效果如图5-43所示。

图5-43

01 新建空白文档，使用“椭圆形工具”绘制一个圆，然后双击状态栏上的“编辑填充”按钮，在“编辑填充”对话框中选择 “双色图样填充”方式，接着设置“前景颜色”为黑色、“背景颜色”为苔绿色、“填充宽度”为“8mm”、“填充高度”为“8mm”，再单击“确定”按钮完成填充，如图5-44所示,最后去掉轮廓线，效果如图5-45所示。

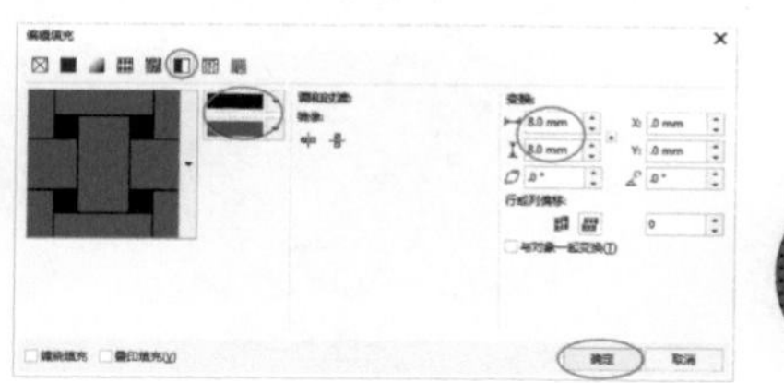

图5-44

图5-45

02 复制对象，然后选中复制对象向内复制一个，接着选中两个圆，单击属性栏中的“移除前面对象”，再双击状态栏上的“编辑填充”按钮，在“编辑填充”对话框中选择“渐变填充”方式，设置“类型”为“线性渐变填充”，节点填充色分别为黑色、（C:11，M:0，Y:10，K:0），适当调整节点位置，最后使用“透明度工具”，在属性栏中选择“均匀透明度”，设置“透明度”为“30”，按P键将对象移动到页面中间，效果如图5-46所示。

03 选中对象，按住Shift键向内复制一个圆，然后双击状态栏上的“编辑填充”按钮，在“编辑填充”对话框中选择“渐变填充”方式，设置“类型”为“线性渐变填充”， 分别填充节点颜色为黑色、（C:15，M:0，Y:14，K:0），再适当调整节点位置，最后使用“透明度工具”，在属性栏中选择“均匀透明度”，设置“透明度”为“30”，按P键将对象移动到页面中间，效果如图5-47所示。

图5-46

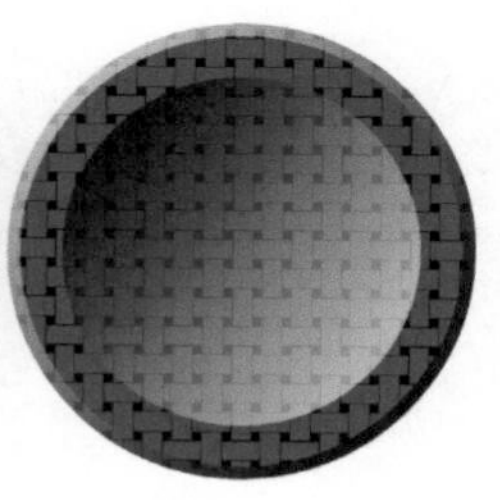

图5-47

04 导入学习资源中的“素材文件>CH05>04.cdr”文件，然后调整大小，按P键将对象移动到页面中间，最终效果如图5-48所示。

图5-48

5.2.5 底纹填充

“底纹填充”方式是用随机生成的纹理来填充对象，使用“底纹填充”可以赋予对象自然的外观，CorelDRAW X8为用户提供了多种底纹样式，每种底纹都可通过“底纹填充”对话框进行相应的选项设置。

1.底纹库

绘制一个图形并将其选中，然后双击“编辑填充”按钮，在弹出的“编辑填充”对话框中选择“底纹填充”方式，接着单击“样品”右边的下拉按钮选择一个样本，再选择“底纹列表”中的一种底纹，最后单击“确定”按钮，如图5-49所示，填充效果如图5-50所示。

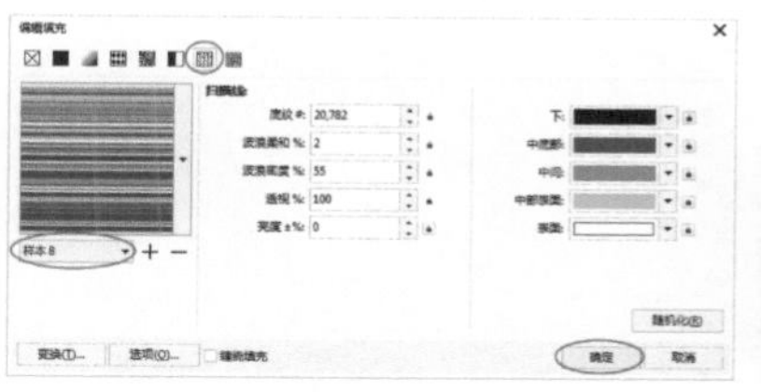

图5-49

图5-50

2.颜色选择器

打开“底纹填充”对话框后，在“底纹列表”中选择任意一种底纹类型，对话框右侧的下拉列表显示相应的颜色选项（根据用户选择底纹样式的不同，会出现相应的属性选项），如图5-51所示，然后单击任意一个颜色选项后面的按钮，即可打开相应的颜色挑选器，如图5-52所示。

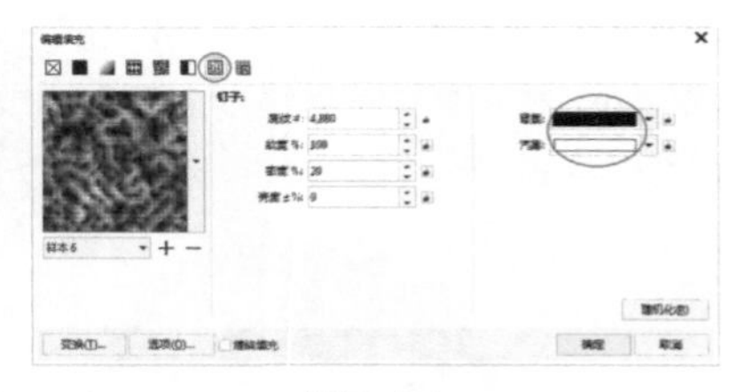

图5-51

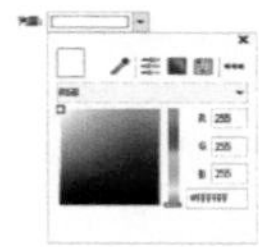

图5-52

双击“编辑填充”按钮◈，在弹出的“编辑填充”对话框中选择“底纹填充”方式▦，然后选择任意一种底纹类型，接着单击下方的“选项”按钮[选项(O)...]，在弹出的“底纹选项”对话框中设置“位图分辨率”和“最大平铺宽度”，如图5-53所示。

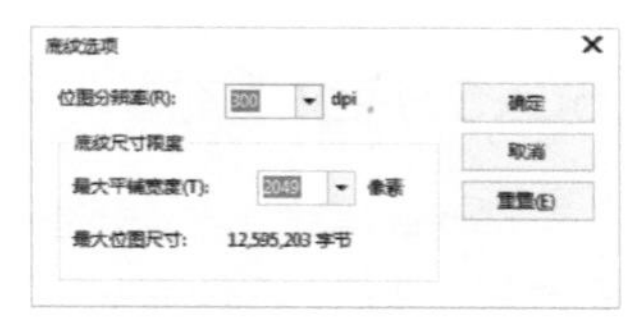

图5-53

提示

设置的“位图分辨率”和“最大平铺宽度”越大，填充的纹理图案就越清晰；数值越小，填充的纹理就越模糊。

3.变换

双击“编辑填充”按钮◈，在弹出的“编辑填充”对话框中选择“底纹填充”方式▦，然后选择任意一种底纹类型，接着单击对话框下方的“变换”按钮[变换(T)...]，在弹出“变换”对话框中可设置所选底纹参数，如图5-54所示。

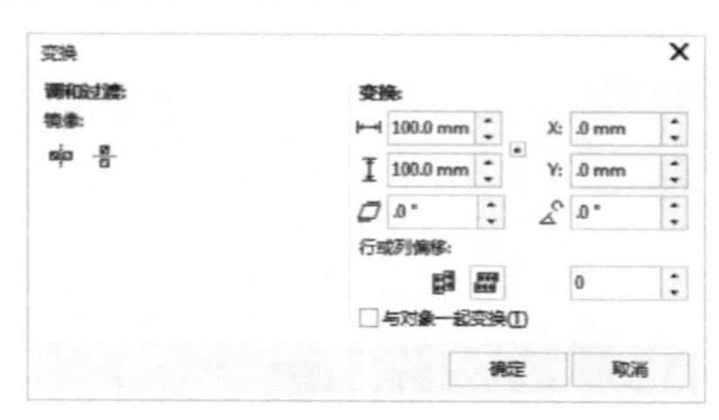

图5-54

操作练习 用“底纹填充”方式设计封皮

- 实例位置 实例文件>CH05>操作练习：用“底纹填充”方式设计封皮.cdr
- 素材位置 素材文件>CH05>05.cdr
- 视频名称 操作练习：用“底纹填充”方式设计封皮.mp4
- 技术掌握 底纹填充的应用

封皮效果如图5-55所示。

图5-55

01 新建一个文档，然后使用“矩形工具”□绘制一个矩形，接着双击状态栏上的“编辑填充”按钮◈，在“编辑填充”对话框中选择“底纹填充”方式▦，再设置“密度”为“5”、“色调”为(R:87, G:64, B:33)、“亮度”为(R:255, G:227, B:161)，设置如图5-56所示，最后去除轮廓，效果如图5-57所示。

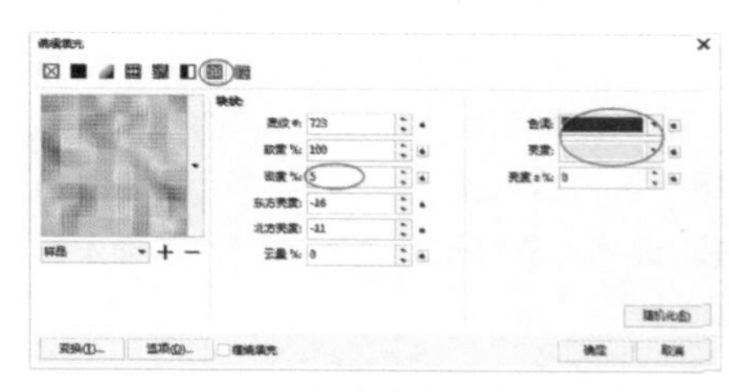

图5-56

图5-57

02 使用“矩形工具”□绘制一个矩形，填充颜色为(R:248, G:230, B:171)，然后选中矩形复制一份，进行左右缩放，接着调整位置，如图5-58所示。

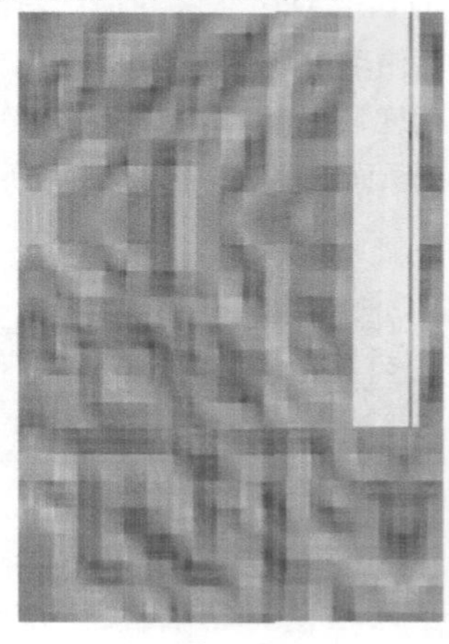

图5-58

03 单击“导入”按钮打开对话框，导入学习文件中的“素材文件>CH05>05.cdr”文件，然后适当缩放，接着移动到页面中适当的位置，最终效果如图5-59所示。

图5-59

5.2.6 PostScript填充

“PostScript填充”方式是使用PostScript语言设计的特殊纹理进行填充。有些底纹非常复杂，因此打印或屏幕显示包含PostScript底纹填充的对象时，等待时间可能较长，并且一些填充可能不会显示，而只显示字母ps，这种现象出现与否取决于对填充对象所应用的视图方式。

1.简单填充

绘制一个矩形并将其选中，然后双击“编辑填充”按钮，在弹出的“编辑填充”对话框中选择“PostScript填充”方式，接着在底纹列表框中选择一种底纹，最后单击“确定”按钮，如图5-60所示，填充效果如图5-61所示。

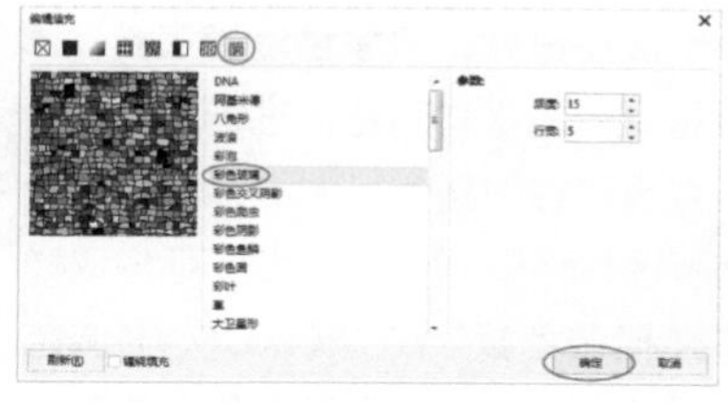
图5-60

图5-61

2.设置属性

打开“PostScript填充”对话框，然后在底纹列表框中单击“彩色鱼鳞”，此时在该对话框下方显示所选底纹对应的参数选项（该对话框中显示的参数选项会根据所选底纹的不同而有所变化），接着设置“频度”为“1”、“行宽”为“20”、“背景”为“20”，最后单击“刷新”按钮，即可在预览窗口中对设置后的底纹进行预览，如图5-62所示。

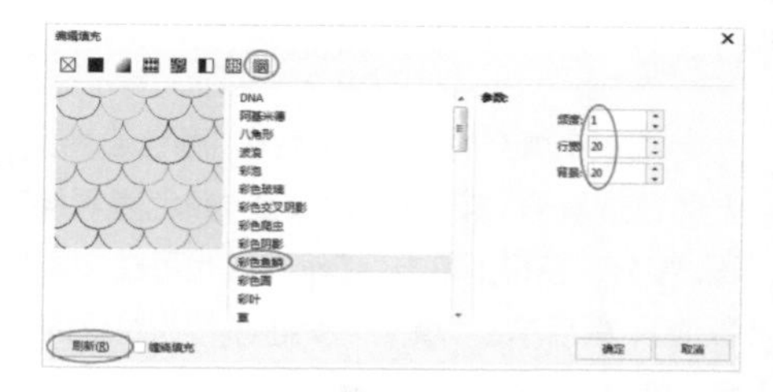
图5-62

5.2.7 彩色填充

可以在“颜色泊坞窗”中设置“填充”和“轮廓”的颜色。

1.颜色滴管

选中要填充的对象，执行“窗口>泊坞窗>彩色”菜单命令，弹出“颜色泊坞窗”，然后单击“颜色滴管”按钮，待光标变为滴管形状时，即可在文档窗口中的任意对象上进行颜色取样（不论在应用程序外部还是内部），最后单击“填充”按钮，可将取样的颜色填充到对象内部，单击“轮廓”按钮，可将取样的颜色填充到对象轮廓，如图5-63所示。

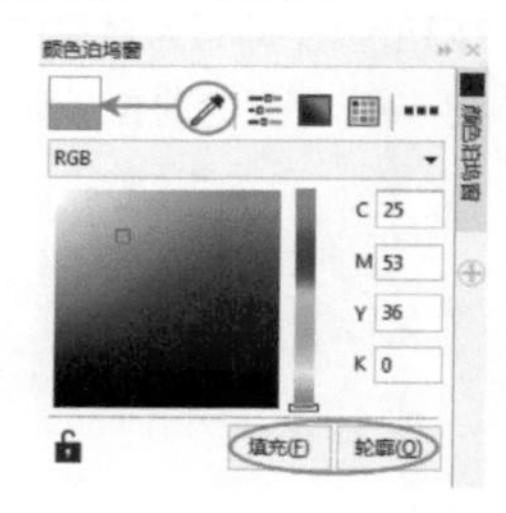

图5-63

2.颜色滑块

选中要填充的对象，然后在“颜色泊坞窗”中单击“显示颜色滑块”按钮，切换至“颜色滑块”操作界面，接着拖曳色条上的滑块（也可在右侧的文本框中输入数值）即可选择颜色，最后单击“填充”按钮，为对象内部填充颜色，单击“轮廓”按钮，为对象轮廓填充颜色，如图5-64所示。

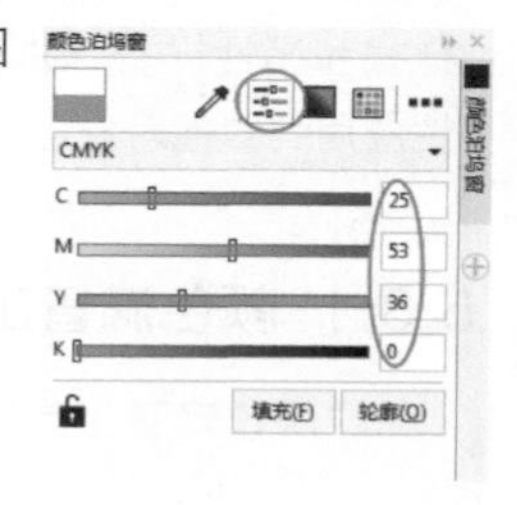

图5- 64

3.颜色查看器

选中要填充的对象，然后在“颜色泊坞窗”中单击“颜色查看器”按钮，切换至“颜色查看器”操作界面，接着在色样上单击选择颜色（也可在文本框中输入数值），最后单击“填充”按钮，为对象内部填充颜色，单击“轮廓”按钮，为对象轮廓填充颜色，如图5-65所示。

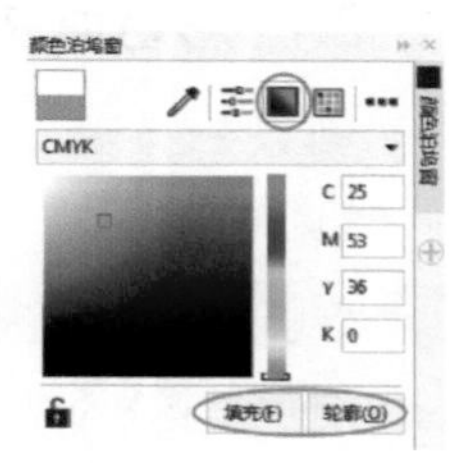

图5-65

4.调色板

选中要填充的对象，然后在“颜色泊坞窗”中单击“显示调色板”按钮，切换至“调色板”操作界面，接着在横向色条上单击选取颜色，最后单击“填充”按钮，即可为对象内部填充颜色，单击“轮廓”按钮，即可为对象轮廓填充颜色，如图5-66所示。

图5-66

5.3 滴管工具

滴管工具包括“颜色滴管工具”和“属性滴管工具”，滴管工具可以复制对象颜色样式和属性样式，并且可以将吸取的颜色或属性应用到其他对象上。

5.3.1 颜色滴管工具

“颜色滴管工具”用于在对象上进行颜色取样，然后应用到其他对象上。

1.基本使用方法

任意绘制一个图形，单击“颜色滴管工具”，待光标变为滴管形状时，单击想要取样的对象，当光标变为油漆桶形状时，悬停在需要填充的对象上，直到出现纯色色块，此时单击可填充对象，若要填充对象轮廓颜色，则悬停在对象轮廓上，待轮廓色样显示后，单击即可。

2.属性设置

“颜色滴管工具”属性栏选项如图5-67所示。

图5-67

⊙ 参数介绍

选择颜色：单击该按钮后，可以在文档窗口中进行颜色取样。

应用颜色：单击该按钮后，可以将取样的颜色应用到其他对象上。

从桌面选择：单击该按钮后，“颜色滴管工具”不仅可以在文档窗口内进行颜色取样；还可在应用程序外进行颜色取样（该按钮只有在“选择颜色”模式下才可用）。

1×1：单击该按钮后，“颜色滴管工具”可以对1×1像素区域内的平均颜色值进行取样。

2×2：单击该按钮后，“颜色滴管工具”可以对2×2像素区域内的平均颜色值进行取样。

5×5：单击该按钮后，“颜色滴管工具”可以对5×5像素区域内的平均颜色值进行取样。

所选颜色：查看取样的颜色。

添加到调色板：单击该按钮，可将取样的颜色添加到“文档调色板”或“默认CMYK调色板”中，单击该选项右侧的按钮可显示调色板类型。

5.3.2 属性滴管工具

使用“属性滴管工具”，可以复制对象的属性，并将复制的属性应用到其他对象上。

1.基本使用方法

单击“属性滴管工具”，然后在属性栏上分别单击“属性”按钮、“变换”按钮和“效果”按钮，打开相应的选项，勾选想要复制的属性复选框，接着单击“确定”按钮添加相应属性，待光标变为滴管形状时，在文档窗口内进行属性取样，取样结束后，光标变为油漆桶形状，此时单击想要应用的对象，即可应用属性。

2.属性应用

单击“椭圆形工具”，在属性栏上单击“饼图”按钮，然后在页面内绘制对象并适当旋转，接着为对象填充“圆锥形渐变填充”渐变，最后设置轮廓颜色为淡蓝色（C:40，M:0，Y:0，K:0）、“轮廓宽度”为“4mm”，效果如图5-68所示。

使用“基本形状工具”在饼图对象的右侧绘制一个心形，然后为心形填充图样，接着在属性栏上设置轮廓的“线条样式”为虚线、“轮廓宽度”为“0.2mm”，效果如图5-69所示。

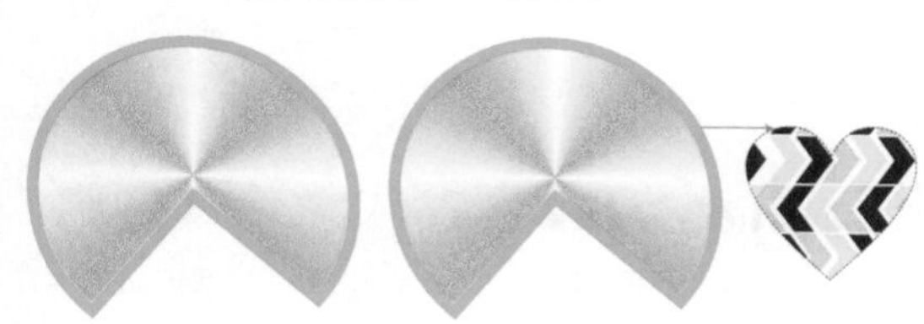

图5-68　图5-69

单击“属性滴管工具”，然后在“属性”列表中勾选“轮廓”和“填充”复选框，在“变换”列表中勾选“大小”和“旋转”复选框，如图5-70和图5-71所示，接着分别单击“确定”按钮添加所选属性，再将光标移动到饼图对象上单击鼠标左键进行属性取样，当光标切换至油漆桶形状时，单击心形对象，应用属性后的效果如图5-72所示。

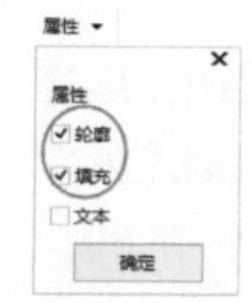

图5-70

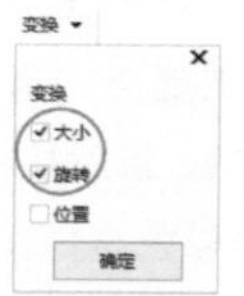

图5-71

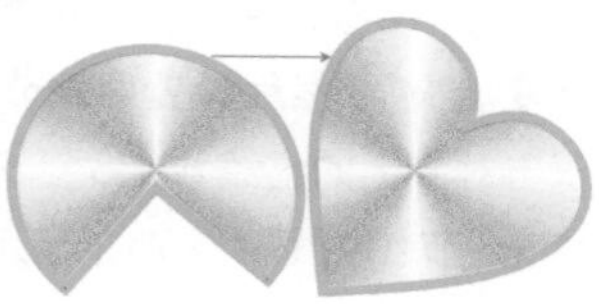

图5-72

5.4 交互式填充工具

“交互式填充工具”包含填充工具组中所有填充工具的功能，利用该工具可以为图形设置各种填充效果，其属性栏选项会根据设置的填充类型的不同而有所变化。

5.4.1 属性栏设置

“交互式填充工具”属性栏如图5-73所示。

图5-73

⊙ 参数介绍

填充类型：对话框上列出了多种填充方式，单击相应按钮可切换填充类型。

填充色：设置对象中相应节点的填充颜色。

复制填充：将文档中另一对象的填充属性应用到所选对象中。复制对象的填充属性，首先要选中需要复制属性的对象，然后单击该按钮，待光标变为箭头形状时，单击想要取样填充属性的对象，即可将该对象的填充属性应用到选中对象，如图5-74所示。

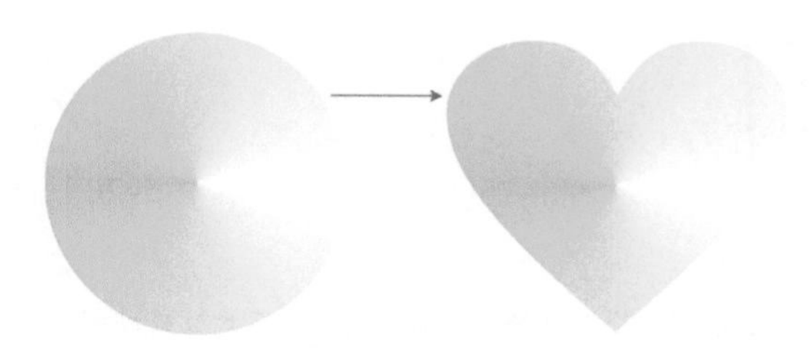

图5-74

编辑填充：更改对象当前的填充属性（只有选中某一矢量对象时，该按钮才可用）。单击该按钮，可以在打开的填充对话框中设置新的填充内容为对象填充。

提示

在“填充类型”选项中选择“无填充”时，属性栏中的其余选项不可用。

5.4.2 基本使用方法

1.无填充

选中一个已填充的对象，单击“交互式填充工具”，在属性栏上设置“填充类型”为“无填充”，即可移除该对象的填充内容。

2.均匀填充

选中要填充的对象，单击“交互式填充工具”，在属性栏上设置“填充类型”为“均匀填充”，设置“填充色”为需要填充的颜色。

提示

“交互式填充工具”无法移除对象的轮廓颜色，也无法填充对象的轮廓颜色。“均匀填充”最快捷的方法就是通过调色板进行填充。

3.线性填充

选中要填充的对象，单击“交互式填充工具”，在属性栏上选择“渐变填充”为“线性渐变填充”、“旋转”为“90°”、两端节点的填充颜色均为(C:0，M:88，Y:0，K:0)，然后双击对象上的虚线添加一个节点，设置该节点颜色为白色、“节点位置”为“50%”，如图5-75所示，填充效果如图5-76所示。

图5-75

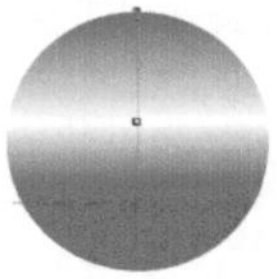

图5-76

提示

使用“交互式填充工具”时，将光标移动到节点，待光标变为十字形状时双击，即可删除该节点和该节点填充的颜色。

4.辐射填充

选中要填充的对象，单击“交互式填充工具”，在属性栏上设置“渐变填充”为“椭圆形渐变填充”、两个节点颜色分别为(C:0，M:88，Y:0，K:0)和白色，如图5-77所示，填充效果如图5-78所示。

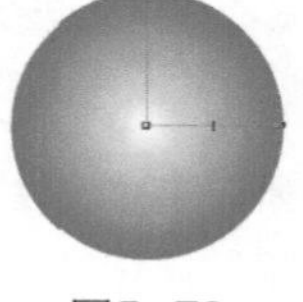

图5-77

图5-78

提示

为对象上的节点填充颜色除了可以通过属性栏设置外，还可以直接在对象上单击该节点，然后在调色板中单击色样。

5.圆锥填充

选中要填充的对象，单击“交互式填充工具”，在属性栏上设置“渐变填充”为“圆锥形渐变填充”，然后设置两端节点颜色均为白色，接着双击对象上的虚线添加3个节点，最后顺时针依次填充“节点位置”为25%的节点颜色为(C:20，M:80，Y:0，K:20)、“节点位置”为50%的节点颜色为白色、“节点位置”为75%的节点颜色为(C:20，M:80，Y:0，K:20)，如图5-79所示，效果如图5-80所示。

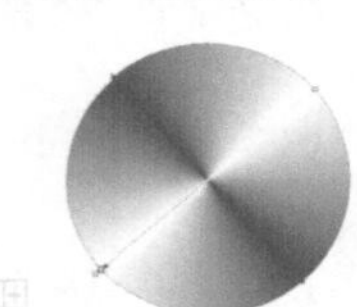

图5-79

图5-80

提示

在渐变填充类型中，所添加节点的“节点位置”除了可以通过属性栏进行设置外，还可以在填充对象上单击该节点，待光标变为十字形状时，按住鼠标左键拖动来更改该节点的位置。

6.矩形填充

选中要填充的对象，然后单击“交互式填充工具”，接着在属性栏上设置“线性填充”为“矩形渐变填充”，然后设置两端节点颜色均为白色，接着双击对象上的虚线添加3个节点，最后从右到左依次填充“节点位置”为25%的节点颜色为(C:20，M:80，Y:0，K:20)、“节点位置”为50%的节点颜色为白色、“节点位置”为75%的节点颜色为(C:20，M:80，Y:0，K:20)，如图5-81所示，效果如图5-82所示。

图5-81

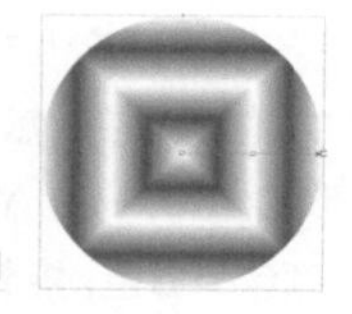
图5-82

当填充类型为“线性渐变填充”“椭圆形渐变填充”和“圆锥形渐变填充”时，使用鼠标旋转拖曳填充对象上虚线两端的节点，即可旋转填充对象，如图5-83所示；当填充类型为“矩形渐变填充”时，拖曳虚线框外侧的节点，即可旋转填充对象，如图5-84所示。

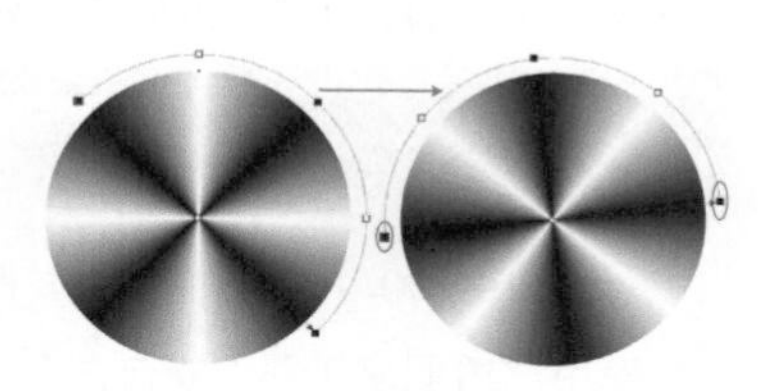
图5-83

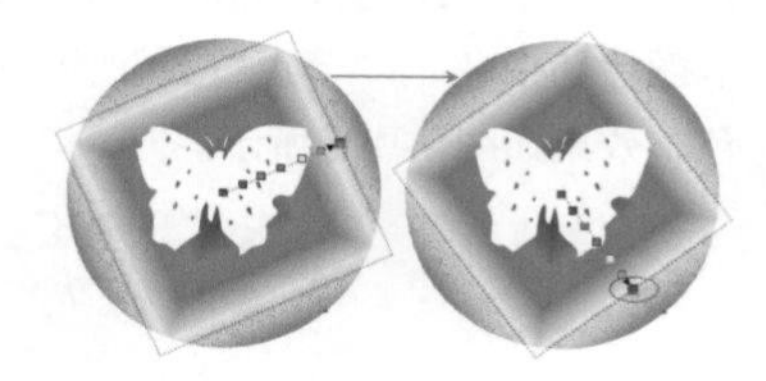
图5-84

提示

当填充类型为“线性”“椭圆形”“圆锥形”和“矩形”时，移动光标到填充对象的虚线上，待光标变为十字箭头形状✚时，按住鼠标左键移动，即可更改填充对象的“中心位移”，如图5-85所示。

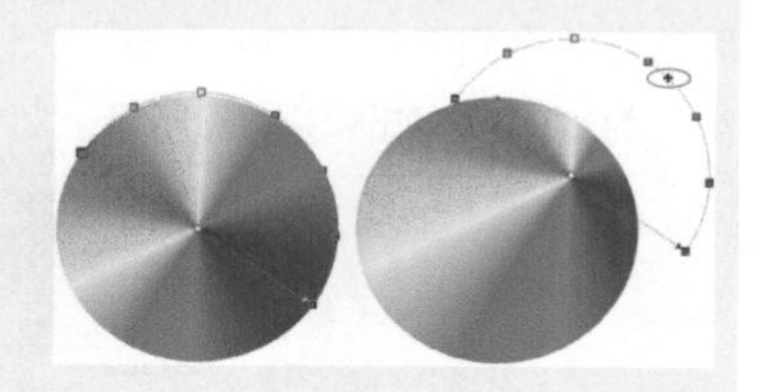
图5-85

7.向量图样填充

选中要填充的对象，单击“交互式填充工具”，然后在属性栏上设置“填充类型”为“向量图样填充”、“填充图样”为，如图5-86所示，填充效果如图5-87所示。

图5-86

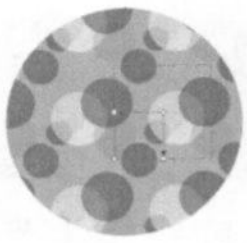

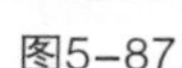
图5-87

8.位图图样填充

选中要填充的对象，单击“交互式填充工具”，然后在属性栏上设置“填充类型”为“位图图样填充”、“填充图样”为，如图5-88所示，填充效果如图5-89所示。

图5-88

图5-89

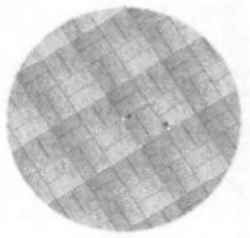

9.双色图样填充

选中要填充的对象，单击“交互式填充工具”，然后在属性栏上设置“填充类型”为“双色图样填充”、“填充图样”为、“前景色”为（C:0，M:100，Y:0，K:0）、“背景色”为白色，如图5-90所示，填充效果如图5-91所示。

图5-90

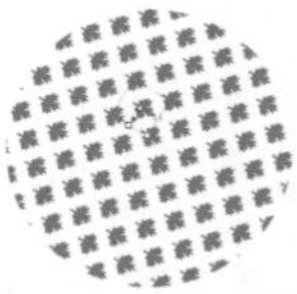

图5-91

10.底纹填充

选中要填充的对象，然后单击“交互式填充工具”，接着在属性栏上设置“填充类型”为“底纹填充”、“填充图样”为，如图5-92所示，填充效果如图5-93所示。

图5-92

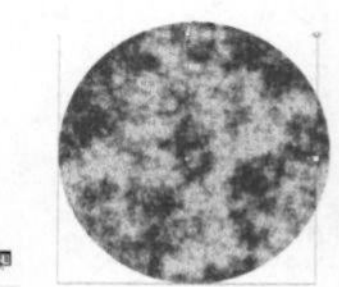
图5-93

11.PostScript填充

选中要填充的对象，单击“交互式填充工具”，然后在属性栏上设置“填充类型”为“PostScript填充”、“PostScript填充底纹”为“爬虫”，如图5-94所示，填充效果如图5-95所示。

图5-94

图5-95

操作练习 使用“交互式填充工具”制作水晶按钮

- » 实例位置 实例文件>CH05>操作练习：使用“交互式填充工具”制作水晶按钮.cdr
- » 素材位置 无
- » 视频名称 操作练习：使用“交互式填充工具”制作水晶按钮.mp4
- » 技术掌握 交互式填充工具的应用

水晶按钮效果如图5-96所示。

图5-96

01 新建一个A4大小的文档，然后双击“矩形工具”创建一个和页面大小相同的矩形，再使用“交互式填充工具”自矩形上方向下方拖曳渐变，接着设置“节点位置”为0的颜色为（C:0，M:42，Y:85，K:0）、“节点位置”为100%的颜色为白色，最后去掉轮廓线，如图5-97所示。

02 使用“矩形工具”在渐变矩形中绘制一个矩形，然后设置4个角的圆角半径为40，效果如图5-98所示。

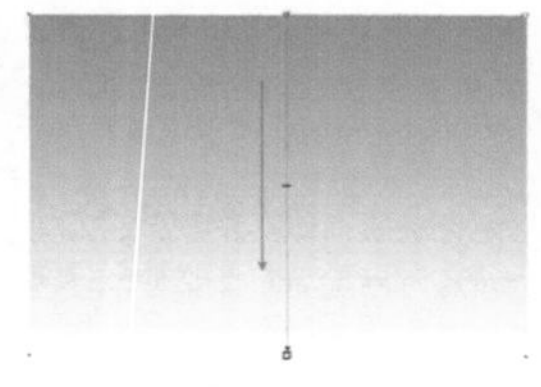

图5-97

图5-98

03 使用“交互式填充工具”自圆角矩形上方向下方拖曳渐变，然后设置“节点位置”为0%的颜色为（C:100，M:0，Y:100，K:0）、“节点位置”为100%的颜色为白色，接着去掉轮廓线，如图5-99所示。

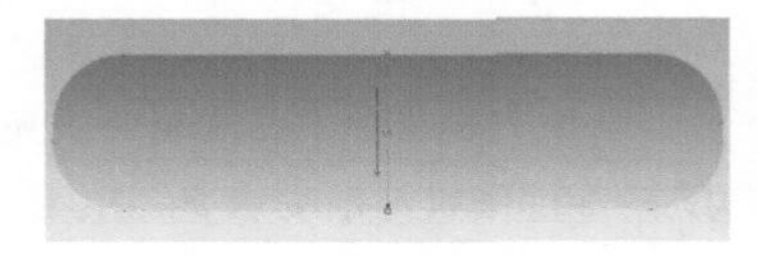

图5-99

04 将圆角矩形复制一份并填充白色，然后调整大小，如图5-100所示，接着按快捷键Ctrl+Q将其转曲，再使用“形状工具”调整形状，效果如图5-101所示。

图5-100

图5-101

05 使用“透明度工具”自白色形状上方向下方拖曳创建透明渐变，然后设置“节点位置”为0的颜色为白色、“节点位置”为100%的颜色为黑色，效果如图5-102所示。

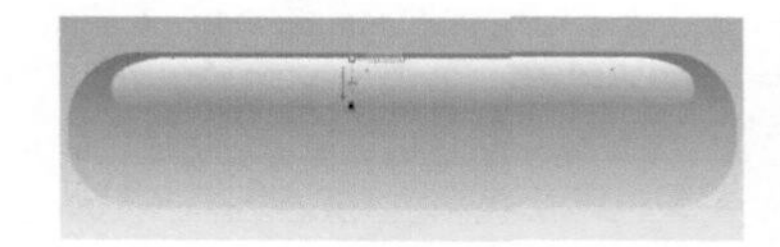

图5-102

06 使用“椭圆形工具”在圆角矩形的下方绘制一个白色椭圆，然后去掉轮廓线，接着使用“透明度工具”自白色椭圆上方向下方拖曳创建透明渐变，设置两端的“节点透明度”为“80%”，最后在虚线中间双击添加一个节点，设置“节点透明度”为“0”，如图5-103所示。

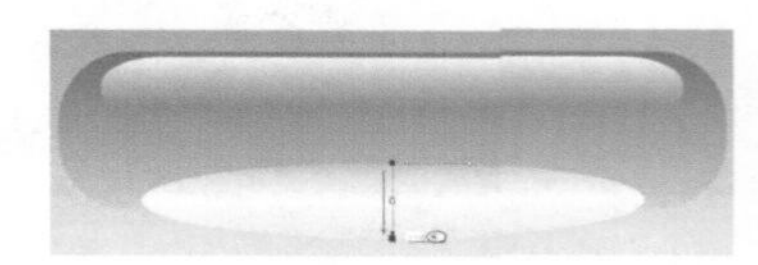

图5-103

07 选中椭圆，执行“位图>转换为位图”菜单命令，在打开的“转换为位图”对话框中设置“分辨率”为“300”，如图5-104所示，然后执行“位图>模糊>高斯式模糊”菜单命令，在打开的“高斯式模糊”对话框中设置“半径”为“50”，如图5-105所示，效果如图5-106所示。

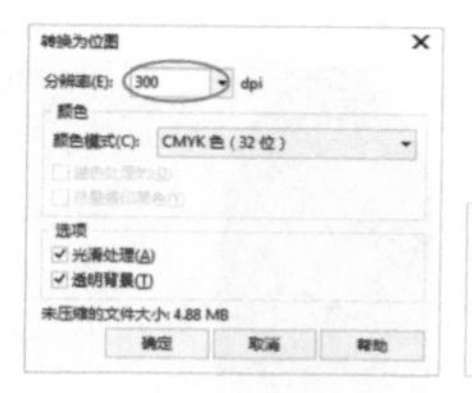

图5-104

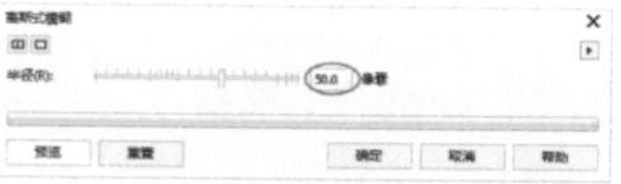

图5-105

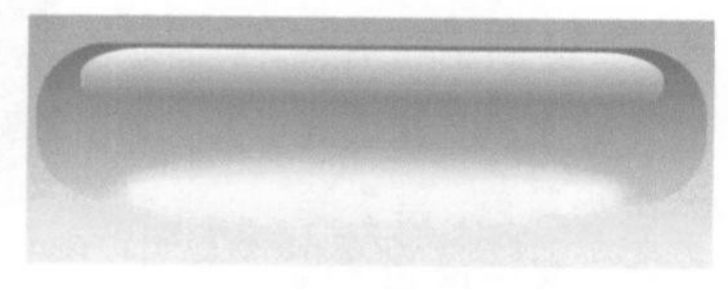

图5-106

08 选中模糊后的椭圆，执行“对象>PowerClip>置于图文框内部”菜单命令，将其置于圆角矩形内，效果如图5-107所示。

图5-107

09 选中整个按钮，按快捷键Ctrl+G将其组合，然后向下复制一份，接着单击属性栏中的“垂直镜像”按钮，效果如图5-108所示。

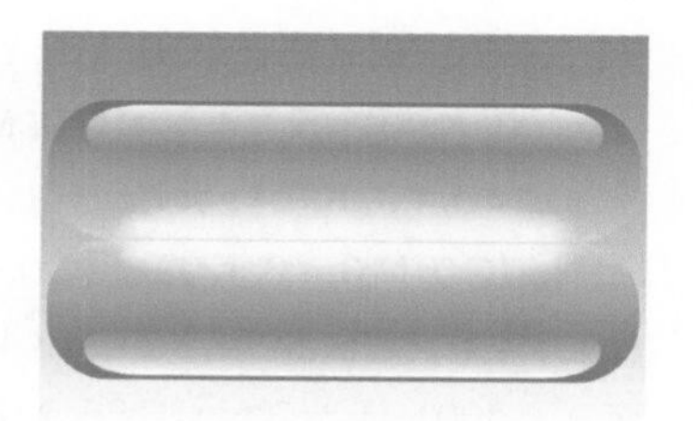

图5-108

10 选中复制对象，执行“位图>转换为位图”菜单命令将其转换为位图，然后使用“透明度工具”自该对象上方向下方拖曳创建透明渐变，接着调整虚线上的白色滑块的位置，如图5-109所示，再调整按钮及其倒影的位置，最终效果如图5-110所示。

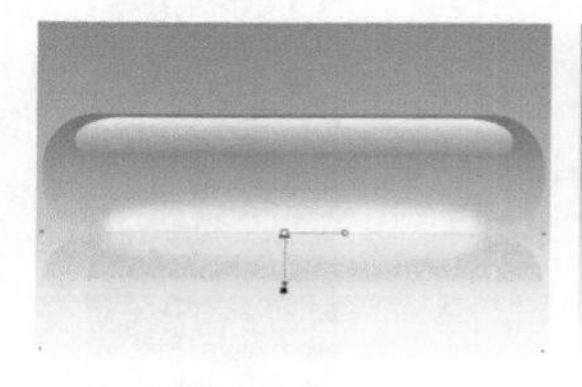

图5-109

图5-110

5.5 网状填充

使用“网状填充工具”可以通过设置不同的网格数量和节点位置来给对象填充不同颜色，呈现混合效果。

5.5.1 属性栏的设置

“网状填充工具”属性栏选项如图5-111所示。

图5-111

⊙ 参数介绍

网格大小：可分别设置水平方向上和垂直方向上的网格的数目。

选取模式：可以在该选项的下拉列表中选择“矩形”或“手绘”作为选定内容的选取框。

添加交叉点：单击该按钮，可以在网状填充的网格中添加一个交叉点（只有单击填充对象的空白处出现一个黑点时，该按钮才可用）。

删除节点：删除所选节点，改变曲线对象的形状。

转换为线条：将所选节点处的曲线转换为直线。

转换为曲线：将所选节点对应的直线转换为曲线，转换为曲线后的线段会出现两个控制柄，可通过调整控制柄来更改曲线的形状。

尖突节点：单击该按钮可以将所选节点转换为尖突节点。

平滑节点：单击该按钮可以将所选节点转换为平滑节点，提高曲线的平滑度。

对称节点：将同一曲线形状应用到所选节点的两侧，使节点两侧的曲线形状相同。

对网状颜色填充进行取样：从文档窗口中为选定节点选取颜色。

网状填充颜色：为选定节点选择填充颜色。

透明度：设置所选节点的透明度，单击该按钮出现透明度滑块，拖动滑块，可设置所选节点区域的透明度。

曲线平滑度：通过更改节点数量调整曲线的平滑度。

平滑网状颜色：减少网状填充中的硬边缘，

使填充颜色过渡更加柔和。

复制网状填充：将文档中另一个对象的网状填充属性应用到所选对象上。

清除网状：移除对象中的网状填充。

5.5.2 基本使用方法

在页面空白处绘制一个图形，然后单击“网状填充工具”，在属性栏上设置“行数”为“5”、“列数”为“5”，如图5-112所示，接着单击对象高光位置的节点，填充较之前更亮的颜色，按照以上的方法填充暗部，最后按住鼠标左键移动节点位置，如图5-113所示，效果如图5-114所示。

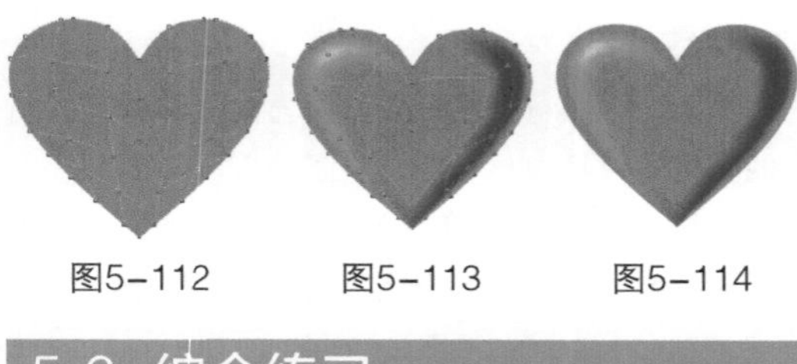

图5-112　图5-113　图5-114

5.6 综合练习

本课主要讲解的是填充工具，下面安排两个关于填充工具的练习，帮助读者进一步掌握填充工具的用法。

综合练习　绘制红酒瓶

» 实例位置　实例文件>CH05>综合练习：绘制红酒瓶.cdr
» 素材位置　素材文件>CH05>06~08.cdr、09.jpg、10.cdr
» 视频名称　综合练习：绘制红酒瓶.mp4
» 技术掌握　渐变填充的应用

红酒瓶效果如图5-115所示。

图5-115

01 新建空白文档，设置“宽度”为“270mm”、“高度”为“210mm”，单击“确定”按钮，然后使用“钢笔工具”绘制出红酒瓶的外轮廓，接着填充颜色为黑色，再去除轮廓，最后使用“钢笔工具”绘制出红酒瓶所有的反光区域轮廓，如图5-116所示。

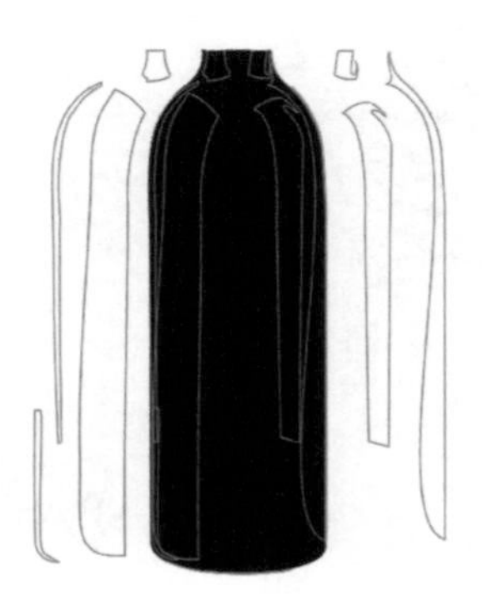

图5-116

02 双击“编辑填充”按钮，然后在“编辑填充”对话框中选择“渐变填充”方式，设置“类型”为“线性渐变填充”，接着分别设置7处反光区域的节点颜色，如图5-117所示，反光1号为（C:0, M:0, Y:0, K:100）、（C:0, M:0, Y:0, K:81）、（C:0, M:0, Y:0, K:90）、（C:0, M:0, Y:0, K:100）；反光2号为（C:0, M:0, Y:0, K:80）、（C:0, M:0, Y:0, K:100）、（C:0, M:0, Y:0, K:100）；反光3号为（C:0, M:0, Y:0, K:70）、（C:0, M:0, Y:0, K:100）、（C:0, M:0, Y:0, K:90）；反光4号为（C:0, M:0, Y:0, K:100）、（C:0, M:0, Y:0, K:70）；反光5号为（C:55, M:49, Y:48, K:14）、（C:0, M:0, Y:0, K:90）、（C:0, M:0, Y:0, K:100）；反光6号为（C:78, M:74, Y:71, K:44）、（C:86, M:85, Y:79, K:100）；反光7号为（C:85, M:86, Y:79, K:100）、（C:0, M:0, Y:0, K:100）、（C:0, M:0, Y:0, K:70），再分别调整节点的位置，单击“确定”按钮，最后去除轮廓，效果如图5-118所示。

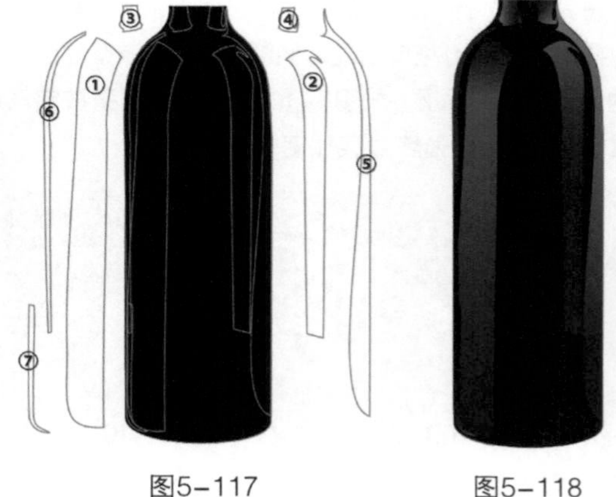

图5-117　图5-118

03 使用“矩形工具”绘制出瓶盖部分，然后将绘制的矩形全部选中，按C键使其垂直居中对齐，选中矩形中最下方的矩形，按快捷键Ctrl+Q转换为曲线，接着使用“形状工具”调整外形，再选中这4个矩形，最后按快捷键Ctrl+G进行组合，效果如图5-119所示。

图5-119

04 选中前面组合的对象，双击“编辑填充”按钮，然后在“编辑填充”对话框中选择“渐变填充”方式，设置“类型”为“线性渐变填充”，接着设置“节点位置”为0%的色标颜色为(C:42, M:90, Y:75, K:65)、“节点位置”为21%的色标颜色为(C:35, M:85, Y:77, K:42)、“节点位置”为43%的色标颜色为(C:44, M:89, Y:90, K:11)、“节点位置”为76%的色标颜色为(C:56, M:87, Y:82, K:86)、“节点位置”为100%的色标颜色为(C:56, M:87, Y:79, K:85)，再使用“矩形工具”绘制一个矩形长条，填充颜色为(C:49, M:87, Y:89, K:80)，去除轮廓，如图5-120所示，最后复制3个分别放置在瓶盖中图形的衔接处，效果如图5-121所示。

图5-120

图5-121

05 使用“矩形工具”绘制一矩形，然后双击“编辑填充”按钮，在“编辑填充”对话框中选择“渐变填充”方式，设置“类型”为“线性渐变填充”，接着设置“节点位置”为0%的色标颜色为(C:27, M:51, Y:94, K:8)、“节点位置”28%的色标颜色为(C:2, M:14, Y:58, K:0)、“节点位置”为49%的色标颜色为(C:0, M:0, Y:0, K:0)、“节点位置”为67%的色标颜色为(C:43, M:38, Y:74, K:8)、“节点位置”为80%的色标颜色为(C:5, M:15, Y:58, K:0)、“节点位置”为100%的色标颜色为(C:47, M:42, Y:75, K:13)，填充完毕后去除轮廓，效果如图5-122所示，最后选中矩形，移动到瓶盖下方，使用“形状工具”调整外形使矩形左右两侧的边缘与瓶盖左右两侧边缘重合，效果如图5-123所示。

图5-122

图5-123

06 导入学习资源中的“素材文件>CH05>06.cdr”文件，然后将其移动到瓶盖下方，适当调整大小，接着选中瓶盖上的所有内容，按快捷键Ctrl+G进行组合，并移动到瓶身上方，适当调整位置，效果如图5-124所示。

07 使用“矩形工具”在瓶身上面绘制一个矩形作为瓶贴，然后双击“编辑填充”按钮，在“编辑填充”对话框中选择“渐变填充”方式，设置“类型”为“线性渐变填充”、“镜像、重复和反转”为“默认渐变填充”，接着设置“节点位置”为0%的色标颜色为(C:47, M:39, Y:64, K:0)、“节点位置”为23%的色标颜色为(C:4, M:0, Y:25, K:0)、“节点位置”为53%的色标颜色为(C:42, M:35, Y:62, K:0)、“节点位置”为83%的色标颜色为(C:16, M:15, Y:58, K:0)、“节点位置”为100%的色标颜色为(C:60, M:53, Y:94, K:8)，最后单击“确定”按钮，填充完毕后去除轮廓，效果如图5-125所示。

图5-124　图5-125

08 将前面绘制的瓶贴复制两个，然后将复制的第2个瓶贴适当缩小，稍微拉长高度，选中两个矩形，在属性栏上单击“移除前面对象”按钮，即可制作出边框，接着单击“属性滴管工具”，在属性栏上单击“属性”按钮，勾选“填充”，再使用鼠标左键在瓶盖的金色渐变色条上进行属性取样，待光标变为形状时，单击矩形框，将金色色条的“填充”属性应用到矩形边框，最后选中矩形边框，移动到瓶贴上面，适当调整位置，效果如图5-126所示。

09 导入学习资源中的“素材文件>CH05>07.cdr”文件，适当调整大小，放置在瓶贴上方，然后导入学习资源中的“素材文件>CH05>08.cdr”文件，适当调整大小，放置在瓶贴下方，如图5-127所示，接着选中红酒瓶包含的所有对象并按快捷键Ctrl+G进行组合。

图5-126　图5-127

10 导入学习资源中的“素材文件>CH05>09.jpg”文件，适当调整大小和位置，使其与页面重合，然后放置在页面后面，接着导入学习资源中的“素材文件>CH05>10.cdr”文件，适当调整大小，放置在红酒瓶前面，最终效果如图5-128所示。

图5-128

综合练习 绘制请柬

» 实例位置　实例文件>CH05>综合练习：绘制请柬.cdr
» 素材位置　素材文件>CH05>11~13.cdr
» 视频名称　综合练习：绘制请柬.mp4
» 技术掌握　网状填充工具的应用

请柬效果如图5-129所示。

图5-129

01 新建空白文档，设置“宽度”为“210mm”、“高度”为“250mm”，然后使用“矩形工具”在页面上方绘制一个矩形，接着双击“编辑填充”按钮，在“编辑填充”对话框中选择“双色图样填充”方式，再设置“前景颜色”为（C:45，M:85，Y:100，K:15）、“背景颜色”为（C:53，M:91，Y:100，K:33）、“填充宽度”和“填充高度”均为“20mm”，如图5-130所示，最后去除轮廓，效果如图5-131所示。

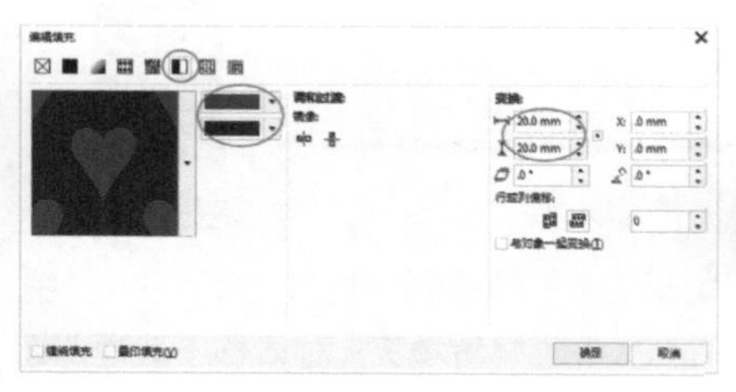
图5-130　图5-131

02 使用“矩形工具”在页面下方绘制一个矩形，然后单击“网状填充工具”，为矩形的4个直角上的节点填充颜色为（C:17，M:26，Y:38，K:0）、位于中垂线上方的节点填充颜色为白色、位于中垂线下方的节点填充颜色为（C:9，M:47，Y:23，K:0），将位于中垂线左右两侧的节点填充颜色为（C:3，M:3，Y:13，K:0），填充完毕后去除轮廓，接着导入学习资源中的“素材文件>CH05>11.cdr”文件，适当调整大小、位置，使其相对于页面水平居中，最后导入学习资源中的“素材文件>CH05>12.cdr”文件，适当调整大小、位置，效果如图5-132所示。

图5-132

03 使用“钢笔工具”绘制出蝴蝶结左侧的部分，然后单击“网状填充工具”，接着设置序号为“1”的节点填充颜色为（C:22，M:20，Y:30，K:0）、序号为“2”的节点填充颜色为（C:0，M:0，Y:0，K:0）、其余边缘节点均填充颜色为（C:9，M:16，Y:22，K:0），效果如图5-133所示。

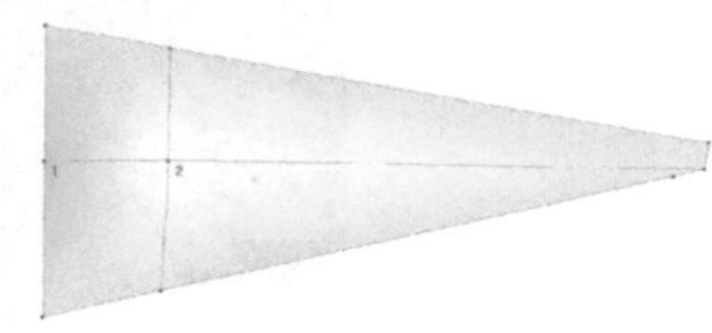

图5-133

04 将蝴蝶结左侧复制一份，作为蝴蝶结右侧的部分，然后水平翻转，接着单击“网状填充工具”，更改序号为“1”的节点填充颜色为（C:28，M:25，Y:31，K:0）、序号为“2”的节点填充颜色为（C:0，M:7，Y:16，K:0），效果如图5-134所示。

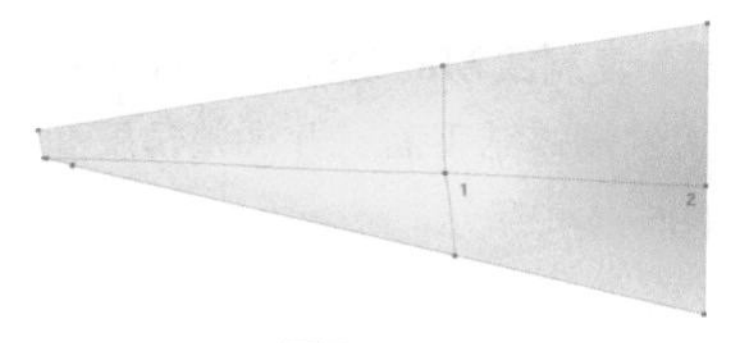

图5-134

05 选中前面绘制的蝴蝶结左侧部分和右侧部分的绑带，然后按T键使其顶端对齐，接着适当调整位置，使两个对象间没有空隙，再全选移动到页面中两个矩形的交接处，效果如图5-135所示。

图5-135

06 使用“矩形工具”绘制一个矩形，然后双击“编辑填充”按钮，在“编辑填充”对话框中选择“渐变填充”方式，设置“类型”为“线性渐变填充”， 接着设置“节点位置”为0的色标颜色为（C:87，M:87，Y:91，K:78）、“节点位置”为7%的色标颜色为（C:11，M:17，Y:38，K:0）、“节点位置”为8%的色标颜色为（C:16，M:22，Y:43，K:0）、“节点位置”为14%的色标颜色为（C:21，M:27，Y:49，K:0）、“节点位置”为20%的色标颜色为（C:76，M:84，Y:97，K:69）、“节点位置”为26%的色标颜色为（C:4，M:38，Y:52，K:0）、“节点位置”为33%的色标颜色为（C:34，M:47，Y:79，K:0）、“节点位置”为50%的色标颜色为（C:16，M:25，Y:44，K:0）、“节点位置”为58%的色标颜色为（C:0，M:28，Y:64，K:0）、“位置”为63%的色标颜色为（C:55，M:75，Y:100，K:27）、“节点位置”为70%的色标颜色为（C:72，M:83，Y:100，K:65）、“节点位置”为72%的色标颜色为（C:91，M:88，Y:89，K:79）、“节点位置”为78%的色标颜色为（C:4，M:13，Y:22，K:0）、“节点位置”为81%的色标颜色为（C:7，M:2，Y:75，K:0）、“节点位置”为88%的色标颜色为（C:13，M:20，Y:41，K:0）、“节点位置”为95%的色标颜色为（C:56，M:60，Y:93，K:13）、“节点位置”

为100%的色标颜色为（C:73，M:84，Y:99，K:97），再设置“填充宽度”和“填充高度”均为“116%”、“旋转”为“180°”，最后单击“确定”按钮，如图5-136所示，填充完毕后去除轮廓，效果如图5-137所示。

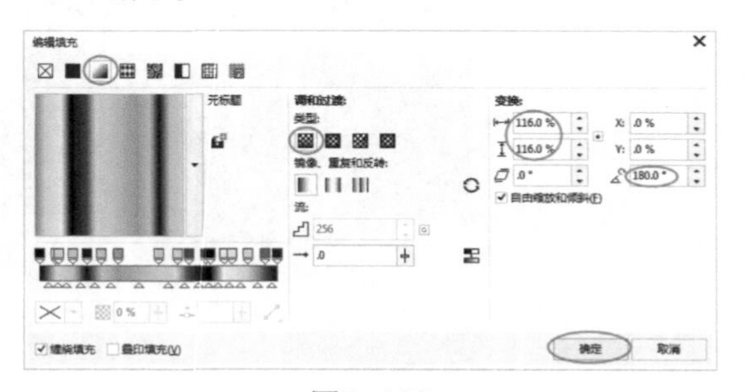

图5-136

图5-137

07 选中前面填充的矩形，然后复制多个，接着分别放置在蝴蝶结的上下两侧边缘，再根据蝴蝶结该处边缘的倾斜角度来调整矩形的倾斜角度，效果如图5-138所示。

图5-138

08 下面绘制阴影。使用“椭圆形工具”绘制一个椭圆，然后双击“编辑填充”按钮，在“编辑填充”对话框中选择“渐变填充”方式，设置“类型”为“椭圆形渐变填充”，接着设置“节点位置”0的色标颜色为白色、“节点位置”为100%的色标颜色为（C:71，M:62，Y:60，K:12），并将颜色条下方的小三角移动到64%的节点位置，再设置“填充宽度”和“填充高度”均为“135%”、“旋转”为“42°”，取消勾选“自由缩放和倾斜”选项，最后单击“确定”按钮，如图5-139所示，填充完毕后去除轮廓，效果如图5-140所示。

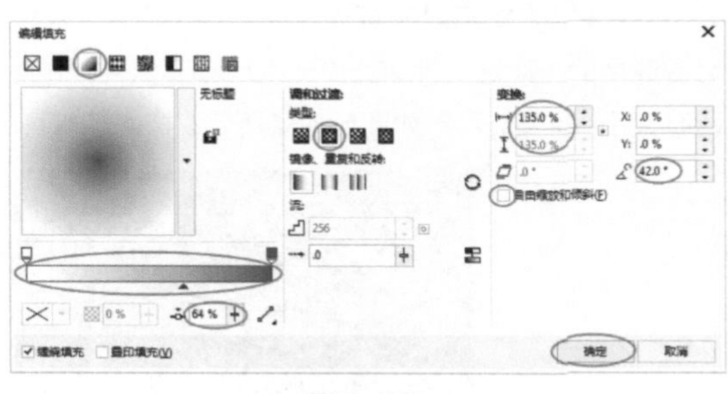

图5-139

图5-140

09 导入学习资源中的“素材文件>CH05>13.cdr”文件，放在前面绘制的蝴蝶结绑带上面。选中前面绘制的阴影并复制多个，放置在蝴蝶结的上下两侧边缘，然后根据蝴蝶结边缘的倾斜角度适当旋转阴影，完成后选中所有阴影按快捷键Ctrl+G将其组合，接着按快捷键Ctrl+PageDown将其放置在蝴蝶结下方，效果如图5-141所示。

图5-141

10 复制绘制的阴影，然后根据需要挨个放置在导入的蝴蝶结下面，并调整角度和大小，最终效果如图5-142所示。

图5-142

5.7 课后习题

以下两个习题并不复杂，旨在帮助读者巩固填充工具的相关知识，请读者认真练习。

课后习题 填充卡通小鸟

- 实例位置 实例文件>CH05>课后习题：填充卡通小鸟.cdr
- 素材位置 素材文件>CH05>14.cdr
- 视频位置 课后习题：填充卡通小鸟.mp4
- 技术掌握 交互式填充工具的应用

卡通画效果如图5-143所示。

图5-143

制作分析

第1步：导入“素材文件>CH05>14.cdr”文件，如图5-144所示，然后选中需要填充颜色的对象，单击“交互式填充工具”，接着在属性栏上设置“填充类型”为“均匀填充”，最后选择填充色进行填充。

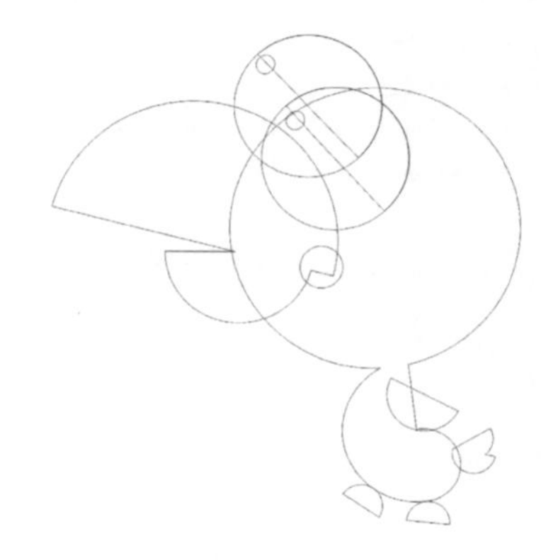

图5-144

第2步：为小鸟的每个部位填充完颜色后去掉轮廓线，然后使用“椭圆形工具”绘制一个圆，填充颜色后置入底层，效果如图5-145所示。

图5-145

第3步：使用“阴影工具”为圆和小鸟分别添加阴影效果，如图5-146所示。

图5-146

课后习题　绘制信纸背景

- 实例位置　实例文件>CH05>课后习题：绘制信纸背景.cdr
- 素材位置　素材文件>CH05>15.jpg、16.cdr
- 视频位置　课后习题：绘制信纸背景.mp4
- 技术掌握　交互式填充工具的应用

玻璃瓶效果如图5-147所示。

图5-147

⊙ 制作分析

第1步：新建一个文档，然后双击“矩形工具”创建一个和页面大小相同的矩形，接着使用“交互式填充工具”为矩形填充底纹，最后去掉轮廓线，效果如图5-148所示。

第2步：导入学习资源中的“素材文件>CH05>15.jpg”文件，调整大小和位置，然后使用“透明度工具”设置透明效果，接着使用“矩形工具”绘制矩形，再使用“交互式填充工具”为矩形填充向量图样，效果如图5-149所示。

图5-148　　图5-149

第3步：使用“矩形工具”绘制矩形，然后填充颜色并去掉轮廓线，接着导入学习资源中的“素材文件>CH05>16.cdr”文件，调整大小和位置，最终效果如图5-150所示。

图5-150

5.8 本课笔记

第6课

度量和连接工具

在本课中，我们将学习度量和连接工具的使用方法及参数设置，通过这些工具可以快速地建立标注和测量距离。

学习要点

- 平行度量工具
- 角度量工具
- 3点标注工具
- 直角连接器工具
- 圆直角连接符工具
- 编辑锚点

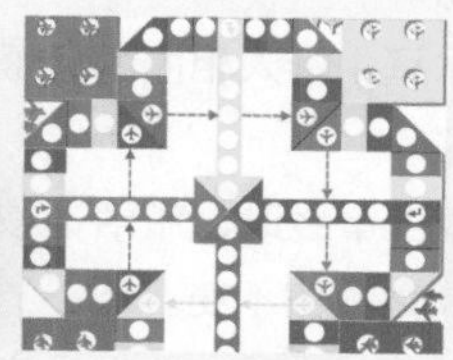

6.1 度量工具

在产品设计、VI设计、景观设计等领域中，经常需要用度量符号来标出对象的参数。CorelDRAW X8提供了丰富的度量工具，包括“平行度量工具”“水平或垂直度量工具”“角度量工具”“线段度量工具”和“3点标注工具”等，方便用户快速、便捷、精确地进行测量。

6.1.1 平行度量工具

“平行度量工具”用于测量任意角度上两个节点间的实际距离，并添加标注。“平行度量工具”的属性栏如图6-1所示。

图6-1

⊙ 参数介绍

度量样式：在下拉列表中选择度量线的样式，包含“十进制”“小数”“美国工程”和“美国建筑学的”4种，默认情况下使用“十进制”进行度量。

度量精度：在下拉列表中选择度量线的测量精度，方便得到精确的测量数值。

度量单位：在下拉列表中选择度量线的测量单位，方便得到精确的测量数值。

显示单位：激活该按钮，在度量线文本后显示测量单位；反之则不在文本后显示测量单位。

显示前导零：在测量数值小于1时，激活该按钮显示前导零；反之则隐藏前导零。

度量前缀：在后面的文本框中输入相应的前缀文字，在测量文本中显示前缀。

度量后缀：在后面的文本框中输入相应的后缀文字，在测量文本中显示后缀。

动态度量：在重新调整度量线时，激活该按钮可以自动更新测量数值；反之数值不变。

文本位置：在该按钮的下拉选项中选择设定以度量线为基准的文本位置，包括“尺度线上方的文本”“尺度线中的文本”“尺度线下方的文本”“将延伸线间的文本居中”“横向放置文本”“在文本周围绘制文本框”6种。

延伸线选项：在下拉列表中可以自定义度量线上的延伸线。

轮廓宽度：在后面的列表中选择轮廓线的宽度。

双箭头：在下拉列表中可以选择度量线的箭头样式。

操作练习 使用平行度量工具

» 实例位置 实例文件>CH06>操作练习：使用平行度量工具.cdr
» 素材位置 素材文件>CH06> 01.cdr
» 视频名称 操作练习：使用平行度量工具.mp4
» 技术掌握 平行度量工具的应用

度量效果如图6-2所示。

图6-2

01 导入学习资源中的“素材文件>CH06> 01.cdr”文件，然后在工具箱中单击“平行度量工具”，接着将光标移动到需要测量的对象的边缘，当光标旁出现“边缘”字样时，如图6-3所示，按住鼠标左键向下拖动。

图6-3

02 拖动到下面需要测量的对象的边缘时，松开鼠标确定测量距离，如图6-4所示，然后向空白位置移动光标，如图6-5所示。

图6-4　　图6-5

03 确定好添加测量文本的位置后单击鼠标左键添加文本，如图6-6所示，然后使用"选择工具"选择测量线段，在属性栏中设置"轮廓宽度"为"1mm"，选中文本，设置"字体大小"为"48pt"，接着选中除背景外的所有对象，按快捷键Ctrl+G将其组合，再按P键将其置于页面中间，最终效果图6-7所示。

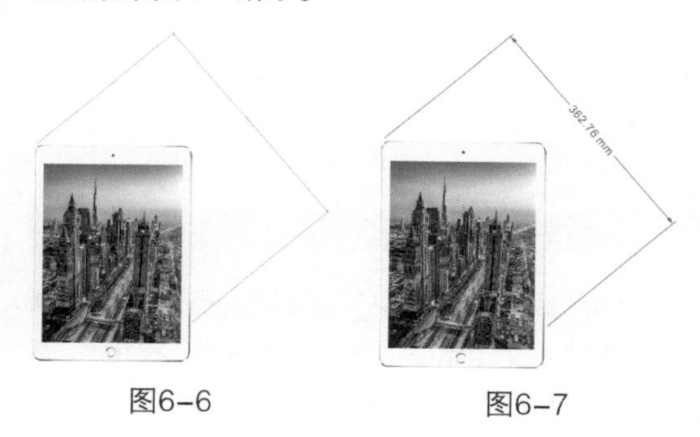

图6-6　　图6-7

6.1.2 水平或垂直度量工具

"水平或垂直度量工具"用于测量对象水平或垂直角度上两个节点间的实际距离，并添加标注。

操作练习 使用水平或垂直度量工具

- » 实例位置　实例文件>CH06>操作练习：使用水平或垂直度量工具.cdr
- » 素材位置　素材文件>CH06> 02.cdr
- » 视频名称　操作练习：使用水平或垂直度量工具.mp4
- » 技术掌握　水平或垂直度量工具的应用

度量效果如图6-8所示。

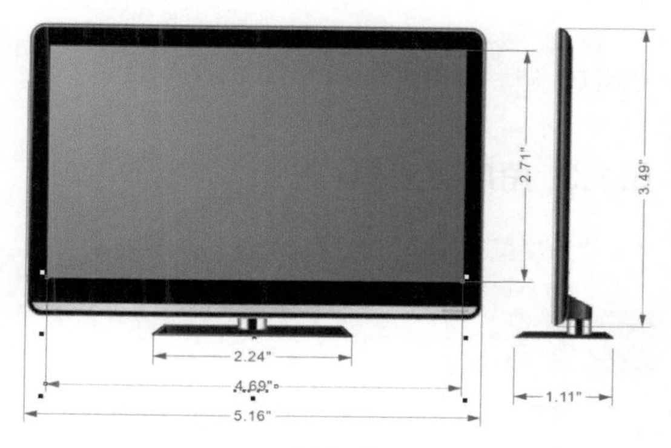

图6-8

01 导入学习资源中的"素材文件>CH06> 02.cdr"文件，然后单击"水平或垂直度量工具"，接着将光标移动到需要测量的对象的边缘，最后按住鼠标左键向下或左右拖动，拖动过程中会显示水平或垂直的测量线及度量值，如图6-9所示。

02 拖动到相应的位置后松开鼠标确定测量距离，然后将光标移动到页面空白处，确定好添加测量文本的位置后单击鼠标添加文本，如图6-10所示。

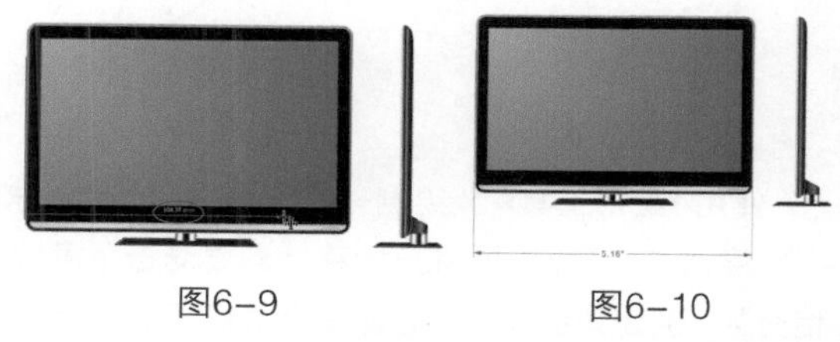

图6-9　　图6-10

03 使用相同的方法测量电视其他节点的距离，最终效果如图6-11所示。

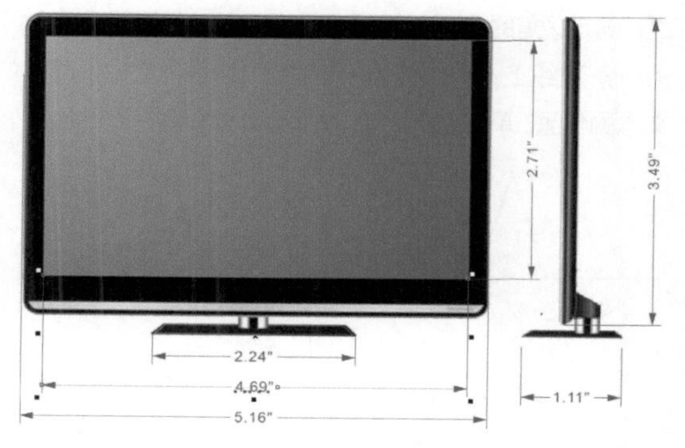

图6-11

提示

使用“水平或垂直度量工具”拖动测量距离时，可以同时拖动文本距离。

6.1.3 角度量工具

“角度量工具”可准确地测量对象的角度。

操作练习 使用角度量工具

- 实例位置 实例文件>CH06>操作练习：使用角度量工具.cdr
- 素材位置 无
- 视频名称 操作练习：使用角度量工具.mp4
- 技术掌握 角度量工具的应用

度量效果如图6-12所示。

图6-12

01 使用“星形工具”绘制一个五角星，然后单击“角度量工具”，再将光标移动到要测量角度的相交处，确定角的顶点，接着按住鼠标沿着所测角度的其中一条边线进行拖动，确定角的一条边，如图6-13所示。

02 确定了角的边后松开鼠标，然后将光标移动到角的另一条边线上，单击鼠标确定边线，然后向空白处移动文本的位置，单击鼠标确定，如图6-14所示。

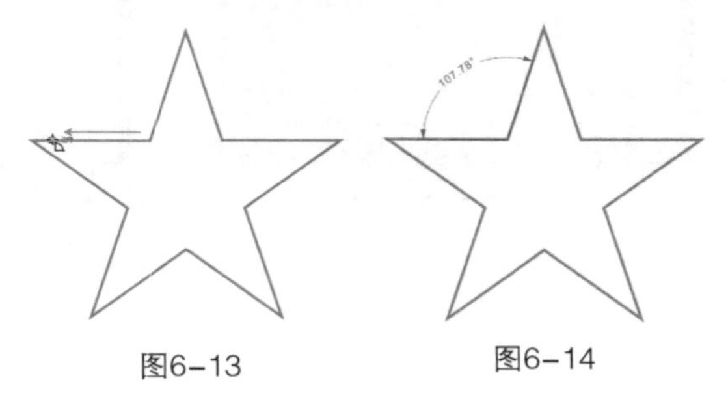

图6-13　图6-14

03 以相同的方法测量其他角的角度，最终效果如图6-15所示。

图6-15

6.1.4 线段度量工具

“线段度量工具”用于自动捕捉测量两个节点间线段的距离。

1.度量单一线段

在工具箱中单击“线段度量工具”，然后将光标移动到要测量的线段上，单击鼠标自动捕捉当前线段，如图6-16所示，接着移动光标确定文本位置，单击鼠标完成度量，如图6-17和图6-18所示。

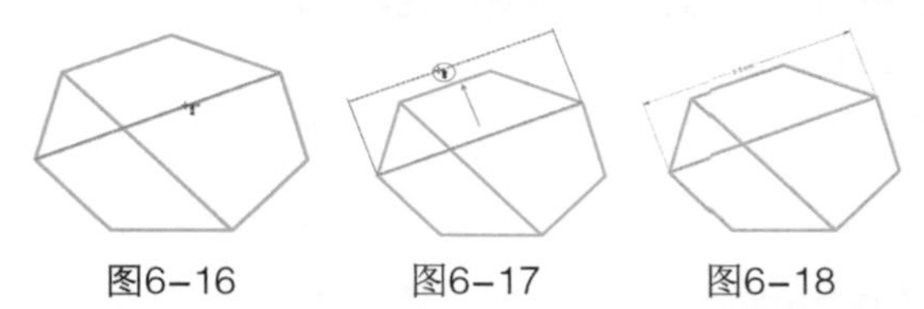
图6-16　图6-17　图6-18

2.度量连续线段

使用“线段度量工具”可以进行连续测量操作，在属性栏单击激活“自动连续度量”按钮，然后按住鼠标拖动范围，将要连续测量的节点选中，如图6-19所示，接着松开鼠标向空白处拖动，确定文本的位置后单击鼠标完成测量，如图6-20所示。

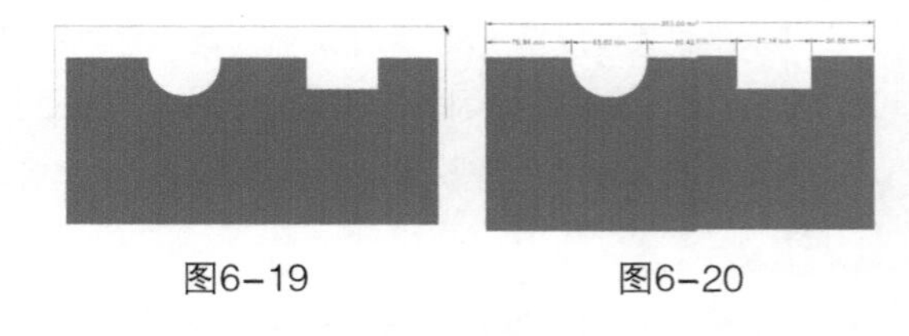
图6-19　图6-20

6.1.5 3点标注工具

“3点标注工具”用于快速为对象添加折线标注文字。“3点标注工具”的属性栏如图6-21所示。

图6-21

⊙ 重要参数介绍

标注形状：为标注添加文本样式，在下拉列表中选择样式。

间隙：在文本框中输入数值设置标注与折线的间距。

起始箭头：为标注添加起始箭头，在下拉列表中选择样式。

6.2 连接工具

连接工具可以将对象串联起来，并且在移动对象时保持连接状态。连接线广泛应用于技术绘图和工程制图中，如图表、流程图和电路图等，也被称为“流程线”。

CorelDRAW X8提供了丰富的连接工具，方便用户快速、便捷地连接对象，包括“直线连接器工具”“直角连接器工具”“圆直角连接符工具”和“编辑锚点工具”，下面进行详细介绍。

6.2.1 直线连接器工具

“直线连接器工具”用于以任意角度创建对象间的直线连接线。

在工具箱中单击“直线连接器工具”，将光标移动到需要进行连接的节点上，然后按住鼠标移动到对应的连接节点上，松开鼠标完成连接，如图6-22和图6-23所示。

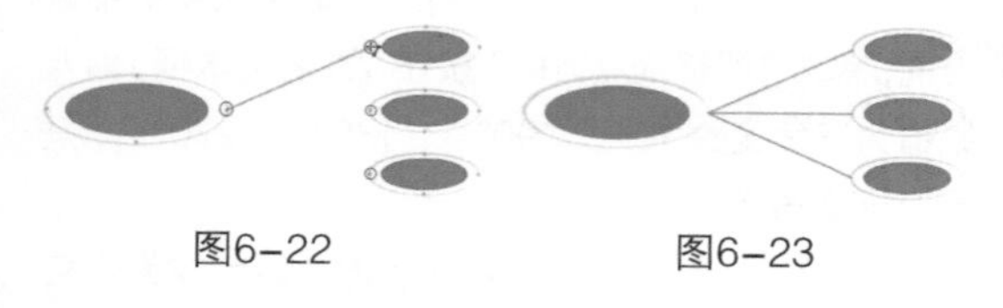

图6-22　　图6-23

提示

当出现多个连接线连接到同一个位置的情况时，起始连接节点需要从没有选中连接线的节点上开始，如果在已经连接的节点上单击拖动，则会拖动当前连接线的节点。

操作练习　使用连接工具制作飞行棋

» 实例位置　实例文件>CH06>操作练习：使用连接工具制作飞行棋.cdr

» 素材位置　素材文件>CH06> 03.cdr

» 视频名称　操作练习：使用连接工具制作飞行棋.mp4

» 技术掌握　连接工具的应用

飞行棋效果如图6-24所示。

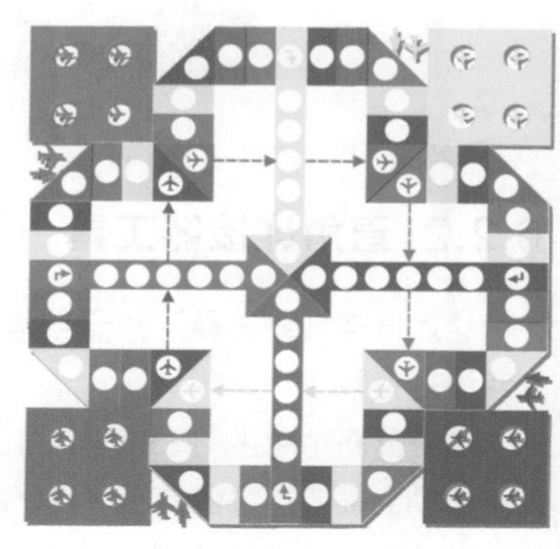

图6-24

01 打开学习资源中的“素材文件>CH06>03.cdr”文件，然后使用“直线连接器工具”在素材合适位置处绘制一个箭头作为飞行棋的连接线，接着在属性栏设置“终止箭头”为“箭头4”、“轮廓宽度”为“0.5mm”，最后为箭头填充颜色为（R：0，G：155，B：76），效果如图6-25所示。

02 复制一条绿色连接线并水平向右平移到合适位置，然后绘制其他飞行棋的连接线，按照顺时针方向分别填充颜色为（R：234，G：62，B：0）、（R：255，G：255，B：7）和（R：0，G：139，B：224），接着分别复制连接线，再根据需要进行水平或者垂直移动，效果如图6-26所示。

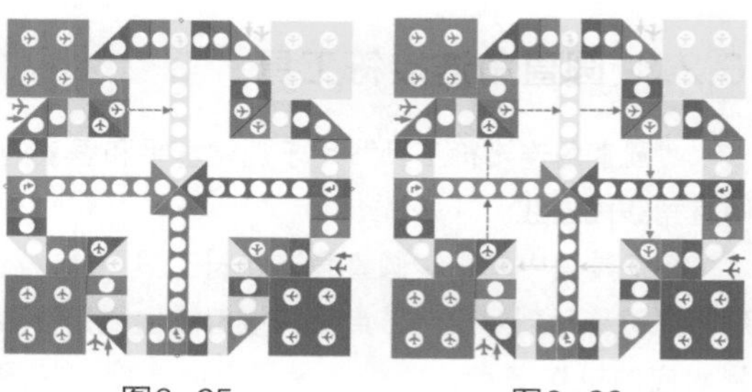

图6-25　　图6-26

03 全选对象进行复制，然后为复制对象填充“60%黑”，接着放在飞行棋盘下面适当位置作为阴影，最终效果如图6-27所示。

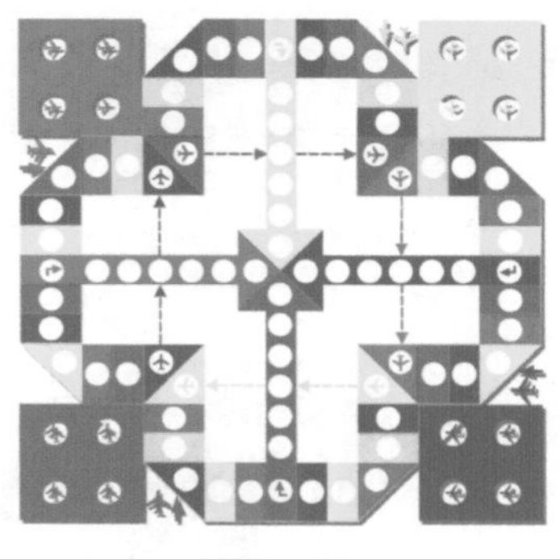

图6-27

6.2.2 直角连接器工具

“直角连接器工具”用于创建水平和垂直的直角线段连线。

在工具箱中单击“直角连接器工具”，然后将光标移动到需要连接的节点上，按住鼠标拖动到对应的连接节点上，松开鼠标完成连接，如图6-28所示。

在绘制平行位置的直角连接线时，拖动的连接线为直线，如图6-29所示，连接后的效果如图6-30所示。连接后的对象，在移动时连接形状会随着移动变化，如图6-31所示。

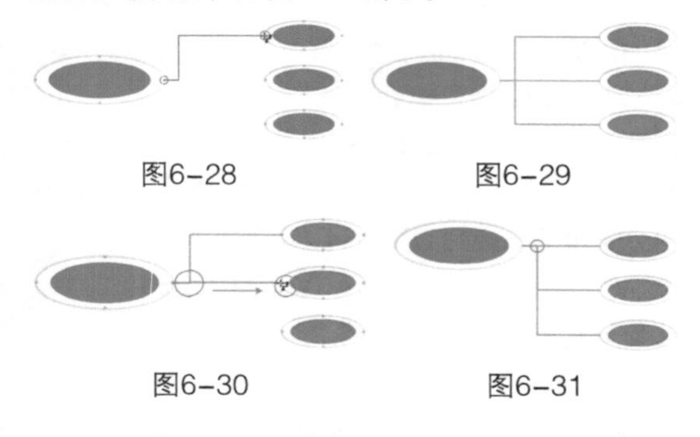

图6-28　图6-29

图6-30　图6-31

6.2.3 圆直角连接符工具

“圆直角连接符工具”用于创建水平和垂直的圆直角线段连线。

在工具箱中单击“圆直角连接符工具”，然后将光标移动到对象的节点上，接着按住鼠标移动到对应的链接节点上，松开鼠标完成连接，如图6-32所示，连接好的对象均是以圆直角连接线连接，如图6-33所示。

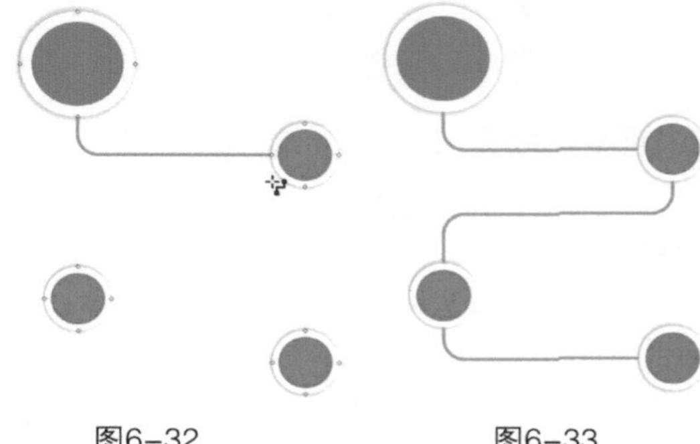

图6-32　图6-33

在属性栏中的“圆形直角”后面的文本框里输入数值可以设置圆角的弧度，数值越大弧度越大，数值为0时，连接线变为直角。

提示

使用“圆直角连接符工具”绘制连接线，然后将光标移动到连接线上，当光标变为双向箭头时双击鼠标左键，可以添加文本。

6.2.4 编辑锚点工具

“编辑锚点工具”用于修饰连接线和变更连接线节点等。

1.编辑锚点设置

“编辑锚点工具”的属性栏如图6-34所示。

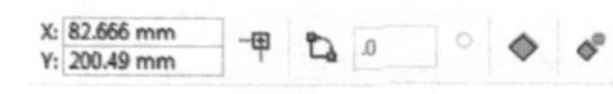

图6-34

⊙ 参数介绍

调整锚点方向：激活该按钮可以按指定度数调整锚点方向。

锚点方向：在文本框中输入数值可以变更锚点方向，单击“调整锚点方向”按钮激活文本框，输入数值为直角度数“0°”“90°”“180°”“270°”，只能变更直角连接线的方向。

自动锚点：激活该按钮可允许锚点成为连接线的贴齐点。

删除锚点：单击该按钮可以删除对象中的锚点。

2.变更连接线方向

在工具箱中单击“编辑锚点工具”，然后

单击对象选中需要变更方向的连接线锚点，如图6-35所示，接着在属性栏单击“调整锚点方向”按钮激活文本框，如图6-36所示，最后在文本框内输入90° 并按Enter键完成，如图6-37所示。

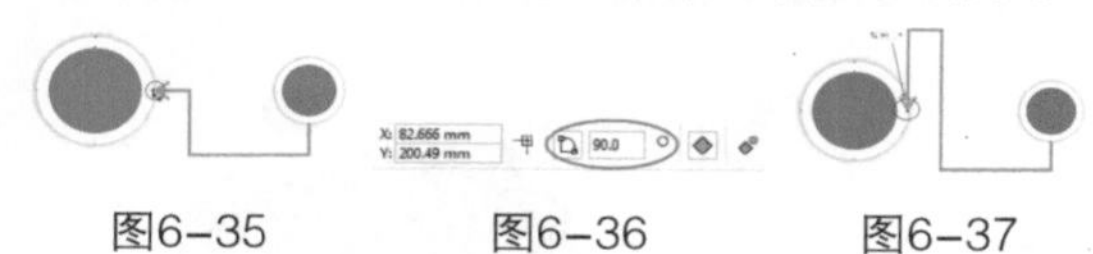

图6-35　　图6-36　　图6-37

3.增加对象锚点

在工具箱中单击“编辑锚点工具”，然后在要添加锚点的对象上双击鼠标添加锚点，如图6-38所示，新增加的锚点会以蓝色空心圆标识，如图6-39所示。添加连接线后，蓝色圆形上的连接线分别接在独立锚点上，如图6-40所示。

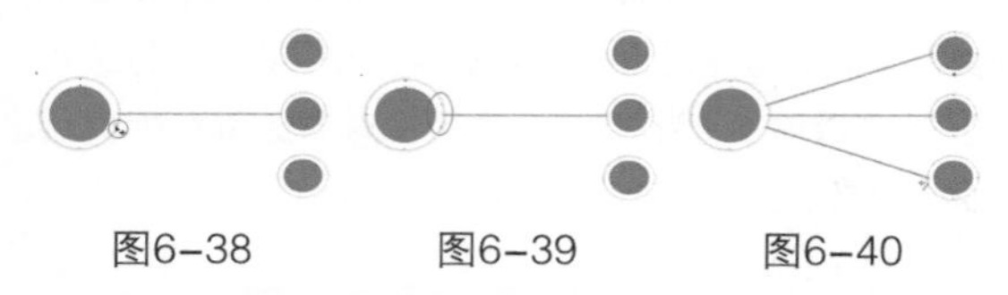

图6-38　　图6-39　　图6-40

4.移动锚点

在工具箱中单击“编辑锚点工具”，单击选中连接线上需要移动的锚点，然后按住鼠标移动到对象上的其他锚点上，如图6-41和图6-42所示。锚点可以移动到其他锚点上，也可以移动到中心和任意地方，根据用户需要进行拖动。

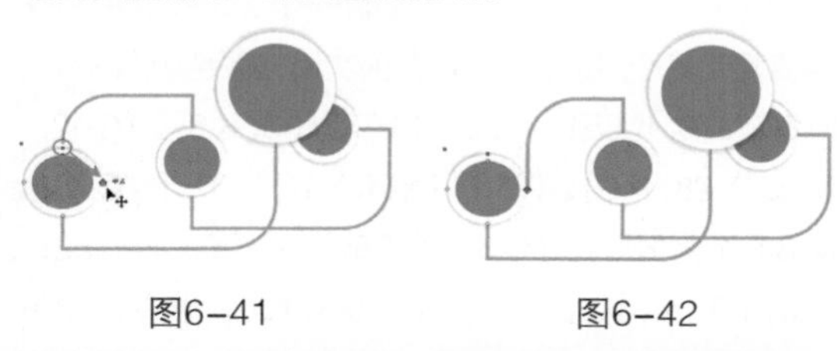

图6-41　　图6-42

5.删除锚点

在工具箱中单击“编辑锚点工具”，然后选中对象上需要删除的锚点，在属性栏上单击“删除锚点”按钮删除该锚点，如图6-43所示，双击选中的锚点也可以进行删除。

图6-43

删除锚点时除了可以单个删除，也可以拖动范围来删除多个，如图6-44和图6-45所示。

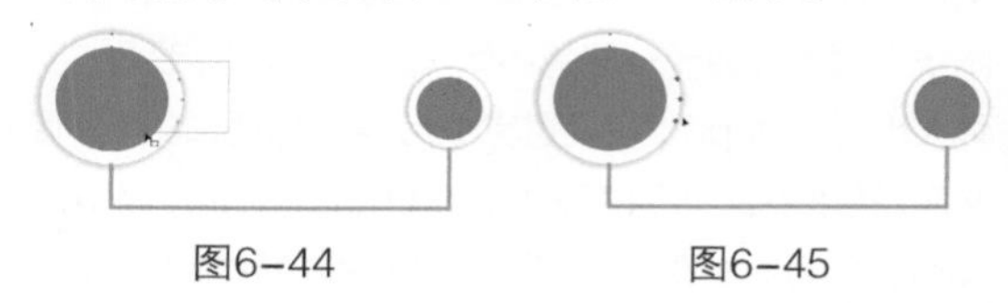

图6-44　　图6-45

6.3 综合练习

本课讲解了度量和连接工具的应用，这些工具操作简单、实用性强。下面提供两个案例供读者练习。

综合练习　用标注工具绘制相机说明图

- 实例位置　实例文件>CH06>综合练习：用标注工具绘制相机说明图.cdr
- 素材位置　素材文件>CH06> 04.psd、05.psd、06.cdr
- 视频名称　综合练习：用标注工具绘制相机说明图.mp4
- 技术掌握　3点标注的应用

相机说明图效果如图6-46所示。

图6-46

01 新建空白文档，页面方向为“横向”，单击“确定”按钮，然后导入学习资源中的“素材文件>CH06>04.psd”文件，再把相机缩放至页面中，如图6-47所示。

图6-47

02 单击“3点标注工具”，然后在属性栏设置“轮廓宽度”为“0.5mm”、“起始箭头”为圆点型，接着在文本属性栏选择圆滑一些的字体作为标注文本，设置“字体大小”为“10pt”，在设置完成后绘制标注，输入说明文字，再填充文本和度量线的颜色为(C:64，M:0，Y:24，K:0)，如图6-48所示，最后以同样的方法绘制其他标注说明，效果如图6-49所示。

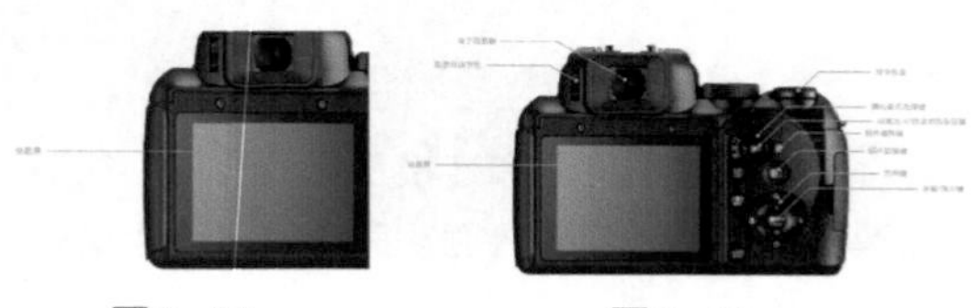

图6-48　　图6-49

提示

使用“3点标注工具”标注之前，在属性栏进行设置时会弹出“更改文档默认值”的对话框，如图6-50所示，此时需要勾选相应的选项，再单击“确定”按钮进行确认，如果希望在以后设置时不再弹出此对话框，可以勾选左下角的“不再显示此对话框”选项。同样，输入说明文字之前，在属性栏进行设置时也会弹出相应的对话框，如图6-51所示，此时也进行相应的操作就可以了。

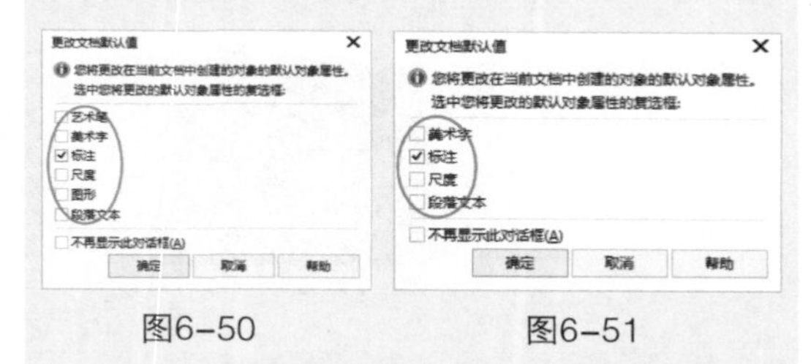

图6-50　　图6-51

这里之所以在绘制之前进行设置，是因为绘制的数量较多，绘制之前设置好各项参数在绘制时会更便捷。如果数量较少，就可以绘制完成之后进行设置。

03 单击“标注形状工具”，然后在属性栏“完美形状”的下拉列表中选择形状，接着在页面处绘制标注，并填充形状颜色为(C:53，M:0，Y:7，K:0)，去掉轮廓线，最后将标注形状拖曳到相机上，如图6-52所示。

图6-52

04 导入学习资源中的“素材文件>CH06>05.psd”文件，然后将按钮素材拖曳到标注形状上，调整大小，接着按照前面的方法使用“3点标注工具”绘制按钮上的标注，如图6-53所示。

图6-53

05 使用“椭圆形工具”绘制两个椭圆，然后选中两个椭圆，执行“对象>造型>合并”菜单命令将对象融合为独立对象，并填充颜色为(C:64，M:0，Y:24，K:0)，删除轮廓线，接着单击“透明度工具”，在属性栏设置“透明度类型”为“均匀透明度”、“透明度”为“50”，最后将对象放置在相机后面，调整位置与大小，如图6-54所示。

图6-54

06 使用“椭圆形工具”绘制一个圆，然后水平等距离复制多个，接着从左到右依次填充颜色为(C:84，M:80，Y:79，K:65)、(C:66，M:57，Y:53，K:3)、(C:42，M:35，Y:28，K:0)、(C:16，M:14，Y:11，K:0)、(C:75，M:84，Y:0，K:0)、(C:57，M:58，Y:0，K:0)、(C:52，M:0，Y:3，K:0)、(C:64，M:0，Y:24，K:0)，再导入学习资源中的“素材文件>CH06>06.cdr”文件，将标题拖曳到左上方，最终效果如图6-55所示。

图6-55

综合练习　用“水平或垂直度量工具”绘制Logo制作图

» 实例位置　实例文件>CH06>综合练习：用“水平或垂直度量工具”绘制Logo制作图.cdr
» 素材位置　素材文件>CH06> 07.cdr、08.cdr
» 视频名称　综合练习：用“水平或垂直度量工具”绘制Logo制作图.mp4
» 技术掌握　水平或垂直度量工具的应用

Logo制作图效果如图6-56所示。

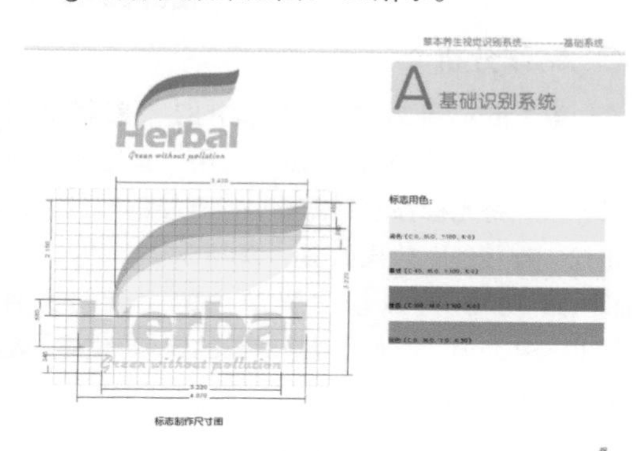

图6-56

01 打开学习资源中的“素材文件>CH06>07.cdr”文件，为粗文字填充颜色为（C:40，M:0，Y:100，K:0）、为手写文字填充颜色为（C:0，M:0，Y:0，K:50），效果如图6-57所示。

图6-57

02 使用“钢笔工具”绘制叶子的形状，然后使用“形状工具”调整形状，并填充颜色为（C:100，M:0，Y:100，K:0），去掉轮廓线，接着复制叶子对象，向下缩放两个，调整位置，再依次填充颜色为（C:40，M:0，Y:100，K:0）、黄色，最后调整3片叶子的位置，效果如图6-58所示。

图6-58

03 绘制表格。单击“图纸工具”，然后在属性栏设置“行数和列数”为“23”和“17”，接着在页面绘制表格，注意每个格子都必须为正方形，最后填充轮廓线颜色为（C:0，M:0，Y:0，K:30），如图6-59所示。

04 复制标志对象，然后执行“位图>转换为位图”命令，打开“转换为位图”对话框，单击“确定”按钮完成转换，接着选中位图，单击“透明度工具”，在属性栏设置“透明度类型”为“均匀透明度”、“透明度”为“50”，最后将半透明标志缩放在表格上，调整标志与格子位置，效果如图6-60所示。

图6-59　图6-60

05 使用“水平或垂直度量工具”绘制度量线，然后选中度量线，在属性栏设置“文本位置”为“尺度线中的文本”和“将延伸线间的文本居中”、“双箭头”为“无箭头”，接着选中文本，在属性栏设置“字体”为“Arial”、“字体大小”为“8pt”，效果如图6-61所示。

06 按上述方法绘制所有度量线，然后调整每个度量线文本的穿插效果，注意不要将度量线盖在文本上，效果如图6-62所示，接着全选进行对象组合。

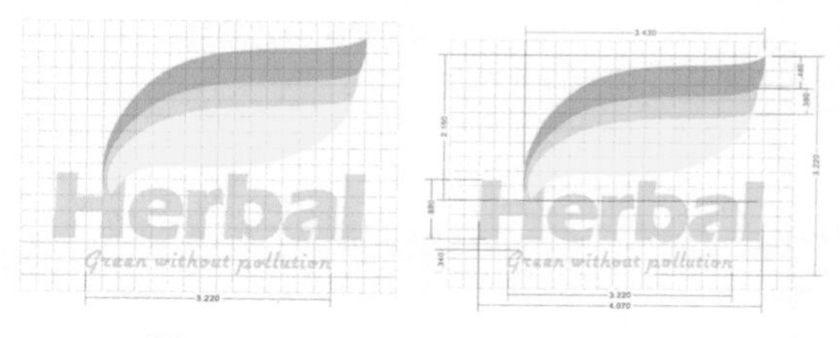

图6-61　图6-62

07 使用“矩形工具”绘制矩形，然后分别填充颜色为（C:0，M:0，Y:100，K:0）、（C:40，M:0，Y:100，K:0）、（C:100，M:0，Y:100，K:0）、（C: 0，M:0，Y:0，K:50），接着去掉轮廓线，如图6-63所示。

图6-63

08 把前面绘制的标志和尺寸图拖曳到页面左边，然后将标志用色拖曳到页面右边，接着导入学习资源中的“素材文件>CH06>08.cdr”文件，解散文字对象，最后将标志名称拖曳到页面右上角，将标志用色的文字拖曳到矩形上，将尺寸图的文本拖曳到页面中，将数字拖曳到页面的右下角，最终效果如图6-64所示。

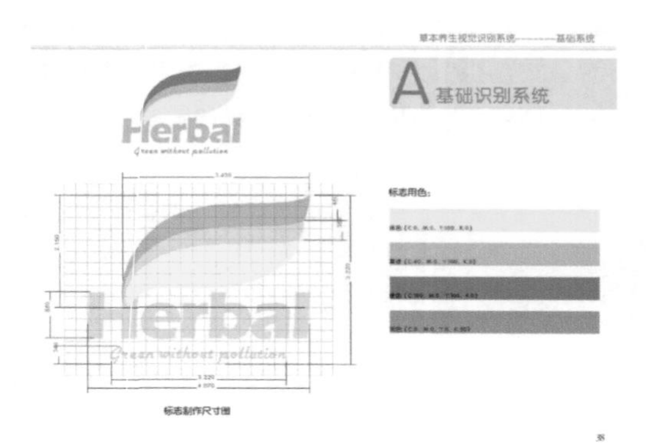

图6-64

6.4 课后习题

课后习题 用“直线连接器工具”绘制跳棋盘

- 实例位置 实例文件>CH06>课后习题：用“直线连接器工具”绘制跳棋盘.cdr
- 素材位置 素材文件>CH06> 09.cdr、10.cdr
- 视频位置 课后习题：用“直线连接器工具”绘制跳棋盘.cdr
- 技术掌握 直线连接器的应用

跳棋盘效果如图6-65所示。

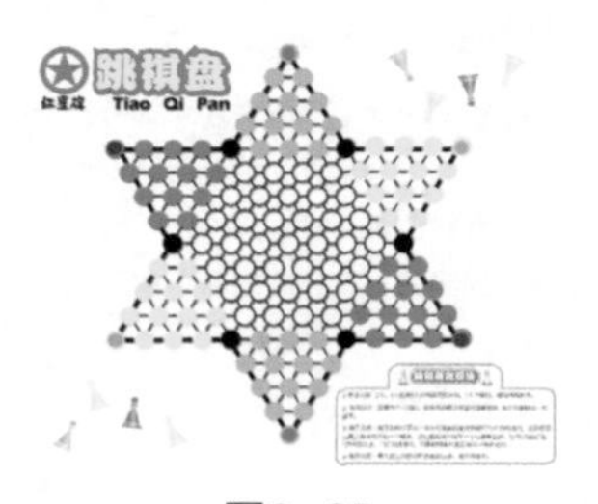

图6-65

⊙ 制作分析

第1步：导入学习资源中的“素材文件>CH06>09.cdr”文件，然后使用“直线连接器工具”，将光标移动到需要进行连接的节点上，单击绘制连接线，效果如图6-66所示。

第2步：导入学习资源中的“素材文件>CH06>10.cdr”文件，调整对象的大小、位置，效果如图6-67所示。

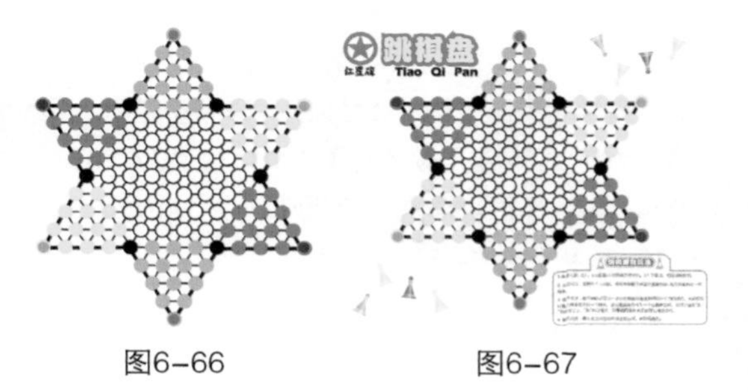

图6-66　　图6-67

6.5 本课笔记

第7课

效果添加

在本课中，我们将学习效果的添加，包括CorelDRAW X8的阴影效果、轮廓图效果、调和效果、立体化效果和PowerClip等。合理应用各种效果，不仅可以调节对象之间的融合度，还可以令对象呈现各种特殊效果。

学习要点

- 阴影效果
- 轮廓图效果
- 调和效果
- 立体化效果
- 透明效果
- PowerClip

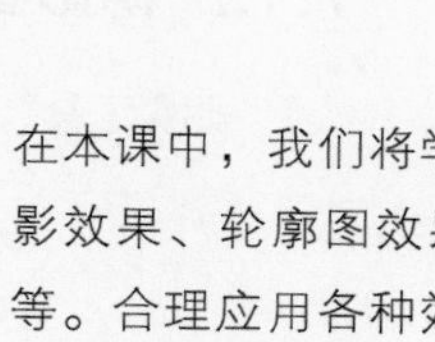

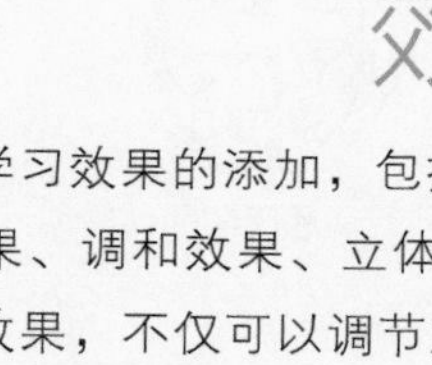

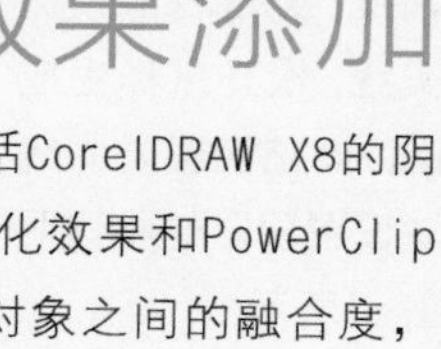

7.1 阴影效果

阴影效果是图形中不可缺少的元素，它可以表现光线照射效果，使对象呈现立体感。

CorelDRAW X8提供的阴影工具可以模拟各种光线的照射效果，还可以为多种对象添加阴影，操作对象包括位图、矢量图、美工文字、段落文本等。

7.1.1 创建阴影效果

“阴影工具”用于为平面对象创建不同角度的阴影效果，可以在属性栏中设置参数使效果更自然。

1.中心创建

单击“阴影工具”，将光标移动到对象中间，按住鼠标拖曳，会出现供预览的蓝色实线，松开鼠标生成阴影，最后调整阴影方向线上的滑块设置阴影的不透明度，如图7–1所示。

图7–1

2.底端创建

单击“阴影工具”，将光标移动到对象底端中间位置，按住鼠标拖曳，会出现供预览的蓝色实线，松开鼠标生成阴影，最后调整阴影方向线上的滑块设置阴影的不透明度，如图7–2所示。

图7–2

3.顶端创建

单击“阴影工具”，将光标移动到对象顶端中间位置，按住鼠标拖曳，松开鼠标生成阴影，最后调整阴影方向线上的滑块设置阴影的不透明度，如图7–3所示。

图7–3

4.左边创建

单击“阴影工具”，将光标移动到对象左边中间的位置，按住鼠标拖曳，松开鼠标生成阴影，最后调整阴影方向线上的滑块设置阴影的不透明度，如图7–4所示。

图7–4

5.右边创建

右边创建阴影和左边创建阴影步骤相同，如图7–5所示。

图7–5

7.1.2 阴影参数设置

“阴影工具”的属性栏如图7–6所示。

图7–6

⊙ 参数介绍

预设列表：系统提供的预设阴影样式。

阴影偏移：在*x*轴和*y*轴后面的文本框中输入数值，设置阴影与对象之间的偏移距离，正数为向上向右偏移，负数为向左向下偏移。“阴影偏移”只有在创建无角度阴影时才会被激活。

阴影角度：在后面的文本框输入数值，设置阴影与对象之间的角度。该设置只在创建呈角度透视阴影时被激活。

阴影的不透明度：在后面的文本框输入数值，设置阴影的不透明度。值越大颜色越深，值越小颜色越浅。

阴影羽化：在后面的文本框输入数值，设置阴影的羽化程度。

羽化方向：单击该按钮，在弹出的选项中选择羽化的方向，包括“向内”“中间”“向外”“平均”4种方式。

羽化边缘：单击该按钮，在弹出的选项中选择羽化的边缘类型，包括“线性”“方形的”“反白方形”“平面”4种方式。

阴影淡出：用于设置阴影边缘向外淡出的程度。在后面的文本框输入数值，最大值为100，最小值为0，值越大，向外淡出的效果越明显。

阴影延展：用于设置阴影的长度。在后面的文本框输入数值，数值越大，阴影延伸得越长。

透明度操作：用于设置阴影和覆盖对象的颜色混合模式。

阴影颜色：用于设置阴影的颜色，在后面的下拉选项中选取颜色进行填充。填充的颜色会在阴影方向线的终端显示。

7.1.3 阴影操作

利用属性栏和菜单栏的相关选项可以进行阴影的操作，也可以通过鼠标拖曳来创建阴影效果。

1.添加真实投影

选中文字，使用“阴影工具”拖动底端阴影，如图7-7所示；然后在属性栏设置“阴影角度”为40、“阴影的不透明度”为60、“阴影羽化”为5、“阴影淡出”为70、“阴影延展”为50、“透明度操作”为“颜色加深”、“阴影颜色”为（C:100，M:100，Y:0，K:0），如图7-8所示。调整后的效果如图7-9所示。

图7-7

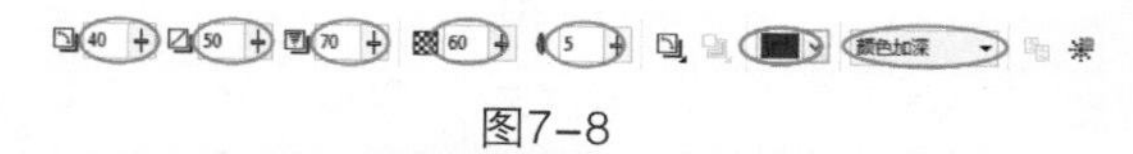

图7-8

图7-9

2.复制阴影效果

选中未添加阴影效果的文字，在属性栏单击“复制阴影效果属性”按钮，当光标变为黑色箭头时，单击目标对象的阴影，复制该阴影属性到所选对象，如图7-10和图7-11所示。

图7-10

图7-11

提示

在对阴影取样时，如果将箭头移动到对象上单击，则会弹出错误提示对话框，标示无法从对象上复制阴影，因此，要将箭头移动到目标对象的阴影上，才可以单击进行复制。

3.拆分阴影效果

选中对象的阴影，单击鼠标右键，在弹出的菜单中执行“拆分阴影群组”命令，如图7-12所示。将阴影选中后可以进行移动和编辑，如图7-13示。

图7-12

图7-13

操作练习 用“阴影工具”绘制甜品宣传海报

» 实例位置 实例文件>CH07>操作练习：用“阴影工具”绘制甜品宣传海报.cdr
» 素材位置 素材文件>CH07>01.cdr、02.psd、03~05.cdr
» 视频名称 操作练习：用“阴影工具”绘制甜品宣传海报.mp4
» 技术掌握 阴影工具的应用

甜品宣传海报效果如图7-14所示。

图7-14

01 导入学习资源中的“素材文件>CH07>01.cdr”文件，然后将标题字拖曳到页面中进行拆分，并将字母S缩放至合适大小，如图7-15所示；接着导入学习资源中的“素材文件>CH07>02.psd”文件，取消组合后拖曳到页面中，如图7-16所示。

图7-15　　图7-16

02 将条纹纹样拖曳到字母S的后面，旋转角度，然后执行“对象>PowerClip>置于图文框内部”菜单命令，把纹样置于字母中，接着使用相同方法将其他纹样置入相应的字母中，最后将字母参差排放，调整间距，如图7-17所示。

图7-17

03 选中字母S，然后使用“阴影工具”在字母中心拖动阴影效果，接着在属性栏设置“阴影的不透明度”为78、“阴影羽化”为15、“阴影颜色”为（C:31，M:68，Y:61，K:26），阴影效果如图7-18所示。

04 以同样的参数为其他字母添加阴影，更改“阴影颜色”分别为（C:75，M:80，Y:100，K:67），（C:69，M:97，Y:97，K:67），（C:84，M:71，Y:100，K:61），（C:65，M:100，Y:73，K:55），然后将店主名称拖曳到字母W上方，填充颜色为洋红，接着使用“阴影工具”拖动中心阴影效果，参数不变，更改“阴影颜色”为（C:60，M:80，Y:0，K:20），最后调整英文和中文的位置关系，效果如图7-19所示。

图7-18　　图7-19

05 导入学习资源中的“素材文件>CH07>03.cdr”文件，然后将前面绘制的标题拖曳到页面中，接着使用“钢笔工具”绘制一条曲线，并设置线条“轮廓宽度”为0.75、轮廓线颜色为（C:62，M:75，Y:100，K:40），再选中曲线使用“阴影工具”拖动中心阴影效果，在属性栏设置“阴影的不透明度”为31、“阴影羽化”为1、“阴影颜色”为（C:31，M:68，Y:61，K:26），最后将线条对象置于圆对象后面，将线头覆盖住，如图7-20所示。

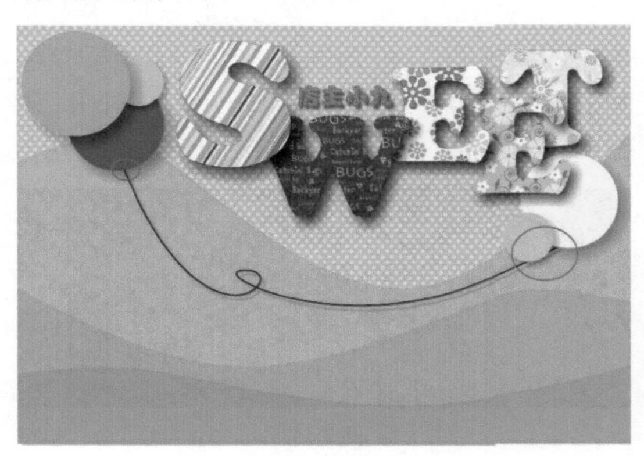

图7-20

06 导入学习资源中的“素材文件>CH07>04.cdr”文件，将其旋转缩放在曲线下方，然后分别选中图片，使用“阴影工具”拖动中心阴影效果，接着在属性栏设置前两个阴影的“阴影的不透明度”为82、“阴影羽化”为15、“阴影颜色”为（C:31，M:68，Y:61，K:26），阴影效果如图7-21所示。

图7-21

07 导入学习资源中的“素材文件>CH07>05.cdr”文件，将夹子旋转复制在糖果图片上方，然后选中夹子，使用“阴影工具”拖动中心阴影效果，接着设置前两个阴影的“阴影的不透明度”为82、“阴影羽化”为15、“阴影颜色”为（C:31，M:68，Y:61，K:26），后两个阴影的“阴影的不透明度”为59、“阴影羽化”为15、“阴影颜色”为（C:31，M:68，Y:61，K:26），效果如图7-22所示。

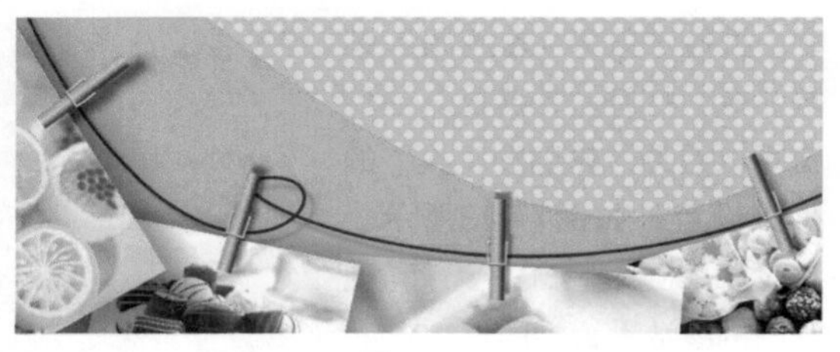

图7-22

08 将宣传语拖曳到字母E下面，然后填充颜色为（C:61，M:100，Y:100，K:56），最终效果如图7-23所示。

图7-23

7.2 轮廓图效果

轮廓图效果是指通过拖曳为对象创建一系列渐进到对象内部或外部的同心线。轮廓图效果广泛用于创建图形和文字的三维立体效果、剪切雕刻制品输出，以及特殊效果的制作。用户可以在属性栏设置轮廓图效果的对应参数，使轮廓图效果更加精确美观。

7.2.1 创建轮廓图

CorelDRAW X8提供的轮廓图效果主要有3种：“到中心”“内部轮廓”和“外部轮廓”。

1.创建中心轮廓图

绘制一个星形，然后单击工具箱中的“轮廓图工具”，再单击属性栏中的“到中心”按钮，会自动生成到中心一次渐变的层次效果，如图7-24所示。

图7-24

2.创建内部轮廓图

选中星形，然后单击“轮廓图工具”，再单击属性栏中的“内部轮廓”按钮，则自动生成内部轮廓图效果，如7-25所示。

图7-25

提示

“到中心”和“内部轮廓”的区别主要有两点。

第1点：在轮廓图层次少的时候，“到中心”轮廓图的最内层还是位于中心位置，而“内部轮廓”则更贴近对象边缘。

第2点：“到中心”只能使用“轮廓图偏移”进行调节，而“内部轮廓”则是使用“轮廓图步长”和“轮廓图偏移”进行调节。

3.创建外部轮廓图

选中星形，然后单击“轮廓图工具”，再单击属性栏中的“外部轮廓”按钮，则自动生成外部轮廓图效果，如图7-26所示。

图7-26

> **提示**
>
> 创建内部和外部轮廓时，可以使用“轮廓图工具”在星形轮廓处按住鼠标左键向外或向内拖动，松开鼠标左键完成创建。

7.2.2 轮廓图参数设置

在创建轮廓图后，可以在属性栏设置参数，也可以执行“效果>轮廓图”菜单命令，在打开的“轮廓图”泊坞窗设置参数。

1.属性栏参数

“轮廓图工具”的属性栏设置如图7-27所示。

图7-27

⊙ 参数介绍

预设列表：系统提供的预设轮廓图样式。

到中心：单击该按钮，创建从对象边缘向中心放射的轮廓图。创建后无法通过“轮廓图步长”设置，可以利用“轮廓图偏移”自动调节，偏移越大，层次越少；偏移越小，层次越多。

内部轮廓：单击该按钮，创建从对象边缘向内部放射的轮廓图。创建后可以通过“轮廓图步长”设置轮廓图的层次数。

外部轮廓：单击该按钮，创建从对象边缘向外部放射的轮廓图。创建后可以通过“轮廓图步长”设置轮廓图的层次数。

轮廓图步长：在后面的文本框中输入数值来调整轮廓图的数量。

轮廓图偏移：在后面的文本框中输入数值来调整轮廓图各步数之间的距离。

轮廓图角：用于设置轮廓图的角类型，包括“斜接角”“圆角”和“斜切角”。

轮廓色：用于设置轮廓图的轮廓色渐变序列，包括“线性轮廓色”“顺时针轮廓色”和“逆时针轮廓色”。

轮廓色：在后面的颜色选项中设置轮廓图的轮廓线颜色。去掉轮廓线“宽度”后，轮廓色不显示。

填充色：在后面的颜色选项中设置轮廓图的填充颜色。

对象和颜色加速：调整轮廓图中对象大小和颜色变化的速率。

复制轮廓图属性：单击该按钮，可以将其他轮廓图属性应用到所选轮廓中。

清除轮廓：单击该按钮可以清除所选对象的轮廓。

2.泊坞窗参数

执行“效果>轮廓图”菜单命令，打开“轮廓图”泊坞窗可以看见“轮廓图工具”的相关设置，如图7-28所示。“轮廓图”泊坞窗的参数与属性栏的参数设置相同。

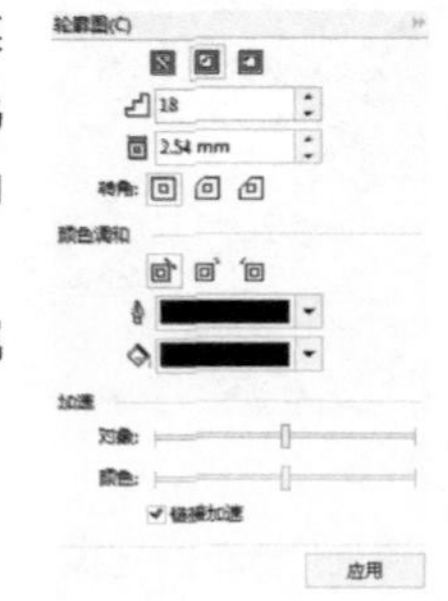

图7-28

7.2.3 轮廓图操作

在属性栏和泊坞窗中设置相关参数来进行轮廓图的操作。

1.调整轮廓步长

选中创建好的中心轮廓图，在属性栏中的“轮廓图偏移”文本框中输入数值，按Enter键自动生成步数，效果如图7-29所示。

图7-29

选中创建好的内部轮廓图，在属性栏中的“轮廓图步长”对话框中输入不同数值，在“轮廓图偏移”对话框中保持参数值不变，按Enter键生成步数，效果如图7-30所示。在轮廓图偏移不变的情况下，步长越大，越向中心靠拢。

图7-30

选中创建好的外部轮廓图，在属性栏中的“轮廓图步长”对话框中输入不同数值，在“轮廓图偏移”对话框中保持参数值不变，按Enter键生成步数，效果如图7-31所示。在轮廓图偏移不变的情况下，步长越大，越向外扩散，产生的视觉效果越向下延伸。

图7-31

2.轮廓图颜色

轮廓图颜色分为填充颜色和轮廓线颜色，两者都可以在属性栏或泊坞窗直接选择进行填充。选中创建好的轮廓图，在属性栏的“填充色”图标后面选择需要的颜色，轮廓图就向选取的颜色进行渐变，如图7-32所示，在去掉轮廓线的时候，“轮廓色”不显示。

图7-32

将对象的填充去掉，设置轮廓线“宽度”为1mm，此时“轮廓色”显示出来，“填充色”不显示。然后选中对象，在属性栏“轮廓色”图标后面选择需要的颜色，轮廓图的轮廓线以选取的颜色进行渐变，如图7-33所示。

图7-33

在没有去掉填充效果和轮廓线时，轮廓图会同时显示轮廓色和填充色，并以设置的颜色进行渐变，如图7-34所示。

图7-34

提示

在编辑轮廓图颜色时，可以选中轮廓图，然后通过在调色板单击来去除颜色或单击鼠标右键去除轮廓线。

3.拆分轮廓图

对于一些特殊的效果，如形状相同的错位图形、在轮廓上添加渐变效果等，都可以用轮廓图快速创建。

选中轮廓图，然后单击鼠标右键，在弹出的快捷菜单中执行“拆分轮廓图群组”命令，如图7-35所示，注意，拆分后的对象只是将生成的轮廓图和源对象进行分离，还不能分别移动。

选中轮廓图，单击鼠标右键，在弹出的快捷菜单中执行“取消组合对象”命令，此时可以将对象分别移动进行编辑，如图7-36所示。

图7-35

图7-36

操作练习 用“轮廓图工具”绘制黏液字

» 实例位置 实例文件>CH07>操作练习：用“轮廓图工具”绘制黏液字.cdr

» 素材位置 素材文件>CH07>06~08.cdr

» 视频名称 操作练习：用“轮廓图工具”绘制黏液字.mp4

» 技术掌握 轮廓图工具的应用

黏液字效果如图7-37所示。

图7-37

01 导入学习资源中的“素材文件>CH07>06.cdr”文件，将文字取消组合，然后将标题文字拖放到页面上，并将文字填充为灰色，接着使用“钢笔工具”沿着字母的轮廓绘制黏液状的轮廓，再使用“形状工具”调整形状，最后依次在其他英文字母外面绘制黏液，效果如图7-38所示。

图7-38

02 绘制完成后删除英文素材，然后全选绘制的对象进行组合，并填充颜色为（C:78，M:44，Y:100，K:6），去掉轮廓线，如图7-39所示。接着单击“轮廓图工具”，在属性栏单击“到中心”按钮，设置“轮廓图偏移”为0.2mm、“填充色”为（C:40，M:0，Y:100，K:0），效果如图7-40所示。

图7-39  图7-40

03 导入学习资源中的“素材文件>CH07>07.cdr”文件，然后拖曳到页面上取消组合，接着将流淌的黏液素材分别拖放到黏液字上，效果如图7-41所示，最后将对象全选进行组合。

04 使用同样的方法绘制英文，效果如图7-42所示。

图7-41  图7-42

05 使用“矩形工具”在页面上绘制一大一小两个矩形，然后选中这两个矩形进行组合，并填充颜色为（C:0，M:0，Y:0，K:50），接着去掉轮廓线，如图7-43所示。

图7-43

06 将编辑好的黏液字拖曳到页面上方，选中英文黏液字，然后使用“阴影工具”创建阴影效果，接着在属性栏上设置“阴影羽化”值为“10”、“阴影颜色”分别为（C:87，M:55，Y:100，K:28）、（C:84，M:60，Y:100，K:39），效果如图7-44所示。

图7-44

07 导入学习资源中的“素材文件>CH07>08.cdr”文件，将骷髅头素材拖曳到文字下面，然后水平复制两个，接着使用“矩形工具”在页面下方绘制矩形，填充颜色为（C:0，M:0，Y:0，K:80），再去掉轮廓线，最后将怪物拖曳到页面左侧空白处，调整位置和大小，如图7-45所示。

图7-45

08 将数字拖曳到骷髅头中间，调整大小，然后把英文拖曳到页面右下方进行缩放，最终效果如图7-46所示。

图7-46

7.3 调和效果

调和在设计中运用频繁，它可以用来增强图形和艺术字的效果，还可以创建颜色渐变、高光、阴影、透视等特殊效果。

7.3.1 创建调和效果

“调和工具”的原理是通过创建中间的一系列对象，以颜色序列来调和两个源对象，原对象的位置、形状和颜色会直接影响调和效果。

1.直线调和

单击“调和工具”，将光标移动到起始对象上，按住鼠标左键向终止对象拖动，会出现一列对象的虚框，如图7-47所示。确定无误后松开鼠标完成调和，效果如图7-48所示。

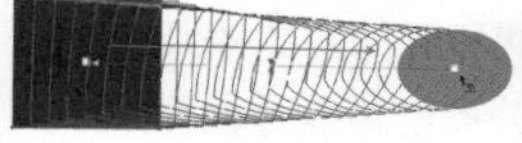

图7-47

图7-48

在调和时，两个对象的位置和大小会影响中间系列对象的形状变化，两个对象的颜色决定中间系列对象的颜色渐变范围。

提示

“调和工具”也可以创建轮廓线的调和，当线条形状和轮廓线的宽度和颜色都不同时，则可以进行调和，调和的中间对象会产生形状和宽度渐变。

2.曲线调和

单击“调和工具”，将光标移动到起始对象上，按住Alt键不放，然后按住鼠标左键向终止对象拖动出曲线路径，会出现一列对象的虚框，如图7-49所示。松开鼠标完成调和，效果如图7-50所示。

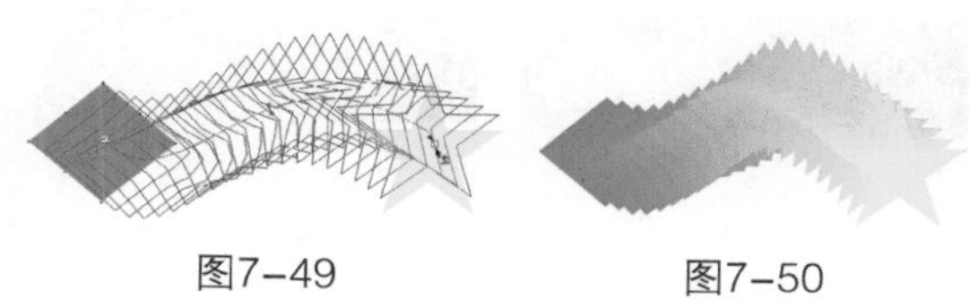

图7-49　图7-50

提示

在创建曲线调和的过程中，在选取起始对象时，必须先按住Alt键再选取绘制路径，否则无法创建曲线调和。

3.直线调和转曲线调和

使用“钢笔工具”绘制一条平滑曲线，然后将已经进行直线调和的对象选中，再单击属性栏中的“路径属性”按钮，在下拉选项中选择“新路径”命令，如图7-51所示。

图7-51

此时光标变为弯曲箭头形状，如图7-52所示，将箭头对准曲线，然后单击鼠标左键即可，效果如图7-53所示。

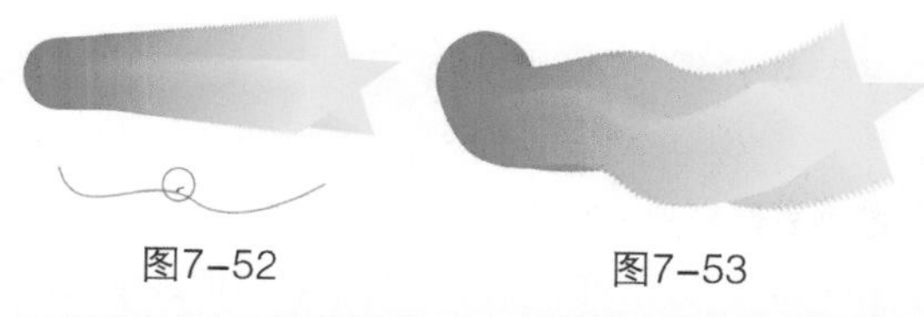

图7-52　图7-53

4.复合调和

创建3个几何对象，填充不同颜色，然后单击“调和工具”，将光标移动到蓝色起始对象上，按住鼠标左键向洋红对象拖动直线调和，如图7-54所示。

图7-54

在空白处单击取消直线路径的选择，然后选择圆形，按住鼠标左键向星形对象拖动直线调和，如图7-55所示，如果要创建曲线调和，可以按住Alt键，自圆形向星形曲线拖动鼠标，如图7-56所示。

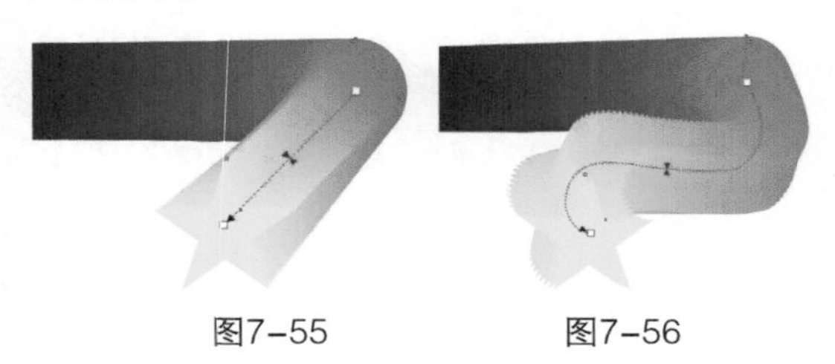

图7-55　　图7-56

> **提示**
> 在属性栏“调和步长”文本框中输入的数值越大，调和效果越细腻、越自然。

7.3.2 调和参数设置

调和后，可以在属性栏设置调和参数，也可以执行“效果>调和”菜单命令，在打开的“调和”泊坞窗设置参数。

1.属性栏参数

“调和工具”的属性栏如图7-57所示。

图7-57

⊙ 参数介绍

预设列表：系统提供的预设调和样式，可以在下拉列表选择预设选项。

添加预设：单击该按钮可以将当前选中的调和对象另存为预设。

删除预设：单击该按钮可以将当前选中的调和样式删除。

调和步长：用于设置调和效果中的调和步长数和形状之间的偏移距离。激活该按钮，可以在后面的“调和对象”文本框中输入相应的步长数。

调和间距：用于设置路径中调和步长对象之间的距离。激活该按钮，可以在后面的“调和对象”文本框中输入相应的步长数。

> **提示**
> 切换“调和步长”按钮与“调和间距”按钮必须在曲线调和的状态下进行，在直线调和状态下可以直接调整步长数，“调和间距”只运用于曲线路径。

调和方向：在后面的文本框中输入数值可以设置已调和对象的旋转角度。

环绕调和：激活该按钮可将环绕效果添加应用到调和中。

直接调和：激活该按钮设置颜色调和序列为直接颜色渐变。

顺时针调和：激活该按钮设置颜色调和序列为按色谱顺时针方向颜色渐变。

逆时针调和：激活该按钮设置颜色调和序列为按色谱逆时针方向颜色渐变。

对象和颜色加速：单击该按钮，在弹出的对话框中通过拖动“对象”、“颜色”后面的滑块，可以调整形状和颜色的加速效果。

> **提示**
> 激活“锁头”按钮后可以同时调整“对象”、“颜色”后面的滑块；解锁后可以分别调整“对象”、“颜色”后面的滑块。

调整加速大小：激活该按钮可以调整调和对象的大小变化速率。

更多调和选项：单击该按钮，可通过弹出的下拉选项进行“映射节点”“拆分”“熔合始端”“熔合末端”“沿全路径调和”和“旋转全部对象”操作。

起始和结束属性：用于重置调和效果的起始点和终止点。单击该按钮，可通过弹出的下拉选项进行显示和重置操作。

路径属性：用于将调和好的对象添加到新路径，还可进行显示路径和分离出路径等操作。

> **提示**
> “显示路径”和“从路径分离”两个选项在曲线调和状态下才会激活以供操作，直线调和则无法使用。

复制调和属性：单击该按钮可以将其他调和属性应用到所选调和中。

清除调和：单击该按钮可以清除所选对象的调和效果。

2.泊坞窗参数

执行“效果>调和”菜单命令，打开“调和”泊坞窗，如图7-58所示。

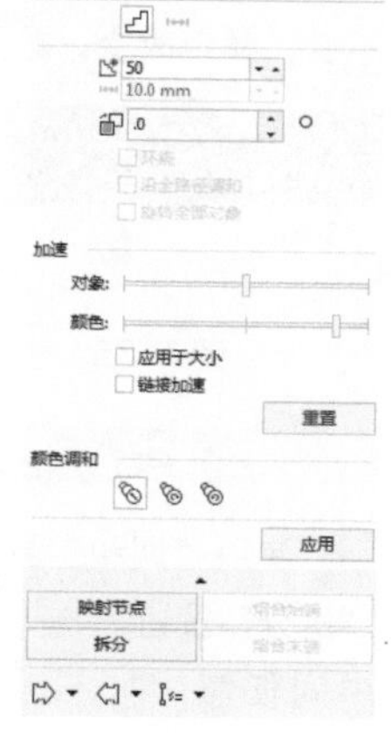

图7-58

⊙ 重要参数介绍

沿全路径调和：沿整个路径延展调和，该命令仅应用在添加路径的调和中。

旋转全部对象：沿曲线旋转所有的对象，该命令仅应用在添加路径的调和中。

应用于大小：勾选后把调整的对象加速应用到对象大小。

链接加速：勾选后可以同时调整对象加速和颜色加速。

重置：将调整的对象加速和颜色加速还原为默认设置。

映射节点：将起始形状的节点映射到结束形状的节点上。

拆分：将选中的调和拆分为两个独立的调和。

熔合始端：熔合拆分或复合调和的始端对象，按住Ctrl键选中中间和始端对象，可以激活该按钮。

熔合末端：熔合拆分或复合调和的末端对象，按住Ctrl键选中中间和末端对象，可以激活该按钮。

始端对象：更改或查看调和中的始端对象。

末端对象：更改或查看调和中的末端对象。

路径属性：用于将调和好的对象添加到新路径，还可以进行显示路径和分离出路径等操作。

7.3.3 调和操作

利用属性栏和泊坞窗的相关参数选项来进行调和操作。

1.变更调和顺序

使用“调和工具”在方形到圆形中间添加调和，如图7-59所示。然后选中调和对象执行“对象>顺序>逆序”菜单命令，此时前后顺序进行了颠倒，如图7-60所示。

图7-59　　图7-60

2.变更起始和终止对象

在终止对象下面绘制另一个图形，然后单击“调和工具”，选中调和的对象，接着单击泊坞窗中的“末端对象”按钮，在下拉列表中选择“新终点”选项，当光标变为箭头时单击新图形，如图7-61所示。此时调和的终止对象变为下面的图形，如图7-62所示。

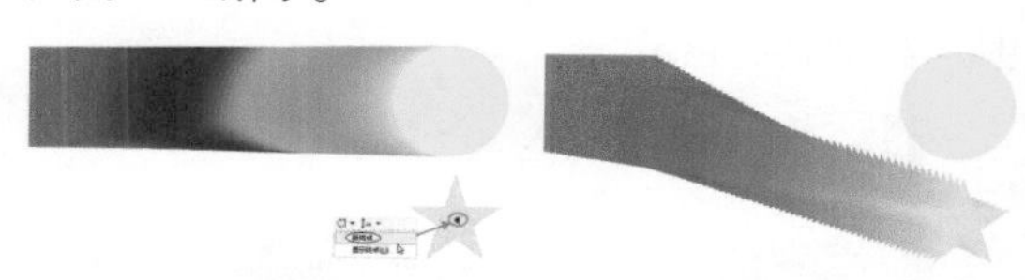

图7-61　　图7-62

在起始对象下面绘制另一个图形，然后选中调和的对象，单击泊坞窗中的“始端对象”按钮，在下拉选项中选择“新起点”选项，当光标变为箭头时单击新图形，如图7-63所示。此时调和的起始对象变为下面的图形，如图7-64所示。

图7-63　　图7-64

提示

将两个起始对象组合为一个对象，然后使用“调和工具”进行拖动调和，此时调和的起始节点在两个起始对象中间，如图7-65所示，调和后的效果如图7-66所示。

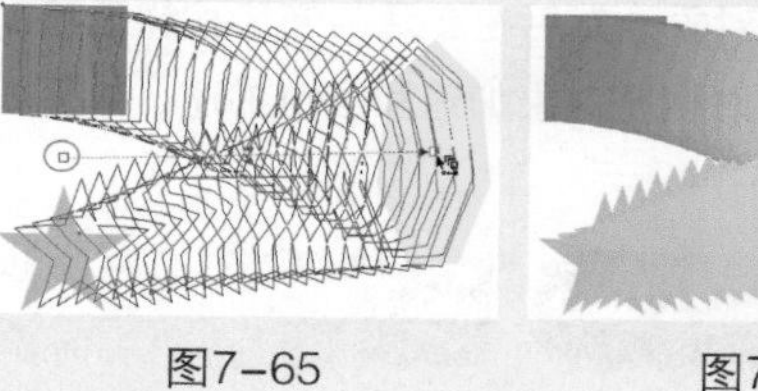

图7-65　　图7-66

3.修改调和路径

选中调和对象，如图7–67所示，然后单击“形状工具”选中调和路径进行调整，如图7–68所示。

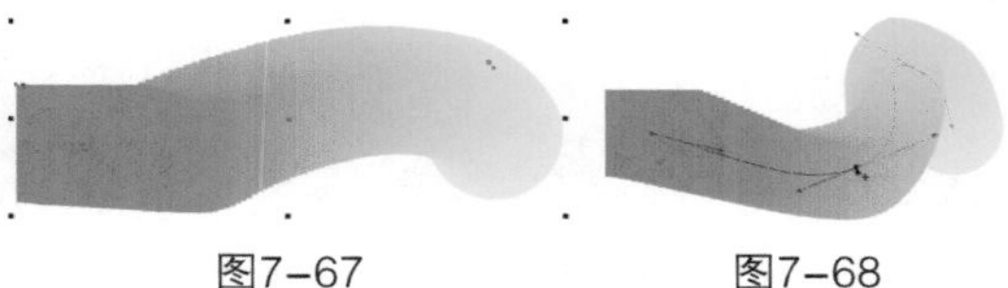

图7–67　　图7–68

4.变更调和步长

选中曲线调和对象，在属性栏中的“调和步长”文本框中输入数值更改调和步长。数值越小间距越大，分层越明显；数值越大间距越小，调和越细腻，效果如图7–69和图7–70所示。

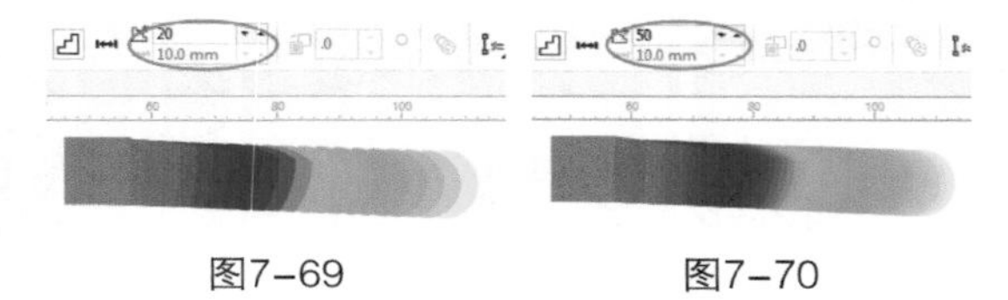

图7–69　　图7–70

5.变更调和间距

选中曲线调和对象，在属性栏中的“调和间距”文本框中输入数值更改调和间距。数值越大间距越大，分层越明显；数值越小间距越小，调和越细腻，效果如图7–71和图7–72所示。

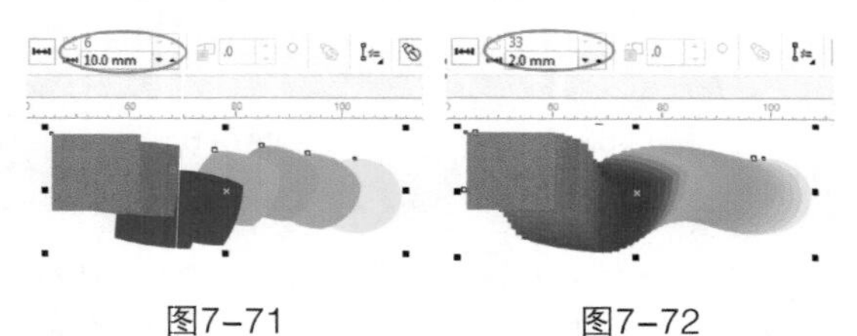

图7–71　　图7–72

6.调整对象颜色的加速

选中调和对象，然后在激活“锁”按钮后移动滑轨，可以同时调整对象加速和颜色加速，效果如图7–73和图7–74所示。

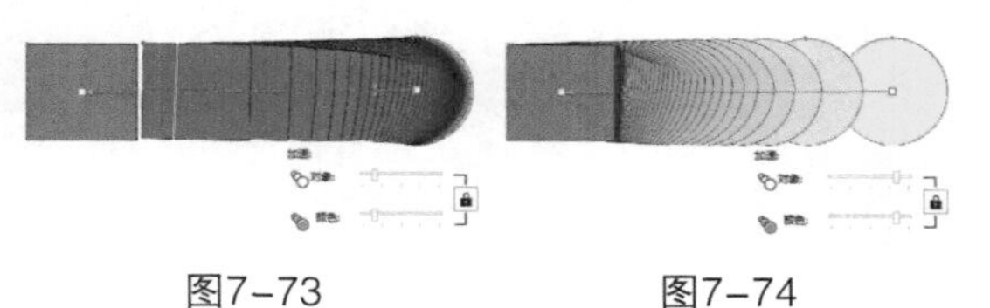

图7–73　　图7–74

解锁后可以分别移动两种滑轨。移动对象滑轨，颜色不变，对象间距改变；移动颜色滑轨，对象间距不变，颜色改变，效果如图7–75和图7–76所示。

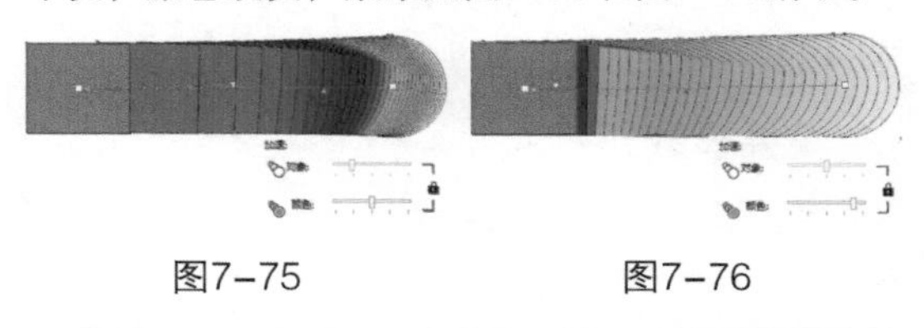

图7–75　　图7–76

7.调和的拆分与熔合

使用“调和工具”选中调和对象，然后单击“拆分”按钮，当光标变为弯曲箭头时单击中间任意形状，完成拆分，如图7–77所示。

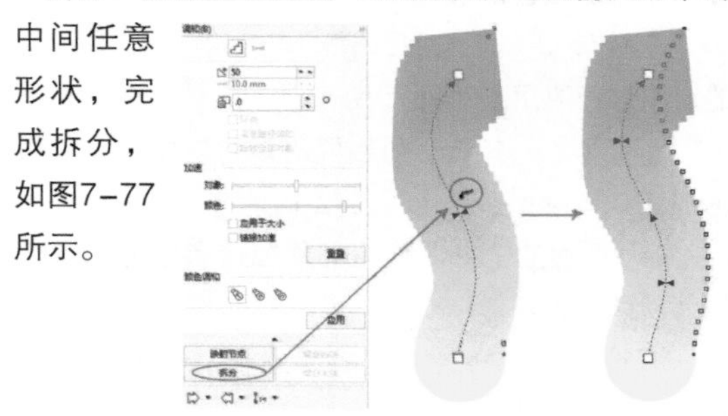

图7–77

单击“调和工具”，按住Ctrl键单击上半段路径，然后单击“熔合始端”按钮完成熔合，如图7–78所示。按住Ctrl键单击下半段路径，然后单击“熔合末端”按钮完成熔合，如图7–79所示。

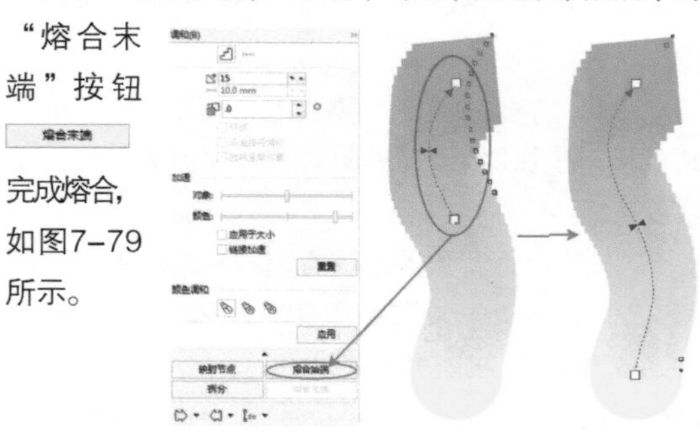

图7–78

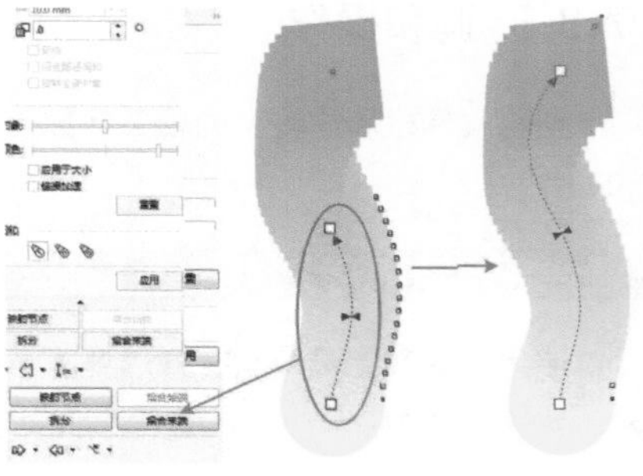

图7–79

8.复制调和效果

选中直线调和对象，然后在属性栏单击“复制调和属性”按钮，当光标变为箭头后，移动到需要复制的调和对象上，如图7-80所示，接着单击鼠标左键完成属性复制，效果如图7-81所示。

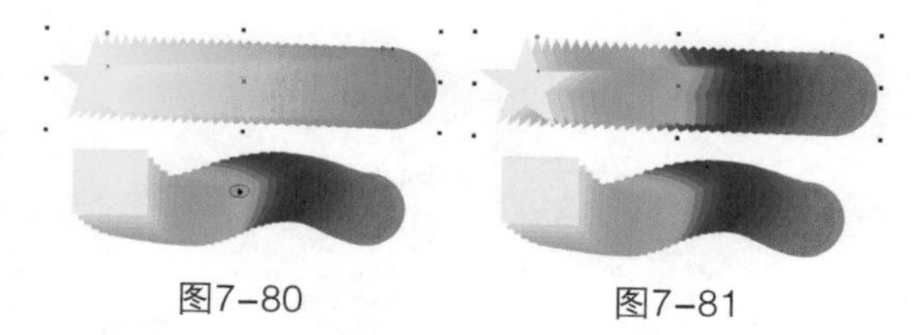

图7-80　　图7-81

9.拆分调和对象

选中曲线调和对象，单击鼠标右键，在弹出的快捷菜单中执行“拆分调和群组”命令，再单击鼠标右键，在弹出的快捷菜单中执行“取消组合对象”命令，取消组合后，中间进行调和的渐变对象可以分别进行移动。

10.清除调和效果

使用“调和工具”选中调和对象，在属性栏单击“清除调和”按钮可以清除选中对象的调和效果。

操作练习 用“调和工具”绘制国画

» 实例位置　实例文件>CH07>操作练习：用“调和工具”绘制国画.cdr
» 素材位置　素材文件>CH07> 09.cdr
» 视频名称　操作练习：用“调和工具”绘制国画.mp4
» 技术掌握　调和工具的应用

花鸟国画效果如图7-82所示。

图7-82

01 使用“椭圆形工具”绘制两个相交的椭圆形，然后执行“对象>造形>造型”菜单命令，在打开的泊坞窗中选择“相交”类型，勾选“保留原目标对象”选项，并单击“相交对象”按钮完成相交操作，接着选中椭圆并填充颜色为（C:16，M:6，Y:53，K:0），选中相交对象并填充颜色为（C:22，M:59，Y:49，K:0），如图7-83所示，最后全选对象去掉轮廓线。

02 使用“调和工具”拖动调和效果，在属性栏设置“调和对象”为“20”，如图7-84所示。

03 绘制阴影和斑点。使用“椭圆形工具”在调和对象上方绘制一个椭圆作为阴影，然后填充颜色为黑色，将黑色椭圆置于调和对象后面，调整位置；接着使用“椭圆形工具”绘制椭圆作为斑点，由深到浅依次填充颜色为（C:38，M:29，Y:63，K:0）、（C:32，M:24，Y:58，K:0）、（C:23，M:18，Y:55，K:0），再绘制出填充颜色为黑色的斑点，最后全选绘制好的果子进行组合，效果如图7-85所示。

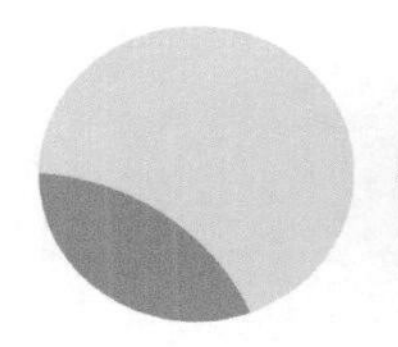

图7-83

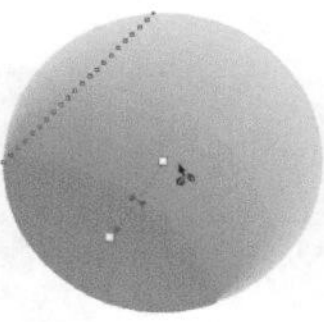

图7-84

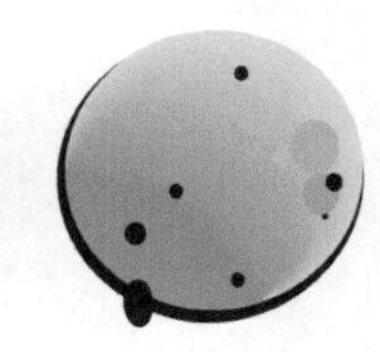

图7-85

04 绘制熟透的果子。使用“椭圆形工具”绘制果子的外形，然后选中椭圆形并填充颜色为（C:0，M:54，Y:82，K:0），接着选中相交区域填充颜色为（C:22，M:100，Y:100，K:0），再全选删除轮廓线，如图7-86所示，最后使用“调和工具”拖动调和效果，如图7-87所示。

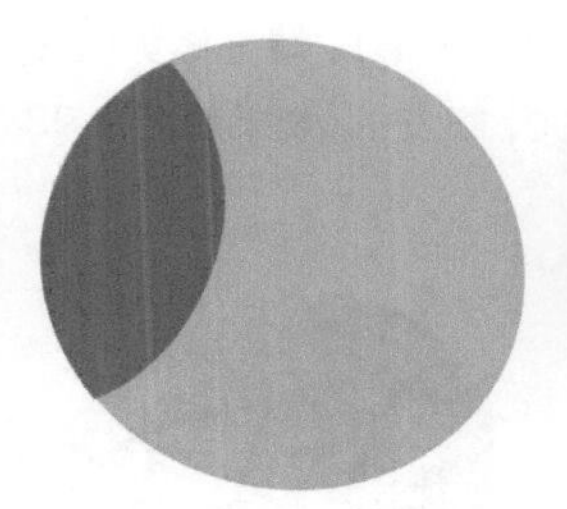

图7-86

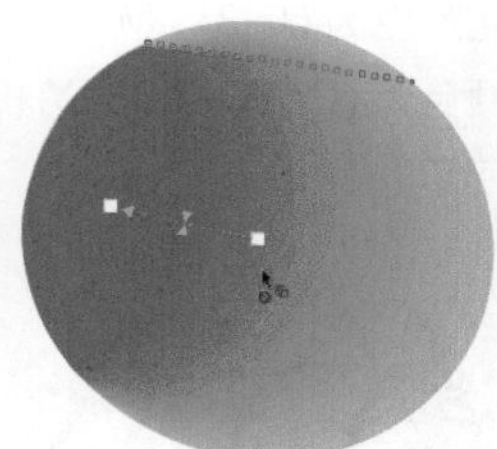

图7-87

05 绘制一个黑色椭圆置于调和对象下面，调整位置，然后在果身上绘制斑点，填充颜色为（C:16，M:67，Y:100，K:0），并使用“透明度工具”▩拖动渐变透明效果，接着使用“椭圆形工具”◯绘制小斑点，填充颜色为黑色，如图7-88所示，最后使用相同的方法绘制3颗果子，重叠排列在一起并进行组合，如图7-89所示。

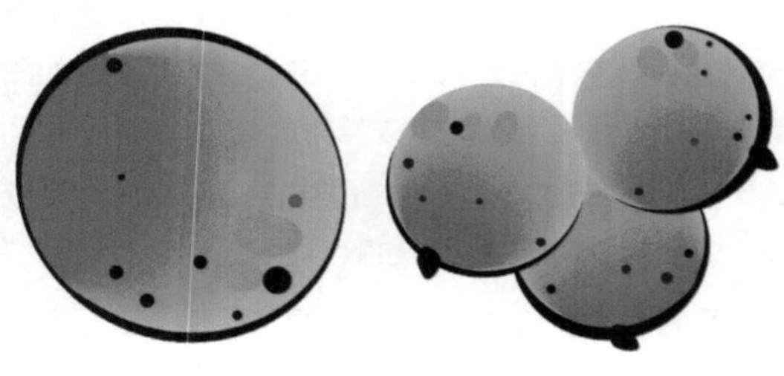

图7-88　　图7-89

06 绘制叶子。使用“钢笔工具”绘制出叶子形状，然后将叶片填充颜色为（C:31，M:20，Y:58，K:0），将修剪区域填充颜色为（C:28，M:72，Y:65，K:0），并删除轮廓线，如图7-90所示，接着使用“调和工具”拖动调和效果，如图7-91所示。

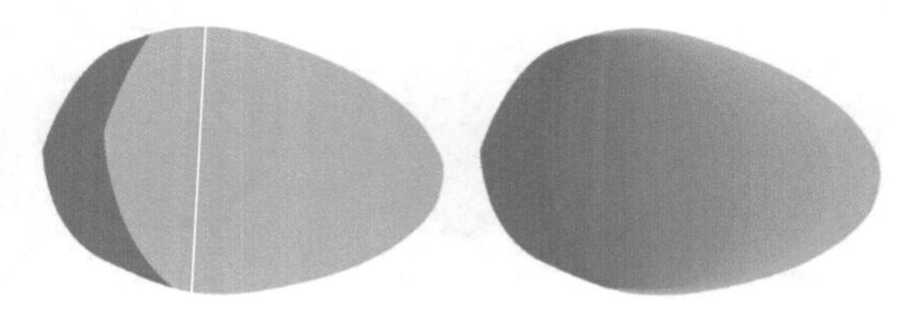

图7-90　　图7-91

07 单击“艺术笔工具”，在属性栏选取合适的“笔刷笔触”，并设置“笔触宽度”为1.073mm、“类别”为“书法”，然后在叶片上绘制叶脉，效果如图7-92所示。

08 使用同样方法绘制绿色叶片，然后选中叶片，填充颜色为（C:31，M:20，Y:58，K:0），填充修剪区域颜色为（C:77，M:58，Y:100，K:28），效果如图7-93所示。

图7-92　　图7-93

09 导入学习资源中的“素材文件>CH07>09.cdr”文件，然后将果子和叶子复制几份，接着将对象拖曳到枝丫上，调整大小和位置，最后将光斑复制排放在国画上的相应位置，形成光晕覆盖效果，如图7-94所示。

图7-94

7.4 变形效果

使用“变形工具”可以将图形通过拖动进行不同效果的变形，CorelDRAW X8为用户提供了“推拉变形”“拉链变形”“扭曲变形”3种变形方式，下面进行详细介绍。

7.4.1 推拉变形

可以通过手动拖曳的方式，将对象边缘进行推进或拉出，实现“推拉变形”效果。

1.创建推拉变形

绘制一个正星形，在属性栏中设置“点数或边数”为“7”，然后单击“变形工具”，再单击属性栏中的“推拉变形”按钮，将变形样式转换为推拉变形，接着将光标移动到星形中间位置，按住鼠标左键在水平方向拖动，最后松开鼠标左键完成变形。

在进行拖动变形时，向左边拖动可以将轮廓边缘向内推进，如图7-95所示，向右边拖动可以将轮廓边缘从中心向外拉出，如图7-96所示。

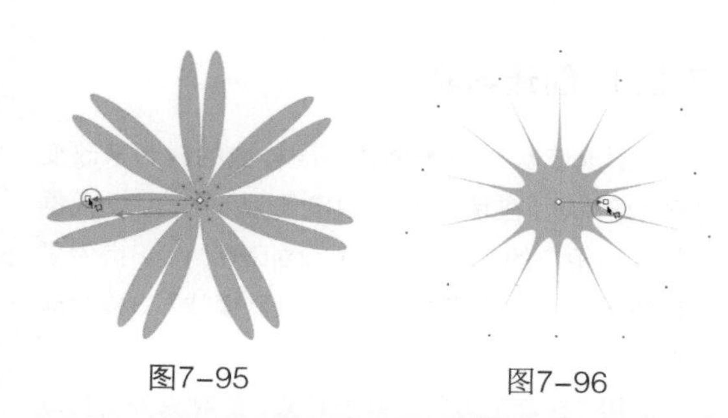

图7-95　　图7-96

2.推拉变形设置

单击“变形工具”，再单击属性栏上的“推拉变形”按钮，属性栏呈现推拉变形的相关设置，如图7-97所示。

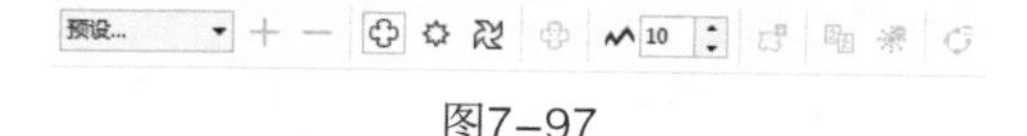

图7-97

⊙ 重要参数介绍

预设列表：系统提供的预设变形样式，可以在下拉列表中选择预设选项。

推拉变形：单击该按钮可以激活推拉变形效果和推拉变形的属性设置。

添加新的变形：单击该按钮可以将当前变形的对象转为新对象，然后再次进行变形。

推拉振幅：在后面的文本框中输入数值，可以设置对象推进拉出的程度。输入数值为正数时向外拉出，最大为200，输入数值为负数时向内推进，最小为－200。

居中变形：单击该按钮可以将变形效果居中放置。

7.4.2 拉链变形

可以通过手动拖曳的方式，将对象边缘调整为尖锐锯齿状，实现“拉链变形”效果，可以拖曳线上的滑块来增加锯齿的个数。

1.创建拉链变形

绘制一个圆，单击“变形工具”，然后单击属性栏中的“拉链变形”按钮将变形样式转换为拉链变形，接着将光标移动到圆的中间位置，按住鼠标左键向外拖动，出现蓝色实线预览变形效果，最后松开鼠标完成变形，如图7-98所示，变形后移动调节线中间的滑块可以添加尖角锯齿的数量，如图7-99所示。

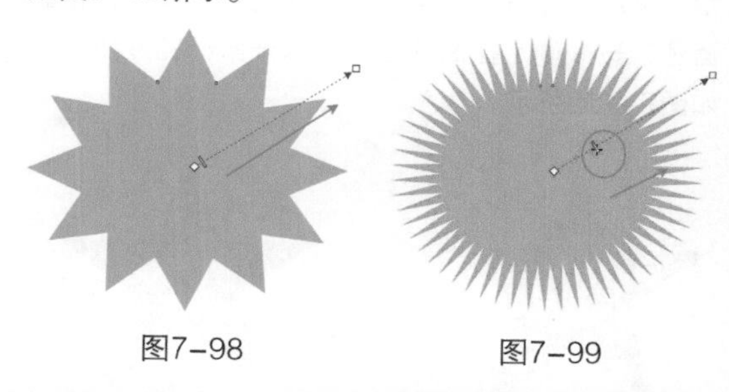

图7-98　　图7-99

2.拉链变形设置

单击“变形工具”，再单击属性栏上的“拉链变形”按钮，属性栏呈现拉链变形的相关设置，如图7-100所示。

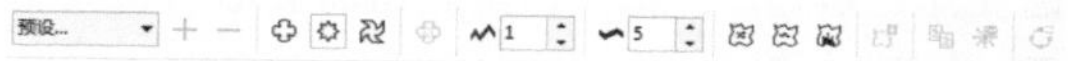

图7-100

⊙ 重要参数介绍

拉链变形：单击该按钮，可以激活拉链变形效果和拉链变形的属性设置。

拉链振幅：用于调节拉链变形中锯齿的高度。

拉链频率：用于调节拉链变形中锯齿的数量。

随机变形：激活该按钮，可以将对象按系统默认方式随机设置变形效果。

平滑变形：激活该按钮，可以平滑处理变形对象的节点。

局限变形：激活该按钮，可以随着变形的进行，降低变形的效果。

7.4.3 扭曲变形

“扭曲变形”效果可以使对象绕变形中心旋转，形成螺旋状，可以用来制作墨迹效果。

1.创建扭曲变形

绘制一个正五角星，然后单击“变形工具”，再单击属性栏中的“扭曲变形”按钮，将变形样式转换为扭曲变形。

将光标移动到五角星的中间位置，按住鼠标左键向外拖动确定旋转角度的固定边，如图7-101所示。然后按住鼠标左键直接拖动旋转角度，再根据蓝色预览线确定扭曲的形状，松开鼠标完成扭曲，如图7-102所示。

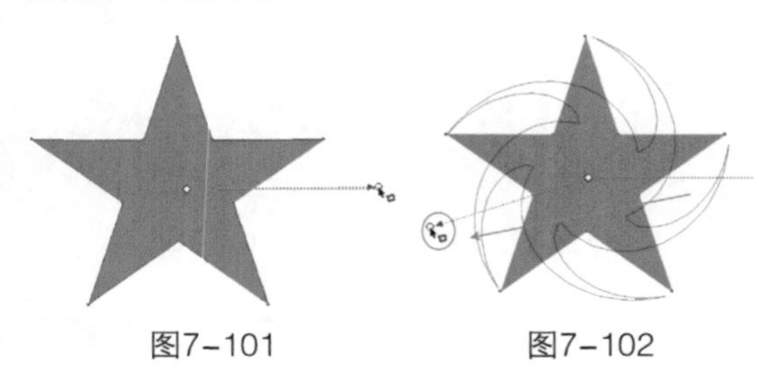

图7-101　　图7-102

2.扭曲变形设置

单击“变形工具”，再单击属性栏上的“扭曲变形”按钮，属性栏呈现扭曲变形的相关设置，如图7-103所示。

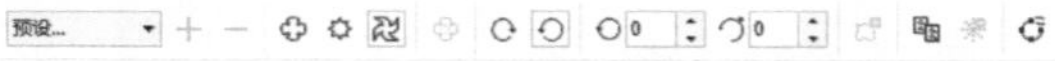

图7-103

⊙ 重要参数介绍

扭曲变形：单击该按钮，可以激活扭曲变形效果和扭曲变形的属性设置。

顺时针旋转：激活该按钮，可以使对象按顺时针方向进行旋转扭曲。

逆时针旋转：激活该按钮，可以使对象按逆时针方向进行旋转扭曲。

完整旋转：在后面的文本框中输入数值，可以设置扭曲变形的完整旋转次数。

附加度数：在后面的文本框中输入数值，可以设置超出完整旋转的度数。

7.5 封套效果

在字体、产品、景观等设计中，有时需要将编辑好的对象调整为透视效果，以增加视觉美感。使用“形状工具”会比较麻烦，而利用“封套工具”则可以快速创建逼真的透视效果，使三维效果转换更加灵活。

7.5.1 创建封套

“封套工具”用于创建不同样式的封套来改变对象的形状。在使用封套改变形状时，可以根据需要选择相应的封套模式，CorelDRAW X8提供了“直线模式”“单弧模式”“双弧模式”3种封套类型。

使用“封套工具”单击对象，在对象外面自动生成一个蓝色虚线框，如图7-104所示。拖动虚线上的封套控制节点来改变对象形状，如图7-105所示。

图7-104　　图7-105

7.5.2 封套参数设置

单击“封套工具”，可以在属性栏和“封套”泊坞窗中进行设置。

1.属性栏设置

“封套工具”的属性栏如图7-106所示。

图7-106

⊙ 重要参数介绍

选取范围模式：用于切换选取框的类型，包括“矩形”和“手绘”两种。

直线模式：激活该按钮，可应用由直线组成的封套改变对象形状，为对象添加透视点。

单弧模式：激活该按钮，可应用单边弧线组成的封套改变对象形状，使对象边线形成弧度。

双弧模式：激活该按钮，可用S形封套改变对象形状，使对象边线形成S形弧度。

非强制模式：激活该按钮，将封套模式变为允许更改节点的自由模式，同时激活前面的节点编辑图标，选中封套节点可以进行自由编辑。

添加新封套：在使用封套变形后，单击该按钮可以为其添加新的封套。

映射模式：选择封套中对象的变形方式，包括“水平”“原始”“自由变形”和“垂直”4种。

保留线条：激活该按钮，在应用封套变形时直线不会变为曲线。

创建封套自：单击该按钮，当光标变为箭头时在图形上单击，可以将图形形状应用到封套中。

2.泊坞窗设置

执行“效果>封套”菜单命令，打开“封套”泊坞窗，可以进行封套工具的相关设置，如图7-107所示。

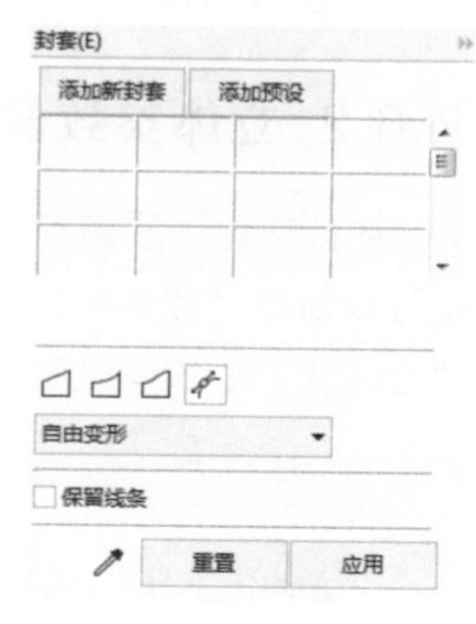

图7-107

⊙ 重要参数介绍

添加预设：将系统提供的封套样式应用到对象上。单击“添加预设”按钮可以激活下面的样式表，选择样式并单击“应用”按钮完成添加，如图7-108和图7-109所示。

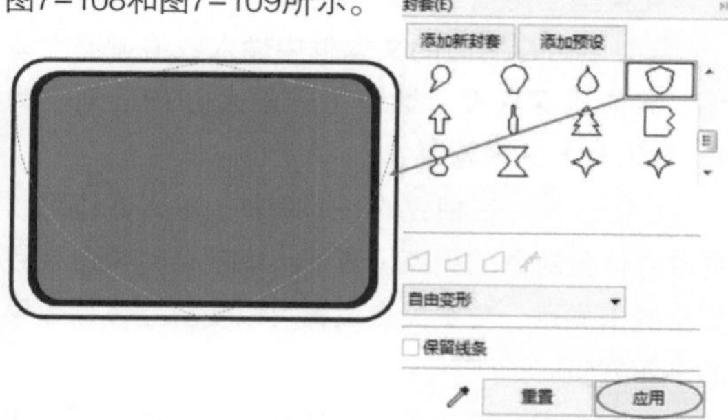

图7-108

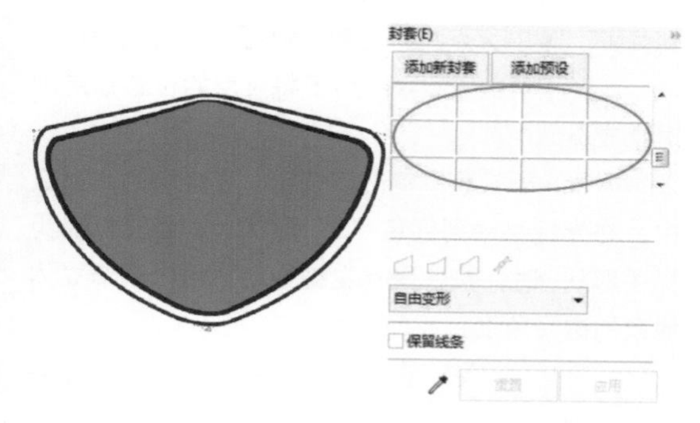

图7-109

保留线条：勾选该选项，在应用封套变形时保留对象中的直线。

操作练习 用“封套工具”制作放大镜字体效果

» 实例位置 实例文件>CH07>操作练习：用“封套工具”制作放大镜字体效果.cdr
» 素材位置 素材文件>CH07> 10.cdr、11.cdr
» 视频名称 操作练习：用“封套工具”制作放大镜字体效果.mp4
» 技术掌握 封套工具的应用

放大镜字体效果如图7-110所示。

图7-110

01 单击“导入”按钮打开对话框，导入学习资源中的“素材文件>CH07>10.cdr”文件，拖曳到页面中调整大小，如图7-111所示。

图7-111

02 使用“文本工具”输入文本，然后设置合适的字体和大小，如图7-112所示，接着单击“封套工具”，在属性栏中设置“封套模式”为“单弧模式”、“映射模式”为“自由变形”， 最后选中左上角的节点进行形状调节，如图7-113所示。

龙泉官窑 龙泉官窑

图7-112 图7-113

03 分别选中其他节点进行形状调节，效果如图7-114所示，然后为文本填充颜色为海军蓝（C:16，M:6，Y:53，K:0），效果如图7-115所示。

图7-114

图7-115

04 单击“导入”按钮打开对话框，导入学习资源中的“素材文件>CH07>11.cdr”文件，拖曳到页面中调整大小，然后将所有图形放置在图中适当的位置，最终效果如图7-116所示。

图7-116

7.6 立体化效果

三维立体效果在Logo设计、包装设计、景观设计、插画设计等领域中运用相当频繁，为了方便用户在制作过程中快速实现三维立体效果，CorelDRAW X8提供了强大的立体化效果工具，通过设置可以得到满意的立体化效果。

“立体化工具”可以为线条、图形、文字等对象添加立体化效果。

7.6.1 创建立体效果

“立体化工具”用于将立体三维效果快速运用到对象上。

单击“立体化工具”，然后将光标放在对象中心，按住鼠标左键进行拖动，出现矩形透视线预览效果，如图7-117所示，松开鼠标后出现立体效果，可以移动方向改变立体化效果，如图7-118所示。

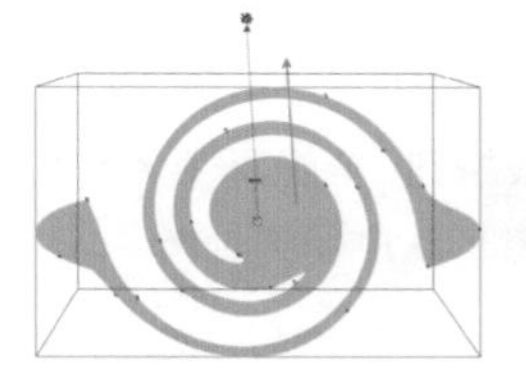

图7-117

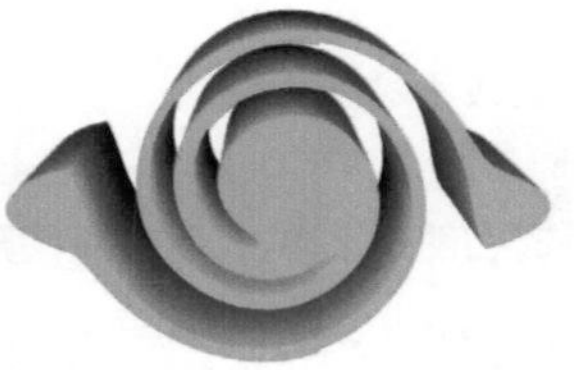

图7-118

7.6.2 立体参数设置

在创建立体效果后，可以在属性栏设置参数，也可以执行“效果>立体化”菜单命令，在打开的“立体化”泊坞窗设置参数。

1.属性栏设置

“立体化工具”的属性栏设置如图7-119所示。

图7-119

⊙ 重要参数介绍

立体化类型：在下拉选项中选择相应的立体化类型应用到当前对象上。

深度：在后面的文本框中输入数值调整立体化效果的进深程度。数值范围最大为99、最小为1，数值越大进深越深。

灭点坐标：在相应的x轴和y轴上输入数值可以更改立体化对象的灭点位置，灭点就是对象透视线相交的消失点，变更灭点位置可以变更立体化效果的进深方向。

灭点属性：在下拉列表中选择相应的选项来更改对象灭点属性，包括“灭点锁定到对象”“灭点锁定到页面”“复制灭点，自…”和“共享灭点”4种选项。

页面或对象灭点：用于将灭点的位置锁定到对象或页面中。

立体化旋转：单击该按钮，在弹出的小面板中，将光标移动到红色“3”形状上，当光标变为抓手形状时，按住鼠标左键拖动，可以调节立体对象的透视角度。

立体化颜色：在下拉面板中选择立体化效果的颜色模式。

立体化倾斜：单击该按钮，在弹出的面板中可以为对象添加斜边。

立体化照明：单击该按钮，在弹出的面板中可以为立体对象添加光照效果，使立体化效果更强烈。

2.泊坞窗设置

执行“效果>立体化”菜单命令，打开“立体化”泊坞窗可以看见相关参数设置。

⊙ 重要参数介绍

立体化相机：单击该按钮可以快速切换至立体化编辑版面，用于编辑修改立体化对象的灭点位置和进深程度，如图7-120所示。

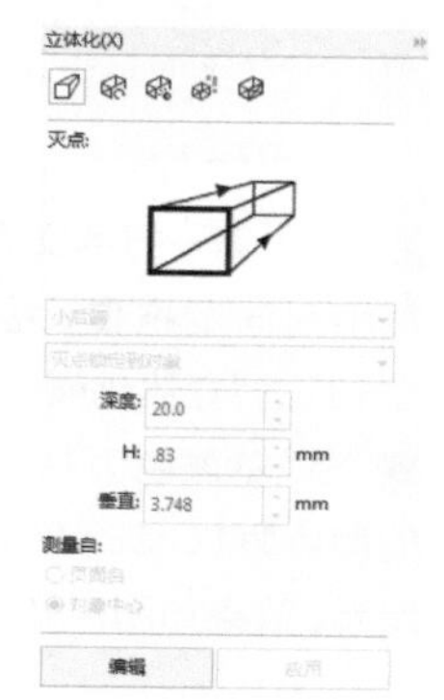

图7-120

> **提示**
>
> 使用泊坞窗设置参数时，可以单击上方的按钮来切换相应的设置面板，参数和属性栏上的参数相同。在编辑时需要选中对象，再单击“编辑”按钮 激活相应的设置。

7.6.3 立体化操作

可利用属性栏和泊坞窗的相关参数选项来进行立体化的操作。

1.更改灭点位置和深度

更改灭点和进深的方法有两种。

第1种：选中立体化对象，在泊坞窗单击“立体化相机”按钮激活面板选项，然后单击“编辑”按钮 出现立体化对象的虚线预览图，接着在面板上输入数值进行设置，虚线会以设置的数值显示，如图7-121所示，最后单击“应用”按钮 应用设置。

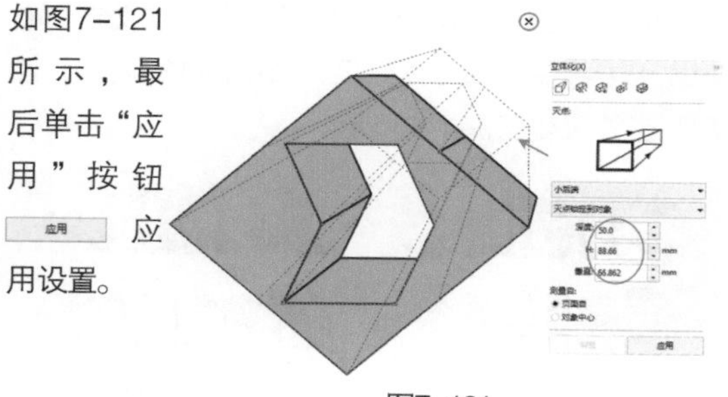

图7-121

第2种：选中立体化对象，在属性栏“深度”后面的文本框中更改进深数值，在“灭点坐标”后相应的x轴、y轴上输入数值可以更改立体化对象的灭点位置，如图7-122所示。

图7-122

2.旋转立体化效果

选中立体化对象，在“立体化”泊坞窗上单击“立体化旋转”按钮，激活旋转面板，然后拖动立体化效果，出现虚线预览图，如图7-123所示。再单击“应用”按钮 应用设置。在旋转后，如果效果不满意，需要重新旋转时，可以单击按钮去掉旋转效果，如图7-124所示。

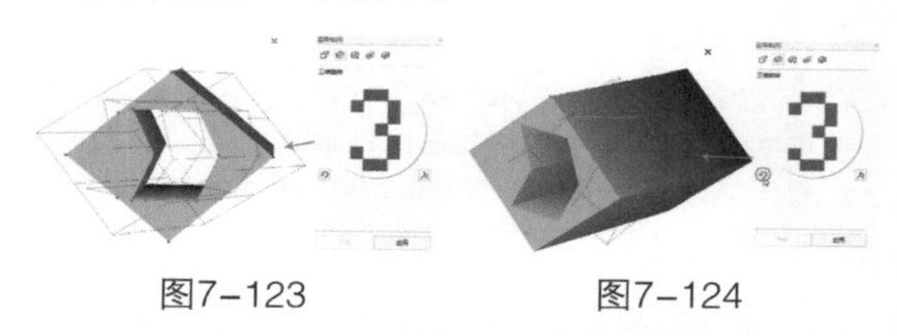

图7-123　　图7-124

3.设置斜角

选中立体化对象，在“立体化”泊坞窗上单击“立体化斜角”按钮，激活斜角面板，再使用鼠标左键拖动斜角效果，接着单击“应用”按钮 应用设置，如图7-125所示。

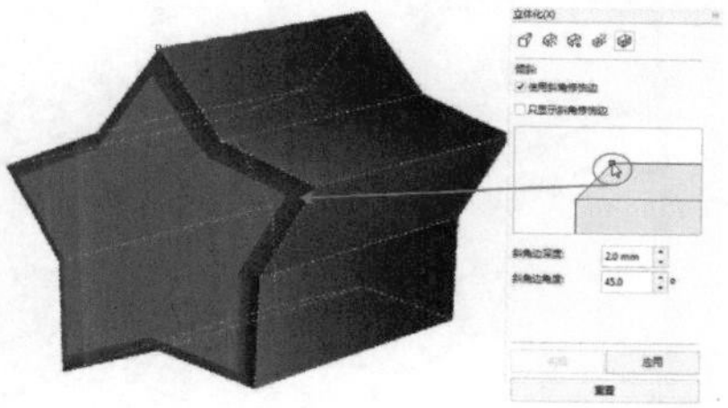

图7-125

在创建斜角后，勾选“只显示斜角修饰边”选项可以隐藏立体化进深效果，保留斜角和对象，如图7-126所示，利用这种方法可以制作镶嵌或浮雕的效果，如图7-127所示。

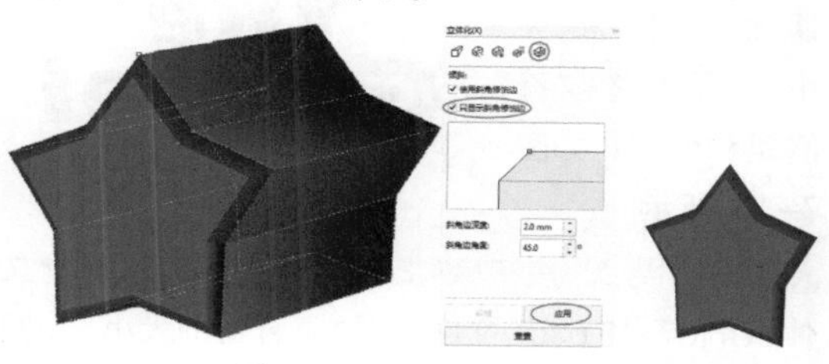

图7-126　　图7-127

4.添加光源

选中立体化对象，在“立体化”泊坞窗上单击“立体化光源”按钮，激活光源面板，再单击添加光源，在下面调整光源的强度，如图7-128所示，单击“应用”按钮应用设置，如图7-129所示。

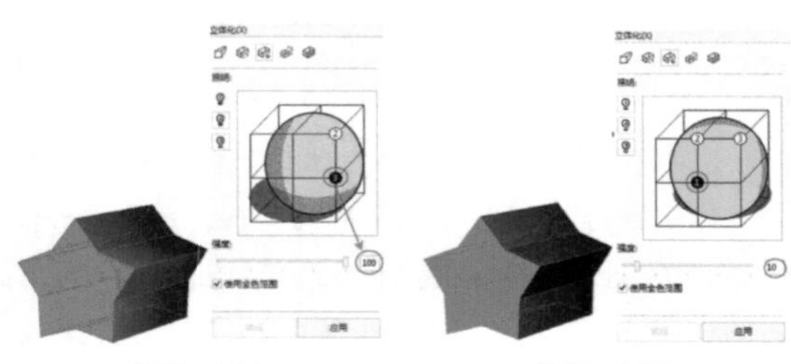

图7-128　　图7-129

操作练习　用“立体化工具”绘制立体字

» 实例位置　实例文件>CH07>操作练习：用“立体化工具”绘制立体字.cdr
» 素材位置　素材文件>CH07>12.psd、13.jpg、14.psd
» 视频名称　操作练习：用“立体化工具”绘制立体字.mp4
» 技术掌握　立体化工具的应用

立体字效果如图7-130所示。

图7-130

01 新建一个“横向”的A4大小的文档，然后使用“文本工具”字输入文本，接着调整字体和大小，再调整字符间距和位置，如图7-131所示。

Shake
the
Gospel

图7-131

02 单击“导入”按钮标打开对话框，导入“素材文件>CH07>12.psd”文件，缩放至合适的大小，如图7-132所示。

03 选中底纹图片，然后执行“对象>PowerClip>置于图文框内部”菜单命令，将图片放置在文字中，如图7-133所示。

Shake
the
Gospel

图7-132 　　图7-133

04 选中第一行的文字，然后使用“立体化工具”从中间向下拖曳，接着在属性栏设置“深度”为“13”、“立体化颜色”为“使用递减的颜色”，再设置“从”的颜色为（C:2，M:55，Y:100，K:0）、“到”的颜色为（C:58，M:88，Y:98，K:46），如图7-134所示，效果如图7-135所示。

图7-134　　图7-135

05 复制文字，删除置入的图片，然后使用“形状工具”调整字符间距，如图7-136所示，接着执行“位图>转换为位图”命令转换为位图。

06 选中文字位图，然后执行“位图>模糊>高斯式模糊”菜单命令，打开“高斯式模糊”对话框，设置“半径”为“12”，如图7-137所示，最后将模糊对象拖曳到立体文字下方调整位置，效果如图7-138所示。

图7-136　　图7-137　　图7-138

07 选中第三行文字，使用相同的方法从文字中心向左上方拖曳添加立体效果，如图7-139所示，最后阴影效果如图7-140所示。

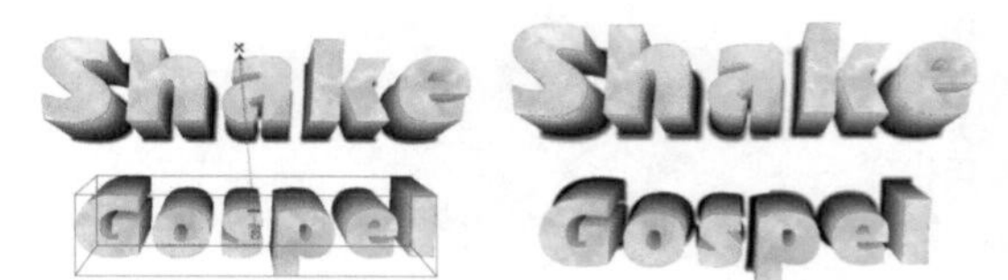

图7-139　　图7-140

08 选中第二行文字，然后使用“立体化工具”从文字中心向右下方拖曳添加立体效果，接着在属性栏设置“深度”为“20”，再在“立体化类型”中调整类型，如图7-141所示，效果如图7-142所示。

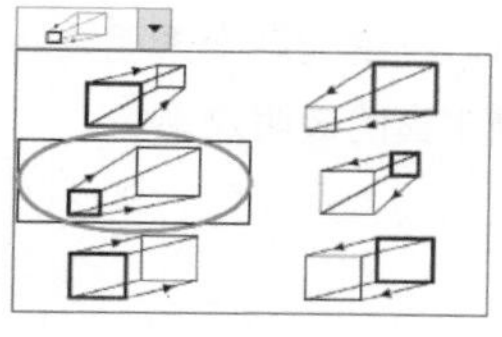
图7-141

图7-142

09 使用同样的方法为第二行文本添加阴影效果，接着调整位置和大小，最后全选进行群组，如图7-143所示。

图7-143

10 单击“导入”按钮打开对话框，导入“素材文件>CH07>13.jpg”文件，拖曳到页面内调整大小，如图7-144所示。

图7-144

11 双击“矩形工具”创建一个矩形，然后填充颜色为(C:60, M:89, Y:100, K:52)，接着去掉轮廓线，如图7-145所示。

图7-145

12 单击“导入”按钮打开对话框，导入“素材文件>CH07>14.psd”文件，然后将素材解散群组，接着将其中的一块素材拖曳到页面中，调整位置和大小，如图7-146所示。

图7-146

13 选中素材，然后单击“透明度工具”，接着在属性栏选择“均匀透明度类型”，设置“透明度”为“31”，再设置“合并模式”为“颜色加深”，效果如图7-147所示。

图7-147

14 将其他的素材拖曳到页面中进行调整，如图7-148所示，然后使用同样的参数为素材添加不透明度。

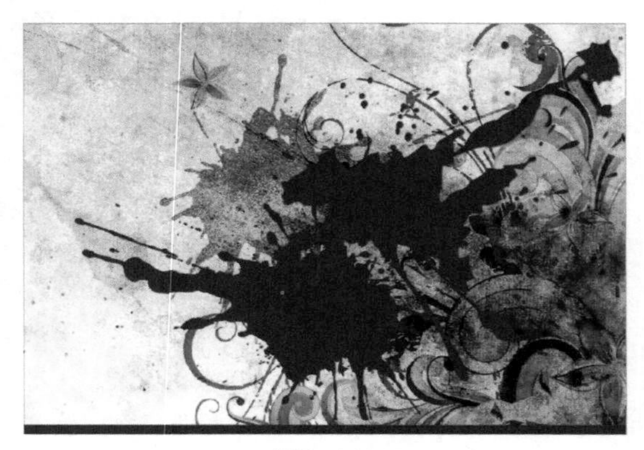

图7-148

15 将最后的素材拖曳到页面中调整位置，然后单击“透明度工具”，接着在属性栏选择“均匀透明度类型”，设置“透明度”为“50”，再设置“合并模式”为“差异”，效果如图7-149所示。

图7-149

16 将文本群组拖曳到页面中调整位置，最终效果如图7-150所示。

图7-150

7.7 透明效果

透明效果经常运用于书籍装帧、排版、海报设计、广告设计和产品设计等领域中。使用CorelDRAW X8提供的“透明度工具”可以将对象转换为半透明效果，也可以拖曳为渐变透明效果，通过设置参数可以得到丰富的透明效果。

7.7.1 创建透明效果

“透明度工具”通过改变对象填充色的透明程度来达到透明效果。设置多种透明度样式可丰富画面效果。

1.创建渐变透明度

单击“透明度工具”，光标后面会出现形状，然后将光标移动到绘制的矩形上，光标所在的位置为渐变透明度的起始点，透明度为0，接着按住鼠标左键向左边拖动渐变范围，黑色方块是渐变透明度的结束点，该点的透明度为100，如图7-151所示。

图7-151

松开鼠标左键，对象会显示渐变效果，然后拖动中间的“透明度中心点”滑块可以调整渐变效果，如图7-152所示。

图7-152

2.创建均匀透明度

选中添加透明度的对象，单击“透明度工具”▧，在属性栏中选择“均匀透明度”，再调整“透明度”来设置透明度，如图7-153所示，调整后效果如图7-154所示。

图7-153

图7-154

3.创建图样透明度

选中要添加透明度的对象，单击“透明度工具”▧，在属性栏中选择“向量图样透明度”，选取合适的图样，调整“前景透明度”和“背景透明度”来设置透明度，如图7-155所示。

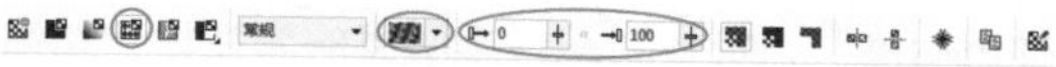

图7-155

调整图样透明度矩形范围线上的白色圆点，可以调整添加的图样大小，矩形范围线越小图样越小，如图7-156所示；范围越大图样越大，如图7-157所示。调整图样透明度矩形范围线上的控制柄，可以编辑图样的倾斜旋转效果，如图7-158所示。

图7-156

图7-157

图7-158

创建图样透明度，不仅可以美化图片，还可以为文本添加特殊样式的底图。图样透明度包括“向量图样透明度”“位图图样透明度”和“双色图样透明度”3种，可在属性栏中进行切换，绘制方式相同。

4.创建底纹透明度

选中要添加透明度的对象，单击“透明度工具”▧，在属性栏中选择“位图图样透明度”，选取合适的图样，调整“前景透明度”和“背景透明度”来设置透明度，如图7-159所示，调整后的效果如图7-160所示。

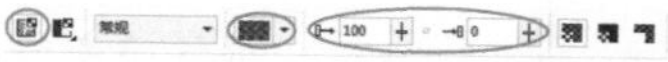

图7-159

图7-160

7.7.2 透明参数设置

“透明度工具”▧的属性栏设置如图7-161所示。

图7-161

⊙ 重要参数介绍

编辑透明度▧：以颜色模式来编辑透明度的属性。单击该按钮，在打开的“编辑透明度”对话框中设置“调和过渡”可以变更渐变透明度的类型、选择透明度的目标、选择透明度的方式；“变换”可以设置渐变的偏移、旋转和倾斜；“节点透明度”可以设置渐变的透明度，颜色越浅透明度越低，颜色越深透明度越高；“中点”可以调节透明渐变的中心，如图7-162所示。

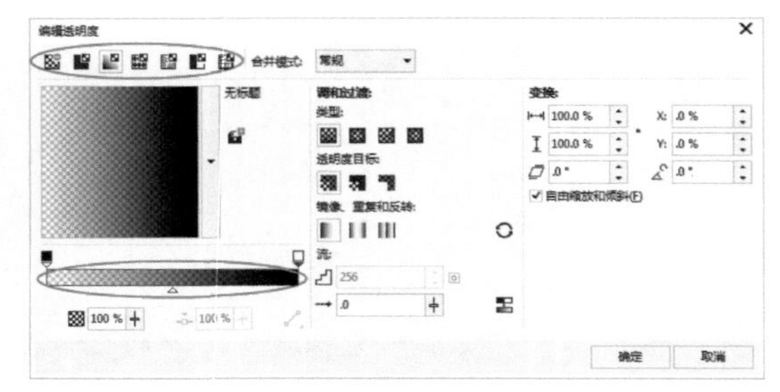

图7-162

透明度类型：在属性栏中选择透明图样进行应用。包括“无透明度”“均匀透明度”“线性渐变透明度”“椭圆形渐变透明度”“圆锥形渐变透明度”“矩形渐变透明度”“向量图样透明度”“位图图样透明度”“双色图样透明度”和“底纹透明度”。

透明度操作：在“合并模式”下拉列表中选择透明颜色与下层对象颜色的调和方式。

透明度目标：选择透明度的应用范围，包括“全部”“填充”“轮廓”3种。

冻结透明度：激活该按钮，可以冻结当前对象的透明度叠加效果，在移动对象时，透明度叠加效果不变。

复制透明度属性：单击该按钮，可以将文档中目标对象的透明度属性应用到所选对象上。

1.均匀透明度

在属性栏的“透明度类型”中选择“均匀透明度”，切换到均匀透明度的属性栏，如图7-163所示。

图7-163

⊙ 重要参数介绍

透明度：在后面的文本框中输入数值可以改变透明度的程度，数值越大对象越透明，反之越不透明。

2.渐变透明度

在属性栏的“透明度类型”中选择“渐变透明度”，切换到渐变透明度的属性栏，如图7-164所示。

图7-164

⊙ 参数介绍

线性渐变透明度：选择该选项，应用沿线性路径逐渐更改不透明度的透明度。

椭圆形渐变透明度：选择该选项，应用从同心椭圆形中心向外逐渐更改不透明度的透明度。

锥形渐变透明度：选择该选项，应用以锥形逐渐更改不透明度的透明度。

矩形渐变透明度：选择该选项，应用从同心矩形的中心向外逐渐更改不透明度的透明度。

节点透明度：在后面的文本框中输入数值可以移动透明效果的中心点。最小值为0、最大值为100。

节点位置：在后面的文本框中输入数值设置不同的节点位置可以丰富渐变透明效果。

旋转：在后面的文本框中输入数值可以旋转渐变透明效果。

3.图样透明度

在属性栏的“透明度类型”中选择“向量图样透明度”，切换到图样透明度的属性栏，如图7-165所示。

图7-165

⊙ 参数介绍

透明度挑选器：选择填充的图样类型。

前景透明度：在后面的文本框中输入数值可以改变填充图案浅色部分的透明度。数值越大，对象越不透明，反之越透明。

背景透明度：在后面的文本框中输入数值可以改变填充图案深色部分的透明度。数值越大，对象越透明，反之越不透明。

水平镜像平铺：单击该按钮，可以将所选的排列图块相互镜像，形成在水平方向相互反射对称的效果。

垂直镜像平铺：单击该按钮，可以将所选的排列图块相互镜像，形成在垂直方向相互反射对称的效果。

4.底纹透明度

在属性栏的“透明度类型”中选择“底纹透明度”，切换到底纹透明度的属性栏，如图7-166所示。

图7-166

⊙ 重要参数介绍

底纹库：选择相应的底纹库。

操作练习 用“透明度工具”绘制唯美效果

» 实例位置 实例文件>CH07>操作练习：用“透明度工具”绘制唯美效果.cdr
» 素材位置 素材文件>CH07>15.jpg、16.cdr
» 视频名称 操作练习：用“透明度工具”绘制唯美效果.mp4
» 技术掌握 透明度工具的应用

唯美效果如图7-167所示。

图7-167

01 新建空白文档，设置页面“宽”为“260mm”、“高”为“175mm”，单击“确定”按钮，然后导入学习资源中的“素材文件>CH07>15.jpg”文件，将图片拖曳到页面中，如图7-168所示，接着双击“矩形工具”创建与页面等大的矩形，最后按快捷键Ctrl+Home将矩形置于顶层，填充颜色为（C:0，M:0，Y:20，K:0），如图7-169所示。

图7-168

图7-169

02 选中矩形，单击“透明度工具”，在属性栏设置“透明度类型”为“底纹”、“样本库”为“样本9”，然后选择“透明度图样”，如图7-170所示，接着调整矩形上底纹的位置，效果如图7-171所示。

图7-170

图7-171

03 双击“矩形工具”，创建与页面等大的矩形，然后填充颜色为（C:0，M:0，Y:60，K:0），并去掉轮廓线，接着按快捷键Ctrl+Home将矩形置于顶层，如图7-172所示，最后单击“透明度工具”，以同样的参数为矩形添加底纹透明效果，如图7-173所示。

图7-172

图7-173

04 使用“矩形工具”在页面上方绘制矩形，然后填充颜色为白色，并去掉轮廓线，如图7-174所示，接着使用“透明度工具”拖动透明渐变效果，如图7-175所示。

图7-174

图7-175

05 使用“矩形工具”在页面右下方绘制矩形，然后在属性栏设置左边两个角的“转角半径”为“3mm”，并填充颜色为黑色，接着单击“透明度工具”，在属性栏设置“透明度类型”为“均匀透明度”、“透明度”为“60”，效果如图7-176所示。

图7-176

06 导入学习资源中的“素材文件>CH07>16.cdr”文件，取消组合，然后将白色文字拖曳到页面右边矩形上，最终效果如图7–177所示。

图7–177

7.8 斜角效果

斜角效果广泛运用在产品设计、网页按钮设计、字体设计等领域中，可以丰富设计对象的效果。在CorelDRAW X8中，用户可以通过“斜角效果”修改对象边缘，使对象产生三维效果。

7.8.1 创建柔和斜角效果

CorelDRAW X8提供了两种创建“柔和边缘”的方式，包括“到中心”和“距离”。

1.创建中心柔和

选中要添加斜角的对象，如图7–178所示。在“斜角”泊坞窗中设置“样式”为“柔和边缘”、“斜角偏移”为“到中心”、阴影颜色为(C:70，M:95，Y:0，K:0)、“光源颜色”为白色、“强度”为“100”、“方向”为“118”、“高度”为“27”，接着单击“应用”按钮 应用 完成添加斜角，如图7–179所示。

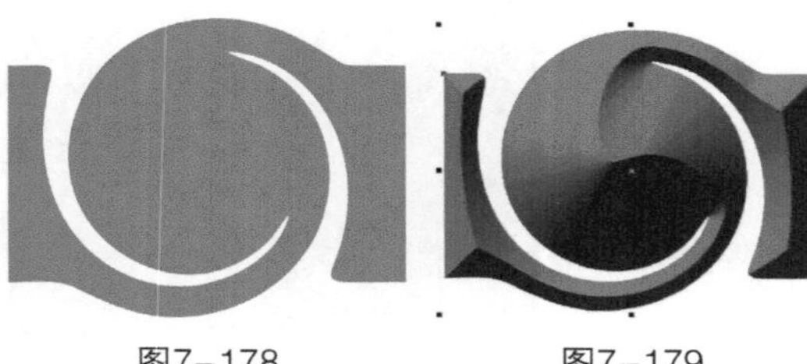

图7–178 图7–179

2.创建边缘柔和

选中对象，在“斜角”泊坞窗中设置“样式”为“柔和边缘”、“斜角偏移”的“距离”值为“2.24mm”、阴影颜色为(C:70，M:95，Y:0，K:0)、“光源颜色”为白色、“强度”为“100”、“方向”为“118”、“高度”为“27”，接着单击“应用”按钮 应用 完成添加斜角，如图7–180所示。

图7–180

3.删除效果

选中要添加斜角效果的对象，执行“效果>清除效果”菜单命令，将添加的效果删除，也可以清除其他的添加效果。

7.8.2 创建浮雕效果

选中对象，在“斜角”泊坞窗中设置“样式”为“浮雕”、“距离”值为“2.0mm”、阴影颜色为(C:95，M:73，Y:0，K:0)、“光源颜色”为白色、“强度”为“60”、“方向”为“200”，接着单击“应用”按钮 应用 完成添加斜角，如图7–181所示。

图7–181

7.8.3 斜角设置

执行“效果>斜角”菜单命令打开“斜角”泊坞窗，如图7–182所示。

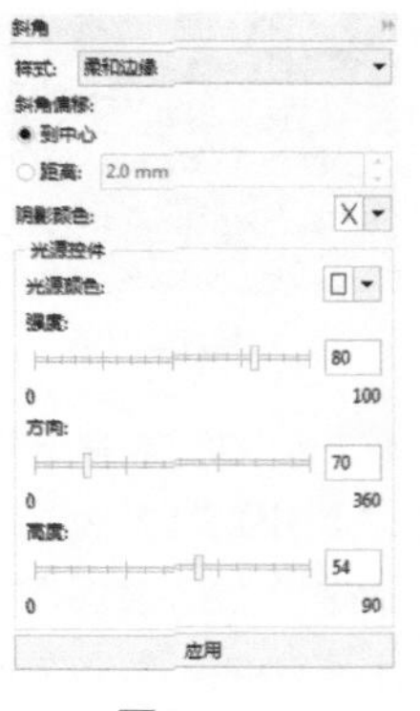

图7–182

⊙ 斜角参数

样式：下拉列表的应用样式，包括“柔和边缘”和“浮雕”。

到中心：勾选该选项可以从对象中心开始创建斜角。

距离：勾选该选项可以创建从边缘开始的斜角，在后面的文本框中输入数值可以设定斜面的宽度。

阴影颜色：选择阴影斜面的颜色。

光源颜色：选择聚光灯的颜色。聚光灯的颜色会影响对象和斜面的颜色。

强度：在后面的文本框中输入数值可以更改光源的强度，范围为0~100。

方向：在后面的文本框中输入数值可以更改光源的方向，范围为0~360。

高度：在后面的文本框中输入数值可以更改光源的高度，范围为0~90。

7.9 透镜效果

透镜效果在海报设计、书籍设计和杂志设计中使用率较高，它可以调整对象颜色和形状以创建特殊效果。

7.9.1 添加透镜效果

通过改变观察区域下的对象的显示方式和形状来添加透镜效果。

执行“效果>透镜”菜单命令打开“透镜”泊坞窗，在“类型”下拉列表中选择透镜的应用效果，包括“无透镜效果”“变亮”“颜色添加”“色彩限度”“自定义彩色图”“鱼眼”“热图”“反转”“放大”“灰度浓淡”“透明度”和“线框”。

1.无透镜效果

选中位图上的圆，在“透镜”泊坞窗中设置“类型”为“无透镜效果”，圆没有任何透镜效果，“无透镜效果”用于清除添加的透镜效果。

2.变亮

选中位图上的圆，在“透镜”泊坞窗中设置“类型”为“变亮”，圆内部重叠部分颜色变亮。调整“比率”的数值可以更改变亮的程度，数值为正数时，对象变亮，如图7–183所示；数值为负数时，对象变暗。

图7–183

3.颜色添加

选中位图上的圆，在“透镜”泊坞窗中设置“类型”为“颜色添加”，圆内部重叠部分颜色和所选颜色混合显示，如图7–184所示。

图7–184

调整“比率”的数值可以控制颜色添加的程度，数值越大，添加颜色比例越大；数值越小，越偏向于原图颜色；数值为0时，不显示添加颜色。在下面的“颜色”下拉列表中可更改滤镜颜色。

4.色彩限度

选中位图上的圆，在“透镜”泊坞窗中设置“类型”为“色彩限度”，圆内部只允许黑色和滤镜颜色本身透过，其他颜色均转换为滤镜相近的颜色显示，如图7–185所示。

图7–185

在“比率”中输入数值可以调整透镜的颜色浓度，值越大越浓，反之越浅，可以在下面的“颜色”下拉列表中更改滤镜颜色。

5.自定义彩色图

选中位图上的圆，在“透镜”泊坞窗中设置“类型”为“自定义彩色图”，圆内部所有颜色改为用介于所选颜色中间的一种颜色显示，如图7-186所示，可以在下面的“颜色”下拉列表中更改起始颜色和结束颜色。

图7-186

6.鱼眼

选中位图上的圆，在“透镜”泊坞窗中设置“类型”为“鱼眼”，圆内部以设定的比例放大或缩小扭曲显示，可以在“比率”文本框中输入需要的比例值，比例为正数时为向外推挤扭曲，比例为负数时为向内收缩扭曲。

7.热图

选中位图上的圆，在“透镜”泊坞窗中设置“类型”为“热图”，圆内部模仿红外图像效果显示冷暖等级。在“调色板旋转”中设置数值为0%或者100%时，显示同样的冷暖效果；数值为50%时，暖色和冷色颠倒，如图7-187所示。

图7-187

8.反转

选中位图上的圆，在“透镜”泊坞窗中设置“类型”为“反转”，圆内部颜色变为色轮对应的互补色，形成独特的底片效果，如图7-188所示。

图7-188

9.放大

选中位图上的圆，在“透镜”泊坞窗中设置“类型”为“放大”，圆内部以设置的量放大或缩小对象上的某个区域，如图7-189所示，在“数量”中输入数值决定放大或缩小的倍数，值为1时，不改变大小。

图7-189

提示

“放大”和“鱼眼”都有放大缩小显示的效果，区别在于“放大”的缩放效果更明显，而且在放大时不会扭曲。

10.灰度浓淡

选中位图上的圆，在“透镜”泊坞窗中设置“类型”为“灰度浓淡”，圆内部以设定颜色等值的灰度显示，如图7-190所示，可以在“颜色”下拉列表中选取颜色。

图7-190

11.透明度

选中位图上的圆，在“透镜”泊坞窗中设置“类型”为“透明度”，圆内部变为类似着色胶片或覆盖彩色玻璃的效果，如图7-191所示。可以在“比率”文本框中输入0~100的数值，数值越大，透镜效果越透明。

图7-191

12.线框

选中位图上的圆，在“透镜”泊坞窗中设置“类型”为“线框”，圆内部允许所选填充颜色和轮廓颜色通过，勾选“轮廓”或“填充”可以指定透镜区域下轮廓和填充的颜色。

7.9.2 透镜编辑

执行“效果>透镜”菜单命令，打开“透镜”泊坞窗，如图7-192所示。

图7-192

⊙ 参数介绍

冻结：勾选该复选框后，可以将透镜下方的对象的显示效果转变为透镜的一部分，在移动透镜区域时，不会改变透镜显示效果，如图7-193所示。

图7-193

视点：可以在对象不进行移动时改变透镜显示的区域，只弹出透镜下面的对象的一部分。勾选该复选框后，单击后面的“编辑”按钮打开中心设置面板，在x轴和y轴上输入数值，改变图中中心点的位置，再单击“End”按钮完成设置。

移除表面：可以使透镜覆盖对象的位置显示透镜效果，在空白处不显示透镜效果。没有勾选该复选框时，空白处也显示透镜效果，勾选后，空白处不显示透镜效果，如图7-194所示。

图7-194

7.10 透视效果

通过透视效果可以将平面对象通过变形呈现立体透视效果，常用于产品包装设计和字体设计等领域，加强视觉效果。

选中要添加透视的对象，如图7-195所示，执行“效果>添加透视”菜单命令，在对象上生成透视网格，移动网格的节点调整透视效果，调整后的效果如图7-196所示。

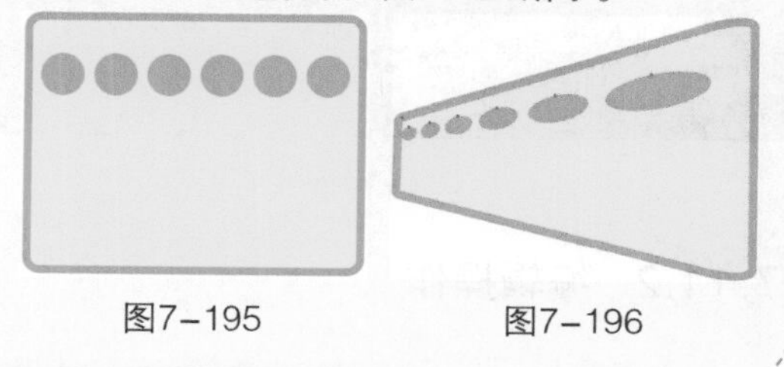

图7-195　　图7-196

提示

透视效果只能运用在矢量图形上，位图是无法添加透视效果的。

7.11 PowerClip

在CorelDRAW X8中，用户可以将所选对象置入目标容器中，形成纹理或者裁剪图像效果，这就是PowerClip。所选对象可以是矢量对象，也可以是位图对象，置入的目标可以是任何对象，比如文字、图形等。

7.11.1 置入对象

导入一张位图，在位图上绘制一个矩形，矩形内重合的区域为置入后显示的区域，如图7-197所示。执行“对象>PowerClip>置于图文框内部”菜单命令，当光标显示为箭头形状时，单击矩形将图片置入，如图7-198所示。

图7-197

图7-198

在置入时，绘制的目标对象可以不在位图上，如图7-199所示，置入后的位图居中显示。

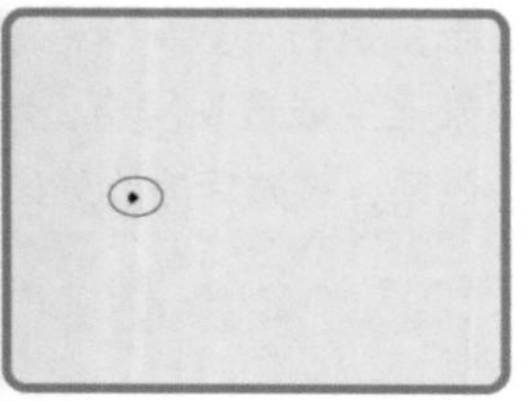

图7-199

7.11.2 编辑操作

置入对象后，可以通过执行“对象>PowerClip”子菜单命令进行相应操作，也可以通过对象下方的悬浮按钮进行相应操作，如图7-200所示。

图7-200

1.编辑内容

用户可以选择相应的编辑方式编辑置入的内容。

⊙ 编辑PowerClip

选中对象，在下方出现悬浮按钮，单击“编辑PowerClip”按钮进入容器内部，如图7-201所示，接着调整位图的位置或大小，最后单击“停止编辑内容”按钮完成编辑，如图7-202所示。

图7-201

图7-202

⊙ 选择PowerClip内容

选中对象，在下方出现悬浮按钮，单击“选择PowerClip内容”按钮选中置入的位图，如图7-203所示。

图7-203

2.调整内容

通过“选择PowerClip内容”来编辑内容不需要进入容器内部，可以直接选中对象，以圆点标注出来，然后直接进行编辑，单击任意位置即可完成编辑。

单击悬浮按钮后面的展开箭头，在展开的下拉列表中可以选择相应的调整选项来调整置入的对象。

⊙ 内容居中

当置入的对象位置有偏移时，选中矩形，在悬浮按钮的下拉菜单中执行“内容居中”命令，将置入的对象居中排放在容器内，如图7-204所示。

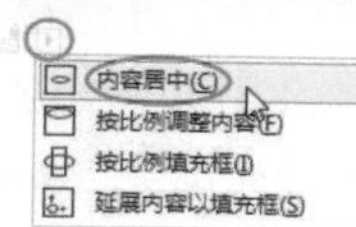

图7-204

⊙ 按比例调整内容

当置入的对象大小与容器不符时，选中矩形，在悬浮按钮的下拉菜单中执行“按比例调整内容”命令，将置入的对象按图像原比例缩放在容器内，当容器形状与置入的对象形状不符合时，会留空白位置，如图7-205所示。

图7-205

⊙ 按比例填充框

当置入的对象大小与容器不符时，选中矩形，在悬浮按钮的下拉菜单上执行“按比例填充框”命令，将置入的对象按图像原比例填充在容器内，图像不会产生变化，如图7-206所示。

图7-206

⊙ 延展内容以填充框

当置入对象的比例大小与容器形状不符时，选中矩形，在悬浮按钮的下拉菜单中执行“延展内容以填充框”命令，将置入的对象按容器比例进行填充，图像会产生变形，如图7-207所示。

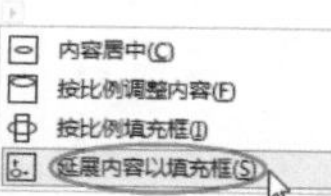

图7-207

3.锁定内容

对象置入后，在下方出现悬浮按钮，单击“锁定PowerClip内容”按钮解锁，然后移动矩形容器，置入的对象不会随着移动，如图7-208所示，单击“锁定PowerClip内容”按钮激活上锁后，移动矩形容器会连带置入对象一起移动，如图7-209所示。

图7-208

图7-209

4.提取内容

选中置入对象的容器，在下方出现的悬浮按钮中单击“提取内容”按钮，将置入对象提取出来，如图7-210所示。

图7-210

提取对象后，容器对象中间会出现×线，表示该对象为“空PowerClip图文框”显示，此时拖入图片或提取出的对象可以快速置入，如图7-211所示。

图7-211

选中“空PowerClip图文框”，单击鼠标右键，在弹出的菜单中执行“框类型>无”命令，可以将空PowerClip图文框转换为图形对象，如图7-212所示。

图7-212

7.12 综合练习

本课内容比较多，但是条理清晰，下面提供两个综合练习，帮助读者巩固相关工具的用法。

综合练习 用“透明度工具”绘制油漆广告

- 实例位置 实例文件>CH07>综合练习：用“透明度工具”绘制油漆广告.cdr
- 素材位置 素材文件>CH07>17.cdr、18.cdr
- 视频名称 综合练习：用“透明度工具”绘制油漆广告.mp4
- 技术掌握 透明度工具的应用

油漆广告效果如图7-213所示。

图7-213

01 使用“椭圆形工具”绘制9个重叠的椭圆，调整遮盖的位置，然后从左到右依次填充颜色为（C:80，M:58，Y:0，K:0）、（C:97，M:100，Y:27，K:0）、（C:59，M:98，Y:24，K:0）、（C:4，M:99，Y:13，K:0）、（C:6，M:100，Y:100，K:0）、（C:0，M:60，Y:100，K:0）、（C:0，M:20，Y:100，K:0）、（C:52，M:3，Y:100，K:0）、（C:100，M:0，Y:100，K:0），接着全选删除轮廓线，效果如图7-214所示，最后全选圆，单击“透明度工具”，在属性栏设置“透明度类型”为“均匀透明度”、“透明度”为“50”，透明效果如图7-215所示。

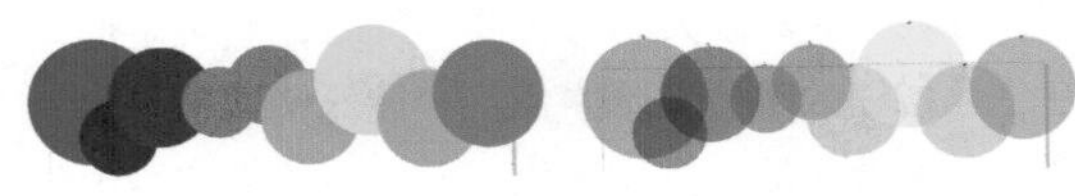

图7-214 图7-215

02 依次选中圆，按住Shift键向内进行复制，然后调整位置关系，接着选中每组圆的最上方对象去掉透明度效果，如图7-216所示，最后将对象全选进行组合。

图7-216

03 使用“矩形工具”绘制一个矩形，然后在属性栏设置“转角半径”为“10mm”，并进行转曲，复制排列后在页面中调整形状和位置，将圆的颜色填充到相应位置的矩形中，效果如图7-217所示，再将矩形全选，修剪掉页面外多余的部分，最后使用“透明度工具”自下而上垂直拖动透明渐变效果，如图7-218所示。

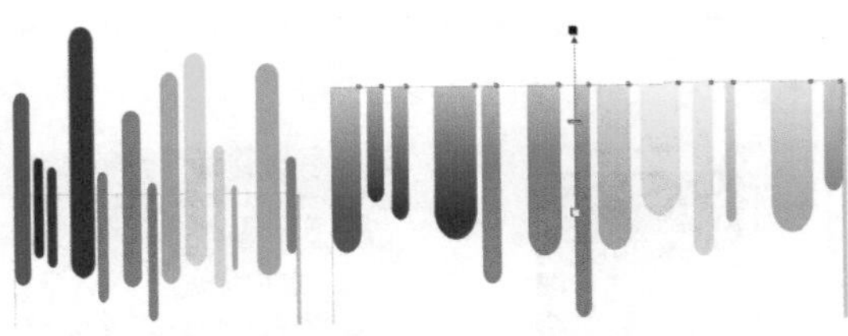

图7-217 图7-218

04 将前面绘制的圆拖曳到页面上方，然后双击“矩形工具”创建与页面等大的矩形，接着选中圆，执行“对象>PowerClip>置于图文框内部”菜单命令，把对象放置在矩形中，再将绘制好的矩形对象拖曳到页面上方，使之置于底层，如图7-219所示。

图7-219

05 双击“矩形工具”□创建矩形，然后使用“钢笔工具”绘制曲线，并使用曲线修剪矩形，删除上半部分和曲线，将修剪形状拖曳到页面最下方，并使用“透明度工具”拖动渐变效果，最后复制一份向下缩放，并水平镜像，更改其透明渐变的方向，如图7-220所示。

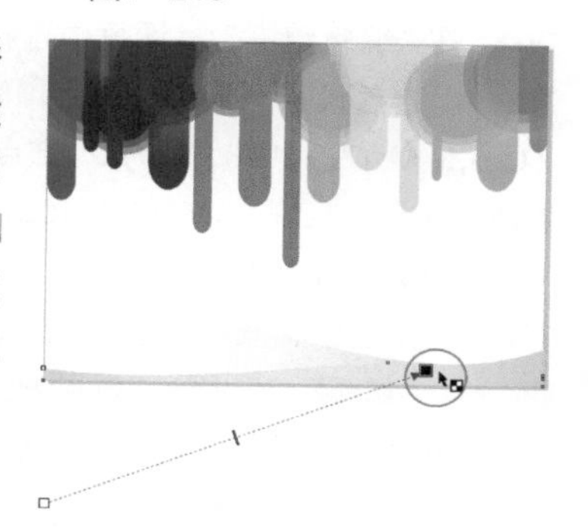

图7-220

06 导入学习资源中的“素材文件>CH07>17.cdr”文件，并拖曳到页面右下方，然后 使用“矩形工具” □绘制一个矩形，并在属性栏设置“转角半径”为“3mm”，接着填充颜色为(C:80, M:58, Y:0, K:0)，再去掉轮廓线，最后单击“透明度工具”，在其属性栏设置“透明度类型”为“均匀透明度”、“透明度”为“50”，效果如图7-221所示。

图7-221

07 导入学习资源中的“素材文件>CH07>18.cdr”文件，然后将文字拖曳到页面左下角，再变更圆角矩形上的文字颜色为白色，最终效果如图7-222所示。

图7-222

综合练习 用“轮廓图工具”绘制电影字体

- 实例位置　实例文件>CH07>综合练习：用“轮廓图工具”绘制电影字体.cdr
- 素材位置　素材文件>CH07>19.cdr、20.cdr、21.psd
- 视频名称　综合练习：用“轮廓图工具”绘制电影字体.mp4
- 技术掌握　轮廓图工具的应用

电影字体效果如图7-223所示。

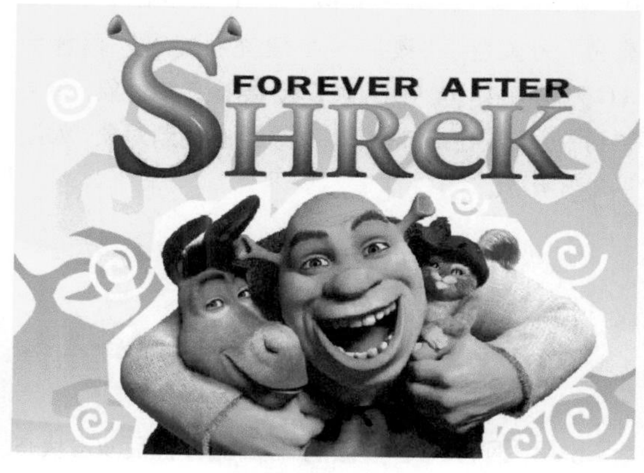

图7-223

01 导入学习资源中的“素材文件>CH07>19.cdr”文件，将标题文字拖曳到页面中，然后设置填充颜色为(C:84, M:56, Y:100, K:27)，接着使用“钢笔工具”绘制文字上的两个耳朵，再全选对象，执行“对象>造型>合并”菜单命令，将耳朵合并到文字上，如图7-224所示，最后选中文字进行拆分，选中字母分别进行合并，如图7-225所示。

图7-224　　图7-225

02 选中字母，双击“编辑填充”按钮，然后在“编辑填充”对话框中选择“渐变填充”方式，设置“类型”为“线性渐变填充”、“镜像、重复和反转”为“默认渐变填充”，接着设置“节点位置”为0%的色标颜色为（C:66，M:18，Y:100，K:0）、“节点位置”为100%的色标颜色为（C:84，M:64，Y:100，K:46），“填充宽度”为“93.198”、“水平偏移”为“-3.937”、“垂直偏移”为“-7.484”、“旋转”为“-80.9°”，最后单击“确定”按钮完成填充，如图7-226所示。

03 使用“属性滴管工具”吸取字母上的渐变填充颜色，然后依次填充到后面的字母中，如图7-227所示。

图7-226　　图7-227

04 单击“轮廓图工具”，然后在属性栏选择“到中心”，设置“轮廓图偏移”为“0.025mm”、“填充色”为黄色、“最后一个填充挑选器”颜色为（C:76，M:44，Y:100，K:5），接着选中对象，单击“到中心”按钮，将轮廓图效果应用到对象，如图7-228所示。

图7-228

05 使用“钢笔工具”绘制耳洞轮廓，然后双击状态栏上的“编辑填充”按钮，在“编辑填充”对话框中选择“渐变填充”方式，接着设置“节点位置”为0%的色标颜色为（C:12，M:3，Y:100，K:0）、“节点位置”为100%的色标颜色为（C:78，M:47，Y:100，K:12），再设置“填充宽度”为“83%”、“旋转”为“-81°”，取消勾选“自由缩放和倾斜”选项，最后单击“确定”按钮，如图7-229所示，效果如图7-230所示。

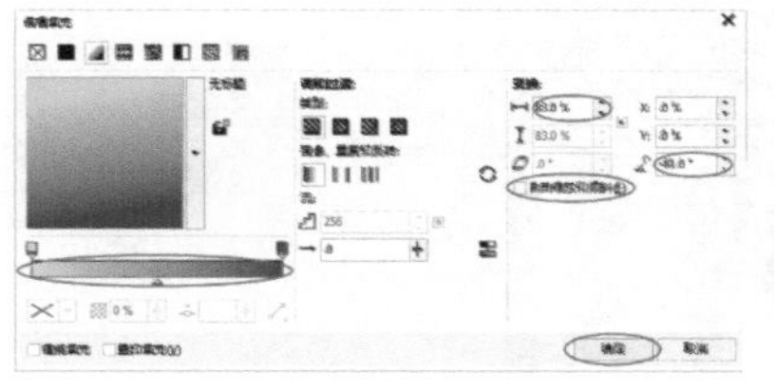
图7-229

图7-230

06 使用“钢笔工具”绘制耳洞深处区域，如图7-231所示，然后双击状态栏上的“编辑填充”按钮，在“编辑填充”对话框中选择“渐变填充”方式，接着设置“节点位置”为0%的色标颜色为（C:63，M:17，Y:100，K:0）、“节点位置”为100%的色标颜色为（C:83，M:62，Y:100，K:44），再设置“填充宽度”为“84%”、“旋转”为“-81°”，取消勾选“自由缩放和倾斜”选项，最后单击“确定”按钮，如图7-232所示，效果如图7-233所示。

07 使用“调和工具”拖动耳洞的调和效果，如图7-234所示，然后将调和好的耳洞进行对象组合，并复制一份进行水平镜像，接着拖曳到另一边的耳朵上，最后将文字拖曳到绿色文字上方，如图7-235所示。

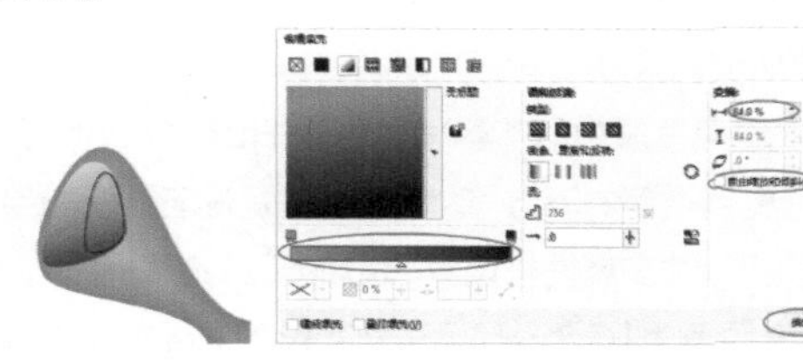
图7-231　　图7-232

图7-233

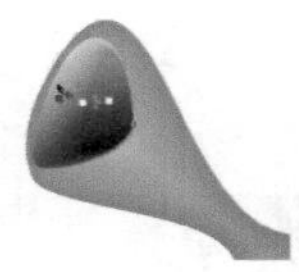
图7-234

图7-235

08 导入学习资源中的“素材文件>CH07>20.cdr”，将前面绘制的标题字拖曳到页面上方，然后导入学习资源中的“素材文件>CH07>21.psd”文件，并将对象拖曳到页面下方，接着使用“钢笔工具”绘制人物轮廓，再置于图像后面，最后填充颜色为白色并去掉轮廓线，如图7-236所示。

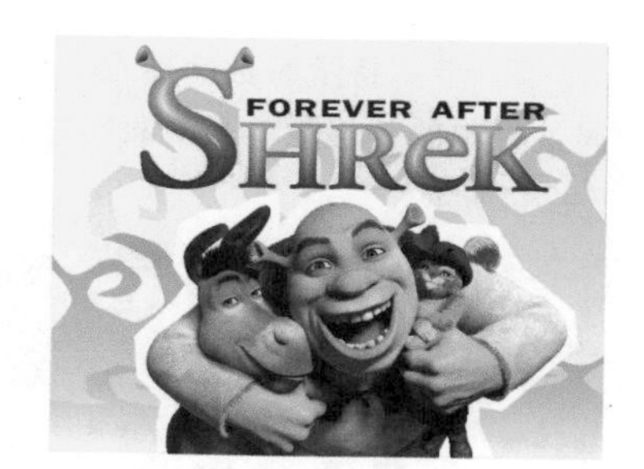

图7-236

09 单击“螺纹工具”，然后在属性栏设置“螺纹回圈”为“2”，接着绘制螺纹，再复制排列在背景上，最终效果如图7-237所示。

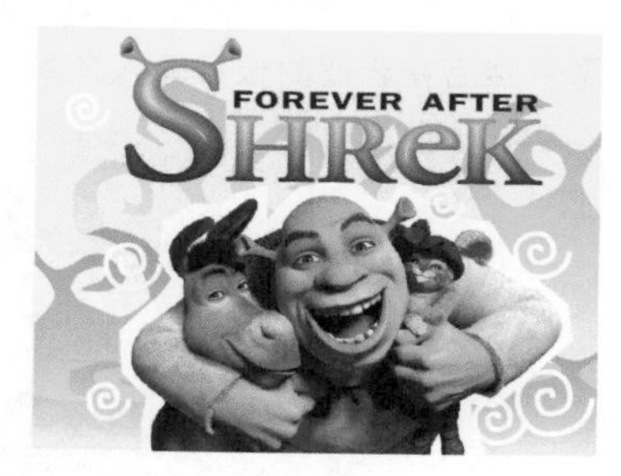

图7-237

7.13 课后习题

下面根据本课所讲的两个重要工具设置了习题，帮助读者巩固知识，牢记工具用法。

课后习题 用“立体化工具”绘制海报字

- 实例位置 实例文件>CH07>课后习题：用“立体化工具”绘制海报字.cdr
- 素材位置 素材文件>CH07>22.cdr、23.jpg
- 视频位置 课后习题：用“立体化工具”绘制海报字.mp4
- 技术掌握 立体化工具的应用

海报字效果如图7-238所示。

图7-238

⊙ 制作分析

第1步：导入学习资源中的“素材文件>CH07>22.cdr”文件，将文字变形，然后填充渐变色，效果如图7-239所示。

超人归来

图7-239

第2步：输入英文，使用“立体化工具”拖动立体化效果，然后移动中间的滑块调整效果，接着导入学习资源中的“素材文件>CH07>23.jpg”文件，效果如图7-240所示。

图7-240

第3步：使用“星形工具”绘制星形光晕，然后转为位图，接着执行“位图>模糊>高斯式模糊”菜单命令，再移动到文本后面，最后调整其他文本的位置、颜色、大小和透明度，效果如图7-241所示。

图7-241

课后习题 2019阴影效果

- 实例位置　实例文件>CH07>课后习题：2019阴影效果.cdr
- 素材位置　无
- 视频位置　课后习题：2019阴影效果.mp4
- 技术掌握　阴影工具的应用

海报字效果如图7-242所示。

图7-242

⊙ 制作分析

第1步：新建一个大小为260mm×250mm的文档，然后双击“矩形工具”□创建一个和页面等大的矩形，并填充渐变色，接着在背景上输入数字，再填充颜色并调整大小，最后摆放好，效果如图7-243所示。

第2步：将所有数字转曲，然后选中，单击属性栏中的“移除前面对象”按钮，效果如图7-244所示。

图7-243　　图7-244

第3步：使用“阴影工具”为文字创建阴影，然后在合适的位置输入文本，最终效果如图7-245所示。

图7-245

7.14 本课笔记

第8课

位图操作

在本课中，我们将学习位图的操作，包括位图的编辑、颜色的调整和一些效果处理。 CorelDRAW X8不仅专于矢量图的编辑，还具备强大的位图编辑功能，而且支持矢量图和位图相互转换。

学习要点

- 矢量图与位图的转换
- 位图的编辑
- 位图颜色的调整
- 三维效果
- 位图艺术笔触
- 模糊效果

8.1 转换位图和矢量图

CorelDRAW X8软件支持对矢量图和位图进行相互转换。将位图转换为矢量图，可以对其进行填充、变形等编辑；将矢量图转换为位图，可以添加位图的相关效果，也可以降低对象的复杂程度。

8.1.1 矢量图转位图

在设计制作中，有时需要将矢量图转换为位图，以便添加颜色调和、滤镜等位图编辑效果，如绘制光斑、贴图等，以丰富设计效果，下面进行详细讲解。

1. 转换操作

选中要转换为位图的对象，然后执行“位图>转换为位图”菜单命令，打开“转换为位图”对话框，在该对话框中选择相应的设置模式，单击“确定”按钮完成转换。

2. 选项设置

“转换为位图”的参数设置如图8-1所示。

图8-1

⊙ 参数介绍

分辨率：用于设置对象转换为位图后的清晰程度，可以在后面的下拉列表中选择相应的分辨率，也可以直接输入需要的数值。数值越大，图片越清晰；数值越小，图像越模糊，会出现马赛克边缘。

颜色模式：用于设置位图的颜色显示模式，包括“黑白（1位）”“16色（4位）”“灰度（8位）”“调色板色（8位）”“RGB色（24位）”“CMYK色（32位）”。颜色位数越少，颜色丰富程度越低。

递色处理的：以模拟的颜色块数目来显示更多的颜色，该选项在可使用颜色位数少时激活，如“颜色模式”为8位色或更少时。勾选该选项后，转换的位图以颜色块来丰富颜色效果；该选项未勾选时，转换的位图以选择的颜色模式显示。

总是叠印黑色：勾选该选项，可以在印刷时避免套版不准和露白现象，在“RGB色”和“CMYK色”模式下激活。

光滑处理：使转换的位图边缘平滑，去除边缘锯齿。

透明背景：勾选该选项，可以使转换对象背景透明；不勾选时显示白色背景。

8.1.2 描摹位图

“描摹位图”功能可以把位图转换为矢量图形，便于进一步编辑填充等操作。用户可以通过菜单栏或者属性栏的相应命令或按钮进行操作。描摹位图的方式包括“快速描摹”“中心线描摹”和“轮廓描摹”。

1. 快速描摹

“快速描摹”可以实现一键描摹。

操作练习 快速描摹

- 实例位置 实例文件>CH08>操作练习：快速描摹.cdr
- 素材位置 素材文件>CH08> 01.jpg
- 视频名称 操作练习：快速描摹.mp4
- 技术掌握 快速描摹的应用

快速描摹效果如图8-2所示。

图8-2

01 导入学习资源中的“素材文件>CH08>01.jpg”文件，然后选中位图对象，接着执行属性栏上“描摹位图”下拉菜单中的“快速描摹”命令，如图8-3所示。

图8-3

02 描摹完成后，会在位图对象上面出现描摹的矢量图，将图移动到空白处，效果如图8-4所示。

图8-4

提示

在执行“快速描摹”命令后，会弹出图8-5所示的对话框，可以根据需要单击相应的按钮，这里选择的是“保持原始尺寸”。

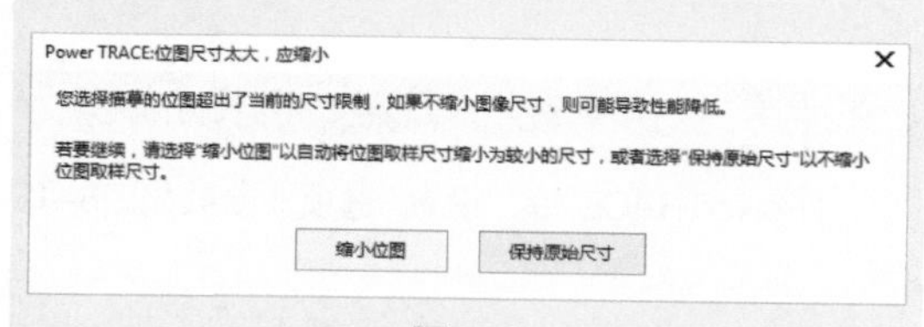

图8-5

03 拆分描摹后的矢量图，就可以编辑对象，删除背景后的效果如图8-6所示。

图8-6

2. 中心线描摹

中心线描摹也称为笔触描摹，可以将对象以线描的形式描摹出来，用于技术图解、线描画和拼版等。中心线描摹方式包括“技术图解”和“线条画”。

操作练习 中心线描摹

- » 实例位置 实例文件>CH08>操作练习：中心线描摹.cdr
- » 素材位置 素材文件>CH08>02.jpg
- » 视频名称 操作练习：中心线描摹.mp4
- » 技术掌握 中心线描摹的应用

中心线描摹效果如图8-7所示。

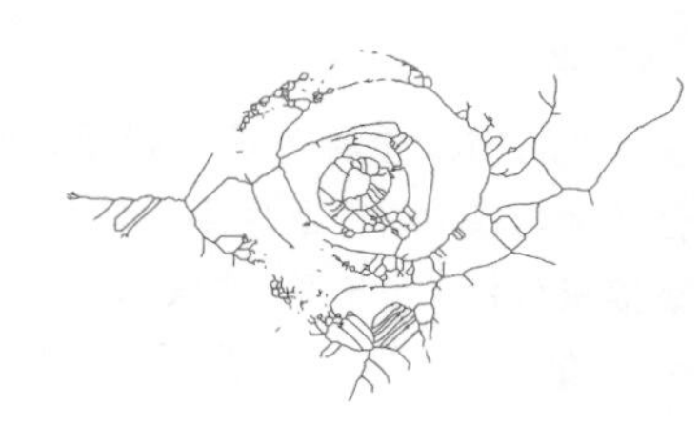

图8-7

01 导入学习资源中的“素材文件>CH08>02.jpg”文件，如图8-8所示，然后选中位图对象，执行“位图>中心线描摹>技术图解”菜单命令。

图8-8

02 在打开的“PowerTRACE”对话框中移动滑块调节“细节”，并且不勾选任何选项，然后在预览视图中查看调节效果，如图8-9所示。

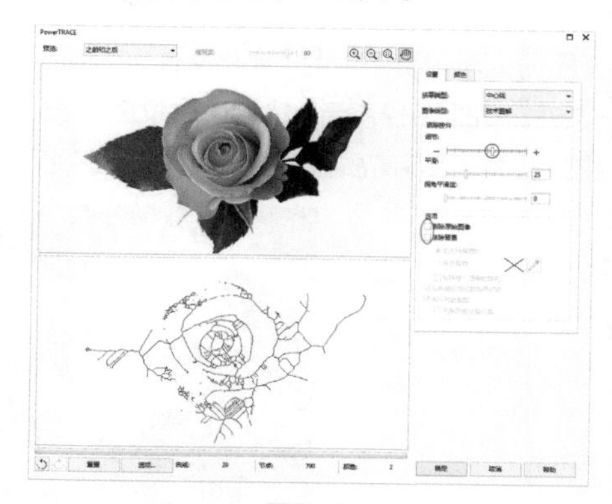

图8-9

03 调整好效果之后，单击“确定”按钮 确定 完成描摹，然后将描摹后得到的图像从原图上平移出来，效果如图8-10所示。

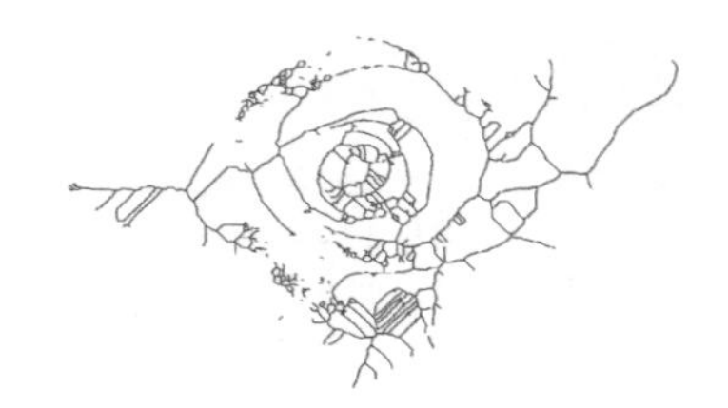

图8-10

3. 轮廓描摹

轮廓描摹也称为填充描摹，使用无轮廓的闭合路径描摹对象，适用于描摹相片、剪贴画等。轮廓描摹包括“线条图”“徽标”“详细徽标”“剪切画”“低品质图像”和“高质量图像”。

操作练习 轮廓描摹

- 实例位置　实例文件>CH08>操作练习：轮廓描摹.cdr
- 素材位置　素材文件>CH08> 03.jpg
- 视频名称　操作练习：轮廓描摹.mp4
- 技术掌握　轮廓描摹的应用

轮廓描摹效果如图8-11所示。

图8-11

01 导入学习资源中的“素材文件>CH08>03.jpg”文件，如图8-12所示，然后选中位图对象，执行“位图>轮廓描摹>高质量图像”菜单命令。

图8-12

02 在打开的“PowerTRACE”对话框中设置“细节”“平滑”和“拐角平滑度”的数值，调整描摹的精细程度，然后在预览视图中查看调整效果，如图8-13所示。

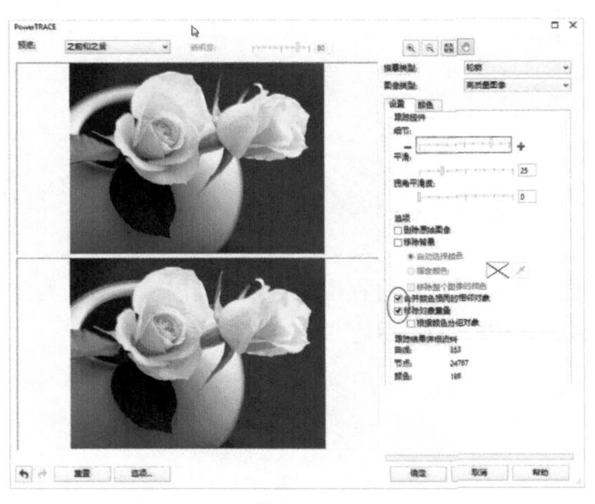

图8-13

03 调整好效果之后单击“确定”按钮 确定 完成描摹，然后将描摹后得到的图像从原图上平移出来，如图8-14所示。

图8-14

4. 设置参数

“PowerTRACE”的“设置”选项卡参数如图8-15所示。

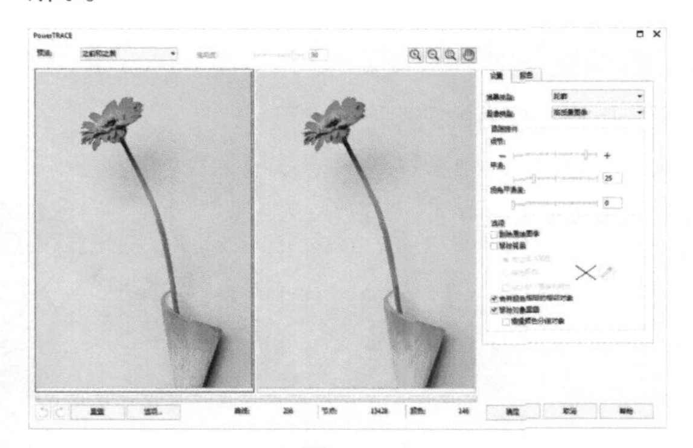

图8-15

⊙ 重要参数介绍

预览：在下拉选项中可以选择描摹的预览模式，包括“之前和之后”“较大预览”和“线框叠加”。

透明度：选择“线框叠加”预览模式时激活，用于调节底层图片的透明程度，数值越大，透明度越高。

放大：激活该按钮可以放大预览视图，方便查看细节。

缩小：激活该按钮可以缩小预览视图，方便查看整体效果。

按窗口大小显示：单击该按钮可以将预览视图按预览窗口大小显示。

平移：在预览视图放大后，激活该按钮可以平移视图。

描摹类型：在后面的选项列表中可以切换“中心线描摹”和“轮廓描摹”类型。

图像类型：选择“描摹类型”后，可以在“图像类型”的下拉列表中选择描摹的图像类型。

细节：拖曳中间滑块可以设置描摹的精细程度，精细程度越低，描摹速度越快，反之则越慢。

平滑：可以设置描摹效果中线条的平滑程度，用于减少节点和平滑细节。值越大，平滑程度越大。

拐角平滑度：可以设置描摹效果中尖角的平滑程度，用于减少节点。

删除原始图像：勾选该选项，可以在描摹对象后删除图片。

移除背景：勾选该选项，可以在描摹效果中删除背景色块。

合并颜色相同的相邻对象：勾选该选项，可以合并描摹中颜色相同且相邻的区域。

移除对象重叠：勾选该选项，可以删除对象之间重叠的部分，起到简化描摹对象的作用。

撤销：单击该按钮可以撤销当前操作，回到上一步。

重做：单击该按钮可以重做撤销的步骤。

重置：单击该按钮可以删除所有设置，回到设置前的状态。

选项...：单击该按钮可以打开“选项”对话框，在“PowerTRACE”选项卡上设置相关参数。

5. 颜色参数

“PowerTRACE”的“颜色”选项卡参数如图8-16所示。

图8-16

⊙ **重要参数介绍**

颜色模式：在下拉选项中可以选择描摹的颜色模式。

颜色数：显示描摹对象的颜色数量。默认情况下为该对象包含的颜色数量，可以在文本框中输入需要的颜色数量进行描摹，最大数值为图像本身包含的颜色数量。

颜色排序依据：可以在下拉选项中选择颜色显示的排序方式。

打开调色板：单击该按钮可以打开保存的其他调色板。

保存调色板：单击该按钮可以将描摹对象的颜色保存为调色板。

合并(M)：选中两个或多个颜色可以激活该按钮，单击该按钮可将选中的颜色合并为一个颜色。

编辑(E)...：单击该按钮可以编辑选中的颜色，更改或修改所选颜色。

选择颜色：单击该按钮可以从描摹对象上吸取选择颜色。

删除颜色：单击该按钮可以删除选中的颜色 。

8.2 位图的编辑

导入CorelDRAW X8中的位图并不都是符合用户需求的，可通过菜单栏上的相关命令对其进行编辑。

8.2.1 矫正位图

当导入的位图倾斜或有白边时，用户可以通过“矫正图像”命令进行修改。

1. 矫正操作

选中导入的位图，执行“位图>矫正图像”菜单命令，打开“矫正图像”对话框，然后拖动“旋转图像”下的滑块进行适当的纠正，查看裁切边缘和网格的间距，在后面的文本框中微调，如图8-17所示。

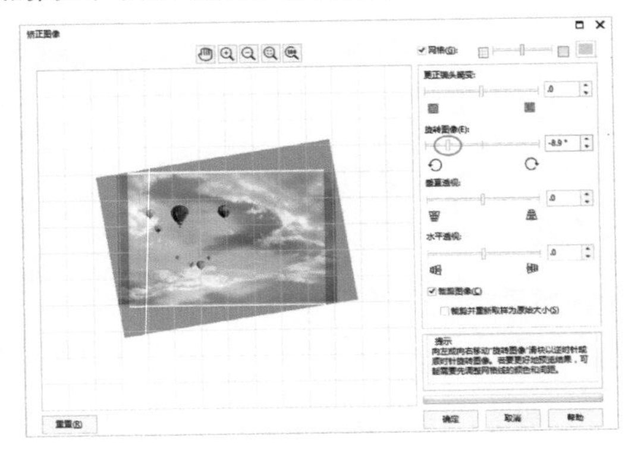

图8-17

调整好角度后，勾选“裁剪并重新取样为原始大小”选项，将预览改为修剪效果进行查看，如图8-18所示。单击“确定”按钮完成矫正。

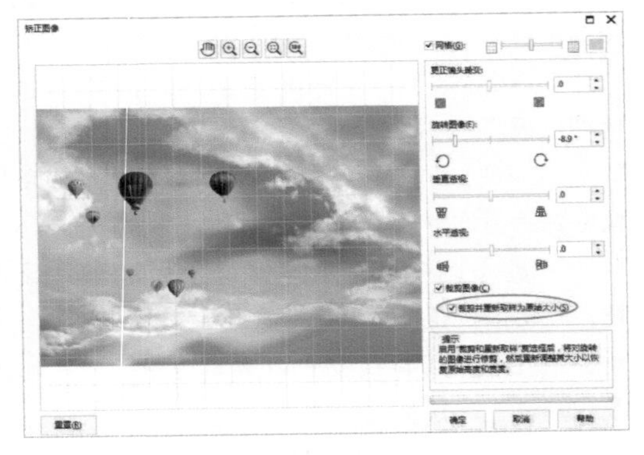

图8-18

2. 参数设置

“矫正图像”对话框的参数选项如图8-19所示。

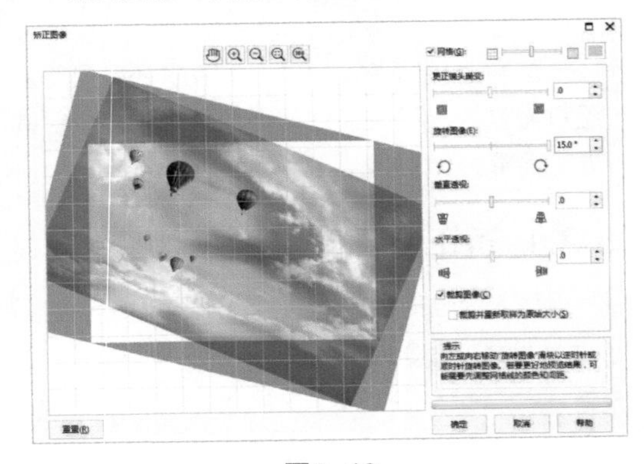

图8-19

⊙ 重要参数介绍

旋转图像：移动滑块或输入数值（15°~-15°）来旋转图像的角度。预览旋转效果，灰色区域为裁剪掉的区域。

裁剪图像：勾选该选项，可以将旋转后的效果裁剪下来显示；不勾选该选项，则只是进行旋转。

裁剪并重新取样为原始大小：勾选该选项后预览显示裁剪框内部效果，剪切效果和预览显示效果相同。

网格：移动滑块可以调节网格大小，网格越小，旋转调整越精确。

网格颜色：选择网格的颜色。

8.2.2 重新取样

导入位图之后，还可以调整位图的尺寸和分辨率。根据分辨率的大小决定文档输出的模式，分辨率越大，文件越大。

选中位图对象，执行“位图>重新取样”菜单命令，打开“重新取样”对话框，如图8-20所示。

图8-20

在“图像大小”下的“宽度”和“高度”文本框中输入数值，可以改变位图的大小；在“分辨率”下的“水平”和“垂直”文本框中输入数值，可以改变位图的分辨率。文本框前面的数值为原位图的相关参数，可以参考进行设置。

勾选“光滑处理”选项，可以在调整大小和分辨率后平滑图像的锯齿；勾选“保持纵横比”选项，可以在设置时保持原图的比例，保证调整后不变形。如果仅调整分辨率，就不用勾选“保持原始大小”选项。

设置完成后，单击“确定”按钮完成重新取样。

8.2.3 位图边框扩充

在编辑位图时，会扩充位图的边框，形成边框效果。CorelDRAW X8提供了两种扩充边框的方式：“自动扩充位图边框”和“手动扩充位图边框”。

1. 自动扩充位图边框

执行“位图>位图边框扩充>自动扩充位图边框”菜单命令，当前面出现对钩时为激活状态，如图8-21所示。在系统默认情况下，该选项为激活状态，导入的位图对象均自动扩充边框。

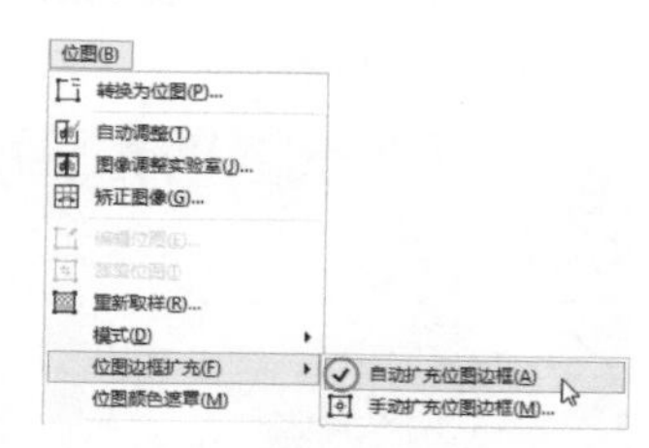

图8-21

2. 手动扩充位图边框

选中导入的位图，执行“位图>位图边框扩充>手动扩充位图边框”菜单命令，打开“位图边框扩充”对话框，然后在对话框中更改“宽度”和“高度”，单击“确定”按钮完成边框扩充，如图8-22所示。

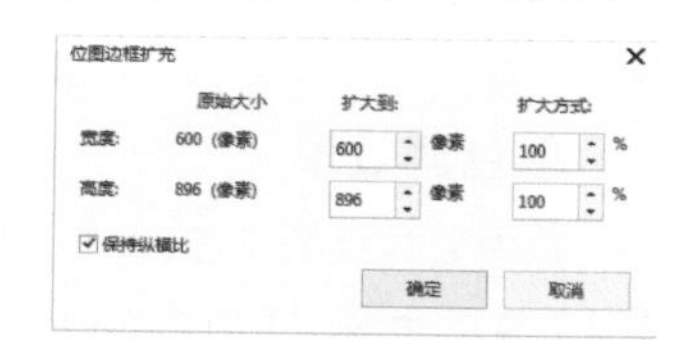

图8-22

在扩充的时候，勾选“位图边框扩充”对话框中的“保持纵横比”选项，可以按原图的宽高比例进行扩充。扩充后，对象的扩充区域为白色，如图8-23所示。

图8-23

8.2.4 位图模式转换

CorelDRAW X8提供了丰富的位图颜色模式，包括“黑白”“灰度”“双色”“调色板色”“RGB颜色”“Lab色”和“CMYK色”。改变颜色模式后，位图的颜色结构也会随之变化。

1. 转换黑白图像

黑白模式的图像中，每像素只有1位深度，显示颜色只有黑色和白色。任何位图都可以转换成黑白模式。

⊙ 转换方法

选中导入的位图，执行“位图>模式>黑白（1位）”菜单命令，打开“转换为1位”对话框，然后在对话框中进行设置，在右边视图查看效果，接着单击“确定”按钮完成转换，如图8-24和图8-25所示。

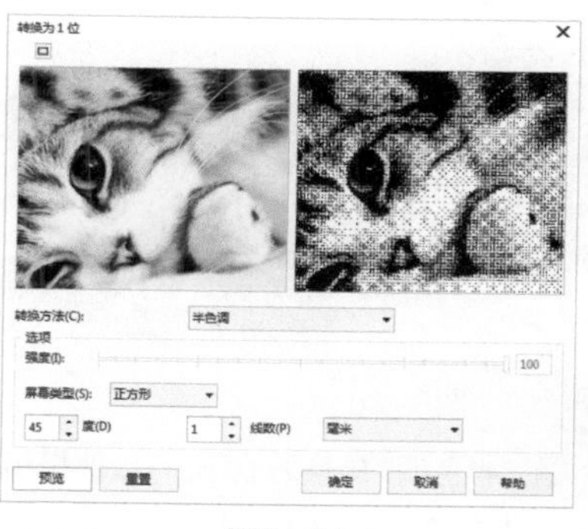

图8-24

图8-25

⊙ 参数设置

“转换为1位”的参数选项如图8-26所示。

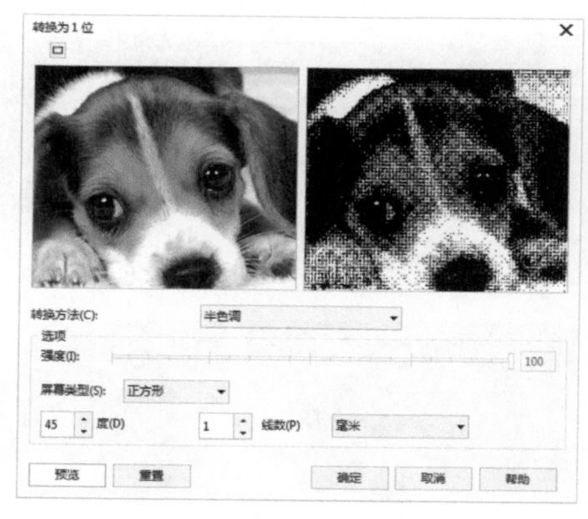

图8-26

⊙ 重要参数介绍

转换方法：在下拉列表中可以选择7种转换效果，包括“线条图”“顺序”“Jarvis”“Stucki”“Floyd-Steinberg”“半色调”和“基数分布”。

阈值：在“线条图”转换方式下，调整线条图效果的灰度阈值来分隔黑色和白色的范围。值越小，变为黑色区域的灰阶越少；值越大，变为黑色区域的灰阶越多，如图8-27所示。

图8-27

强度：在“顺序”“Jarvis”“Stucki”“Floyd-Steinberg”和“基数分布”转换方式下，设置运算形成偏差扩散的强度，数值越小，扩散越小，反之越大，如图8-28所示。

图8-28

屏幕类型：在“半色调”转换方式下，可以选择相应的屏幕显示图案来丰富转换效果，可以在下面调整图案的“角度”“线数”和单位来设置图案的显示。包括“正方形”“圆角”“线条”“交叉”“固定的4×4”和“固定的8×8”，屏幕显示如图8-29~图8-34所示。

图8-29

图8-30

图8-31

图8-32

图8-33

图8-34

2. 转换灰度图像

在CorelDRAW X8中可以快速将位图转换为包含灰色区域的黑白图像，使用灰度模式可以产生黑白照片的效果。选中要转换的位图，然后执行“位图>模式>灰度（8位）”菜单命令，就可以将灰度模式应用到位图上，如图8-35所示。

图8-35

3. 转换双色图像

双色模式可以将位图以选择的一种或多种颜色混合显示。

⊙ 单色调效果

选中要转换的位图，执行“位图>模式>双色（8位）”菜单命令，打开“双色调”对话框，然后选择“类型”为“单色调”，并双击下面的颜色块变更颜色，接着在右边曲线上调整效果，最后单击“确定”按钮 确定 完成双色模式转换，如图8-36所示。

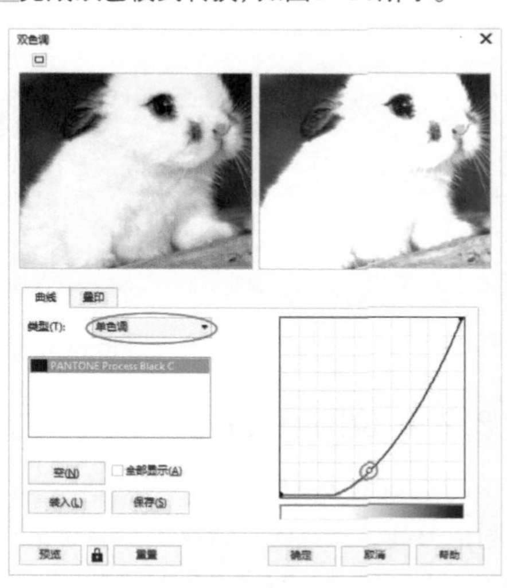

图8-36

通过曲线调整可以使默认的双色效果更丰富，在调整不满意时，单击“空”按钮可以将曲线上的调节点删除，方便进行重新调整，调整后的效果如图8-37所示。

图8-37

⊙ 多色调效果

多色调类型包括“双色调”“三色调”和“四色调”，可以为双色模式添加丰富的颜色。选中位图，然后执行“位图>模式>双色（8位）”菜单命令，打开“双色调”对话框，选择“类型”为“四色调”，接着选中黑色，右侧显示当前选中颜色的曲线，调整颜色，如图8-38所示。

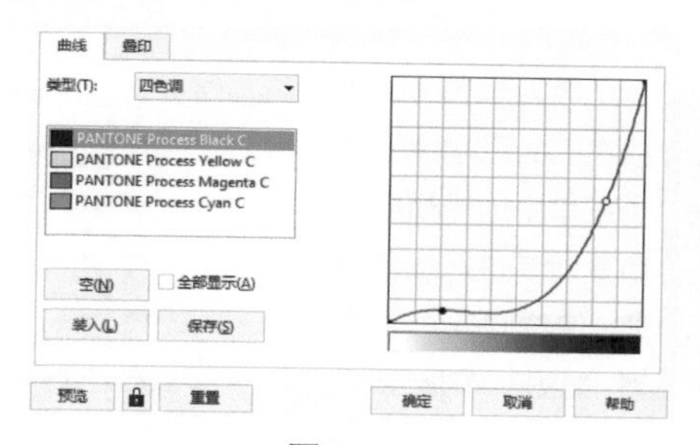

图8-38

选中黄色，右侧显示黄色选项的曲线，调整颜色，如图8-39所示，接着调节洋红和蓝色的曲线，如图8-40和图8-41所示。

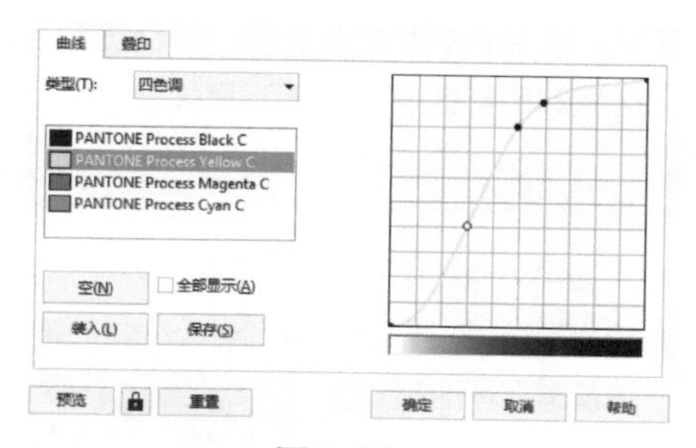

图8-39

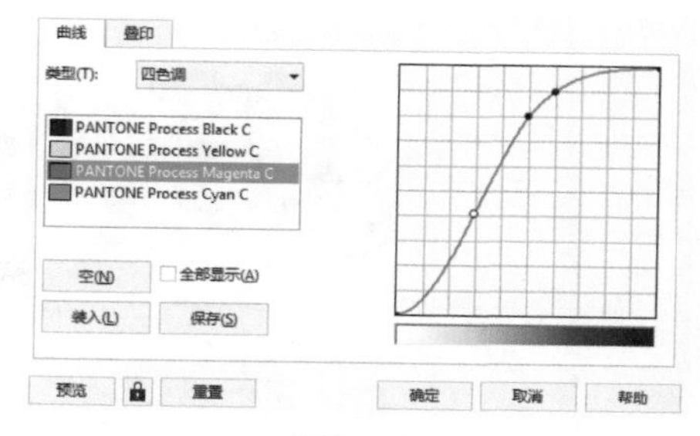

图8-40

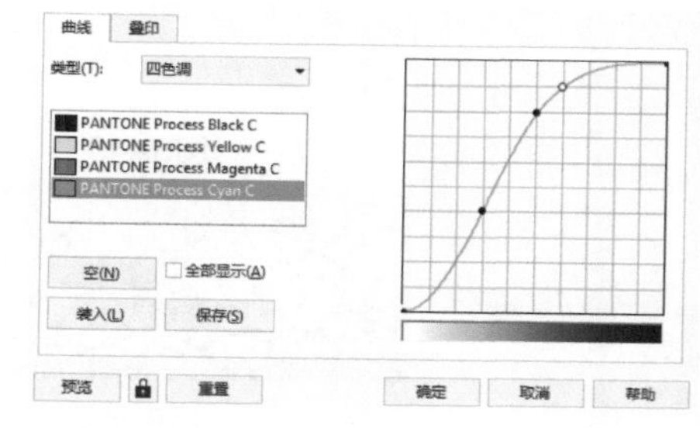

图8-41

调整完成后单击“确定”按钮完成模式转换，效果如图8-42所示。“双色调”和“三色调”的调整方法和“四色调”一样。

图8-42

提示

曲线上左边的点为高光区域，中间为灰度区域，右边的点为暗部区域，在调整时注意调节点在3个区域的颜色比例和深浅度，在预览视图中查看调整效果。

4. 转换调色板色图像

选中要转换的位图，执行“位图>模式>调色板色（8位）”菜单命令，打开“转换至调色板色”对话框，然后设置“调色板”为“标准色”、“递色处理的”为“Floyd-Steinberg”，接着调节“抵色强度”，最后单击“确定”按钮完成模式转换，如图8-43所示。

完成转换后，位图呈现磨砂效果，如图8-44所示。

图8-43

图8-44

5. 转换RGB图像

RGB模式的图像用于屏幕显示，是应用较为广泛的模式之一。RGB模式通过红、绿、蓝3种颜色叠加呈现更多的颜色，3种颜色的数值大小决定位图颜色的深浅和明度。导入的位图在默认情况下为RGB模式。

通常情况下，RGB模式的图像比CMYK模式的图像颜色鲜亮。

6. 转换Lab图像

Lab模式是国际色彩标准模式，由“透明度”“色相”和“饱和度”3个通道组成。

Lab模式下的图像比CMYK模式的图像处理速度快，而且该模式转换为CMYK模式时，颜色信息不会被替换或丢失。用户转换颜色模式时，先将对象转换成Lab模式，再转换为CMYK模式，输出颜色偏差会小很多。

7. 转换CMYK图像

CMYK是一种便于输出印刷的模式，颜色为印刷常用的油墨色，包括青色、品红色、黄色和黑色，通过这4种颜色的混合叠加呈现多种颜色。

CMYK模式的颜色范围比RGB模式要小，所以直接进行转换会丢失一部分颜色信息。

8.2.5 校正位图

可以通过校正移除灰尘与刮痕，快速改进位图的质量和显示效果。通过调整半径可以更改影响的像素数量，所选的设置取决于瑕疵大小及其周围的区域。

选中位图，执行“效果>校正>尘埃与刮痕”菜单命令，如图8-45所示，打开“尘埃与刮痕”对话框，然后调整阈值滑块，设置杂点减少的数量，要保留图像细节，可以将值设置得高些，接着调整“半径”来确定应用范围大小，为保留细节，可以将值设置得小些，如图8-46所示。

图8-45　　图8-46

调整好后，可以在位图上预览效果，然后单击“确定”按钮 确定 完成校正。

8.3 颜色的调整

导入位图后，可以在“效果>调整”的子菜单中选择相应的命令对其进行颜色调整，使位图效果更丰富，如图8-47所示。

图8-47

8.3.1 高反差

“高反差”通过重新划分从最暗区到最亮区颜色的浓淡，来调整位图阴影区域、中间区域和高光区域。确保在调整对象亮度、对比度和强度时，高光区域和阴影区域的细节不丢失。

1. 添加高反差效果

选中导入的位图，如图8-48所示，执行“效果>调整>高反差”菜单命令，打开“高反差”对话框，然后在“通道”的下拉选项中调节，单击对话框左上角的□按钮可以打开效果预览图，如图8-49所示。

图8-48

选中“红色通道”选项，然后调整右边的“输出范围压缩”滑块，再预览调整效果，如图8-50所示。用同样的方法调整“绿色通道”和“蓝色通道”，效果如图8-51和图8-52所示。

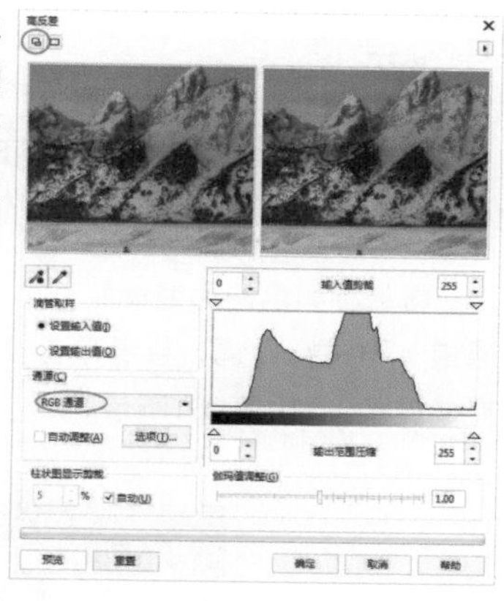

图8-49

调整完成后，单击“确定”按钮完成调整，效果如图8-53所示。

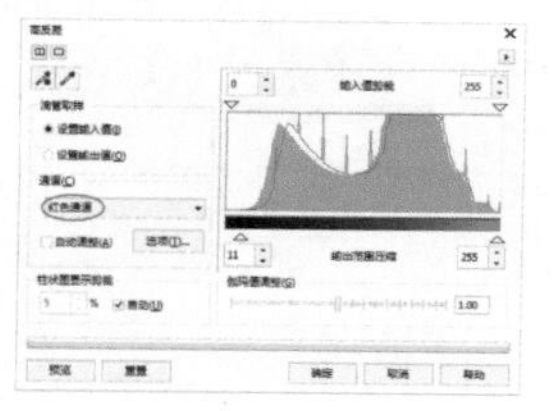

图8-50

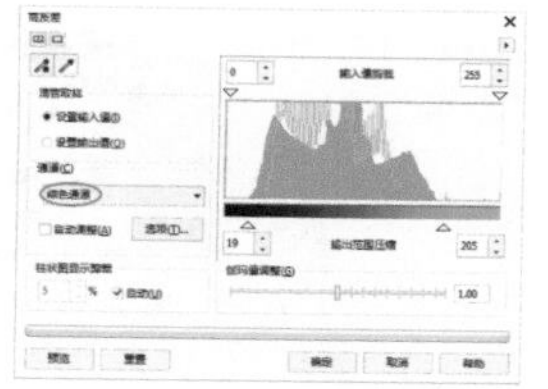

图8-51

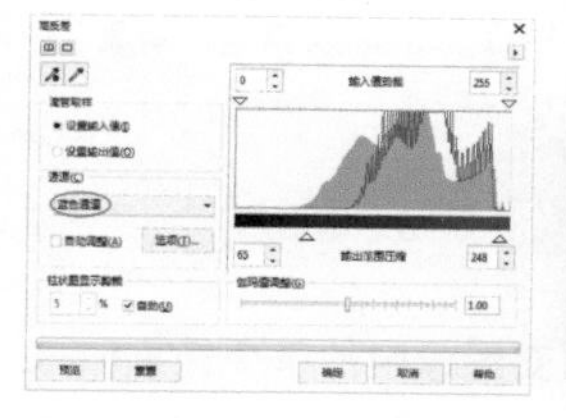

图8-52

图8-53

2. 参数设置

“高反差”对话框的参数如图8-54所示。

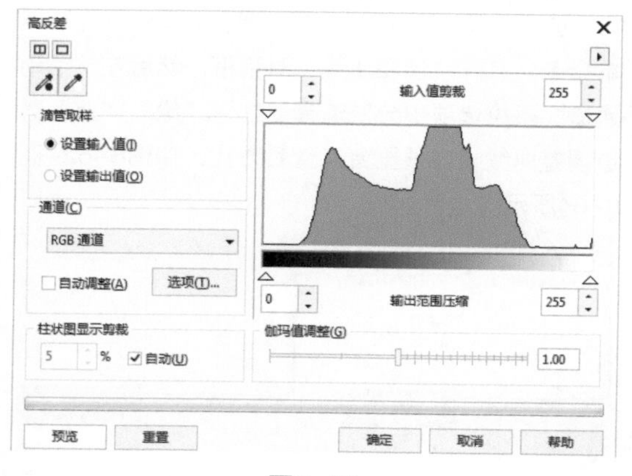

图8-54

⊙ 重要参数介绍

显示预览窗口：单击该按钮可以打开预览窗口，默认显示为原图与调整后的对比窗口。单击按钮可以切换预览窗口为仅显示调整后的效果。

滴管取样：单击上面的吸管，可以在位图上吸取相应的通道值，应用在选取的通道中，包括“深色滴管”和“浅色滴管”，可以分别吸取相应的颜色区域。

通道：在下拉选项中可以更改调整的通道类型。

自动调整：勾选该复选框，可以在当前色阶范围内自动调整像素值。

选项：单击该按钮，可以在弹出的“自动调整范围”对话框中设置自动调整的色阶范围。

柱状图显示剪裁：设置“输入值剪裁”的柱状图显示大小，数值越大，柱状图越高。设置数值时，需要取消选中“自动”复选框。

伽马值调整：拖动滑块可以设置图像中所选颜色通道的显示亮度和范围。

8.3.2 局部平衡

“局部平衡”可以通过提高边缘附近的对比度来显示亮部和暗部区域的细节。选中位图，执行“效果>调整>局部平衡”菜单命令，打开“局部平衡”对话框，然后调整边缘对比的“宽度”和“高度”值，在预览窗口查看调整效果，如图8-55所示，调整后的效果如图8-56所示。

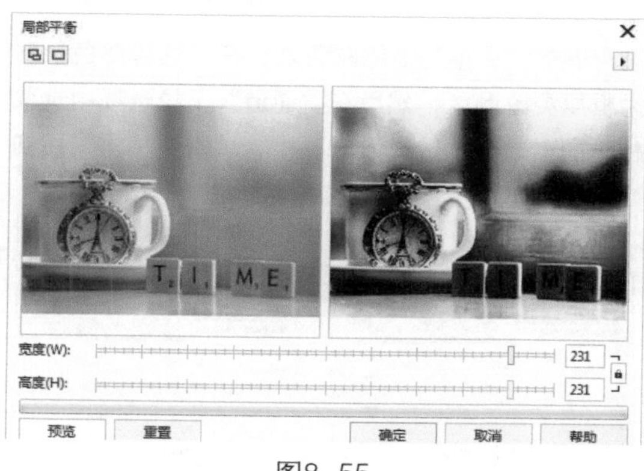

图8-55

图8-56

> **提示**
>
> 调整“宽度”和“高度”时，可以统一调整，也可以单击解开后面的锁头后分别调整。

8.3.3 取样/目标平衡

“取样/目标平衡”用于从图中吸取色样来参照调整位图颜色值，支持分别吸取暗色调、中间调和浅色调色样，再将调整的目标颜色应用到每个色样区域中。

选中位图，执行“效果>调整>取样/目标平衡”菜单命令，打开“样本/目标平衡”对话框，然后使用“暗色调吸管”吸取位图的暗部颜色，使用“中间调吸管”吸取位图的中间色，使用“浅色调吸管”吸取位图的亮部颜色，“示例”和“目标”中显示吸取的颜色，如图8-57所示。

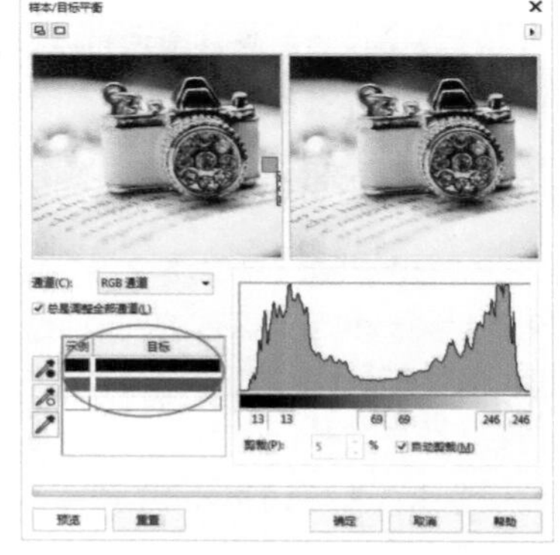

图8-57

单击“目标”下的颜色块，在“选择颜色”对话框里更改颜色，然后在“通道”下拉选项中选取相应的通道分别进行设置，接着单击“预览”按钮进行预览，如图8-58~图8-60所示。

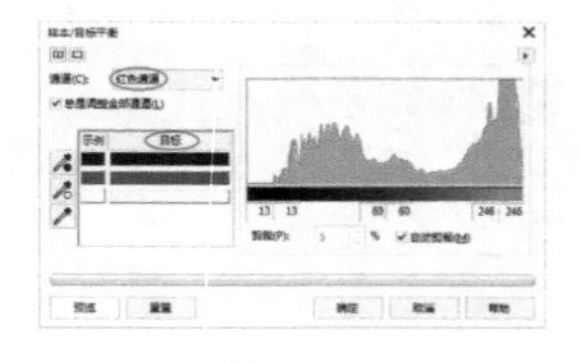

图8-58

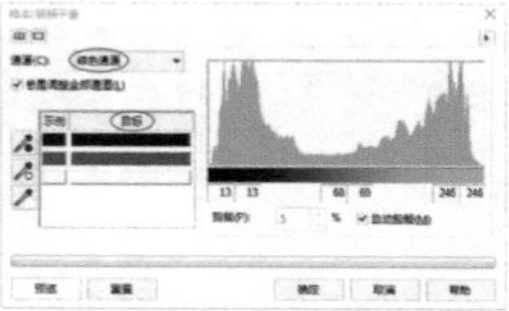

图8-59

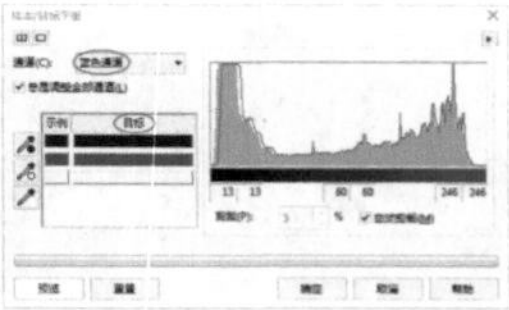

图8-60

> **提示**
>
> 分别调整每个通道的“目标”颜色时，取消勾选“总是调整全部通道”选项，此时不需要单击“预览”按钮即可预览查看。

将每种颜色的通道调整完毕，然后选回“RGB通道”再进行微调，接着单击“确定”按钮完成调整，如图8-61所示。

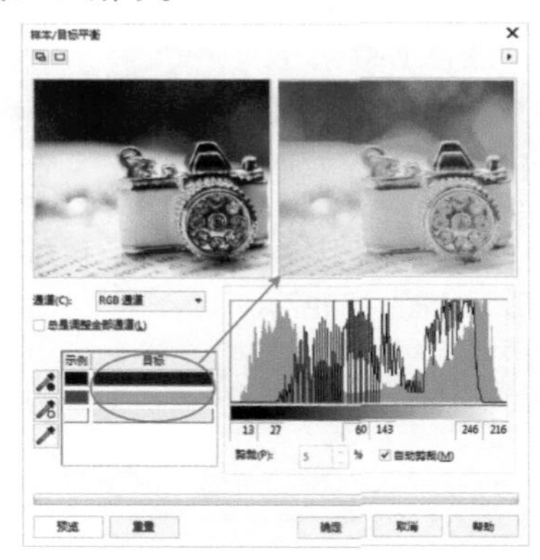

图8-61

> **提示**
>
> 调整过程中无法进行撤销操作，可以单击“重置”按钮重做。

8.3.4 调和曲线

“调和曲线”通过改变图像中的单个像素值来精确校正位图颜色，可分别调整阴影、中间色和高光部分，精确修改图像局部的颜色。

1. 添加调和

选中位图，执行“效果>调整>调和曲线”菜单命令，打开“调和曲线”对话框，然后在“活动通道”下拉选项中分别选择“红”“绿”“蓝”通道调整曲线，在预览窗口查看对比，如图8-62~图8-64所示。

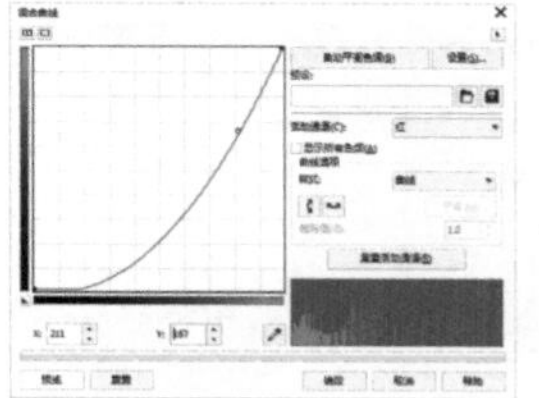

图8-62

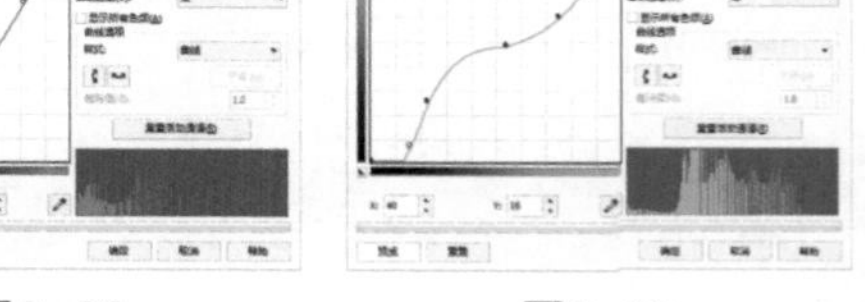

图8-63

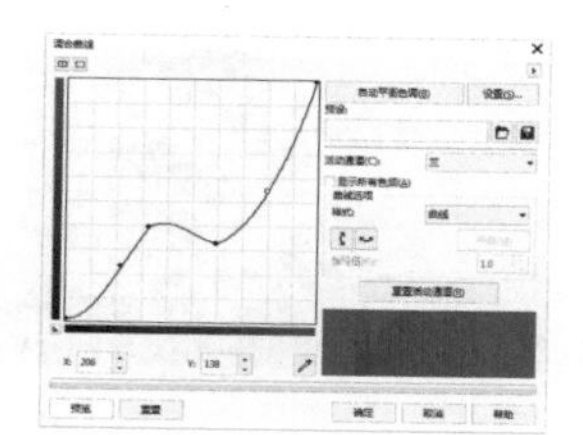

图8-64

调整完“红”“绿”“蓝”通道后，选择RGB通道整体调整曲线，然后单击“确定”按钮 完成调整，如图8-65所示，效果如图8-66所示。

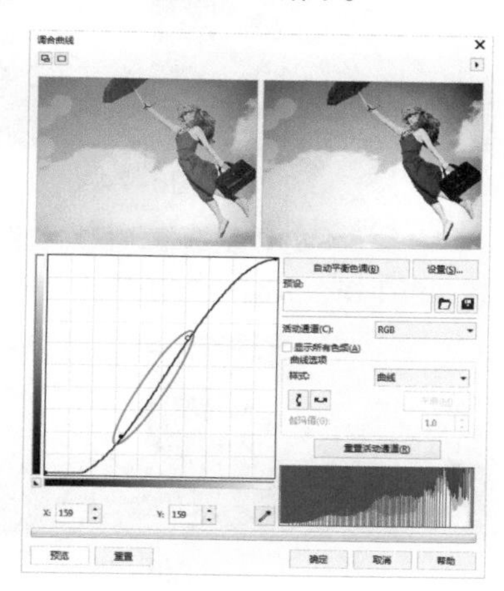

图8-65

图8-66

2. 参数设置

“调和曲线”对话框的参数如图8-67所示。

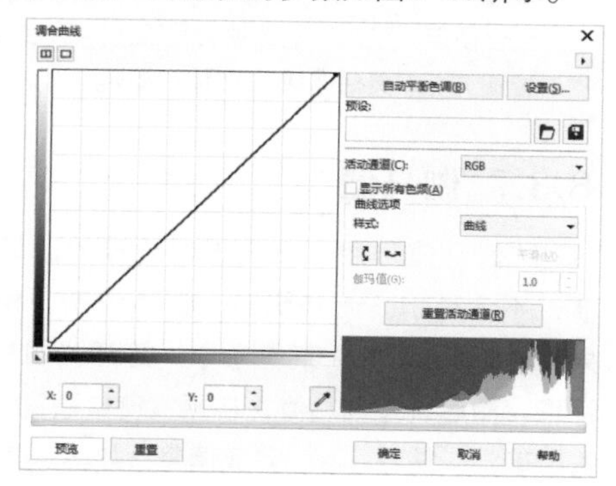

图8-67

⊙ 重要参数介绍

自动平衡色调：单击该按钮以设置的范围进行自动平衡色调，可以单击“设置”按钮 设置范围。

活动通道：在下拉选项中可以切换颜色通道来分别调整，包括“RGB”“红”“绿”“蓝”4种。

显示所有色频：勾选该复选框，可以将所有的活动通道显示在一个调节窗口中，如图8-68所示。

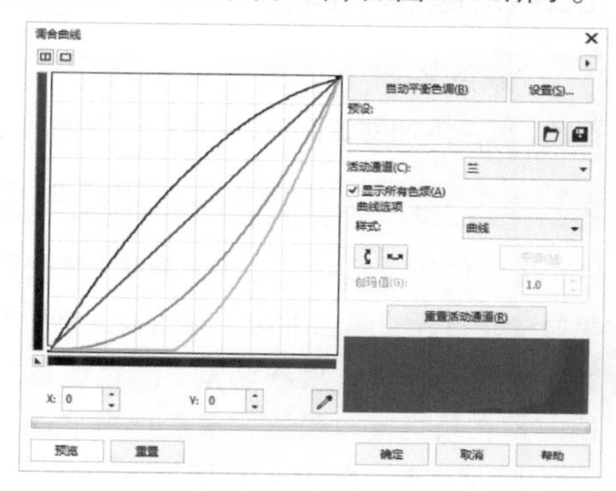

图8-68

曲线样式：在下拉选项中可以选择曲线的调节样式，包括“曲线”“直线”“手绘”和“伽马值”。在绘制手绘曲线时，可以单击下面的“平滑”按钮平滑曲线。

重置活动通道：单击该按钮可以重置当前活动通道的设置。

8.3.5 亮度/对比度/强度

“亮度/对比度/强度”用于调整位图的亮度及深色区域和浅色区域的差异。选中位图，执行“效果>调整>亮度/对比度/强度”菜单命令，打开“亮度/对比度/强度”对话框，然后调整“亮度”和“对比度”，再调整“强度”，使变化更柔和，接着单击“确定”按钮 完成调整，如图8-69所示，效果如图8-70所示。

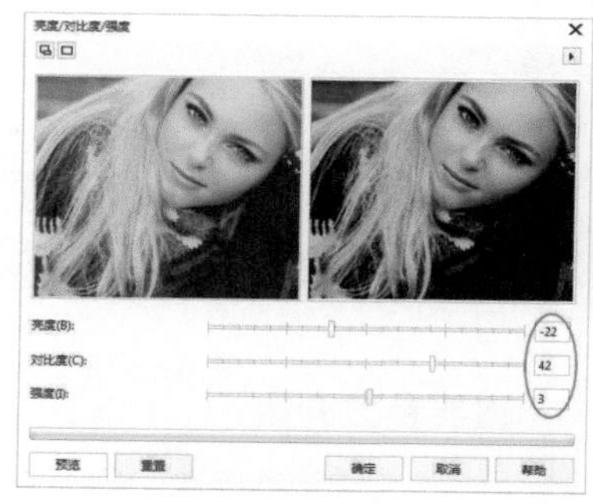

图8-69

图8-70

8.3.6 颜色平衡

“颜色平衡”用于将青色、红色、品红、绿色、黄色、蓝色添加到位图中，以添加颜色偏向。

1. 添加颜色平衡

选中位图，执行“效果>调整>颜色平衡”菜单命令，打开“颜色平衡”对话框，然后选择添加颜色偏向的范围，接着调整“颜色通道”的颜色偏向，在预览窗口预览，最后单击“确定”按钮 确定 完成调整，如图8-71所示。

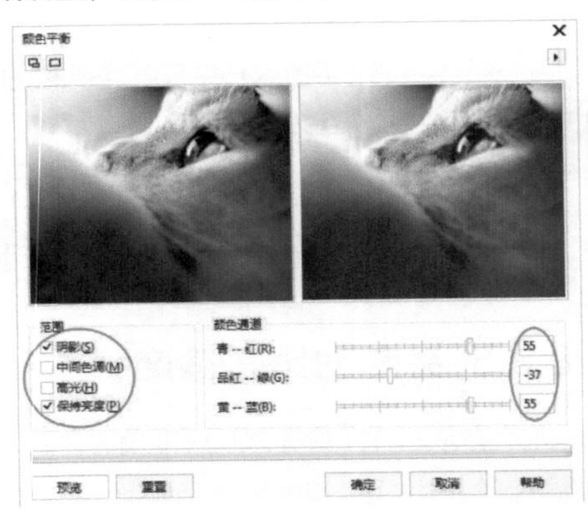

图8- 71

2. 参数设置

“颜色平衡”的参数选项如图8-72所示。

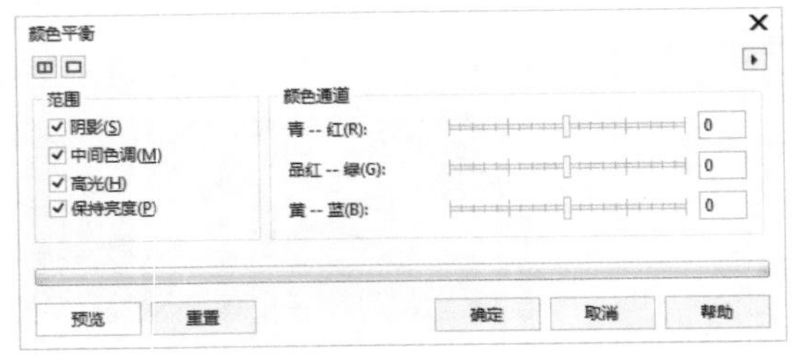

图8-72

⊙ 重要参数介绍

阴影：勾选该复选框，仅对位图的阴影区域设置颜色平衡，如图8-73所示。

图8-73

中间色调：勾选该复选框，仅对位图的中间色调区域设置颜色平衡，如图8-74所示。

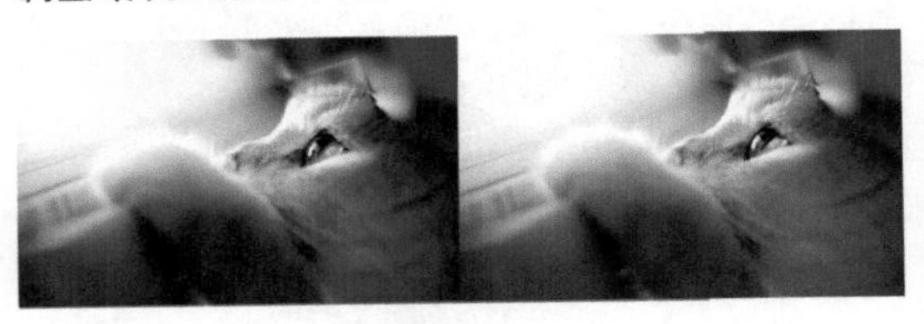

图8-74

高光：勾选该复选框，仅对位图的高光区域设置颜色平衡，如图8-75所示。

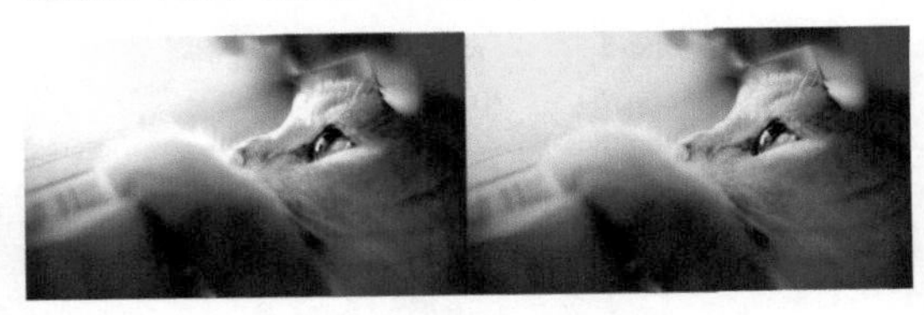

图8-75

保持亮度：勾选该复选框，可以在添加颜色平衡的过程中确保位图不会变暗，如图8-76所示。

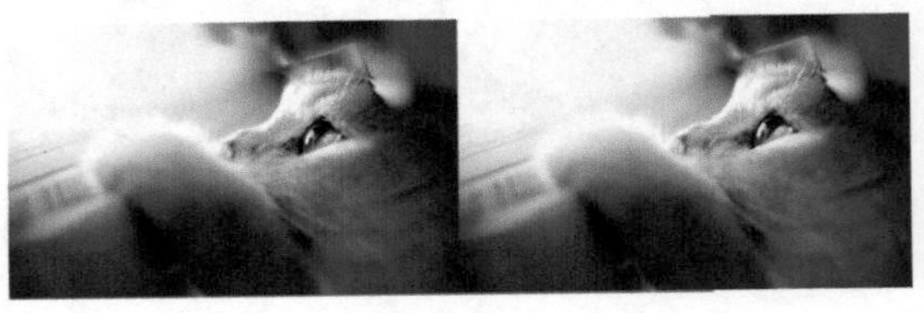

图8-76

提示

混合使用“范围”的选项会呈现不同的效果，应根据对位图的需求灵活选择“范围”选项。

8.3.7 伽马值

“伽马值”用于在较低对比度的区域强化细节，不会影响高光和阴影。选中位图，执行“效果>调整>伽马值”菜单命令，打开“伽马值”对话框，然后调整伽马值，在预览窗口预览，接着单击“确定”按钮 确定 完成调整，如图8-77所示，效果如图8-78所示。

图8-77

图8-78

8.3.8 色度/饱和度/亮度

“色度/饱和度/亮度”用于调整位图中的色频通道，并改变色谱中颜色的位置，改变位图的颜色、浓度和白色所占的比例。选中位图，执行“效果>调整>色度/饱和度/亮度”菜单命令，打开“色度/饱和度/亮度”对话框，然后分别调整“红”“黄色”“绿”“青色”“蓝”“品红”和“灰度”的色度、饱和度、亮度，在预览窗口预览，如图8-79~图8-85所示。

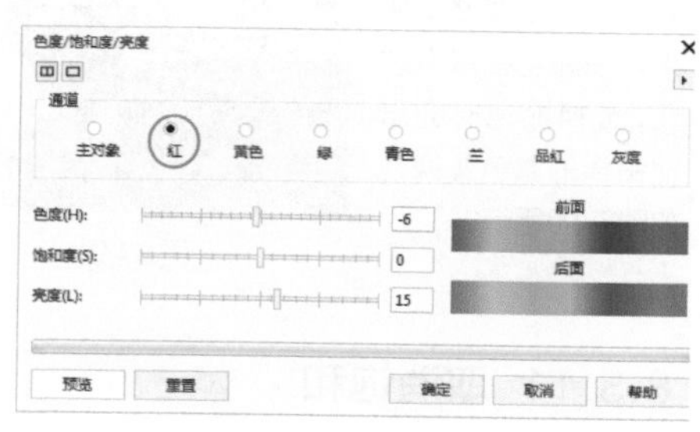

图8-79

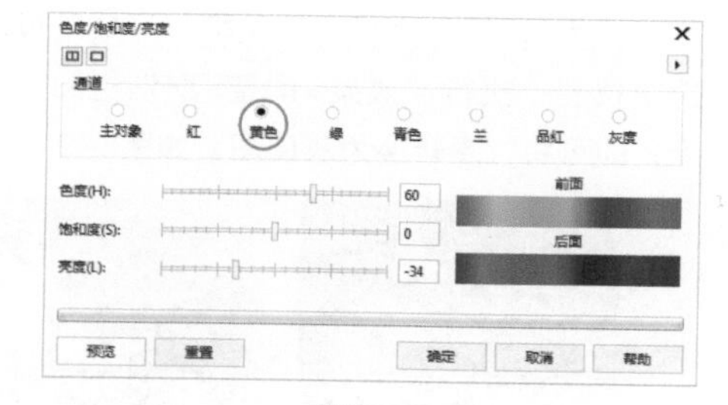

图8-80

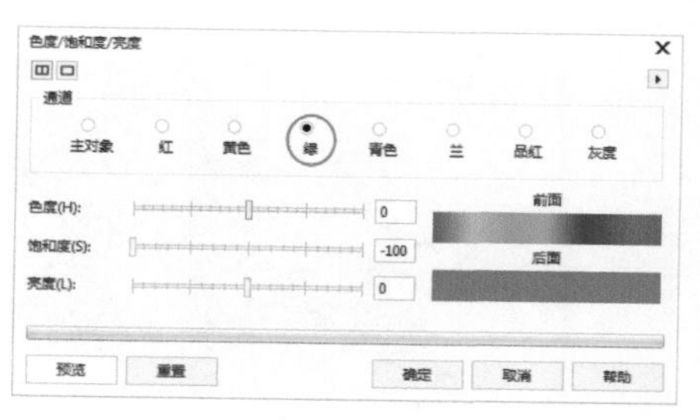

图8-81

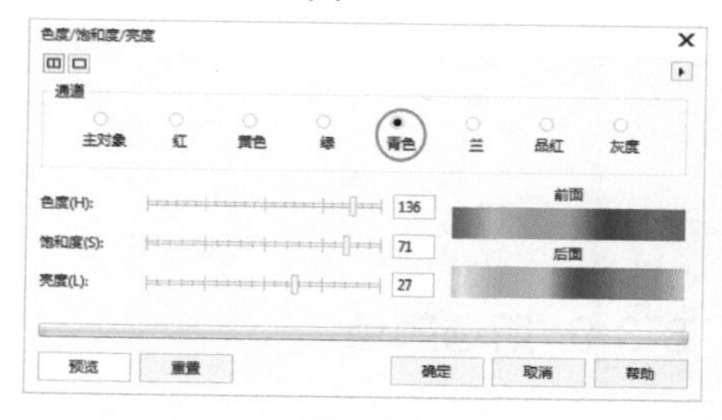

图8-82

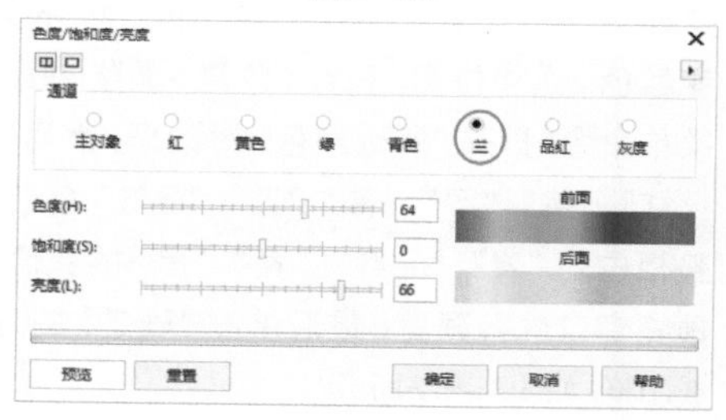

图8-83

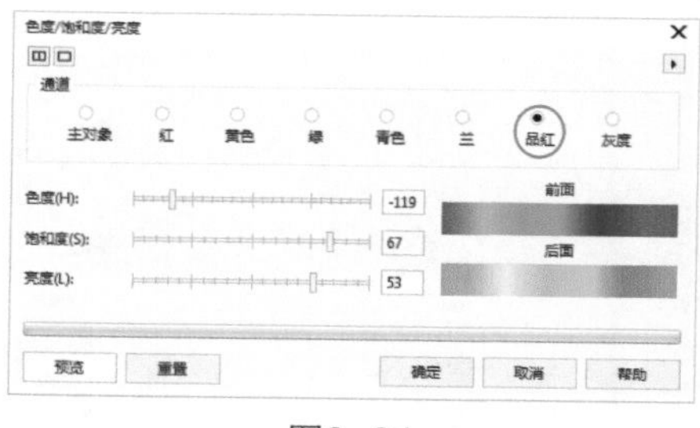

图8-84

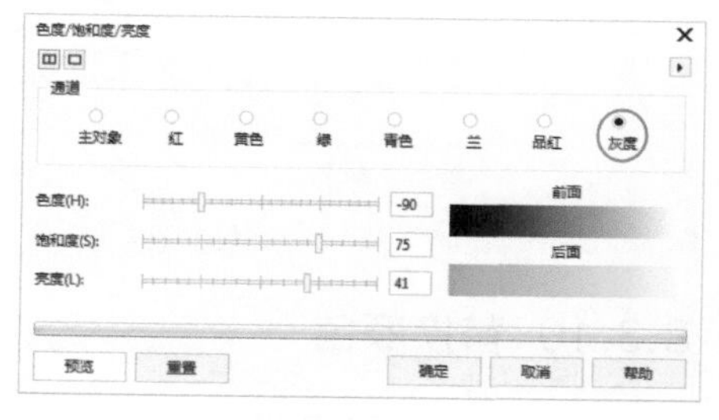

图8-85

调整完局部颜色后，选择“主对象”调整整体颜色，然后单击“确定”按钮 确定 完成调整，如图8-86所示。

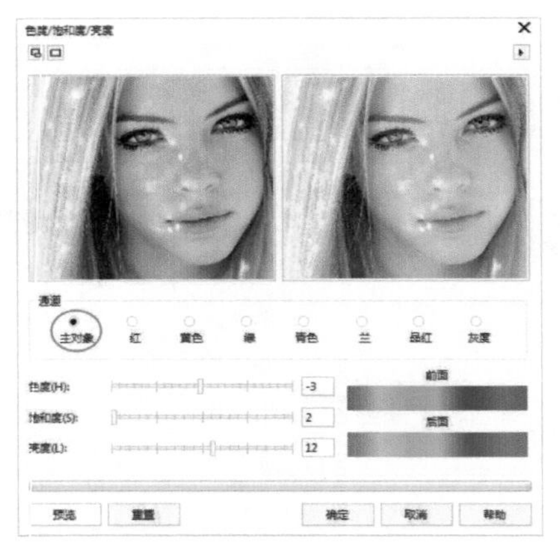

图8-86

8.3.9 所选颜色

“所选颜色”通过改变位图中的“红”“黄”“绿”“青”“蓝”“品红”色谱的CMYK数值来改变颜色。选中位图，执行“效果>调整>所选颜色”菜单命令，打开“所选颜色”对话框，然后分别选择“红”“黄”“绿”“青”“蓝”“品红”色谱，接着调整相应的“青”“品红”“黄”“黑”的数值大小，在预览窗口进行预览，最后单击“确定”按钮 确定 完成调整，如图8－87所示。

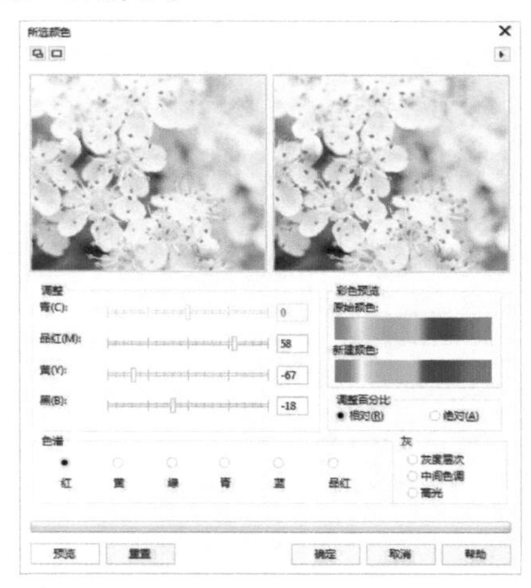

图8-87

8.3.10 替换颜色

“替换颜色”可以使用另一种颜色替换位图中所选的颜色。选中位图，执行“效果>调整>替换颜色”菜单命令，打开“替换颜色”对话框，然后单击“原颜色”后面的“吸管工具”吸取位图上需要替换的颜色，接着选择“新建颜色”的替换颜色，在预览窗口预览，最后单击“确定”按钮 确定 完成调整，如图8-88所示，效果如图8-89所示。

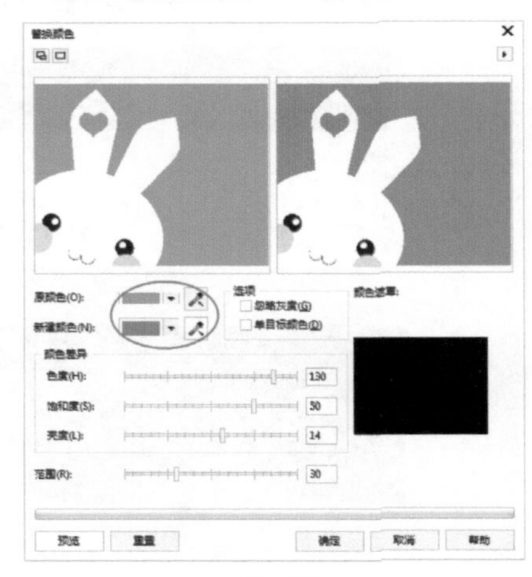

图8-88

图8-89

提示

在使用“替换颜色”编辑位图时，选择的位图必须是颜色区分明确的，如果位图颜色区域有歧义，替换颜色时会出现错误的颜色替换，如图8-90所示。

图8-90

8.3.11 取消饱和

“取消饱和”用于将位图中每种颜色的饱和度都减为0，转化为相应的灰度，形成灰度图像。选中位图，执行“效果>调整>取消饱和”菜单命令，即可将位图转换为灰度图，如图8-91所示。

图8-91

8.3.12 通道混合器

“通道混合器”通过改变不同颜色通道的数值来改变图像的色调。选中位图，执行“效果>调整>通道混合器”菜单命令，打开“通道混合器”对话框，在“色彩模型”中选择颜色模式，然后选择相应的颜色通道分别进行设置，接着单击“确定”按钮完成调整，如图8-92所示。

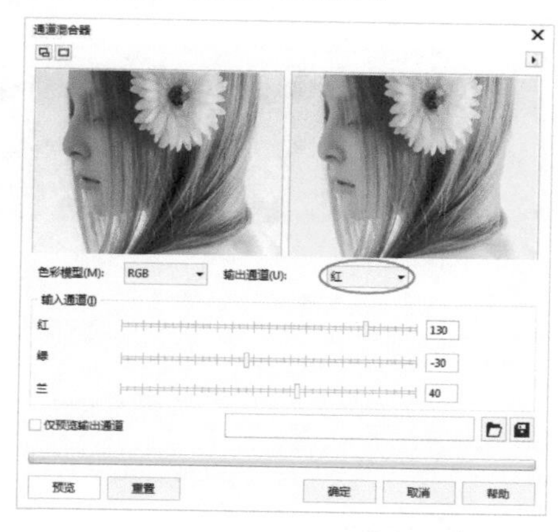

图8-92

8.4 变换颜色和色调

可以通过“效果>变换”菜单命令下的“去交错”“反显”和“极色化”子命令来对位图的色调和颜色添加特殊效果。

8.4.1 去交错

“去交错”用于从扫描或隔行显示的图像中移除线条。选中位图，执行“效果>变换>去交错”菜单命令，打开“去交错”对话框，然后选择相应的“扫描线”和“替换方法”，在预览图中查看效果，接着单击“确定”按钮完成调整，如图8-93所示。

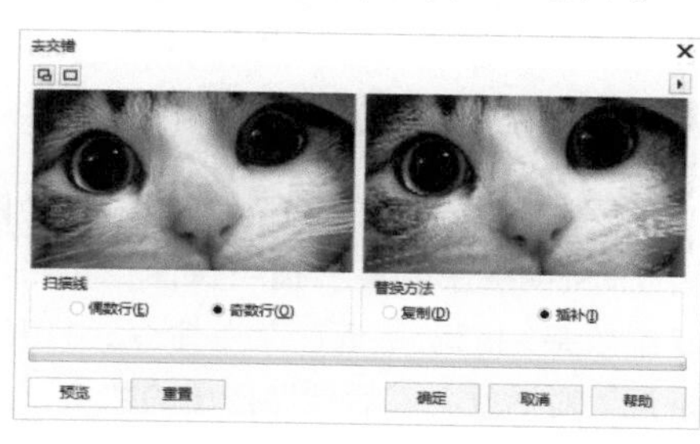

图8-93

8.4.2 反显

“反显”可以反显图像的颜色，反显图像会呈现摄影负片的效果。选中位图，执行“效果>变换>反显”菜单命令，即可将位图转换为灰度图，如图8-94所示。

图8-94

8.4.3 极色化

“极色化”用于减少位图中色调值的数量，减少颜色层次以产生大面积缺乏层次感的颜色。选中位图，执行“效果>变换>极色化”菜单命令，打开“极色化”对话框，然后在“层次”后设置调整的颜色层次，在预览图中查看效果，接着单击“确定”按钮完成调整，如图8-95所示。

图8-95

8.5 三维效果

三维效果滤镜组可以对位图添加三维特殊效果，使位图具有空间和深度感，三维效果的操作命令包括“三维旋转”“柱面”“浮雕”“卷页”“透视”“挤远/挤近”和“球面”。

8.5.1 三维旋转

“三维旋转”通过拖动三维模型效果来添加图像的旋转3D效果。选中位图，执行“位图>三维效果>三维旋转”菜单命令，打开“三维旋转”对话框，然后拖动三维效果，在预览图中查看效果，接着单击“确定”按钮完成调整，如图8-96所示。

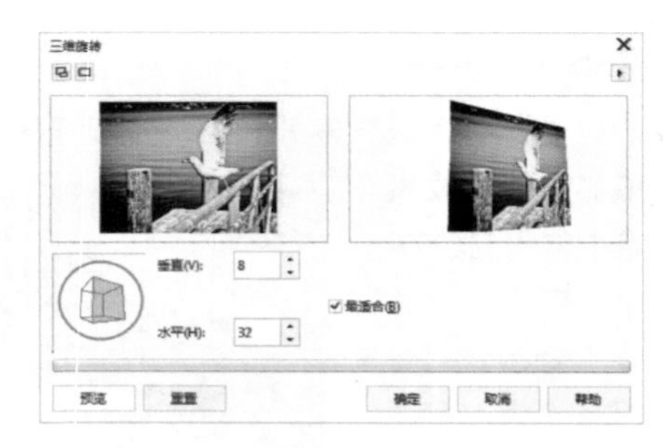

图8-96

8.5.2 柱面

“柱面”以圆柱体表面贴图为基础，为图像添加三维效果。选中位图，执行“位图>三维效果>柱面”菜单命令，打开“柱面”对话框，然后选择“柱面模式”，接着调整拉伸的百分比，最后单击“确定”按钮完成调整，如图8-97所示。

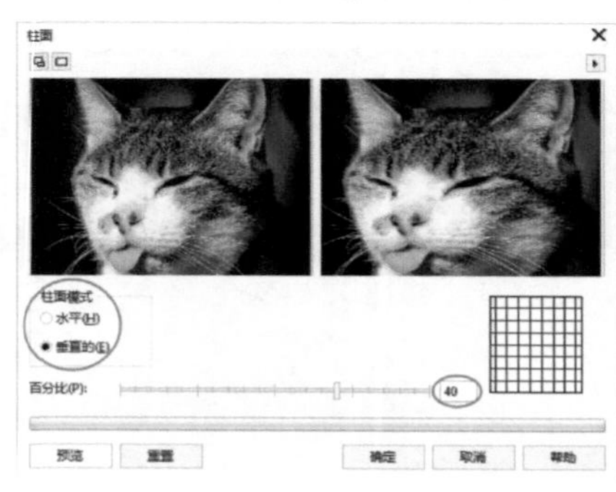

图8-97

8.5.3 浮雕

“浮雕”可以为图像添加凹凸效果，形成浮雕图案。选中位图，执行“位图>三维效果>浮雕”菜单命令，打开“浮雕”对话框，然后调整“深度”“层次”和“方向”，接着选择浮雕的颜色，最后单击“确定”按钮完成调整，如图8-98所示。

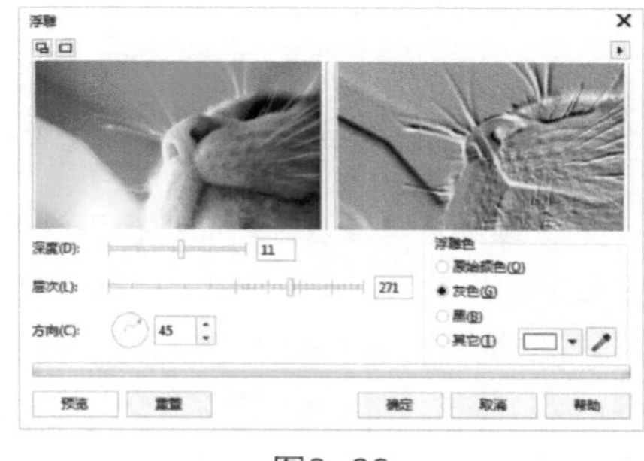

图8-98

8.5.4 卷页

“卷页”可以卷起位图的一角，形成翻卷效果。选中位图，执行“位图>三维效果>卷页”菜单命令，打开“卷页”对话框，然后选择卷页的位置、定向、纸张和颜色，接着调整卷页的“宽度”和“高度”，最后单击“确定”按钮完成调整，如图8-99所示。

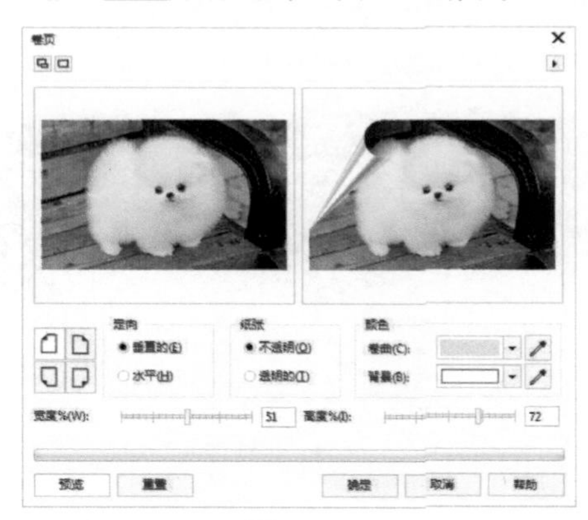

图8-99

8.5.5 透视

“透视”可以为位图添加透视深度。选中位图，执行“位图>三维效果>透视”菜单命令，打开“透视”对话框，然后选择透视的“类型”，接着拖动透视效果，最后单击“确定”按钮完成调整，如图8-100所示。

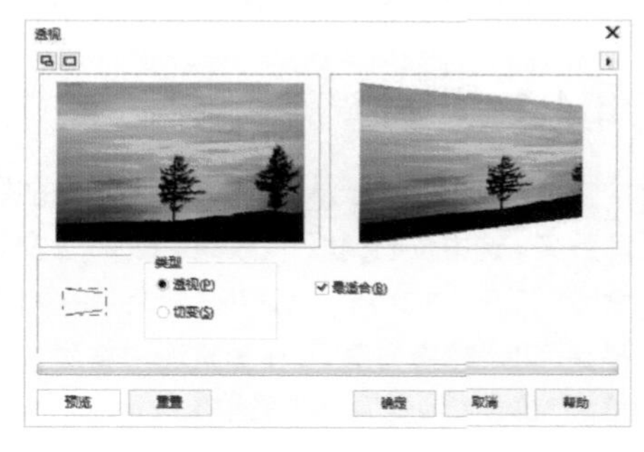

图8-100

8.5.6 挤远/挤近

“挤远/挤近”以球面透视为基础为位图添加向内或向外的挤压效果。选中位图，执行“位图>三维效果>挤远/挤近”菜单命令，打开“挤远/挤近”对话框，然后调整挤压的数值，接着单击“确定”按钮完成调整，如图8-101所示。

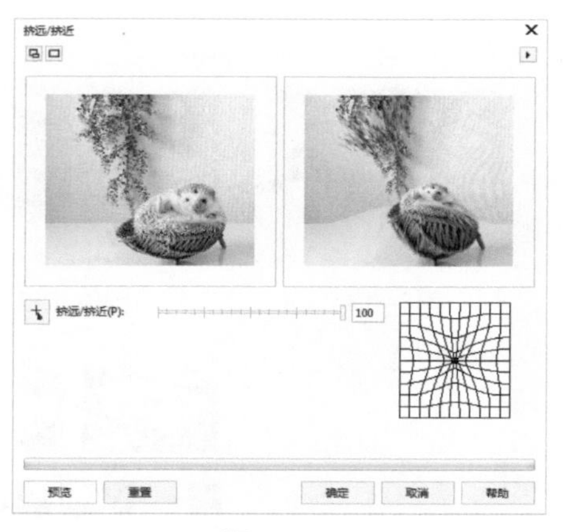

图8-101

8.5.7 球面

“球面”可以为图像添加球面透视效果。选中位图，执行“位图>三维效果>球面”菜单命令，打开“球面”对话框，然后选择“优化”类型，接着调整球面效果的百分比，最后单击“确定”按钮完成调整，如图8-102所示。

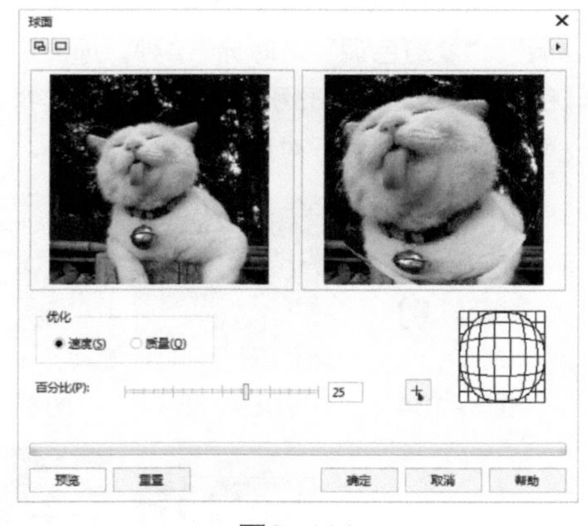

图8-102

8.6 艺术笔触

“艺术笔触”用于将位图以手工绘画方式转换，创造不同的绘画风格，包括“炭笔画”“单色蜡笔画”“蜡笔画”“立体派”“印象派”“调色刀”“彩色蜡笔画”“钢笔画”“点彩派”“木版画”“素描”“水彩画”“水印画”和“波纹纸画”14种，原图和效果如图8-103~图8-117所示，用户可以选择相应的笔触打开对话框进行详细设置。

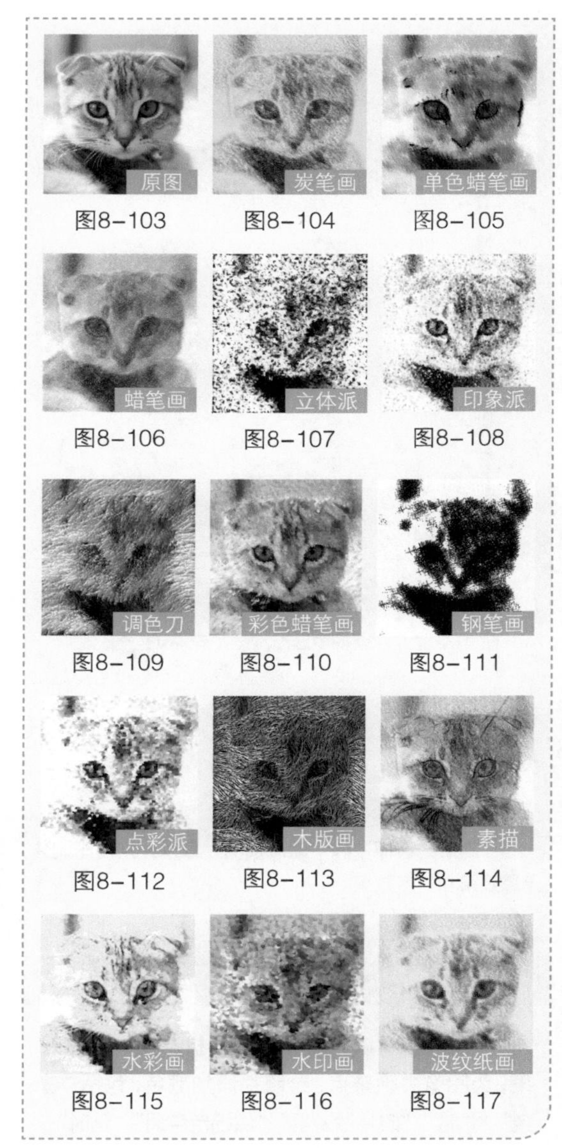

图8-103 图8-104 图8-105

图8-106 图8-107 图8-108

图8-109 图8-110 图8-111

图8-112 图8-113 图8-114

图8-115 图8-116 图8-117

8.7 模糊

模糊是绘图中较为常用的效果，方便用户添加特殊光照效果。在“位图”菜单下可以选择相应的模糊类型为对象添加模糊效果，包括“定向平滑”“高斯式模糊”“锯齿状模糊”“低通滤波器”“动态模糊”“放射式模糊”“平滑”“柔和”“缩放”和“智能模糊”10种，原图和效果如图8-118~图8-128所示，用户可以选择相应的模糊效果打开对话框调节数值。

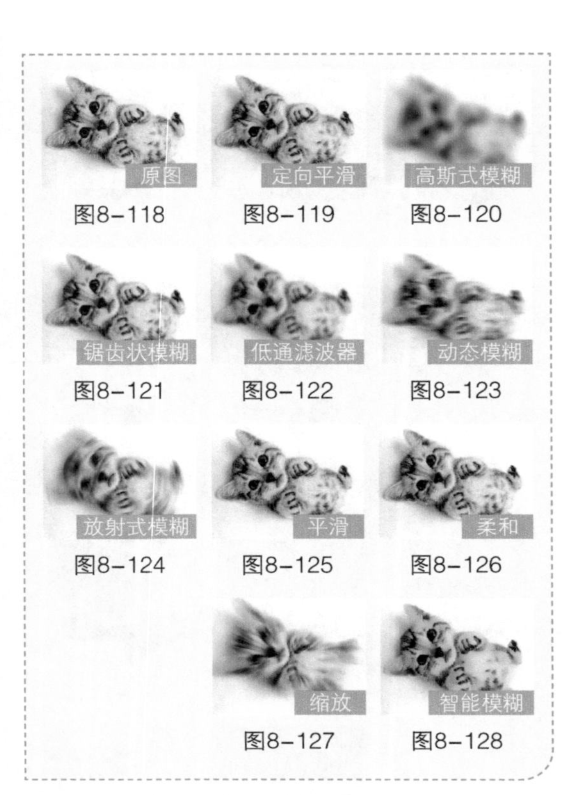

图8-118 图8-119 图8-120
图8-121 图8-122 图8-123
图8-124 图8-125 图8-126
图8-127 图8-128

提示

"高斯式模糊"和"动态模糊"可以分别用于制作光晕效果和速度效果。

8.8 相机

"相机"可以为图像添加相机产生的光感效果，为图像去除杂点，给照片添加颜色，包括"着色""扩散""照片过滤器""棕褐色色调""延时"5种，效果如图8-129~图8-133所示，用户可以选择相应的滤镜效果打开对话框进行数值调节。

图8-129 图8-130

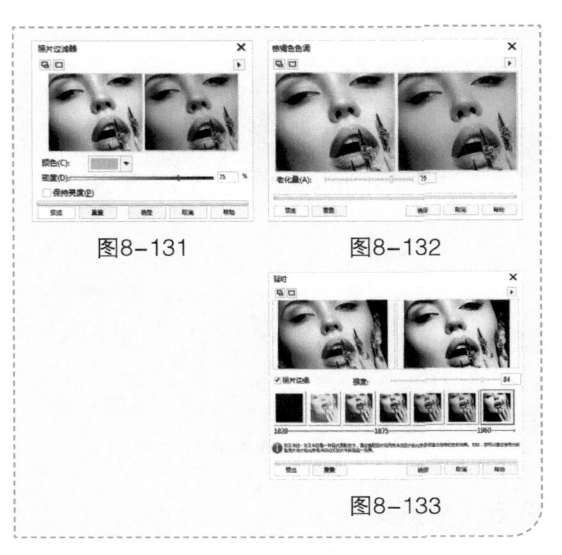
图8-131 图8-132
图8-133

8.9 颜色转换

"颜色转换"可以将位图分为3个颜色平面进行显示，也可以为图像添加彩色网版效果，还可以转换色彩效果，包括"位平面""半色调""梦幻色调""曝光"4种，原图和效果如图8-134~图8-138所示，用户可以选择相应的颜色转换类型打开对话框调节数值。

图8-134  图8-135 图8-136

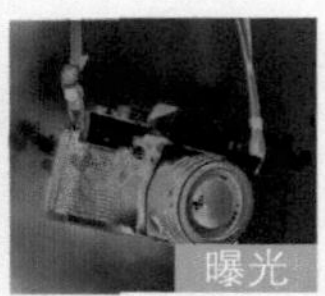

图8-137 图8-138

8.10 轮廓图

"轮廓图"用于处理位图的边缘和轮廓，以突出显示图像边缘，包括"边缘检测""查找边缘""描摹轮廓"3种，原图和效果如图8-139~图8-142所示，用户可以选择相应的类型打开对话框调节数值。

图8-139　图8-140

图8-141　图8-142

8.11 创造性

“创造性”提供了丰富的底纹和形状，包括“工艺”“晶体化”“织物”“框架”“玻璃砖”“儿童游戏”“马赛克”“粒子”“散开”“茶色玻璃”“彩色玻璃”“虚光”“漩涡”“天气”14种，原图和效果如图8-143~图8-157所示，用户可以选择相应的类型打开对话框进行设置，使效果更丰富、更完美。

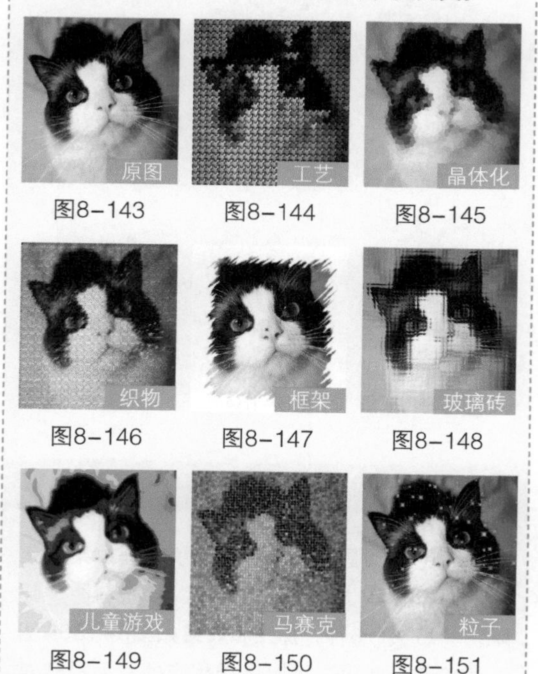

图8-143　图8-144　图8-145

图8-146　图8-147　图8-148

图8-149　图8-150　图8-151

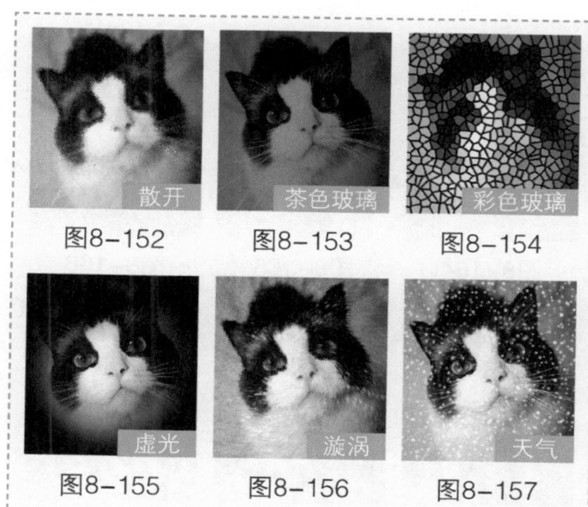

图8-152　图8-153　图8-154

图8-155　图8-156　图8-157

8.12 自定义

“自定义”可以为位图添加图像画笔效果，包括“Alchemy”和“凹凸贴图”2种，原图和效果如图8-158~图8-160所示。用户可以选择相应的类型打开对话框进行设置。利用“自定义”功能可以添加图像的画笔效果。

图8-158

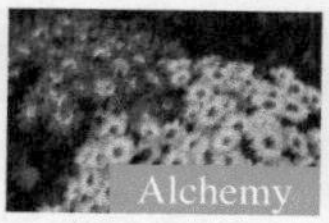

Alchemy

图8-159

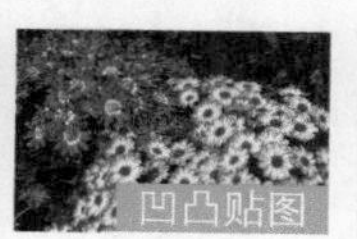

图8-160

8.13 扭曲

“扭曲”可以使位图产生变形扭曲效果，包括“块状”“置换”“网孔扭曲”“偏移”“像素”“龟纹”“漩涡”“平铺”“湿笔画”“涡流”“风吹效果”11种，原图和效果如图8-161~图8-172所示。用户可以选择相应的类型打开对话框进行设置，使效果更丰富、更完美。

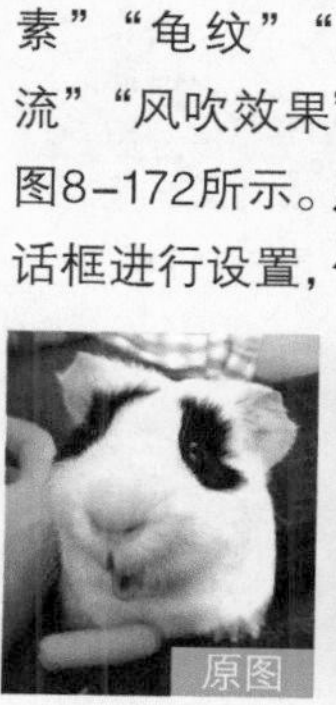

图8-161

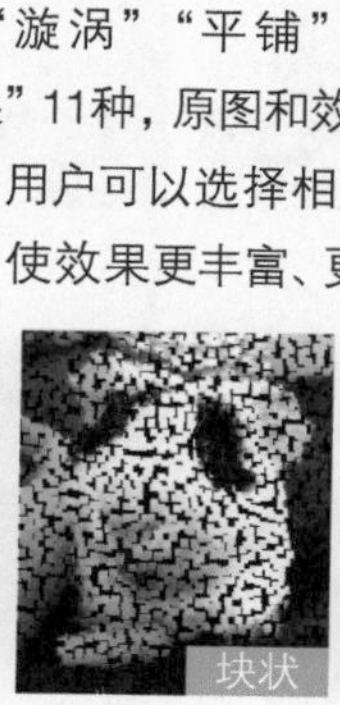

图8-162

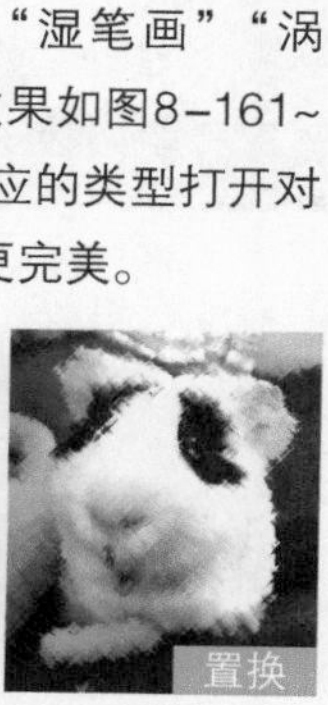

图8-163

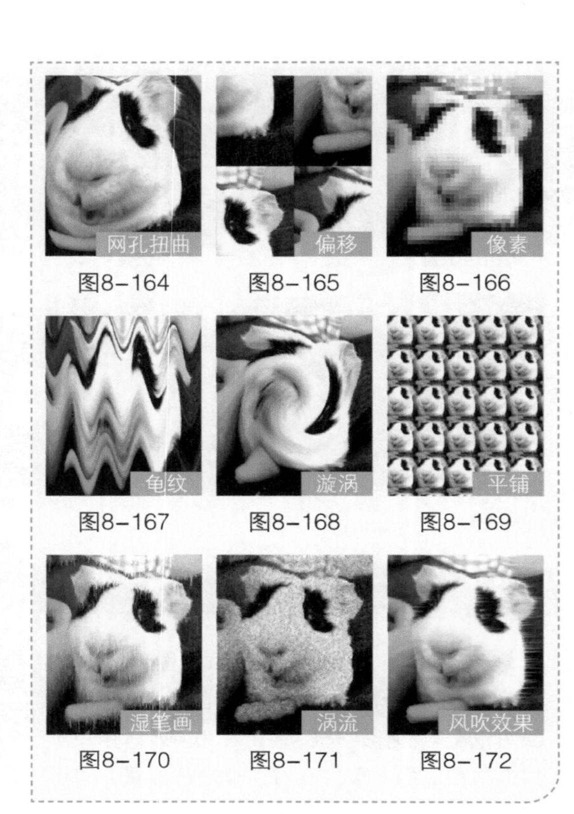

图8-164　图8-165　图8-166

图8-167　图8-168　图8-169

图8-170　图8-171　图8-172

8.14 杂点

“杂点”可以为图像添加颗粒，并调整添加颗粒的程度，包括“添加杂点”“最大值”“中值”“最小”“去除龟纹”“去除杂点”6种，原图和效果如图8-173~图8-179所示。用户可以选择相应的类型打开对话框进行设置。利用“杂点”功能可以创建背景和添加刮痕效果。

图8-173

添加杂点

图8-174

图8-175

图8-176

图8-177

去除龟纹

图8-178

图8-179

8.15 鲜明化

“鲜明化”可以突出强化图像边缘，修复图像中缺损的细节，使模糊的图像变得更清晰，包括“适应非鲜明化”“定向柔化”“高通滤波器”“鲜明化”“非鲜明化遮罩”5种，原图和效果如图8-180~图8-185所示，用户可以选择相应的类型打开对话框进行设置。利用“鲜明化”功能可以提升图像显示的效果。

图8-180

图8-181

图8-182

图8-183

图8-184

图8-185

8.16 底纹

“底纹”提供了丰富的底纹肌理效果，包括“鹅卵石”“折皱”“蚀刻”“塑料”“浮雕”“石头”6种，原图和效果如图8-186~图8-192所示。用户可以选择相应的类型打开对话框进行设置，使效果更加丰富、完美。

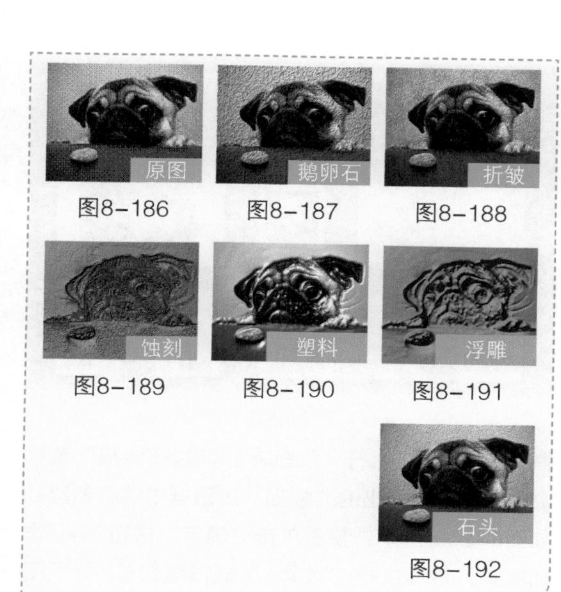

图8-186　图8-187　图8-188

图8-189　图8-190　图8-191

图8-192

8.17 综合练习

综合练习　用“三维效果”制作海报

» 实例位置　实例文件>CH08>综合练习：用“三维效果”制作海报.cdr
» 素材位置　素材文件>CH08> 04.jpg、05.jpg
» 视频名称　综合练习：用“三维效果”制作海报.mp4
» 技术掌握　三维效果的应用

海报效果如图8-193所示。

图8-193

01 导入学习资源中的“素材文件>CH08>04.jpg”文件，如图8-194所示，然后选中对象，使用“橡皮擦工具”绘制破损效果，如图8-195所示。

图8-194

图8-195

02 绘制胶带。使用“矩形工具”绘制一个矩形，然后填充颜色为（C:0, M:20, Y:100, K: 0），并去掉轮廓线，接着使用“粗糙工具”绘制“胶带”的破损效果，最后使用“透明度工具”单击对象，在属性栏中选择“均匀透明度”，“透明度”为“50”，如图8-196所示。

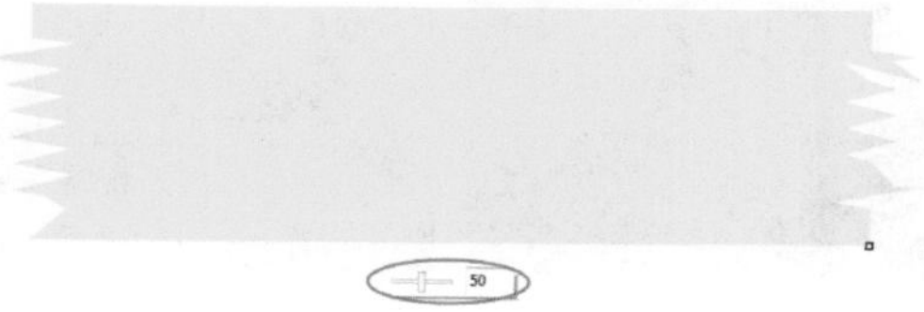

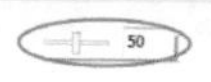

图8-196

03 导入学习资源中的“素材文件>CH08>05.jpg”文件，然后将人像图片拖曳到素材中合适的位置，并调整大小，接着将“胶带”复制两份，再旋转合适的角度，最后拖曳到人像图片3个角的位置，如图8-197所示。

图8-197

04 选中人像图片，执行“位图>三维效果>卷页”菜单命令，然后在“卷页”对话框中选择卷页的位置为“左上角”，并设置“定向”为“垂直的”、“纸张”为“不透明”，接着使用“滴管工具”吸取墙面颜色作为“卷曲”颜色，再设置“宽度%”为“30”、“高度%”为“48”，设置如图8-198所示。

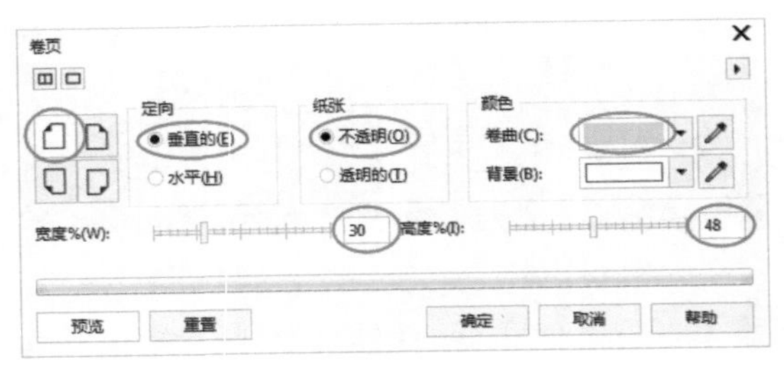

图8-198

05 使用“形状工具” 移动节点，将背景贴着“海报”，如图8-199所示，最终效果如图8-200所示。

图8-199

图8-200

综合练习 制作风格画框墙

» 实例位置 实例文件>CH08>综合练习：制作风格画框墙.cdr
» 素材位置 素材文件>CH08>06.cdr、07.cdr
» 视频名称 综合练习：制作风格画框墙.mp4
» 技术掌握 艺术笔触的应用

风格画框墙效果如图8-201所示。

图8-201

01 导入学习资源中的“素材文件>CH08>06.cdr、07.cdr”文件，将照片调整大小，然后放入合适的位置，如图8-202所示。

图8-202

02 选中照片，执行“位图>艺术笔触>素描”菜单命令，然后在弹出的“素描”对话框中调整参数，如图8-203 所示，接着单击“确定”按钮 添加效果，最后执行“对象>图框精确裁剪>置于图文框内部”菜单命令，将其置于相框内，效果如图8-204所示。

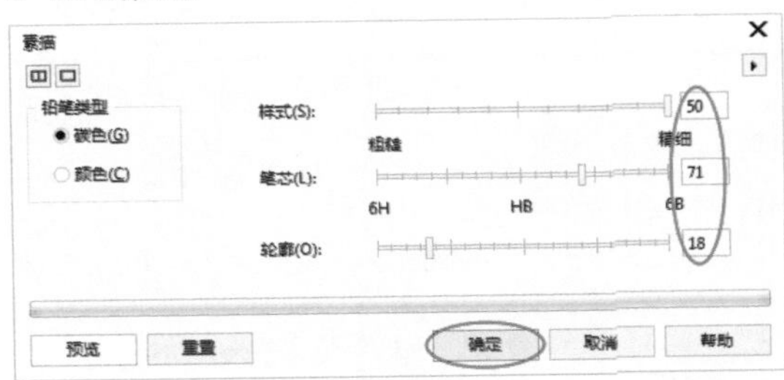

图8-203

图8-204

03 分别选中其他对象，使用同样的方法进行处理，最终效果如图8-205所示。

图8-205

8.18 课后习题

课后习题 抱枕的制作

» 实例位置 实例文件>CH08>课后习题：抱枕的制作.cdr
» 素材位置 素材文件>CH08>08.jpg、09.jpg
» 视频位置 课后习题：抱枕的制作.mp4
» 技术掌握 创造性的应用

抱枕效果如图8-206所示。

图8-206

⊙ 制作分析

第1步：使用“钢笔工具”绘制一个抱枕的形状，然后复制一份备用，接着导入学习资源中的“素材文件>CH08>08.jpg”文件，将图片精确裁剪到抱枕形状中，并适当调整位置，效果如图8-207所示。

第2步：执行“位图>转换为位图”菜单命令，将对象转换为位图，然后执行“位图>创造性>织物”菜单命令，在弹出的“织物”对话框中设置参数，接着单击“确定”按钮完成操作，效果如图8-208所示。

图8-207

图8-208

第3步：选中前面复制的对象，放在图中抱枕的下方，然后使用“阴影工具”绘制对象的阴影，接着导入学习资源中的“素材文件>CH08>09.jpg”文件，拖曳到页面中调整大小，并放置在页面最下方，最后适当旋转抱枕，调整抱枕的大小，最终效果如图8-209所示。

图8-209

课后习题 绘制唯美雪景

» 实例位置 实例文件>CH08>课后习题：绘制唯美雪景.cdr
» 素材位置 素材文件>CH08>10.jpg
» 视频位置 课后习题：绘制唯美雪景.mp4
» 技术掌握 模糊的应用

唯美雪景效果如图8-210所示。

图8-210

⊙ 制作分析

第1步：导入学习资源中的“素材文件>CH08>10.jpg”文件，然后使用“椭圆形工具”绘制一个圆，并填充白色，去除轮廓线，如图8-211所示。

图8-211

第2步：选中圆，执行“位图>转换为位图”菜单命令，然后执行“位图>模糊>高斯式模糊”菜单命令，接着使用“透明度工具”单击对象，并设置“透明度”为“20”，效果如图8-212所示。

图8-212

第3步：多次复制对象，然后将复制的对象拖曳到页面中的不同位置，并调整大小，最终效果如图8-213所示。

图8-213

8.19 本课笔记

第9课

文本操作

在本课中，我们将学习文本的操作，从简单的文字输入到复杂的字体设计。CorelDRAW X8不仅是一款强大的矢量图绘制软件，还是强大的文字编排软件，其丰富的编辑模式广泛适用于书籍、海报和广告等行业。

学习要点

» 文本的设置与编辑

» 文本编排

» 页面设置

» 文本的转曲操作

» 艺术字体设计

9.1 文本的输入

文本在平面设计作品中起到解释说明的作用，在CorelDRAW X8中，文本主要以美术字和段落文本两种形式存在，美术字具有矢量图形的属性，可用于添加断行的文本；段落文本可用于对格式要求更高的、篇幅较大的文本。也可以将文字当作图形来设计，使平面设计的内容更广泛。

9.1.1 美术文本

CorelDRAW X8把美术字作为一个单独的对象，可以使用各种处理图形的方法对其进行编辑。

1.创建美术字

单击“文本工具”，在页面内单击鼠标建立一个文本插入点，即可输入文本，所输入的文本为美术字，如图9-1所示。

图9-1

2.选择文本

在设置文本属性之前，必须先选中需要设置的文本，选择文本的方法有两种。

第1种：使用“文本工具”单击要选择的文本字符的起点位置，然后按住鼠标拖动到选择字符的终点位置，再松开鼠标，如图9-2所示。

图9-2

第2种：使用“选择工具”单击输入的文本，可以直接选中该文本中的所有字符。

3.美术文本转换为段落文本

输入美术文本后，可以将美术文本转换为段落文本。

使用“选择工具”选中美术文本，然后单击鼠标右键，在弹出的菜单中选择“转换为段落文本”命令，即可将美术文本转换为段落文本（也可以直接按快捷键Ctrl+F8），如图9-3所示。

图9-3

除了使用以上方法外，还可以执行“文本>转换为段落文本”菜单命令，将美术文本转换为段落文本。

9.1.2 段落文本

利用段落文本形式可以方便快捷地输入和编排较多的文字。另外，在多页面文件中，段落文本可以从一个页面流动到另一个页面，编排起来非常方便。

1.输入段落文本

单击“文本工具”，在页面内按住鼠标左键拖动，松开鼠标后生成文本框，此时输入的文本即为段落文本。在段落文本框内输入文本，排满一行后将自动换行，如图9-4所示。

图9-4

2.文本框的调整

段落文本只能在文本框内显示，若超出文本框的范围，文本框下方的控制点内会出现一个黑色三角箭头，向下拖动该箭头，使文本框扩大，即可显示被隐藏的文本，如图9-5所示。也可以拖曳文本框上的任意一个控制点来调整文本框的大小，使隐藏的文本完全显示出来。

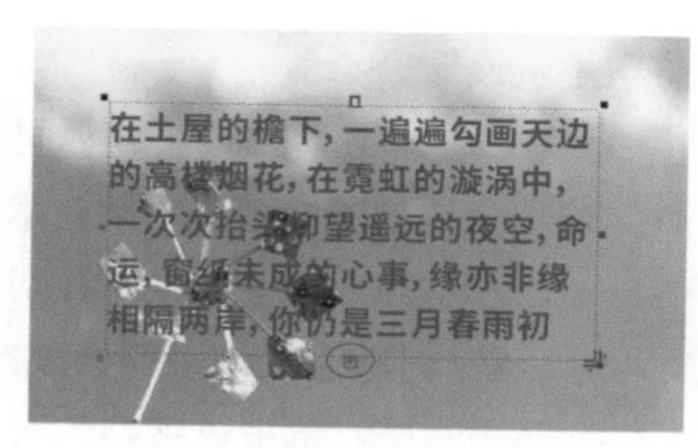

图9-5

9.1.3 导入/粘贴文本

无论是输入美术文本，还是段落文本，使用“导入/粘贴文本”的方法均可以节省输入文本的时间。

执行“文件>导入”菜单命令或按快捷键Ctrl+I，在弹出的“导入”对话框中选取需要的文本文件，然后单击“导入”按钮，弹出“导入/粘贴文本”对话框，如图9-6所示，此时单击“确定”按钮，即可导入文本。

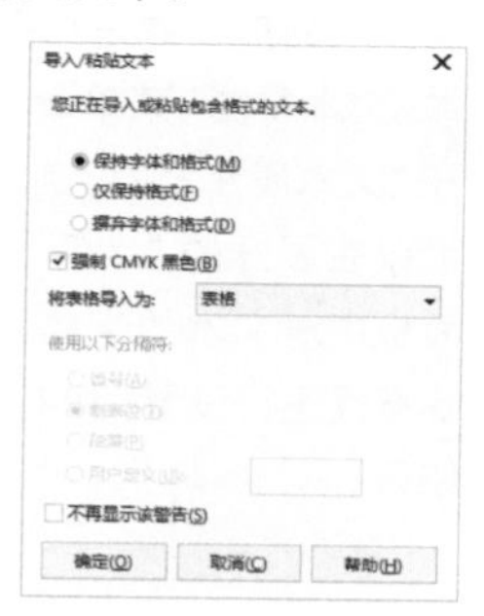

图9-6

⊙ 重要参数介绍

保持字体和格式：勾选该选项后，文本将以原系统的设置样式导入。

仅保持格式：勾选该选项后，文本将以原系统的文字字号和当前系统的设置样式导入。

摒弃字体和格式：勾选该选项后，文本将以当前系统的设置样式导入。

强制CMYK黑色：勾选该复选框，可以使导入的文本统一为CMYK色彩模式的黑色。

> **提示**
>
> 如果是在网页中复制的文本，可以直接按快捷键Ctrl+V粘贴到软件的页面中，并且以软件中的设置样式显示。

9.1.4 段落文本链接

如果在当前工作页面中输入了大量文本，可以将其分为不同的部分显示，还可以对其添加文本链接效果。

1.链接段落文本框

单击文本框下方的黑色三角箭头，当光标变为状时，在文本框以外的空白处单击会产生另一个文本框，新的文本框内显示前一个文本框中被隐藏的文字，如图9-7所示。

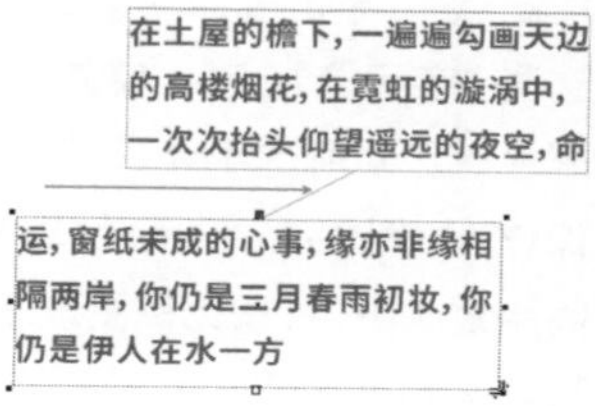

图9-7

2.与闭合路径链接

单击文本框下方的黑色三角箭头，当光标变为状时，移动到想要链接的对象上，待光标变为箭头状时，单击链接对象，如图9-8所示，即可在对象内显示前一个文本框中被隐藏的文字，如图9-9所示。

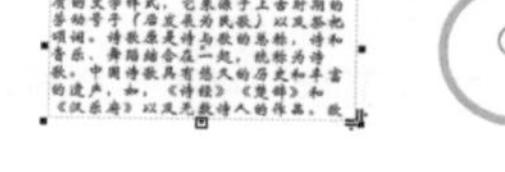

图9-8

图9-9

3.与开放路径链接

使用“钢笔工具”或其他线型工具绘制一条曲线，然后单击文本框下方的黑色三角箭头，当光标变为状时，移动到想要链接的曲线上，待光标变为箭头状时，单击曲线，即可在曲线上显示前一个文本框中被隐藏的文字，如图9-10所示。

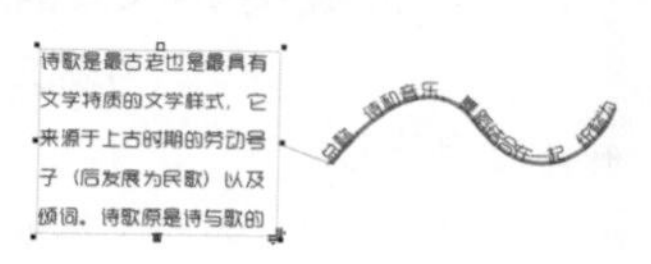

图9-10

9.2 文本设置与编辑

在CorelDRAW X8中，无论是美术文本，还是段落文本，都可以进行编辑和属性设置。

9.2.1 用形状工具调整文本

使用“形状工具”选中文本后，每个文字的左下角都会出现一个白色小方块，该小方块称为“字元控制点”。单击鼠标左键或按住鼠标左键拖动框选这些“字元控制点”，使其呈黑色选中状态，即可在属性栏上对所选字元进行旋转、缩放和颜色改变等操作，如图9-11所示。拖动文本对象右下角的水平间距箭头，可按比例更改字符间的间距（字距）；拖动文本对象左下角的垂直间距箭头，可以按比例更改行距，如图9-12所示。

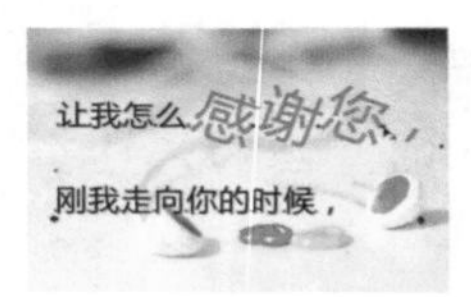

图9-11

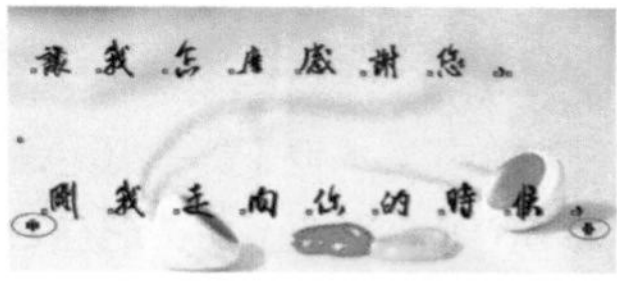

图9-12

9.2.2 属性栏设置

“文本工具”属性栏选项如图9-13所示。

图9-13

⊙ 参数介绍

字体列表：为新文本或所选文本选择字体。

字体大小：设置字体的大小。单击该选项，可在打开的列表中选择字号，也可以直接输入数值。

粗体：单击该按钮可将所选文本加粗显示。

斜体：单击该按钮可将所选文本倾斜显示。

下划线：单击该按钮可以为文本添加预设的下划线样式。

文本对齐：选择文本的对齐方式。

项目符号列表：为新文本或选中文本添加或移除项目符号。

首字下沉：为新文本或选中文本添加或移除首字下沉设置。

文本属性：单击该按钮，可以打开“文本属性”泊坞窗，编辑段落文本和艺术文本的属性。

编辑文本：单击该按钮，可以打开“编辑文本”对话框，对选定文本进行修改或输入新文本。

水平方向：单击该按钮，可以将选中文本或将要输入的文本更改或设置为水平方向（默认为水平方向）。

垂直方向：单击该按钮，可以将选中文本或将要输入的文本更改或设置为垂直方向。

交互式OpenType：当某种OpenType功能用于选定文本时，在屏幕上显示指示。

9.2.3 字符设置

单击属性栏上的“文本属性”按钮，或是执行“文本>文本属性”菜单命令，打开“文本属性”泊坞窗，然后可以在展开的“字符”设置面板中对文本的字体、字号等属性进行设置，如图9-14所示。

图9-14

⊙ 参数介绍

脚本：在该选项的列表中可以选择要限制的文本类型。选择“拉丁文”时，在该泊坞窗中设置的各选项只对选择文本中的英文和数字起作用；选择“亚洲”时，只对选择文本中的中文起作用（默认情况下，选择“所有脚本”，即对选择的所有文本起作用）。

字体列表：可以在弹出的字体列表中选择需要的字体样式。

下划线：单击该按钮，可以在打开的列表中为选中的文本添加下划线样式。

字体大小：设置字体的字号，可以单击后面的按钮进行设置；也可以将光标移动到文本边缘，当光标变为时，按住鼠标左键拖曳，调整字体大小。

字距调整范围：扩大或缩小选定文本范围内单个字符的间距，可以单击后面的按钮进行设置；也可以当光标变为÷时，按住鼠标左键上下拖曳，调整字符的间距。

填充类型：用于选择字符的填充类型。

背景填充类型：用于选择字符背景的填充类型。

填充设置：单击该按钮，可以打开与所选填充类型对应的填充对话框，对字符背景的填充颜色或填充图样进行更详细的设置。

轮廓宽度：可以在该选项的下拉列表中选择系统预设的宽度值作为文本字符的轮廓宽度，也可以在数值框中输入数值进行设置。

轮廓颜色：可以从该选项的颜色挑选器中选择颜色为所选字符的轮廓填充颜色。

轮廓设置：单击该按钮，可以打开“轮廓笔”对话框。

大写字母：更改字母或英文文本为大写字母或小型大写字母。

位置：更改选定字符相对于周围字符的位置。

操作练习 制作错位文字

» 实例位置 实例文件>CH09>操作练习：制作错位文字.cdr
» 素材位置 无
» 视频名称 操作练习：制作错位文字.mp4
» 技术掌握 文字的填充方法

错位文字效果如图9-15所示。

图9-15

01 新建一个“宽度”为“190mm”、“高度”为“160mm”的文档，然后双击“矩形工具”创建矩形，接着单击“交互式填充工具”，在属性栏上设置“渐变填充”为“椭圆形渐变填充”，再设置第1个节点的填充颜色为白色，第2个节点的位置为64%、填充颜色为（C:5，M:4，Y:4，K:0），第3个节点的填充颜色为（C:22，M:16，Y:16，K:0），最后去掉轮廓线，填充效果如图9-16所示。

图9-16

02 使用“文本工具”输入文本，设置“字体”为Adobe黑体Std R、“字体大小”为“110pt”，然后适当拉长文字，接着单击“交互式填充工具”，在属性栏上设置“渐变填充”为“线性渐变填充”，再设置第1个节点的填充颜色为（C:69，M:43，Y:40，K:0）、第2个节点的填充颜色为（C:84，M:82，Y:55，K:10），最后设置“旋转”为“-90°”，填充效果如图9-17所示。

03 原位置复制一份文字并选中，然后使用“裁剪工具”框住文字的下半部分进行裁剪，接着将裁剪后的文字水平向右平移一定距离，再使用“裁剪工具”框住文字的上半部分进行裁剪（该部分正好是之前裁掉的部分），最后将上下两部分左对齐后分别进行上下平移，使两部分文字间留出一点儿距离，如图9-18所示。

图9-17  图9-18

04 选中上半部分文字，然后单击“交互式填充工具”，接着在属性栏上设置“渐变填充”为“线性渐变填充”，再设置第1个节点的填充颜色为（C:53，M:22，Y:24，K:0）、第2个节点的填充颜色为（C:89，M:65，Y:56，K:15），最后设置“旋转”为“-90°”，填充效果如图9-19所示。

05 保持上半部分文字的选中状态，然后执行“效果>增加透视”菜单命令，接着按住鼠标左键拖曳文字两端的节点，使其向中间倾斜相同的角度，并保持两个节点在同一水平线上，如图9-20所示，最后选中文字的上半部分和下半部分，移动到页面中间。

图9-19  图9-20

06 使用“矩形工具”□绘制一个矩形，然后双击状态栏上的“编辑填充”按钮◈，在“编辑填充”对话框中设置“渐变填充”为“椭圆形渐变填充”▩，接着设置“节点位置”为0%的色标颜色为白色、“节点位置”为100%的色标颜色为（C:44，M:20，Y:29，K:0），再设置“填充宽度”为“192%”、“垂直偏移”为“13%”、“旋转”为“90°”，并取消勾选“自由缩放和倾斜”选项，最后单击“确定”按钮 确定 ，填充完毕后去除轮廓，效果如图9-21所示。

07 保持矩形的选中状态，然后单击“透明度工具”▩，接着在属性栏上设置“渐变透明度”为“线性渐变透明度”、“旋转”为“90.0°”，接着将矩形移动到下半部分文字的后面一层，再选中矩形和下半部分文字，最后按T键使其顶端对齐，最终效果如图9-22所示。

图9-21  图9-22

9.2.4 段落设置

执行“文本>文本属性”菜单命令，打开“文本属性”泊坞窗，然后可以在展开的“段落”设置面板中更改文本中文字的字距、行距和段落文本断行等段落属性，如图9-23所示。

图9-23

⊙ 参数介绍

无水平对齐▣：使文本不与文本框对齐（该选项为默认设置）。

左对齐▣：使文本与文本框左侧对齐。

居中▣：使文本置于文本框左右两侧之间的中间位置。

右对齐▣：使文本与文本框右侧对齐。

两端对齐▣：使文本与文本框两侧对齐（最后一行除外）。

强制两端对齐▣：使文本与文本框的两侧同时对齐。

调整间距设置▣：单击该按钮，可以打开“间距设置”对话框，自定义文本间距，如图9-24所示。

图9-24

提示

在“间距设置”对话框中，“最大字间距”“最小字间距”和“最大字符间距”只有在“水平对齐”选择“全部调整”和“强制调整”时才可以用。

首行缩进：设置段落文本的首行相对于文本框左侧的缩进距离（默认为0mm），该选项的范围为0~25 400mm。

左行缩进：设置段落文本（首行除外）相对于文本框左侧的缩进距离（默认为0mm），该选项的范围为0~25 400mm。

右行缩进：设置段落文本相对于文本框右侧的缩进距离（默认为0mm），该选项的范围为0~25 400mm。

垂直间距单位：设置文本间距的度量单位。

行间距：指定段落中各行的间距值，该选项的设置范围为0%~2 000%。

段前间距：指定在段落上方插入的间距，该选项的设置范围为0%~2 000%。

段后间距：指定在段落下方插入的间距，该选项的设置范围为0%~2 000%。

字间距：指定单个字的间距，该选项的设置范围为0%~2 000%。

字符间距：指定一个词中单个文本字符的间距，该选项的设置范围为-100%~2 000%。

语言间距：控制文档中多语言文本的间距，该选项的设置范围为0%~2000%。

操作练习 绘制诗歌卡片

- 实例位置　实例文件>CH09>操作练习：绘制诗歌卡片.cdr
- 素材位置　素材文件>CH09>01.cdr
- 视频名称　操作练习：绘制诗歌卡片.mp4
- 技术掌握　文本的属性设置

诗歌卡片效果如图9-25所示。

图9-25

01 新建一个“宽度”为“152mm”、“高度”为“210mm”的文档，然后使用“矩形工具”绘制两个矩形，并依次填充颜色为（C:50，M:50，Y:60，K:25）和（C:0，M:12，Y:0，K:0），再去除轮廓，接着选中淡粉色的矩形，使用“阴影工具”在矩形上由上到下拖曳创建阴影，最后在属性栏上设置“阴影角度”为“271°”、“阴影羽化”为“0”，效果如图9-26所示。

02 使用“文本工具”输入段落文本，然后打开“文本属性”泊坞窗，在“字符”面板中设置“字体”为“Avante”、“字体大小”为“11pt”、填充颜色为（C:40，M:70，Y:100，K:50），在“段落”面板中设置“文本对齐”为“右对齐”、“行间距”为“304%”、“段前间距”为“154%”，接着按快捷键Ctrl+Q将设置后的文字转换为曲线，移动到页面右侧调整位置，效果如图9-27所示。

图9-26

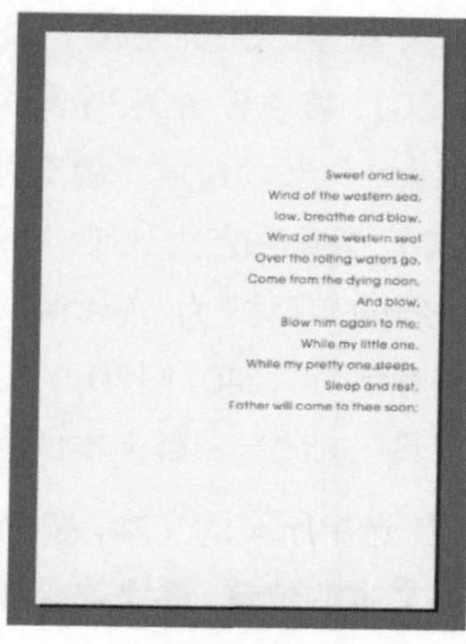

图9-27

03 使用“文本工具”在页面上方输入段落文本，然后打开“文本属性”泊坞窗，在“字符”面板中设置“字体”为“Avante”、“字体大小”为“5pt”、填充颜色为（C:40，M:70，Y:100，K:50），在“段落”面板中设置“文本对齐”为“右对齐”、“行间距”为“150%”、“段前间距”为“100%”，效果如图9-28所示。

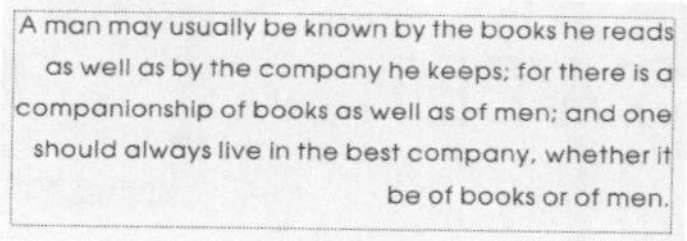

A man may usually be known by the books he reads
as well as by the company he keeps; for there is a
companionship of books as well as of men; and one
should always live in the best company, whether it
be of books or of men.

图9-28

04 选中页面上方的文本，按快捷键Ctrl+Q转换为曲线，然后导入学习资源中的“素材文件>CH09>01.cdr”文件，将其放置在页面左侧，如图9-29所示。

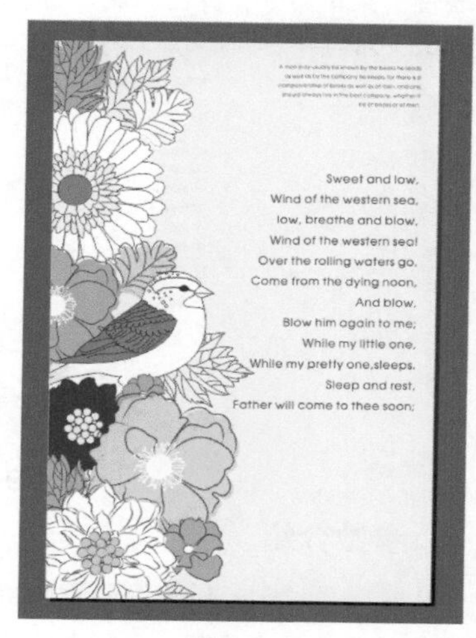

图9-29

05 使用“文本工具”字在页面右下方输入美术文本，然后设置第1个单词的“字体”为“Avante”、“字体大小”为“36pt”、填充颜色为（C:40，M:70，Y:100，K:50），接着设置第2个单词的“字体”为“Arial”、“字体大小”为“18pt”、填充颜色为（C:0，M:90，Y:20，K:0）、轮廓颜色为（C:0，M:90，Y:20，K:0），再设置下面一行的“字体”为“Avante”、“字体大小”为“10pt”、填充颜色为（C:40，M:70，Y:100，K:50），最后使用“形状工具”适当调整文本的字距，如图9-30所示。

06 选中所有的文本，按R键使其右对齐，然后适当调整文本的位置，最终效果如图9-31所示。

SWEET NOW
COME FROM THE DYING NOON

图9-30　　图9-31

9.2.5 制表位

设置制表位的目的是保证段落文本按照某种方式对齐，以使整个文本井然有序。执行“文本>制表位”菜单命令，弹出“制表位设置”对话框，如图9-32所示。

图9-32

⊙ 参数介绍

制表位位置：用于设置添加制表位的位置，新设置的数值是在最后一个制表位的基础上设置的，单击后面的“添加”按钮，可以将设置的位置添加到制表位列表的底部。

移除：单击该按钮，可以移除在制表位列表中选择的制表位。

全部移除：单击该按钮，可以移除制表位列表中的所有制表位。

前导符选项：单击该按钮，弹出“前导符设置”对话框，可以设置制表位将显示的符号，以及各符号的间距。

9.2.6 栏设置

当编辑大量文字时，通过“栏设置”对话框对文本进行设置，可以使文字排列美观、有序，便于阅读。执行“文本>栏”菜单命令，弹出“栏设置”对话框，如图9-33所示。

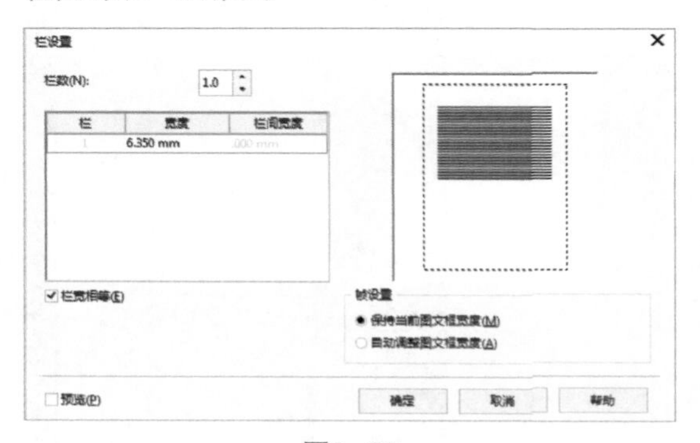

图9-33

⊙ 参数介绍

栏数：设置段落文本的分栏数目，“栏设置”对话框列表中显示分栏后的栏宽和栏间距，勾选“栏宽相等”复选框时，在“宽度”和“栏间宽度”中单击，可以设置不同的宽度和栏间宽度。

栏宽相等：勾选该复选框，可以在分栏后使栏和栏之间的距离相等。

保持当前图文框宽度：选择该选项后，可以保持分栏后文本框的宽度不变。

自动调整图文框宽度：选择该选项后，当对段落文本进行分栏时，系统可以根据设置的栏宽自动调整文本框宽度。

9.2.7 项目符号

在段落文本中添加项目符号，可以使文本内容条理更加清晰，主次更加分明。执行“文本>项目符号”菜单命令，弹出“项目符号”对话框，如图9-34所示。

图9-34

⊙ 重要参数介绍

使用项目符号：只有勾选该复选框，该对话框中的各个选项才可用。

字体：设置项目符号的字体。当该选项中的字体样式改变时，当前选择的“符号”也随之改变。

大小：为所选的项目符号设置大小。

基线位移：设置项目符号在垂直方向上的偏移量，参数为正值时，项目符号向上偏移；参数为负值时，项目符号向下偏移。

项目符号的列表使用悬挂式缩进：勾选该复选框，添加的项目符号将在整个段落文本中悬挂式缩进。

文本图文框到项目符号：设置文本和项目符号到图文框（或文本框）的距离，可以在数值框中输入数值，也可以单击后面的按钮，还可以当光标变为÷时，按住鼠标左键拖曳。

到文本的项目符号：设置文本到项目符号的距离，可以在数值框中输入数值，也可以单击后面的按钮，还可以当光标变为÷时，按住鼠标左键拖曳。

9.2.8 首字下沉

首字下沉可以将段落文本中每一段文字的第1个文字或字母放大并嵌入文本。执行“文本>首字下沉”菜单命令，弹出“首字下沉”对话框，如图9-35所示。

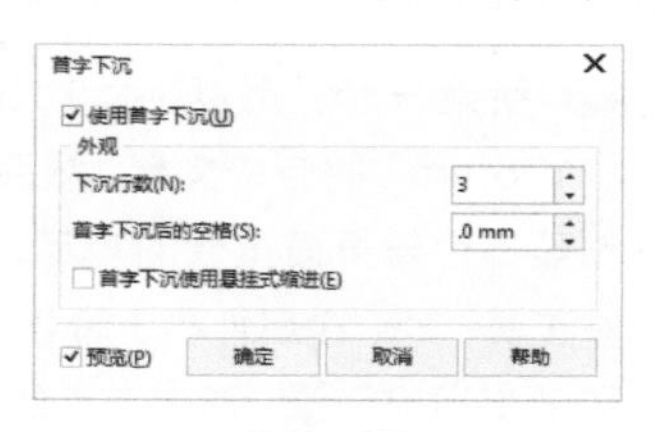

图9-35

⊙ 参数介绍

使用首字下沉：只有勾选该复选框，才可以设置该对话框中的各选项。

下沉行数：设置段落文本中每个段落首字下沉的行数，该选项的取值范围为2~10。

首字下沉后的空格：设置下沉文字与主体文字之间的距离。

首字下沉使用悬挂式缩进：勾选该复选框，首字下沉的效果将在整个段落文本中悬挂式缩进。

9.2.9 断行规则

执行“文本>断行规则”命令，弹出“亚洲断行规则”对话框，如图9-36所示。

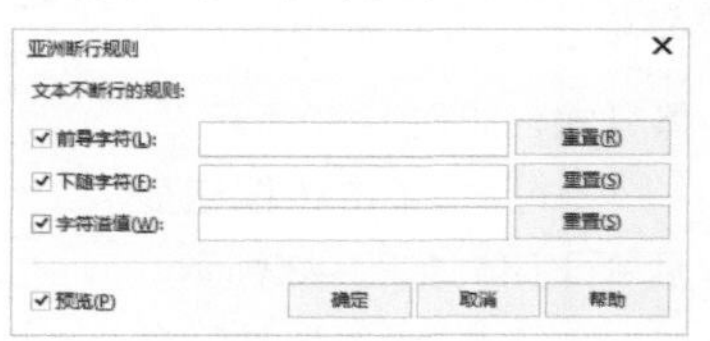

图9-36

⊙ 参数介绍

前导字符：确保不在选项文本框的任何字符之后断行。

下随字符：确保不在选项文本框的任何字符之前断行。

字符溢值：允许选项文本框中的字符延伸到行边距之外。

重置 重置(R)：在相应的选项文本框中，可以输入或移除字符。若要清空相应选项文本框中的字符，可单击该按钮。

预览：勾选该复选框，可以预览正在设置“文本不断行规则”的文本行。

9.2.10 字体乐园

CorelDRAW X8的“字体乐园”泊坞窗引入了一种选择字体的方式，该方式便于用户浏览和体验各种字体。执行“文本>字体乐园”菜单命令，打开“字体乐园”泊坞窗，然后在“字体列表”中选择“字体”，在相应的“排列样式”按钮列表中选择“排列样式”，并在“缩放”中更改示例文本的大小，再单击“复制”按钮 复制 ，如图9-37所示。

图9-37

⊙ 重要参数介绍

字体列表：在弹出的字体列表中选择需要的字体样式，如图9-38所示。

图9-38

单行：单击该按钮显示单行字体，如图9-39所示。

多行：单击该按钮显示一段文本，如图9-40所示。

瀑布式：单击该按钮显示字体逐渐变大的单行文本，如图9-41所示。

图9-39　图9-40　图9-41

9.2.11 插入字符

执行“插入字符”菜单命令，可以将系统已经定义好的符号或图形插入当前文件中。

执行“文本>插入字符”菜单命令，弹出“插入字符”泊坞窗，选择“代码页”和“字体”，然后拖动下方符号选项窗口右侧的滚动条，待出现需要的符号时，单击符号，接着单击“复制”按钮，如图9-42所示（或是在选择的符号上双击鼠标左键），即可将所选符号插入绘图窗口的中心位置。

图9-42

⊙ 重要参数介绍

字体列表：为字符和字形中的列表项目选择字体。

字符过滤器：为特定的OpenType特性、语言、类别等查找字符和字形。

操作练习 绘制圣诞贺卡

» 实例位置　实例文件>CH09>操作练习：绘制圣诞贺卡.cdr
» 素材位置　素材文件>CH09>02.cdr
» 视频名称　操作练习：绘制圣诞贺卡.mp4
» 技术掌握　插入字符的方法

圣诞贺卡效果如图9-43所示。

图9-43

01 新建一个“宽度”为“155mm”、“高度”为“195mm”的空白文档，然后双击“矩形工具”，创建一个与页面重合的矩形，接着单击“交互式填充工具”，在属性栏上设置“渐变填充”为“椭圆形渐变填充”、两个节点的填充颜色为（C:62，M:96，Y:35，K:0）和（C:12，M:46，Y:0，K:0），填充完毕后去除轮廓，效果如图9-44所示。

图9-44

02 执行"文本>插入字符"菜单命令，打开"插入字符"泊坞窗，然后设置"字体"为"ChristmasTime"，接着在字符列表中单击需要的字符，再单击"复制"按钮，如图9-45所示，最后将复制的字符拖曳到页面中。

图9-45

03 选中前面插入的雪花字符，然后复制多个调整为不同大小，并填充为白色散布在页面内，接着选中所有的雪花，按快捷键Ctrl+G进行组合，最后单击"透明度工具"，设置"均匀透明度"为"55"，效果如图9-46所示。

图9-46

04 在"插入字符"泊坞窗中设置"字体"为"Festive"，然后选中想要插入的字符，单击"复制"按钮，将复制的字符拖曳到页面中，接着选中插入的圣诞树，填充颜色为(C:49，M:32，Y:84，K:0)，填充轮廓为白色，最后设置"轮廓宽度"为"0.75mm"，如图9-47所示。

图9-47

05 导入学习资源中的"素材文件>CH09>02.cdr"文件，然后将文字拖曳到页面中间偏上的位置，将云朵和圣诞老人拖曳到页面偏下的位置，接着将圣诞树放在云朵和圣诞老人的后面，如图9-48所示。

06 在"插入字符"泊坞窗中设置"字体"为"Holidaypi BT"，然后在字符列表中单击需要的字符，单击"复制"按钮，接着将复制的字符拖曳到页面中，填充颜色为(C:80，M:39，Y:31，K:0)，再去除轮廓，最后将填充的雪花复制多个，放置在云朵上面调整至不同的位置和大小，如图9-49所示。

图9-48　图9-49

07 选中页面下方的所有对象，然后使用"阴影工具"在所选对象上由上自下拖动创建阴影，接着在属性栏上设置"阴影角度"为"274°"、"阴影的不透明度"为"80"、"阴影羽化"为"6"，效果如图9-50所示。

08 选中页面下方的所有对象，然后执行“对象>图框精确裁剪>置于图文框内部”菜单命令，将选中的对象嵌入矩形内，最终效果如图9-51所示。

图9-50

图9-51

9.2.12 文本框编辑

除了可以使用“文本工具”字在页面上拖动鼠标创建文本框以外，还可以由页面上绘制出的任意图形来创建文本框。选中绘制的图形，单击鼠标右键，执行“框类型>创建空文本框”菜单命令，即可将绘制的图形作为文本框，如图9-52所示，此时使用“文本工具”字在对象内单击即可输入文本。

图9-52

9.2.13 文本统计

执行“文本>文本统计信息”菜单命令，打开“统计”对话框，在该对话框的窗口中可以看到所选文本或是整个工作区中文本的各项统计信息，如图9-53所示。

图9-53

9.3 页面设置与文本编排

在CorelDRAW X8中，可以设置页面样式和文本的布局形式。

9.3.1 页面操作

在CorelDRAW X8中，可以对页面进行多项操作，使文本编排和图形绘制更加方便快捷。

1.插入页面

执行“布局>插入页面”菜单命令，打开“插入页面”对话框，如图9-54所示。

图9-54

⊙ **参数介绍**

页码数：设置插入页面的数量。

之前：将页面插入为所在页面的前面一页。

之后：将页面插入为所在页面的后面一页。

现存页面：在该选项中设置好页面后，所插入的页面将在该页面之后或之前。

大小：设置将要插入的页面的大小。

宽度：设置插入页面的宽度。

高度：设置插入页面的高度。

单位：设置插入页面的“高度”和“宽度”的度量单位。

提示

如果设置后的页面尺寸为“纵向”，单击“横向”按钮□可以交换“高度”和“宽度”的数值；如果设置后的页面尺寸为“横向”，单击“纵向”按钮▯可以交换“高度”和“宽度”的数值。

2.删除页面

执行“布局>删除页面”菜单命令，打开“删除页面”对话框，如图9-55所示。在“删除页面”数值框中输入要删除的页面的页码，然后单击“确定”按钮，即可删除该页面；如果勾选“通到页面”，并在该数值框中设置好页码，则可将“删除页面”到“通到页面”的所有页面删除。

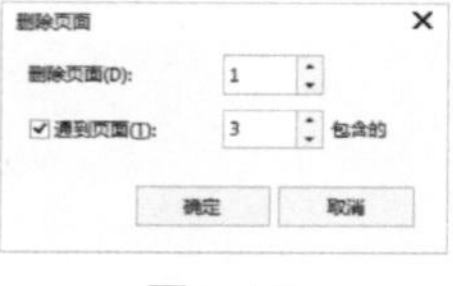

图9-55

3.转到某页

执行“布局>转到某页”菜单命令，打开“转到某页”对话框，如图9-56所示，在该对话框中设置页面的页码数，然后单击“确定”按钮，即可将当前页面切换到设置的页面。

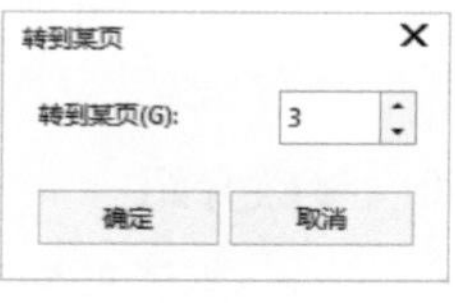

图9-56

4.切换页面方向

执行“布局>切换页面方向”菜单命令，即可将原本为“横向”的页面设置为“纵向”，原本为“纵向”的页面设置为“横向”。单击属性栏上的“纵向”按钮和“横向”按钮可以快速切换页面方向。

9.3.2 页面设置

绘制的对象不同，页面的设置也不同。

1.布局

执行“布局>页面设置”菜单命令，打开“选项”对话框，然后单击左侧的“布局”选项，展开该选项的设置页面，如图9-57所示。

图9-57

⊙ 重要参数介绍

布局：单击该选项，可以在打开的列表中选择页面的样式。

对开页：勾选该复选框，可以将页面设置为对开页。

起始于：单击该选项，在打开的列表中可以选择对开页样式起始于“左边”或“右边”。

2.背景

执行“布局>页面设置”菜单命令，打开“选项”对话框，然后单击左侧的“背景”选项，展开该选项的设置页面，如图9-58 所示。

图9-58

⊙ 重要参数介绍

无背景：选择该选项后，单击“确定”按钮，即可将页面的背景设置为无背景。

纯色：选择该选项后，可以在右侧的颜色挑选器中选择页面的背景颜色（默认为白色）。

位图：选择该选项后，可以单击右侧的“浏览”按钮，打开“导入”对话框，导入一张位图作为页面的背景。

默认尺寸：将导入的位图以系统默认的尺寸设置为页面背景。

自定义尺寸：选择该选项后，可以在“水平”和“垂直”数值框中自定义位图的尺寸（只有导入位图后，该选项才可用）。

保持纵横比：勾选该复选框，可以使导入的图片不会因为尺寸的改变而出现扭曲变形的现象。

9.3.3 页码操作

制作多页文档和书籍内页时常需要对页码进行设置。

1.插入页码

“布局>插入页码”子菜单命令中提供了4种插入页码的方式。

第1种：执行“布局>插入页码>位于活动图层”菜单命令，可以让插入的页码只位于活动图层下方的中间位置。

第2中：执行“布局>插入页码>位于所有页”菜单命令，可以使插入的页码位于每一个页面的下方。

第3种：执行“布局>插入页码>位于所有奇数页”菜单命令，可以使插入的页码位于每一个奇数页面的下方，为了方便进行对比，可以重新设置为“对开页”显示。

第4种：执行“布局>插入页码>位于所有偶数页”菜单命令，可以使插入的页码位于每一个偶数页面的下方，为了方便对比，可以重新设置为“对开页”显示。

2.页码设置

执行“布局>页码设置”菜单命令，打开“页码设置”对话框，可以设置页码的“起始编号”和“起始页”，单击“样式”选项右侧的按钮，可以打开页码样式列表，从中选择插入页码的样式，如图9-59所示。

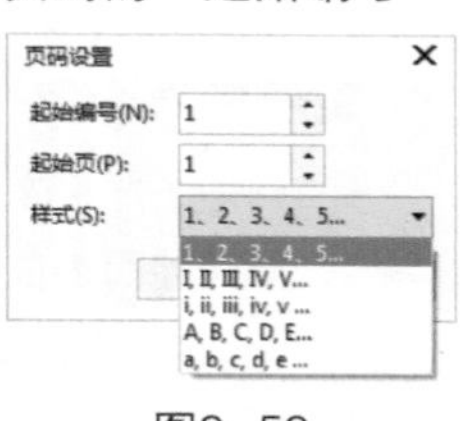

图9-59

9.3.4 文本绕图

在CorelDRAW X8中可以将段落文本围绕图形排列，使画面更加美观。段落文本围绕图形排列称为文本绕图。

单击“文本工具”输入段落文本，然后绘制任意图形或导入位图图像，将图形或图像放置在段落文本上，使其与段落文本有重叠的区域。单击属性栏上的“文本换行”按钮，弹出“换行样式”选项面板，如图9-60所示。单击面板中的任意一个按钮（“无”按钮除外），即可选择一种文本绕图效果。

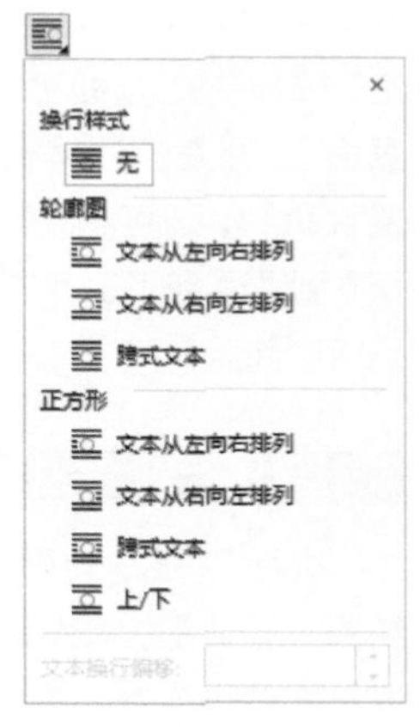

图9-60

⊙ 参数介绍

无：取消文本绕图效果。

轮廓图：使文本围绕图形的轮廓排列。

正方形：使文本围绕图形的边界框排列。

文本换行偏移：设置文本到对象轮廓或对象边界框的距离，可以单击后面的按钮，也可以当光标变为÷时拖曳鼠标来设置。

9.3.5 文本适合路径

在输入文本时，可以将文本沿着开放路径或闭合路径的形状分布，从而创建不同排列形态的文本效果。

1.直接填入路径

绘制一个矢量对象，然后单击“文本工具”，将光标移动到对象路径的边缘，待光标变为时，单击对象的路径，接着在对象的路径上直接输入文字，输入的文字沿着路径进行分布，如图9-61所示。

图9-61

2.执行菜单命令

选中某一美术文本，然后执行“文本>使文本适合路径”菜单命令，当光标变为⌐时，移动到要填入的路径，在对象上移动光标可以改变文本沿路径的距离以及相对路径终点和起点的偏移量（还会显示与路径的距离），如图9-62所示。

图9-62

3.沿路径文本属性设置

沿路径文本属性栏如图9-63所示。

图9-63

⊙ 参数介绍

文本方向：指定文本的总体朝向。

与路径的距离：指定文本和路径间的距离，当参数为正值时，文本向外扩散；当参数为负值时，文本向内收缩。

偏移：指定正值或负值来移动文本，使其靠近路径的终点或起点，当参数为正值时，文本按顺时针方向偏移；当参数为负值时，文本按逆时针方向偏移。

水平镜像文本：单击该按钮可以使文本从左到右翻转。

垂直镜像文本：单击该按钮可以使文本从上到下翻转。

贴齐标记：指定文本到路径间的距离。单击该按钮，弹出“贴齐标记”选项面板，单击“打开贴齐标记”，在“记号间距”数值框中设置贴齐的数值，调整文本与路径之间的距离时会按照设置的“记号间距”自动捕捉文本与路径之间的距离，单击“关闭贴齐标记”可关闭该功能。

提示

在该属性栏右侧的“字体列表”和“字体大小”选项中可以设置沿路径文本的字体和字号。

操作练习 绘制邀请函

» 实例位置 实例文件>CH09>操作练习：绘制邀请函.cdr
» 素材位置 素材文件>CH09>03.cdr
» 视频名称 操作练习：绘制邀请函.mp4
» 技术掌握 文本适合路径的操作方法

邀请函效果如图9-64所示。

图9-64

01 新建一个“宽度”为“290mm”、“高度”为“180mm”的空白文档，然后双击“矩形工具”□创建一个与页面重合的矩形，接着填充颜色为（C:57，M:48，Y:44，K:0），再删除轮廓线，最后执行“位图>转换为位图”菜单命令，即可将矩形转换为位图，如图9-65所示。

图9-65

02 选中矩形，执行“位图>创造性>天气”菜单命令，然后在弹出的“天气”对话框中选择“预报”为“雪”，接着设置“浓度”为“1”、“大小”为“10”，最后单击“确定”按钮，效果如图9-66所示。

图9-66

03 使用“矩形工具”□绘制一个“宽度”为“290mm”、“高度”为“46mm”的长条矩形，然后填充颜色为红色，接着绘制一个“宽度”为

"290mm"、"高度"为"4mm"的长条矩形，填充颜色为(C:0，M:40，Y:20，K:0)，再去掉这两个矩形的轮廓线，最后全选图形，打开"对齐与分布"泊坞窗，单击"水平居中对齐"按钮和"垂直居中对齐"按钮，使图形居中对齐，如图9-67所示。

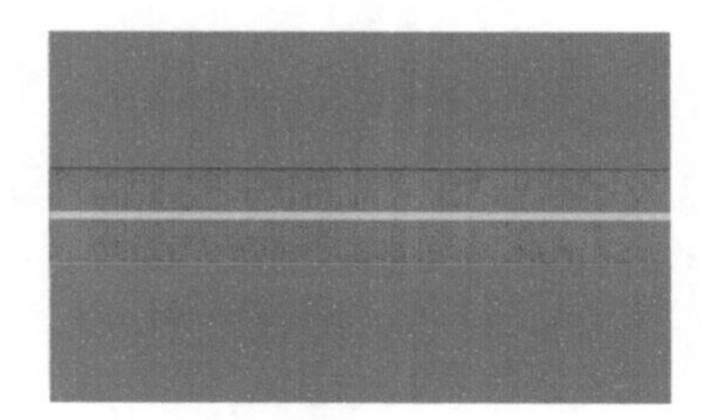

图9-67

04 导入学习资源中的"素材文件>CH09>03.cdr"文件，按P键使其居于页面中心，然后使用"阴影工具"在对象上由右到左拖曳创建阴影，接着在属性栏上设置"阴影的不透明度"为"87"、"阴影羽化"为"2"，效果如图9-68所示。

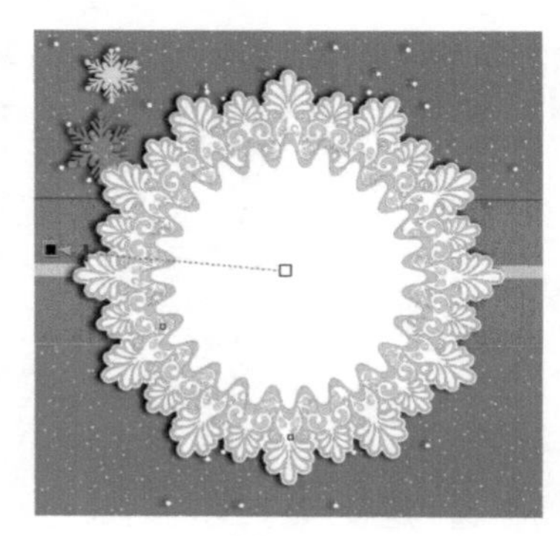

图9-68

05 使用"贝塞尔工具"绘制一条曲线，然后使用"文本工具"输入美术字，并在属性栏上设置"字体"为"EngraversMT"、"字体大小"为"49pt"、字体颜色为红色，接着选中文本执行"文本>使文本适合路径"菜单命令，创建沿路径文本，效果如图9-69所示。

INVITATION

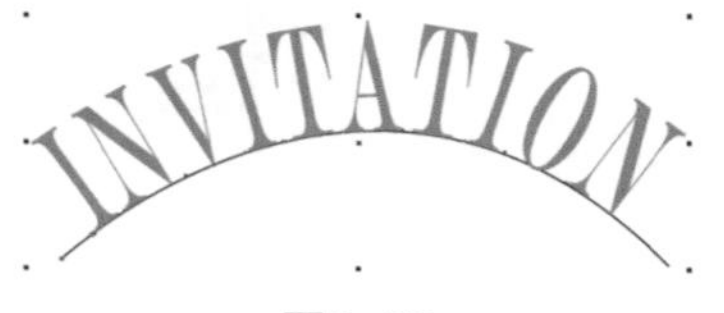

图9-69

06 删除曲线，将文本移动到页面的合适位置，然后使用"文本工具"输入美术文本，在属性栏上设置"字体"为"BalamoralPLain"、"字体大小"为"14pt"、"文本对齐"为"居中"，接着填充颜色为红色，再放置于沿路径文本的下方，最终效果如图9-70所示。

INVITATION

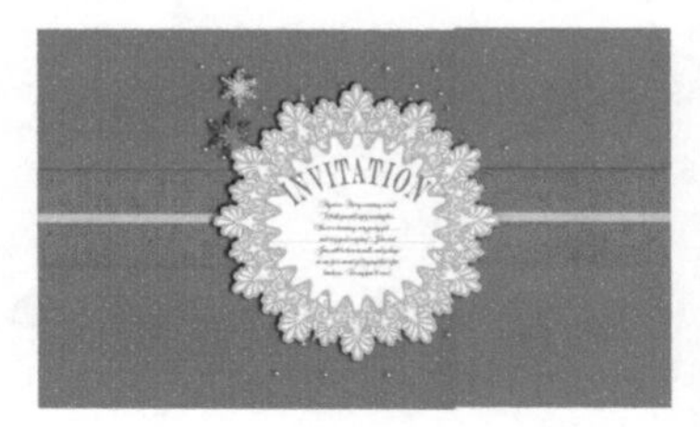

图9-70

9.4 文本转曲操作

美术文本和段落文本都可以转换为曲线，转曲后的文字无法再进行文本方面的编辑，但是，转曲后的文字具有曲线的特性，可以使用编辑曲线的方法进行编辑。

9.4.1 文本转曲的方法

选中美术文本或段落文本，然后单击鼠标右键，在弹出的快捷菜单中选择"转换为曲线"命令，即可将选中文本转换为曲线，如图9-71所示。也可以执行"对象>转换为曲线"菜单命令和直接按快捷键Ctrl+Q转换为曲线，转曲后的文字可以使用"形状工具"进行编辑，如图9-72所示。

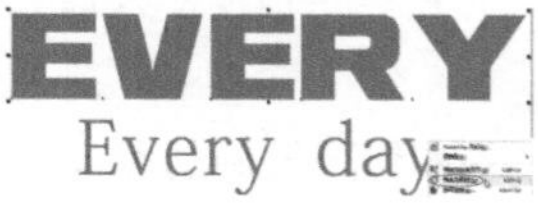

EVERY
Every day

图9-71

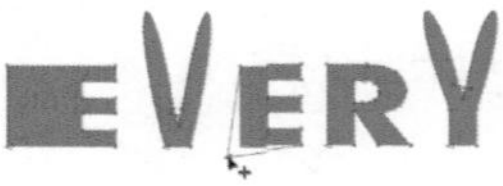

EVERY

图9-72

9.4.2 艺术字体设计

艺术字表达的含意丰富，常用于表现产品属性和企业经营性质。运用夸张、明暗、增减笔画以及装饰等手法，以丰富的想象力，重新构建字形，既加强了文字的特征，又丰富了标准字体的内涵。

艺术字广泛应用于广告、展览、商品包装和装潢等领域。在CorelDRAW X8中，通过文本转曲，可以在原有字体样式上对文字进行编辑和再创作，如图9-73所示。

图9-73

9.5 综合练习

综合练习 制作下沉文字效果

» 实例位置 实例文件>CH09>综合练习：制作下沉文字效果.cdr
» 素材位置 无
» 视频名称 综合练习：制作下沉文字效果.mp4
» 技术掌握 美术字的输入方法

下沉文字效果如图9-74所示。

图9-74

01 新建一个“宽度”为“280mm”、“高度”为“155mm”的文档，然后双击“矩形工具”□创建一个与页面重合的矩形，接着在“编辑填充”对话框中选择“渐变填充”方式为“椭圆形渐变填充”，设置“节点位置”为0%的色标颜色为（C:88，M:100，Y:47，K:4）、“节点位置”为100%的色标颜色为（C:33，M:47，Y:24，K:0）、再设置“填充宽度”为“126%”、“垂直偏移”为“-19%”、“旋转”为“0.8°”，并取消勾选“自由缩放和倾斜选项”，最后去除轮廓，效果如图9-75所示。

图9-75

02 使用“椭圆形工具”○绘制一个椭圆，然后填充颜色为（C:95，M:100，Y:60，K:35），并去除轮廓，接着执行“位图>转换为位图”菜单命令将对象转换为位图，最后执行“位图>模糊>高斯模糊”菜单命令，在弹出的“高斯模糊”对话框中设置“半径”为“250像素”，模糊后的效果如图9-76所示。

03 将模糊后的椭圆移动到页面下方，然后单击“透明度工具”，在属性栏上设置“渐变透明度”为“线性渐变透明度”、“旋转”为“90°”，设置后的效果如图9-77所示。

图9-76 图9-77

04 使用“矩形工具”□在页面下方绘制一个矩形，然后双击“编辑填充”按钮，在“编辑填充”对话框中选择“渐变填充”方式为“椭圆形渐变填充”，设置“节点位置”为0%的色标颜色为（C:88，M:100，Y:47，K:4）、“节点位置”为100%的色标颜色为（C:33，M:47，Y:24，K:0），再设置“填充宽度”为“110%”、“垂直偏移”为“45%”，最后单击“确定”按钮，如图9-78所示，填充完毕后去除轮廓，效果如图9-79所示。

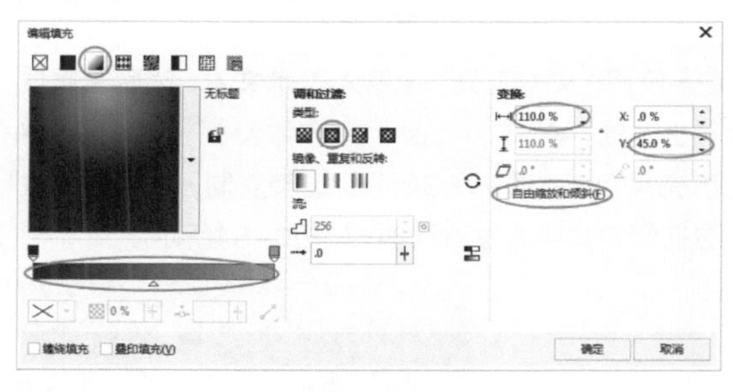

图9-78

图9-79

05 使用“文本工具” 输入美术文本，然后在属性栏上设置“字体”为“Ash”、“字体大小”为“84pt”，并填充白色，如图9-80所示，接着适当旋转，放置在页面下方的矩形后面，效果如图9-81所示。

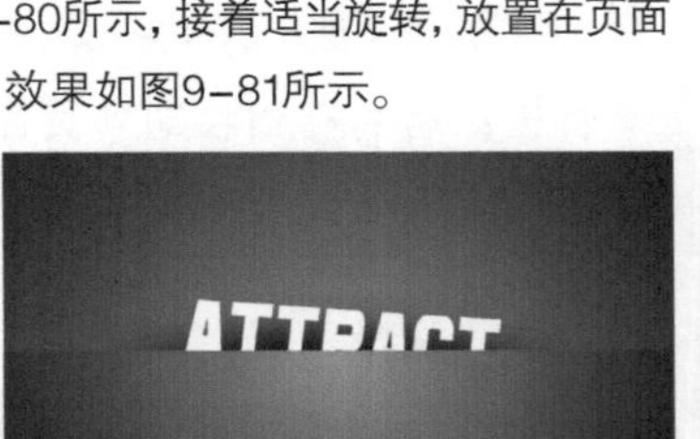

图9-80　图9-81

06 选中页面下方的矩形，单击“透明度工具” ，然后在属性栏上设置“渐变透明度”为“线性渐变透明度”、“旋转”为“88.8°”，设置后的效果如图9-82所示。

图9-82

07 使用“文本工具” 输入美术文本，然后在属性栏上设置“字体”为“Ash”、“字体大小”为“8pt”，并填充黑色，如图9-83所示，接着复制一份，分别放置在倾斜文字的左右两侧，如图9-84所示。

图9-83

图9-84

08 分别选中页面中的文字，单击“透明度工具” ，在属性栏上设置“渐变透明度”为“线性渐变透明度”，“旋转”分别为“0°”和“180°”，最终效果如图9-85所示。

图9-85

综合练习　绘制饭店胸针

» 实例位置　实例文件>CH09>综合练习：绘制饭店胸针.cdr
» 素材位置　素材文件>CH09>04.jpg、05.cdr
» 视频名称　综合练习：绘制饭店胸针.mp4
» 技术掌握　文本适合路径的操作方法

饭店胸针效果如图9-86所示。

图9-86

01 新建文档，设置“宽度”为“185mm”、“高度”为“170mm”，单击“确定”按钮 ，然后导入学习资源中的“素材文件>CH09>04.jpg”文件，放置于页面内与页面重合，如图9-87所示。

图9-87

02 使用“椭圆形工具”在页面中间绘制一个圆，然后填充颜色为（C:0，M:0，Y:0，K:100），并去除轮廓线，接着使用“透明度工具”单击圆，设置“透明度”为“50”，效果如图9-88所示。

图9-88

03 将圆复制一份，清除透明度设置后填充为白色，然后向上面轻微移动一点儿距离，接着将白色圆向中心缩小并复制一大一小两个圆，再选中两个圆，单击属性栏上的“移除前面对象”按钮，并填充颜色为（C:7，M:8，Y:12，K:0），最后导入学习资源中的“素材文件>CH09>05.cdr”文件，放置在白色圆内，效果如图9-89所示。

图9-89

04 使用“椭圆形工具”绘制一个圆，然后使用“文本工具”在页面空白处输入文本，并在属性栏上设置合适的字体、“字体大小”为“36pt”，并填充颜色为（C:52，M:59，Y:100，K:8），接着执行“文本>使文本适合路径”菜单命令，将光标移动到圆上，待调整合适后单击鼠标左键，创建沿路径文本，最后使用“形状工具”适当调整沿路径文本的字距，如图9-90所示。

05 使用“文本工具”输入文本，然后在属性栏上设置“字体大小”为“26pt”，填充颜色为（C:52，M:59，Y:100，K:8），用与上一步相同的方法将文本移动到圆的下方轮廓上，接着使用“文本工具”选中沿路径文本中下方的文本，在属性栏上设置“与路径的距离”为“6mm”、“偏移”为“164mm”，最后依次单击“水平镜像文本”按钮和“垂直镜像文本”按钮，设置后的效果如图9-91所示。

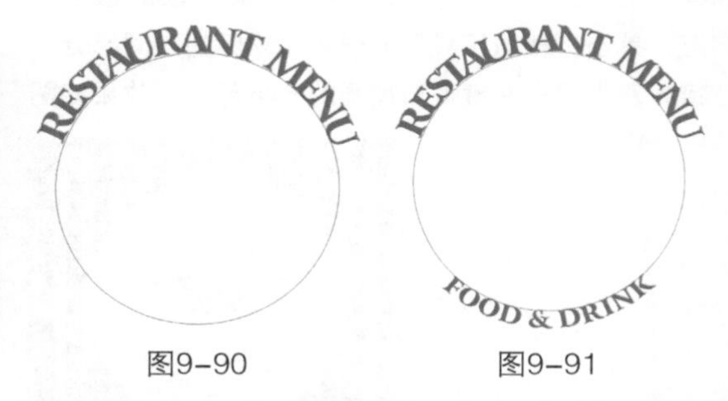

图9-90　　图9-91

06 使用“椭圆形工具”绘制一个圆，然后使用“文本工具”在页面空白处输入文本，并在属性栏上设置“字体大小”为“24pt”、颜色为（C:90，M:81，Y:66，K:46），接着执行“文本>使文本适合路径”菜单命令，将光标移动到圆上，待调整合适后单击鼠标左键，创建沿路径文本，最后使用“形状工具”调整沿路径文本，使其不出现重叠的现象，如图9-92所示。

图9-92

07 将两个沿路径文本移动到白色圆内，然后使用“形状工具”选中沿路径文本中的圆，接着单击“选择工具”再按Delete键删除，效果如图9-93所示。

图9-93

08 使用“椭圆形工具”在白色圆上绘制一个圆，然后填充边框颜色为（C:40，M:33，Y:36，K:0），并设置“轮廓宽度”为“1mm”，设置完毕后将轮廓转换为对象，保持轮廓对象的选中状态，单击“裁剪工具”框住圆轮廓的中间部分，接着双击鼠标左键裁剪掉圆的上下部分，效果如图9-94所示。

图9-94

09 使用“椭圆形工具”绘制一个圆，然后在该圆的边缘上绘制两个较小的圆，并填充颜色为（C:62，M:96，Y:98，K:59），接着去除轮廓线，效果如图9-95所示。

10 使用“调和工具”由第1个小圆向第2个小圆进行拖曳以创建调和效果，然后在属性栏上单击“路径属性”按钮，在打开的菜单中选择“新路径”，接着单击圆轮廓，再在属性栏上设置“调和步长”为“119”，最后拖曳圆上的小圆，使其均匀分布在圆轮廓的边缘，效果如图9-96所示。

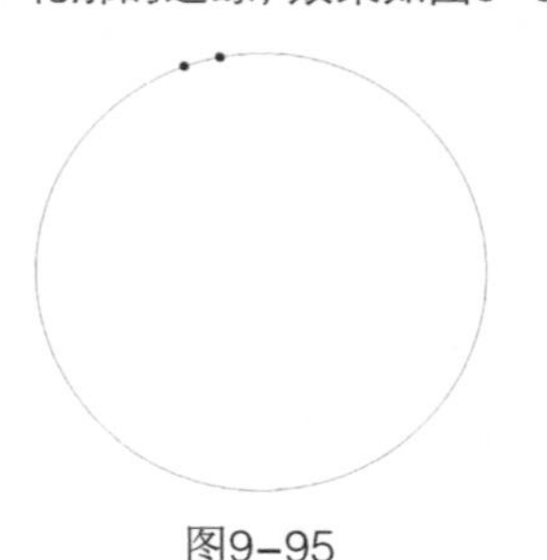

图9-95

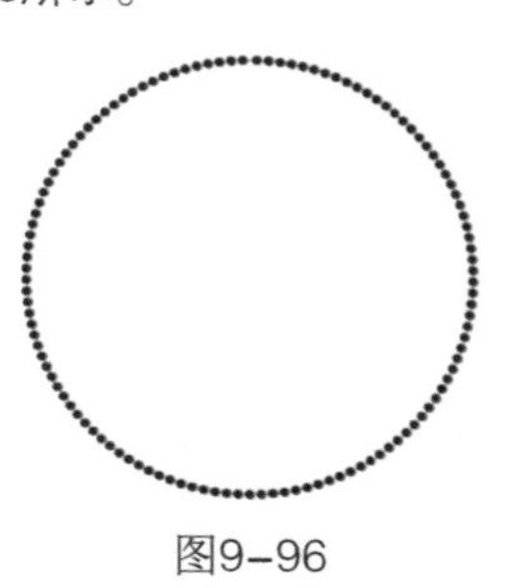

图9-96

11 去掉大圆的轮廓线，然后将该对象移动到白色圆上，并适当调整位置，最终效果如图9-97所示。

图9-97

9.6 课后习题

课后习题 绘制书籍封套

- 实例位置 实例文件>CH09>课后习题：绘制书籍封套.cdr
- 素材位置 素材文件>CH09>06.cdr、07.jpg
- 视频位置 课后习题：绘制书籍封套.mp4
- 技术掌握 转曲文字的编辑方法

组合文字效果如图9-98所示。

图9-98

⊙ 制作分析

第1步：双击“矩形工具”创建一个与页面重合的矩形，填充颜色和轮廓线颜色，然后复制该矩形框，并更改大小，接着填充颜色，去掉轮廓线，最后导入学习资源中的“素材文件> CH09>06.cdr”文件，放置在页面上方合适的位置，效果如图9-99所示。

第2步：导入学习资源中的“素材文件>CH09>07.jpg”文件，放置在页面下方合适的位置，然后使用“透明度工具”设置透明度，如图9-100所示，使用“阴影工具”在对象上由上到下拖曳创建阴影效果，如图9-101所示。

图9-99

图9-100

图9-101

第3步：使用“文本工具”在素材上输入美术文本，“字体”为“AvantGarde-Book”，文本对齐为“强制调整”，然后为所有文本填充颜色，并转换为曲线，接着取消组合后进行拆分，再将第2行文本在垂直方向适当拉长，最后在红色矩形下方的中间输入美术文本，“字体”为“AvantGarde-Thin”、颜色为白色，效果如图9-102所示。

图9-102

课后习题 绘制杂志封面

- 实例位置 实例文件>CH09>课后习题：绘制杂志封面.cdr
- 素材位置 素材文件>CH09>08.jpg
- 视频位置 课后习题：绘制杂志封面.mp4
- 技术掌握 文本的属性设置

杂志封面效果如图9-103所示。

图9-103

⊙ 制作分析

第1步：导入学习资源中的“素材文件>CH09>08.jpg”文件，然后在页面上方输入标题文本，设置“字体”为“BerlinSmallCaps”，并填充颜色，接着将标题转曲，再将其与图片水平居中对齐，效果如图9-104所示。

图9-104

第2步：输入左边的文本，上部分“字体”为“BigNoodleTitling”，中间和下部分“字体”为“Arial”，然后双击“编辑填充”按钮分别为对象填充颜色，接着在“段落”面板中设置“文本对齐”为“左对齐”，效果如图9-105所示。

图9-105

图9-106

第3步：使用“文本工具”字在页面右下方输入美术文本，填充颜色为（C:30，M:96，Y:57，K:0），设置“文本对齐”为“右对齐”，最终效果如图9-106所示。

9.7 本课笔记

第10课

10

表格

在本课中，我们将学习表格的操作，包括表格的参数设置以及文本与表格的互转等。

学习要点

- 创建表格
- 插入表格
- 文本与表格互转
- 移动表格边框
- 表格设置
- 填充表格

Sweet and low,
Wind of the western sea,
low, breathe and blow.
Wind of the western sea!
Over the rolling waters go,
Come from the dying moon,
And blow.
Blow him again to me;
While my little one,
While my pretty one,sleeps.
Sleep and rest,
Father will come to thee soon;

RESTAURANT MENU
DINNER
DESSERT
LUNCH
BEVERAGE
BREAKFAST
FOOD & DRINK

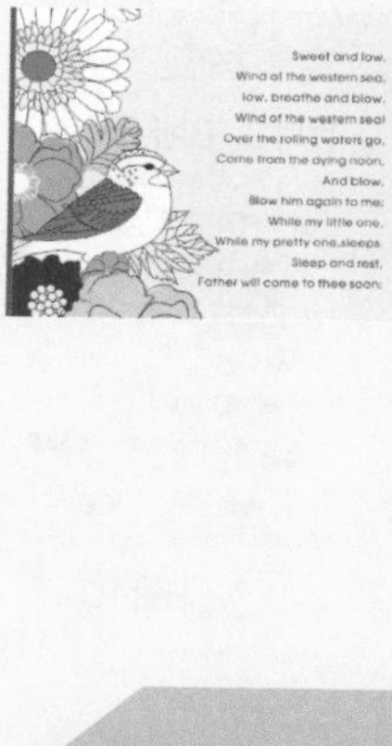

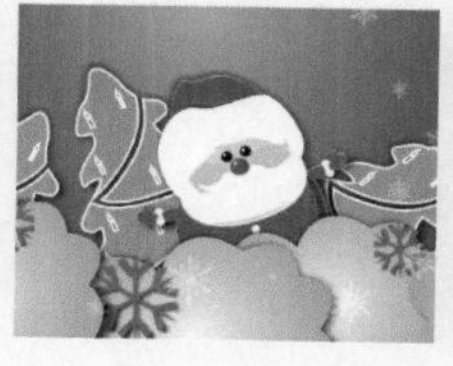

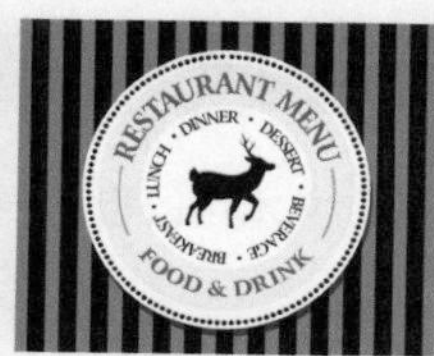

10.1 创建表格

在创建表格时，既可以直接使用工具创建，也可以在菜单栏中执行相关命令创建。

10.1.1 使用表格工具创建

单击“表格工具”，当光标变为时，在绘图窗口中按住鼠标左键拖曳，即可创建表格，如图10-1所示。创建表格后，可以在属性栏中修改表格的行数和列数，还可以进行单元格的合并、拆分等操作。

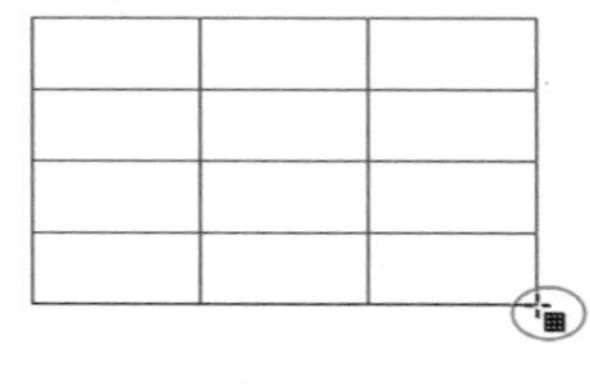

图10-1

10.1.2 使用菜单命令创建

执行“表格>创建新表格”菜单命令，弹出“创建新表格”对话框，设置好表格的行数、栏数、高度和宽度，然后单击“确定”按钮，如图10-2所示，即可创建表格，效果如图10-3所示。

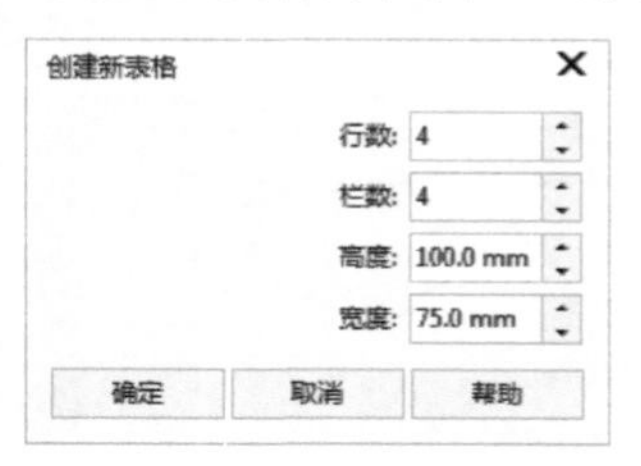

图10-2

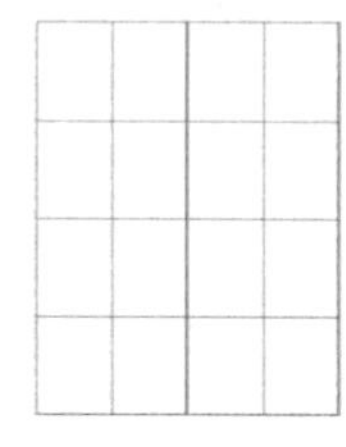

图10-3

10.2 文本与表格互转

表格和文本可以相互转换。

提示

单击“表格工具”，再单击要输入文本的单元格，当单元格中显示文本插入点时，即可输入文本。也可以单击“文本工具”再单击该单元格，当单元格中显示文本插入点和文本框时，即可输入文本。

操作练习　表格转换为文本

» 实例位置　实例文件>CH10>操作练习：表格转换为文本.cdr
» 素材位置　无
» 视频名称　操作练习：表格转换为文本.mp4
» 技术掌握　表格转换为文本的方法

文本效果如图10-4所示。

图10-4

01 执行“表格>创建新表格”菜单命令，弹出“创建新表格”对话框，然后设置“行数”为“3”、“栏数”为“4”、“高度”为“90mm”、“宽度”为“120mm”，如图10-5所示，接着单击“确定”按钮。

02 在表格的每个单元格中输入文本，然后设置“字体列表”为“ArbuckleFat”、“字体大小”为“48pt”、颜色为橘红，效果如图10-6所示。

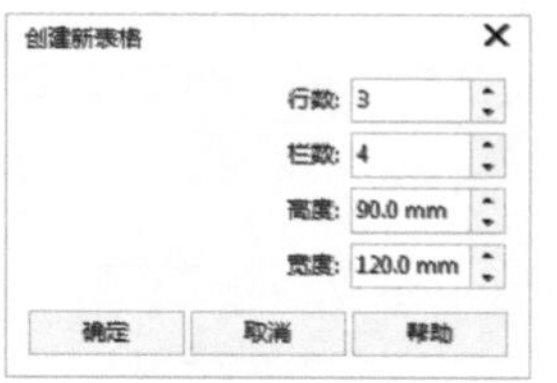

图10-5

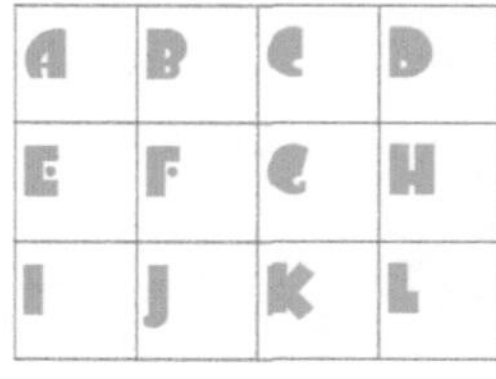

图10-6

03 执行“表格>将表格转换为文本”菜单命令，弹出“将表格转换为文本”对话框，然后选择“用户定义”选项，再输入符号“*”，接着单击“确定”按钮，如图10-7所示，转换后的效果如图10-8所示。

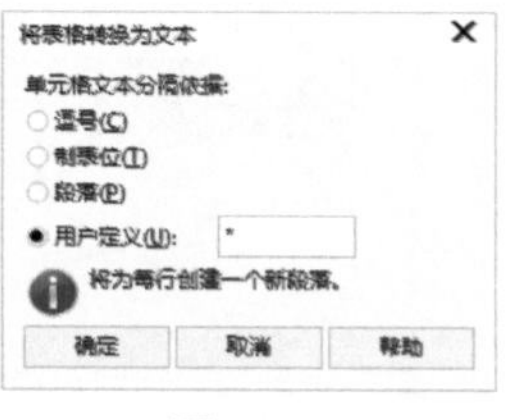

图10-7

图10-8

操作练习 文本转换为表格

- 实例位置 实例文件>CH10>操作练习：文本转换为表格.cdr
- 素材位置 素材文件>CH10>01.png
- 视频名称 操作练习：文本转换为表格.mp4
- 技术掌握 文本转换为表格的方法

表格效果如图10-9所示。

图10-9

01 新建文档，然后使用“文本工具”字输入文本，每行用“.”隔开，接着设置“字体列表”为“Argor Got Scaqh”、“字体大小”为“48pt”、颜色为天蓝，如图10-10所示。

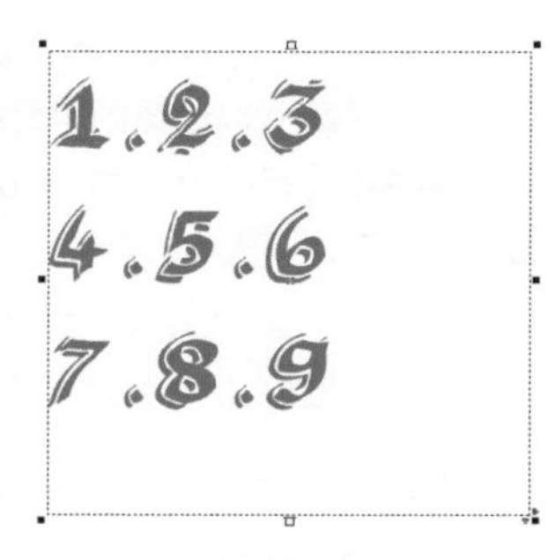

图10-10

02 选中文本，执行“表格>文本转换为表格”菜单命令，弹出“将文本转换为表格”对话框，然后选择“用户定义”选项，再输入符号“.”，接着单击“确定”按钮确定，如图10-11所示，转换后的效果如图10-12所示。

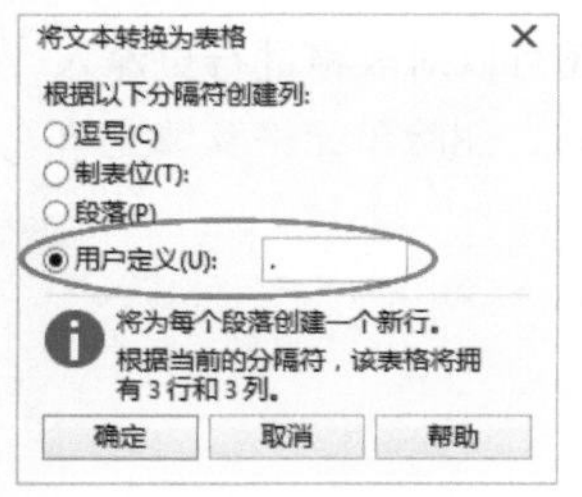

图10-11

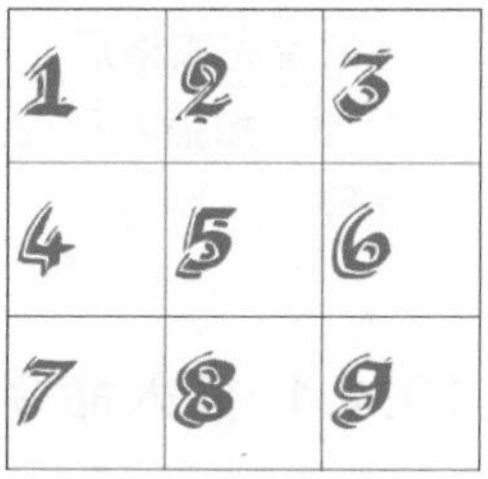

1	2	3
4	5	6
7	8	9

图10-12

03 导入学习资源中的“素材文件>CH10>01.png”，然后适当调整大小和位置，接着设置表格的“轮廓宽度”为“1.0mm”，轮廓颜色为橘红，最后将表格拖曳到适当的位置，最终效果如图10-13所示。

图10-13

10.3 表格设置

创建完表格以后，可以设置表格的行数、列数以及单元格属性等，以满足实际工作的需要。

10.3.1 表格属性设置

“表格工具”的属性栏如图10-14所示。

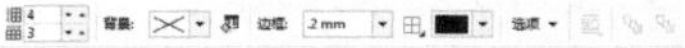

图10-14

⊙ 重要参数介绍

行数和列数：设置表格的行数和列数。

背景：设置表格背景的填充颜色。

编辑填充：单击该按钮可以打开“均匀填充”对话框，设置已填充的颜色，也可以重新选择颜色为表格填充背景。

边框：用于调整显示在表格内部和外部的边框，单击该按钮，可以在下拉列表中选择所要调整的表格边框（默认为外部）。

轮廓宽度：单击该按钮，可以在打开的列表中选择表格的轮廓宽度，也可以在该选项的数值框中输入数值。

轮廓颜色：单击该按钮，可以在打开的颜色挑选器中选择一种颜色作为表格的轮廓颜色。

轮廓笔：双击状态栏上的“轮廓笔”按钮，打开“轮廓笔”对话框，即可设置表格轮廓的各种属性。

选项：在属性栏中单击该按钮，可以在下拉列表中设置“在键入数据时自动调整单元格大小”或“单独的单元格边框”。

10.3.2 选择单元格

使用“表格工具”选中表格，移动光标到要选择的单元格中，待光标变为加号形状时，单击即可选中该单元格。拖曳光标可将光标经过的单元格按行、按列选择，如图10-15所示；如果表格不处于选中状态，可以使用“表格工具”单击要选择的单元格，然后拖曳光标至表格右下角，即可选中所在单元格（如果拖曳光标至其他单元格，则将光标经过的单元格按行、按列选择）。

使用“表格工具”选中表格，移动光标到表格左侧，待光标变为箭头形状时单击，可选中该行单元格，如图10-16所示。按住鼠标左键拖曳，可将光标经过的单元格按行选择。

移动光标到表格上方，待光标变为向下的箭头时，单击鼠标左键，即可选中该列单元格，如图10-17所示，如果按住鼠标左键拖曳，可将光标经过的单元格按列选择。

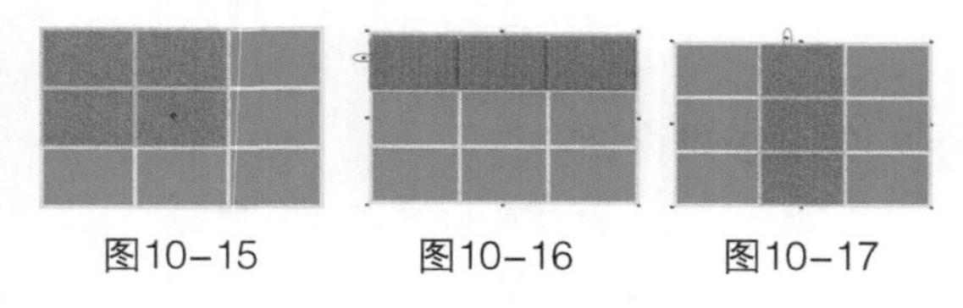

图10-15　　图10-16　　图10-17

10.3.3 单元格属性栏设置

选中单元格后，“表格工具”的属性栏如图10-18所示。

图10-18

⊙ 重要参数介绍

页边距：指定所选单元格内的文字到4个边的距离，单击该按钮，弹出图10-19所示的设置面板，单击中间的按钮，可以设置其他3个选项，如图10-20所示。

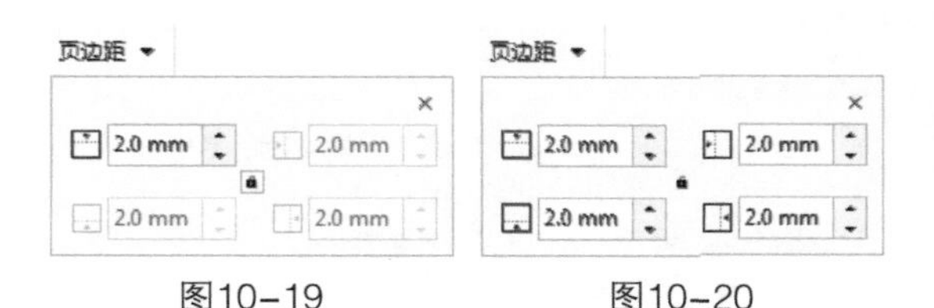

图10-19　　图10-20

合并单元格：单击该按钮，可以将所选单元格合并为一个单元格。

水平拆分单元格：单击该按钮，弹出“拆分单元格”对话框，选择的单元格将按照该对话框中设置的行数进行拆分，如图10-21所示，效果如图10-22所示。

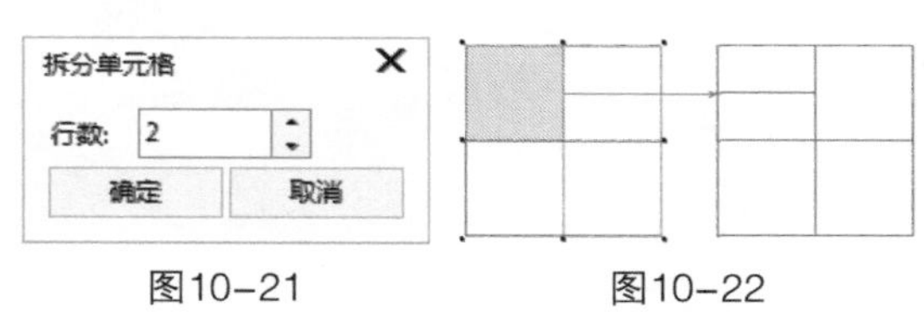

图10-21　　图10-22

垂直拆分单元格：单击该按钮，弹出“拆分单元格”对话框，选择的单元格将按照该对话框中设置的栏数进行拆分，如图10-23所示，效果如图10-24所示。

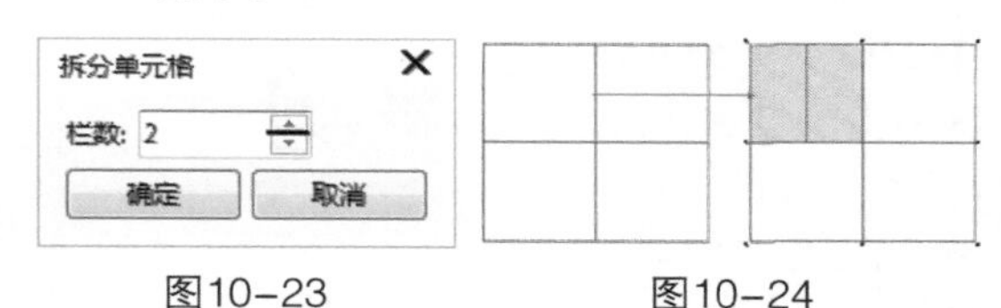

图10-23　　图10-24

撤销合并：单击该按钮，可以将当前单元格还原为合并之前的状态（只有选中合并的单元格时，该按钮才可用）。

10.4 表格操作

创建完表格后，还可以对表格进行更深入的操作，如插入行或列、删除单元格及填充单元格等。

10.4.1 插入命令

选中任意一个单元格或多个单元格，执行“表格>插入”菜单命令，在“插入”子菜单中有多种插入方式，如图10-25所示。

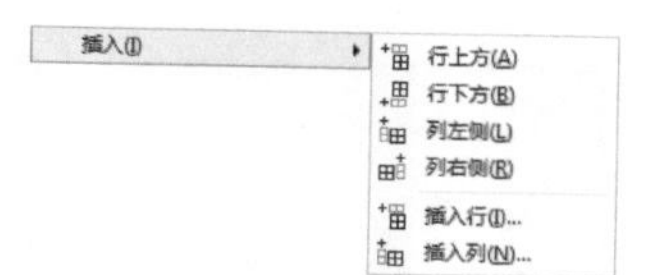

图10-25

1.行上方

选中任意一个单元格，然后执行“表格>插入>行上方”菜单命令，可以在所选单元格的上方插入行，并且插入的行与所选单元格所在的行属性相同（如填充颜色、轮廓宽度、高度和宽度等），如图10-26所示。

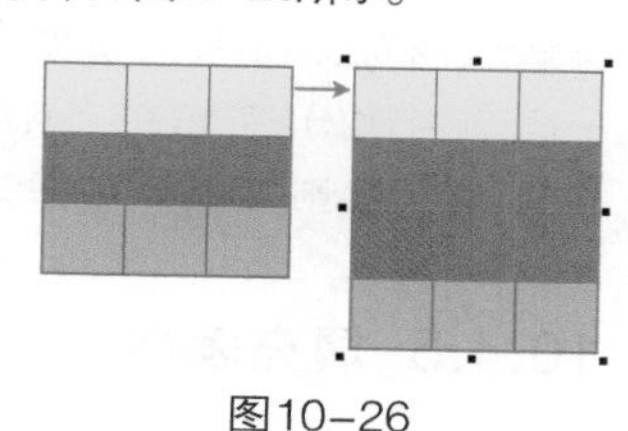

图10-26

2.行下方

选中任意一个单元格，执行“表格>插入>行下方”菜单命令，可以在所选单元格的下方插入行，并且插入的行与所选单元格所在的行属性相同，如图10-27所示。

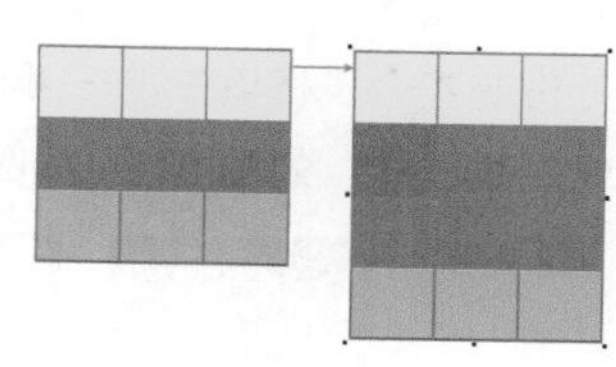

图10-27

3.列左侧

选中任意一个单元格，执行“表格>插入>列左侧”菜单命令，可以在所选单元格的左侧插入列，并且插入的列与所选单元格所在的列属性相同，如图10-28所示。

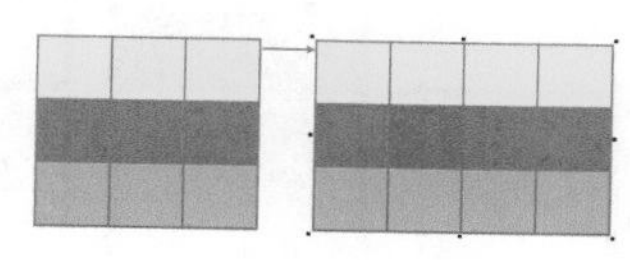

图10-28

4.列右侧

选中任意一个单元格，执行“表格>插入>列右侧”菜单命令，可以在所选单元格的右侧插入列，并且所插入的列与所选单元格所在的列属性相同，如图10-29所示。

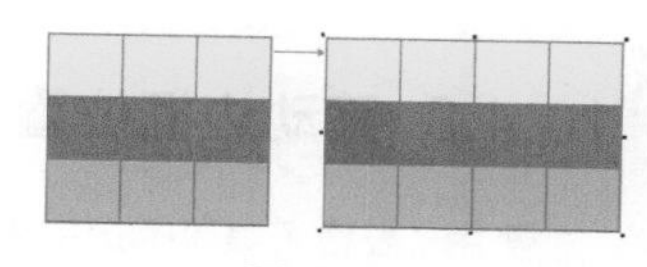

图10-29

5.插入行

选中任意一个单元格，执行“表格>插入>插入行”菜单命令，弹出“插入行”对话框，然后设置相应的“行数”，再勾选“在选定行上方”或“在选定行下方”，接着单击“确定”按钮，如图10-30所示，即可插入行，如图10-31所示。

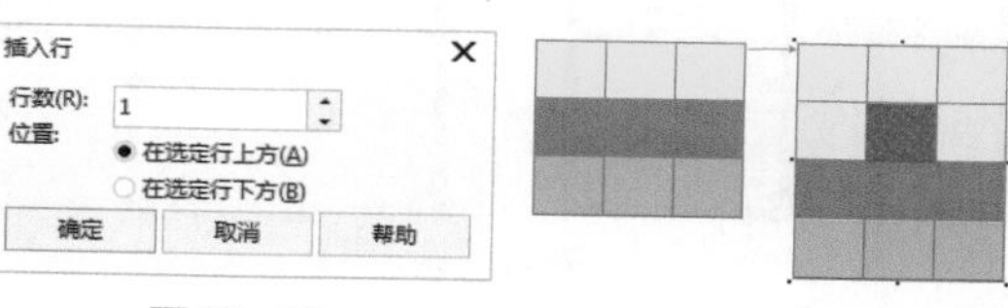

图10-30　　图10-31

6.插入列

选中任意一个单元格，然后执行“表格>插入>插入列”菜单命令，弹出“插入列”对话框，接着设置相应的“栏数”，再勾选“在选定列左侧”或“在选定列右侧”，最后单击“确定”按钮，如图10-32所示，即可插入列，如图10-33所示。

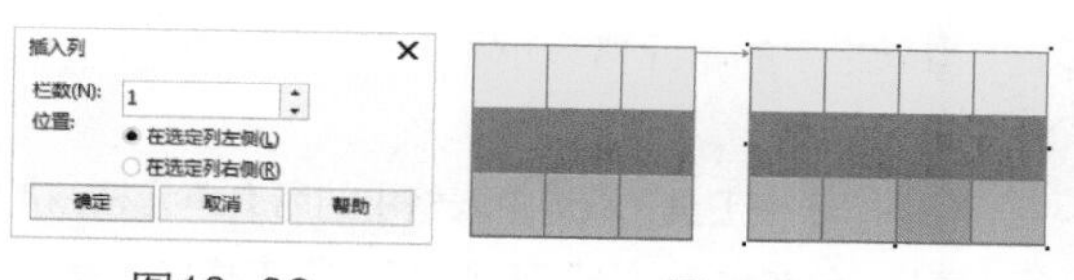

图10-32　　图10-33

10.4.2 删除单元格

要删除表格中的单元格，可以使用“表格工具”选中将要删除的单元格，然后按Delete键。或者选中任意一个单元格或多个单元格，执行“表格>删除”菜单命令，在子菜单中执行“行”“列”或“表格”命令，如图10-34所示，即可删除选中单元格所在的行、列或表格。

图10-34

10.4.3 移动边框位置

使用“表格工具”选中表格，移动光标至表格边框，待光标变为垂直箭头↕或水平箭头↔时，按住鼠标左键拖曳，可以改变该边框的位置，如图10-35所示；将光标移动到单元格边框的交叉点上，待光标变为倾斜箭头↘时，按住鼠标左键拖曳，可以改变交叉点上两条边框的位置，如图10-36所示。

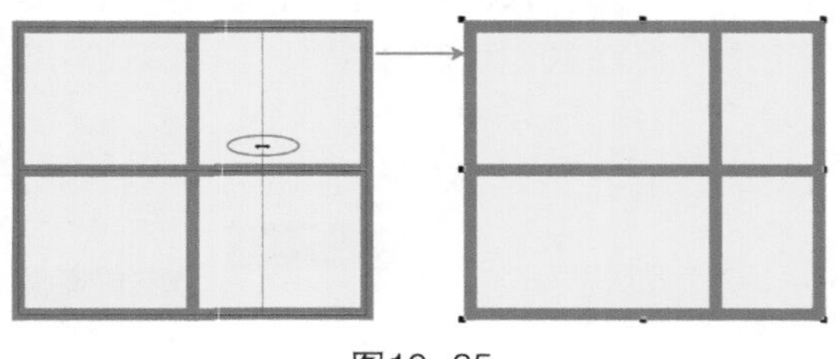

图10-35

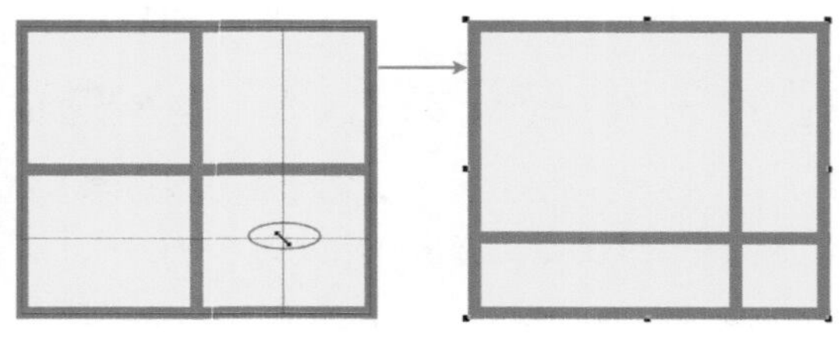

图10-36

10.4.4 分布命令

当表格中的单元格大小不一时，可以使用分布命令进行调整。

使用“表格工具”选中表格中的所有单元格，执行“表格>分布>行均分”菜单命令，将表格中所有分布不均的行调整为均匀分布，如图10-37所示。执行“表格>分布>列均分”菜单命令，可将表格中的所有分布不均的列调整为均匀分布，如图10-38所示。

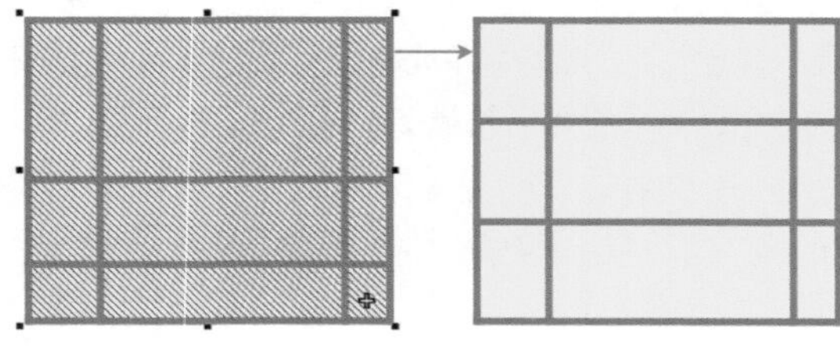

图10-37

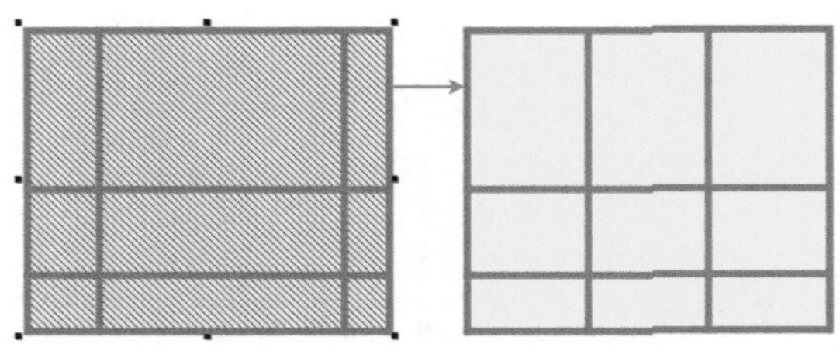

图10-38

提示

执行表格的“分布”菜单命令时，只有选中的单元格行数和列数在两个或两个以上时，“行均分”和“列均分”菜单命令才可以同时执行。如果选中的多个单元格中只有一行，则“行均分”菜单命令不可用；如果选中的多个单元格中只有一列，则“列均分”菜单命令不可用。

10.4.5 填充表格

1.填充单元格

使用“表格工具”选中表格中的任意一个单元格或整个表格，然后在调色板上单击，可为选中单元格或整个表格填充单一颜色，如图10-39所示。也可以双击状态栏中的“编辑填充”按钮，打开不同的填充对话框，为所选单元格或整个表格填充单一颜色、渐变颜色、位图或底纹图样，如图10-40~图10-43所示。

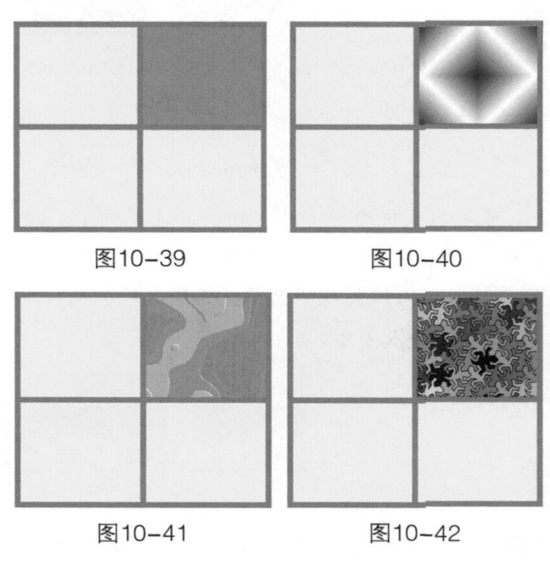

图10-39　图10-40

图10-41　图10-42

图10-43

2.填充表格轮廓

除了可通过属性栏填充表格的轮廓颜色外，还可以通过调色板填充。使用“表格工具”选中表格中的任意一个单元格或整个表格，然后在调色板中单击鼠标右键，即可为选中单元格或整个表格的轮廓填充单一颜色，如图10-44所示。

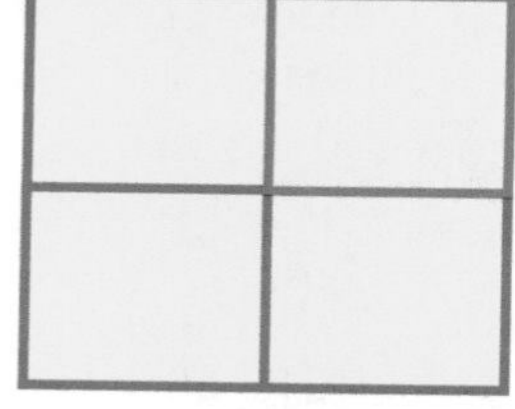
图10-44

操作练习 绘制表格

» 实例位置 实例文件>CH10>操作练习：绘制表格.cdr
» 素材位置 无
» 视频名称 操作练习：绘制表格.mp4
» 技术掌握 边框的调整方法

边框效果如图10-45所示。

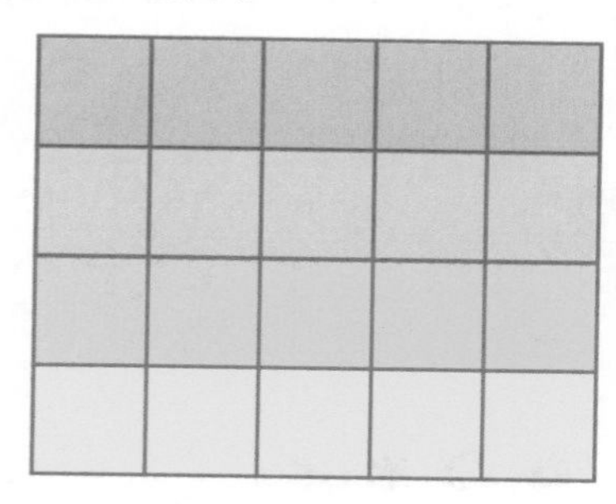
图10-45

01 新建一个空白文档，然后执行“表格>创建新表格”菜单命令，在“创建新表格”对话框中设置“行数”为“4”、“栏数”为“5”、“高度”为“120mm”、“宽度”为“150mm”，接着单击“确定”按钮，如图10-46所示。

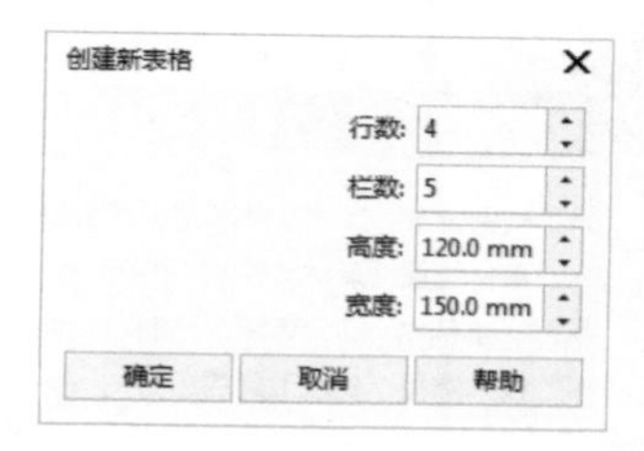

图10-46

02 创建表格后，在属性栏中设置“边框选择”为全部，效果如图10-47所示，接着使用“表格工具”选中第1行，填充颜色为（C:40，M:0，Y:0，K:0），如图10-48所示。

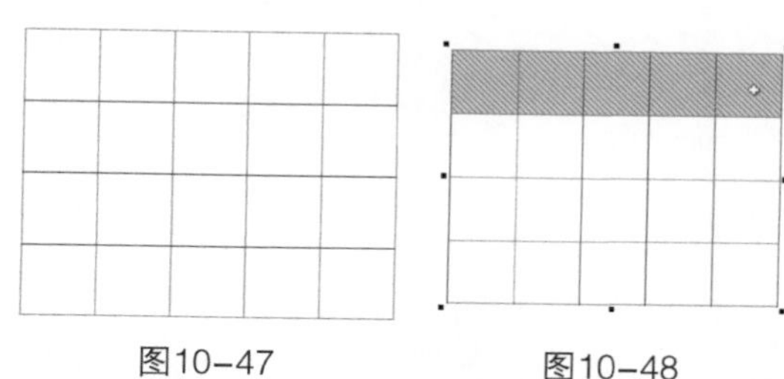
图10-47 图10-48

03 按照以上方法填充其他3行表格的颜色，颜色由上到下分别为（C:20，M:0，Y:60，K:0）、（C:0，M:20，Y:100，K:0）、（C:0，M:0，Y:100，K:0），然后填充表格轮廓颜色为（C:0，M:100，Y:0，K:0），接着将光标移动到表格轮廓上，拖动表格轮廓线，如图10-49所示。

04 选中表格中所有的单元格，然后执行“表格>分布>行均分”菜单命令，将表格中的所有分布不均的行调整为均匀分布，如图10-50所示；接着执行“表格>分布>列均分”菜单命令，将表格中的所有分布不均的列调整为均匀分布，最终效果如图10-51所示。

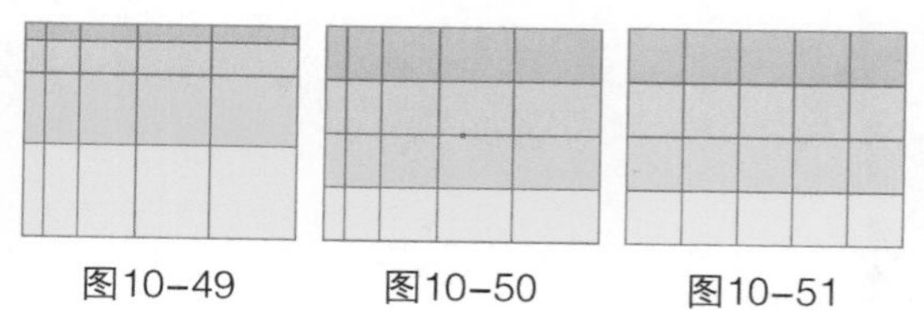
图10-49 图10-50 图10-51

10.5 综合练习

下面结合本课知识设置了两个综合练习，帮助读者巩固所学知识。

综合练习 绘制梦幻信纸

» 实例位置 实例文件>CH10>综合练习：绘制梦幻信纸.cdr
» 素材位置 素材文件>CH10>02.jpg、03.cdr
» 视频名称 综合练习：绘制梦幻信纸.mp4
» 技术掌握 表格工具的应用

梦幻信纸效果如图10-52所示。

图10-52

01 新建一个“宽度”为“210mm”、“高度”为“297mm”的空白文档，然后导入学习资源中的“素材文件>CH10>02.jpg”文件，放置在页面内与页面重合，如图10-53所示。

02 导入学习资源中的“素材文件>CH10>03.cdr”文件，拖曳到页面右上方，然后单击“透明度工具”，设置“透明度类型”为“无”、“合并模式”为“乘”，效果如图10-54所示。

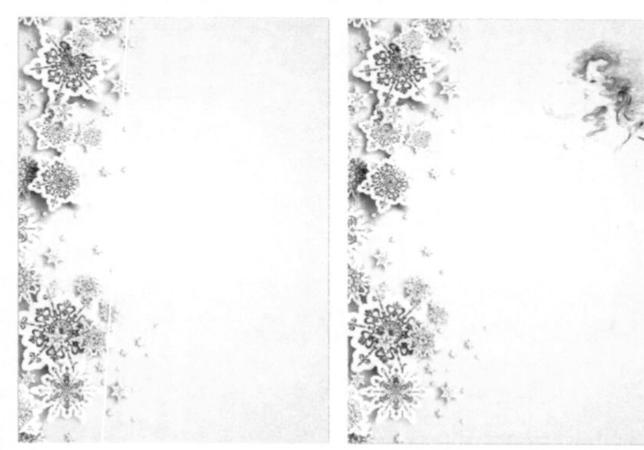

图10-53　　图10-54

03 使用“矩形工具”绘制一个矩形，填充颜色为（C:20，M:0，Y:0，K:20），然后使用“透明度工具”选中矩形，设置“透明度类型”为“均匀透明度”、“透明度”为“60”，接着去掉轮廓线，效果如图10-55所示。

04 单击“表格工具”，在属性栏中设置“行数和列数”为“13”和“1”，然后在页面上绘制表格，接着设置“背景色”为“无”、“边框”为“无”，如图10-56所示。

图10-55　　图10-56

05 执行“文本>插入字符”菜单命令，打开“插入字符”泊坞窗，然后设置“字体”为“Dingbats1”，接着在字符列表中单击需要的字符，最后单击“复制”按钮，如图10-57所示。

06 选中雪花字符复制多个，并调整为不同大小，然后摆放在页面右侧，全部填充轮廓线颜色为（C:100，M:88，Y:57，K:17）、“轮廓宽度”为“0.25mm”，效果如图10-58所示。

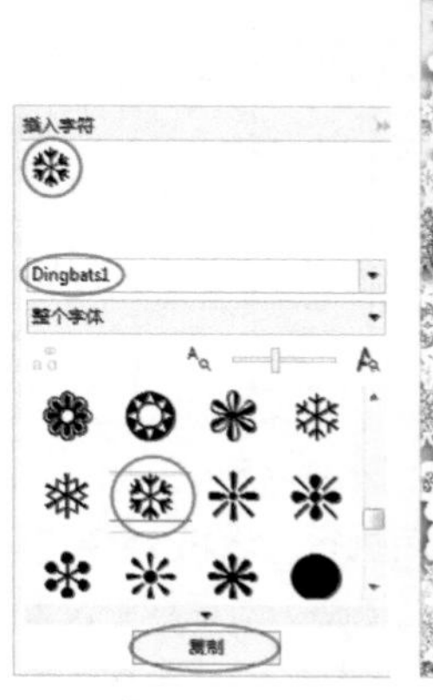

图10-57

图10-58

07 使用“文本工具”字在页面内输入美术文本，在属性栏中设置“字体”为“AF TOMMY HIFIGER”、“字体大小”为“31pt”，然后填充颜色为（C:100，M:88，Y:57，K:17），再适当调整位置，最终效果如图10-59所示。

图10-59

综合练习 制作日历书签

» 实例位置 实例文件>CH10>综合练习：制作日历书签.cdr
» 素材位置 素材文件>CH10>04.cdr
» 视频名称 综合练习：制作日历书签.mp4
» 技术掌握 表格工具的应用

日历书签效果如图10-60所示。

图10-60

01 新建一个A4大小的空白文档，然后使用“文本工具”字绘制两个文本框，在文本框内输入星期的英文文本，文本之间用符号“，”隔开，接着设置合适的字体和字号，如图10-61所示，最后在文本框内输入日期文本，将周末日期的文本填充颜色为红色，如图10-62所示。

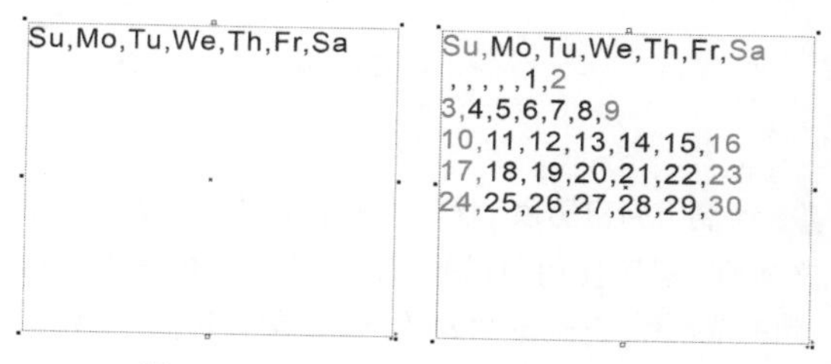

图10-61 图10-62

02 使用“选择工具”选中文本框，然后执行“表格>文本转换为表格”菜单命令，在弹出的“将文本转换为表格”对话框中选择“逗号”选项，如图10-63所示，接着单击“确定”按钮 确定 ，效果如图10-64所示。

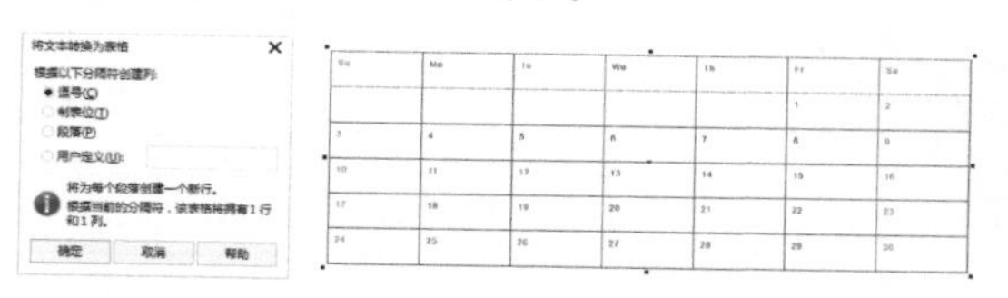

图10-63 图10-64

03 选中表格，然后在属性栏中设置“宽度”为“55.0mm”、“高度”为“45.0mm”，如图10-65所示，接着使用“文本工具”字在表格上方输入四月的英文文本，再填充文本颜色为（C:0，M:60，Y:100，K:0），最后选择合适的字体和字号，如图10-66所示。

Su	Mo	Tu	We	Th	Fr	Sa
					1	2
3	4	5	6	7	8	9
10	11	12	13	14	15	16
17	18	19	20	21	22	23
24	25	26	27	28	29	30

图10-65

April

Su	Mo	Tu	We	Th	Fr	Sa
					1	2
3	4	5	6	7	8	9
10	11	12	13	14	15	16
17	18	19	20	21	22	23
24	25	26	27	28	29	30

图10-66

04 选中表格，然后单击属性栏上的“边框选择”按钮田，在打开的列表中选择“全部”，接着设置“轮廓宽度”为“无”，如图10-67所示。

April

Su	Mo	Tu	We	Th	Fr	Sa
					1	2
3	4	5	6	7	8	9
10	11	12	13	14	15	16
17	18	19	20	21	22	23
24	25	26	27	28	29	30

图10-67

05 绘制五月日历表。使用“文本工具”字绘制一个文本框，然后使用同样的方法在文本框内输入五月的日历文本，再设置文本的字体、字号和颜色，如图10-68所示，接着选中文本框，执行“表格>文本转换为表格”菜单命令，将文本转换为表格，最后选中表格，设置表格“宽度”为“55.0mm”、“高度”为“45.0mm”，如图10-69所示。

Su,Mo,Tu,We,Th,Fr,Sa
1,2,3,4,5,6,7
8,9,10,11,12,13,14
15,16,17,18,19,20,21
22,23,24,25,26,27,28
29,30,31

图10-68

Su	Mo	Tu	We	Th	Fr	Sa
1	2	3	4	5	6	7
8	9	10	11	12	13	14
15	16	17	18	19	20	21
22	23	24	25	26	27	28
29	30	31				

图10-69

06 使用“文本工具”字在表格上方输入五月的英文文本，然后填充文本颜色为（C:0，M:20，Y:100，K:0），并选择合适的字体和字号，如图10-70所示，接着选中表格，单击属性栏上的“边框选择”按钮田，在打开的列表中选择“全部”，再设置“轮廓宽度”为“无”，如图10-71所示。

May

Su	Mo	Tu	We	Th	Fr	Sa
1	2	3	4	5	6	7
8	9	10	11	12	13	14
15	16	17	18	19	20	21
22	23	24	25	26	27	28
29	30	31				

图10-70

May

Su	Mo	Tu	We	Th	Fr	Sa
1	2	3	4	5	6	7
8	9	10	11	12	13	14
15	16	17	18	19	20	21
22	23	24	25	26	27	28
29	30	31				

图10-71

07 导入学习资源中的“素材文件>CH10>04.cdr”文件，将绘制好的日历表分别拖曳到小鸡和小花豹下方，最终效果如图10-72所示。

图10-72

10.6 课后习题

下面两个课后习题供读者练习和巩固表格工具的用法。

课后习题 绘制明信片

- 实例位置 实例文件>CH10>课后习题：绘制明信片.cdr
- 素材位置 素材文件>CH10>05.jpg、06.cdr
- 视频位置 课后习题：绘制明信片.mp4
- 技术掌握 表格工具的应用

明信片效果如图10-73所示。

图10-73

⊙ 制作分析

第1步：新建一个“宽度”为“296mm”、“高度”为“185mm”的空白文档，然后双击“矩形工具”□创建一个与页面重合的矩形，接着导入学习资源中的“素材文件>CH10>05.jpg”文件，效果如图10-74所示。

图10-74

第2步：使用"表格工具"绘制表格，在属性栏中设置"背景色"为(C:0, M:0, Y:0, K:20)、"边框选择"为"无"，然后单击"选项"按钮，在打开的下拉菜单中勾选"单独的单元格边框"选项，并设置"水平单元格间距"为"0"，效果如图10-75所示，接着单击"透明度工具"，在属性栏中设置"透明度类型"为"均匀透明度"、"透明度"为"30"，效果如图10-76所示。

图10-75

图10-76

第3步：单击"表格工具"，在属性栏中设置"背景色"为白色、"边框"为"无"，然后使用"透明度工具"，在属性栏中设置"透明度类型"为"均匀透明度"、"透明度"为"30"，并适当调整位置，接着导入学习资源中的"素材文件>CH10>06.cdr"文件，适当调整位置，效果如图10-77所示。

图10-77

课后习题 绘制计划表

- 实例位置 实例文件>CH10>课后习题：绘制计划表.cdr
- 素材位置 素材文件>CH10>07.jpg、08.cdr
- 视频位置 课后习题：绘制计划表.mp4
- 技术掌握 表格工具的应用

计划表效果如图10-78所示。

图10-78

⊙ 制作分析

第1步：新建一个空白文档，然后使用"文本工具"绘制一个文本框，输入文本，如图10-79所示。

图10-79

第2步：调整文本的字体、字号和颜色，然后执行"表格>文本转换为表格"菜单命令，将文本转换为表格，如图10-80所示。

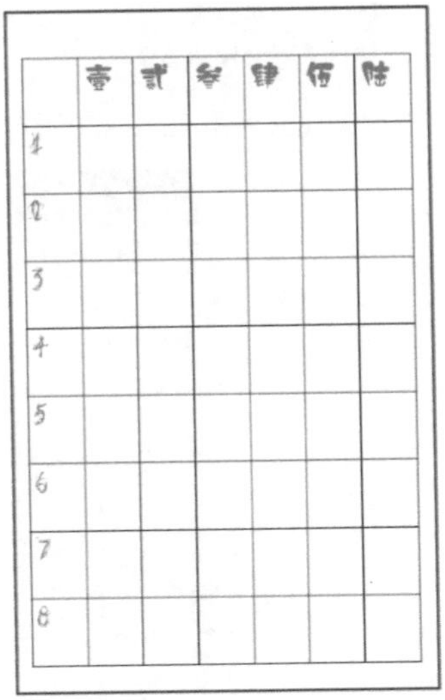

	壹	贰	叁	肆	伍	陆
1						
2						
3						
4						
5						
6						
7						
8						

图10-80

第3步：依次导入学习资源中的"素材文件>CH10>07.jpg、08.cdr"文件，将表格拖入素材中，调整大小和位置，最终效果如图10-81所示。

图10-81

10.7 本课笔记

第11课

商业综合案例

本课将通过3个商业综合案例，进一步讲解CorelDRAW X8的强大功能，使读者能够牢固掌握软件功能，制作出专业的设计作品。

学习要点

- 插画设计
- 字体设计
- 海报设计

11.1 商业综合案例：插画设计

操作练习 商业综合案例：插画设计

» 实例位置 实例文件>CH11>商业综合案例：插画设计.cdr
» 素材位置 素材文件>CH11>01.cdr
» 视频名称 商业综合案例：插画设计.mp4
» 技术掌握 插画的制作方法

设计思路分析：本例设计的是时尚插图，使用大量的警告颜色和危险图样来表现时尚、叛逆的朋克风格，最终效果如图11-1所示。

图11-1

01 绘制火焰。使用“钢笔工具”绘制火焰的轮廓，填充黑色，然后绘制火苗形状，填充红色，最后去掉轮廓线，如图11-2所示。

图11-2

02 使用“钢笔工具”绘制火苗的轮廓，填充颜色为（R:255，G:125，B:1），然后绘制内部火苗形状，填充颜色为（R:255，G:180，B:0），接着绘制最内层的火苗轮廓，填充颜色为（R:253，G:242，B:34），再依次去掉轮廓线，最后全选进行组合，如图11-3所示。

图11-3

03 将绘制好的火焰旋转角度，然后复制一份进行缩放，接着单击“水平镜像”按钮进行翻转，再调整位置，如图11-4所示。

图11-4

04 绘制骷髅头上半部分。使用“钢笔工具”绘制头骨轮廓，然后填充颜色为（R:252，G:204，B:120），接着沿轮廓外部绘制形状，再填充黑色，最后去掉轮廓线，如图11-5所示。

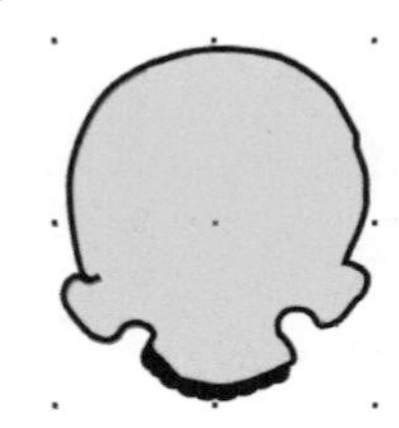
图11-5

05 使用“钢笔工具”绘制牙缝，填充黑色，然后绘制牙齿形状，填充颜色为（R:255，G:228，B:181），接着全选去掉轮廓线，如图11-6所示。

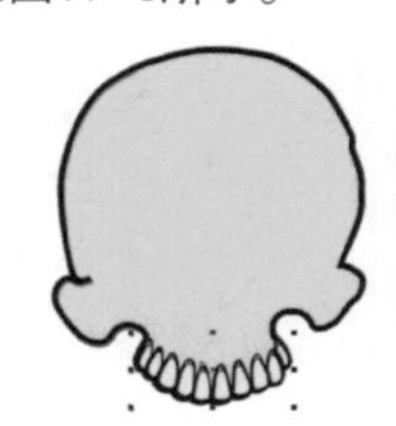
图11-6

06 使用“钢笔工具”绘制眼窝和鼻孔形状，填充颜色为黑色，然后在眼眶内部绘制眼球形状，填充颜色为（R:220，G:118，B:118），接着绘制眼球阴影区域，再填充颜色为（R:186，G:72，B:73），最后去掉轮廓线，如图11-7所示。

图11-7

07 使用"椭圆形工具"绘制瞳孔，并填充红色，然后设置"轮廓宽度"为"1.5mm"，接着将椭圆向内缩小并进行复制，再更改颜色为黄色，最后依次去掉轮廓线，如图11-8所示。

图11-8

08 使用"钢笔工具"绘制结构线，填充黑色，然后绘制鼻子内部结构，填充颜色为（R:127，G:87，B:36），接着去掉轮廓线，最后使用"透明度工具"拖曳创建透明度效果，如图11-9所示。

图11-9

09 使用"钢笔工具"绘制头骨暗部结构，填充颜色为（R:127，G:87，B:36），然后绘制头骨上的亮部，填充颜色为（R:255，G:228，B:181），接着全选暗部对象去掉轮廓线，如图11-10所示。

图11-10

10 使用"钢笔工具"绘制犄角轮廓线，填充黑色，然后绘制犄角，填充红色，接着绘制亮部，填充颜色为（R:244，G:179，B:179），再绘制犄角的高光区域，填充白色，最后去掉轮廓线，全选头骨进行组合后拖曳到火焰上旋转角度，如图11-11所示。

11 使用"钢笔工具"绘制胡子，填充颜色为黑色，然后绘制下巴，填充颜色为（R:252，G:204，B:120），接着去掉下巴轮廓线，如图11-12所示。

图11-11

图11-12

12 使用"钢笔工具"绘制下巴上的牙齿和亮部区域，填充颜色为（R:255，G:228，B:181），然后去掉轮廓线，接着绘制胡子，填充红色，再去掉轮廓线，最后使用"透明度工具"拖曳创建透明度效果，如图11-13所示。

13 使用"钢笔工具"绘制胡子的高光线，填充粉色，然后设置"轮廓宽度"为"0.5mm"，接着全选下巴进行组合，最后将其拖曳到火焰下面调整角度与大小，如图11-14所示。

图11-13

图11-14

14 导入学习资源中的"素材文件>CH11>01.cdr"文件，将骷髅和火焰对象拖曳到页面中调整大小和位置，然后将文本移动到骷髅和火焰对象的前面，接着将所有对象组合，最终效果如图11-15所示。

图11-15

11.2 商业综合案例：字体设计

操作练习 商业综合案例：字体设计

» 实例位置 实例文件>CH11>商业综合案例：字体设计.cdr
» 素材位置 素材文件>CH11>02.psd、03.psd、04.cdr
» 视频名称 商业综合案例：字体设计.mp4
» 技术掌握 字体的制作方法

设计思路分析：本例设计的字体通过丰富的喷溅效果和鲜艳的颜色强化视觉冲击力，最终效果如图11-16所示。

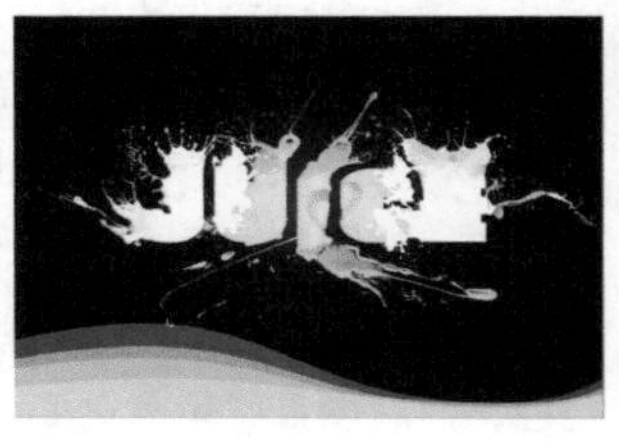

图11-16

01 双击"矩形工具"创建一个矩形，然后双击状态栏中的"编辑填充"按钮，在打开的"编辑填充"对话框中选择"渐变填充"为"椭圆形渐变填充"，接着设置"节点位置"为0%的色标颜色为黑色、"节点位置"为100%的色标颜色为（C:70, M:63, Y:100, K:30）、"节点位置"为"75%"，再设置"填充宽度"为"112%"、"水平偏移"为"-1%"、"垂直偏移"为"4%"，最后取消勾选"自由缩放和倾斜"选项，设置如图11-17所示，效果如图11-18所示。

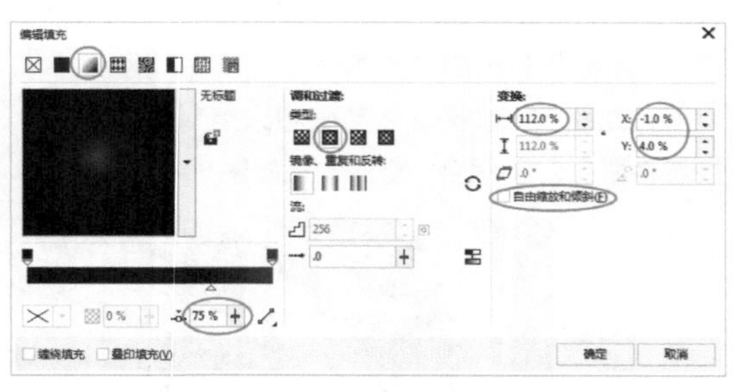

图11-17

图11-18

02 使用"文本工具"输入文本，然后填充白色，并调整文本的字体和字号，如图11-19所示，接着将文本转换为曲线，最后使用"形状工具"调整文本的形状，如图11-20所示。

图11-19

图11-20

03 导入学习资源中的"素材文件>CH11>02.psd"文件，将素材解散组合，然后选取合适的素材拖曳到字母E上调整位置和大小，如图11-21所示，接着使用"形状工具"将字母E的形状调整到和元素融合，如图11-22所示，最后使用"透明度工具"拖曳创建透明度效果，如图11-23所示。

图11-21

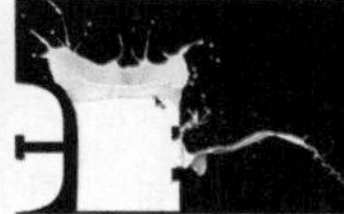

图11-22

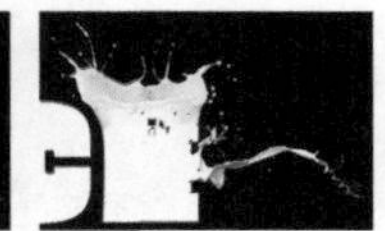

图11-23

04 选取素材拖曳到字母J上调整位置和大小，然后使用"形状工具"将字母J的形状调整到和元素融合，如图11-24所示。

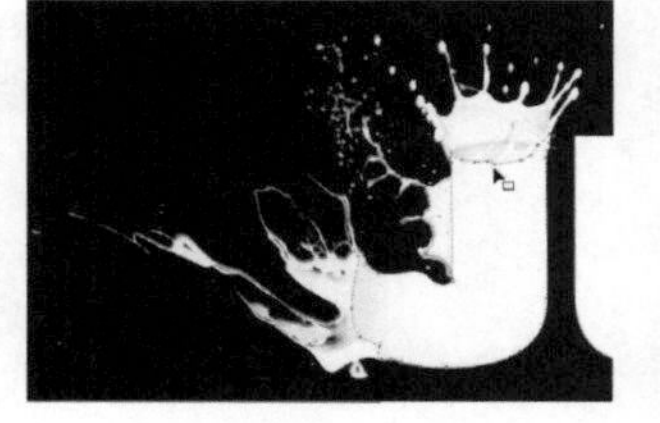

图11-24

05 选中中间没有编辑的3个字母，更改颜色为黄色，如图11-25所示，然后导入学习资源中的"素材文件>CH11>03.psd"文件。

图11-25

06 选取素材拖曳到字母I上，然后调整大小和位置，接着使用“形状工具”调整字母的形状，如图11-26所示。

图11-26

07 将素材拖曳到字母U的右上角，然后使用“形状工具”调整字母的形状，如图11-27所示。

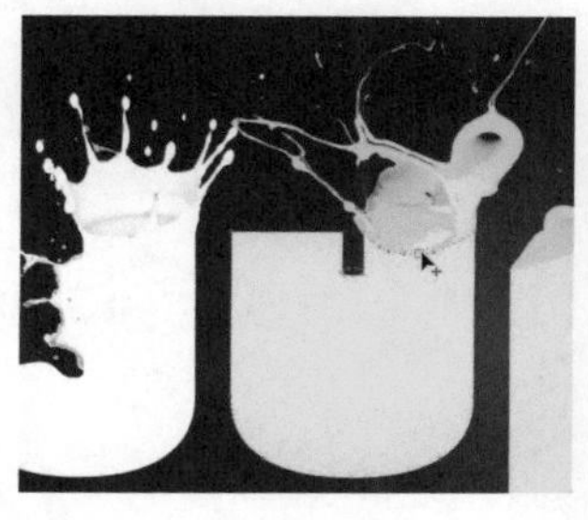

图11-27

08 使用“钢笔工具”绘制形状，然后填充白色，如图11-28所示，接着将喷溅素材拖曳到白色区域上，如图11-29所示。

图11-28

图11-29

09 选中黄色喷溅素材拖曳到字母U的下方，然后按快捷键Ctrl+PageDown将其放置在下层，接着将白色的喷溅素材拖曳到字母C的右边，再调整位置，如图11-30所示。

图11-30

10 导入学习资源中的“素材文件>CH11>04.cdr”文件，将对象放到页面中的合适位置，最终效果如图11-31所示。

图11-31

11.3 商业综合案例：海报设计

操作练习 商业综合案例：海报设计

- 实例位置 实例文件>CH11>商业综合案例：海报设计.cdr
- 素材位置 素材文件>CH11>05.psd
- 视频名称 商业综合案例：海报设计.mp4
- 技术掌握 海报的制作方法

设计思路分析：本案例制作音乐宣传海报，强烈的颜色对比体现出海报主题的个性和活力，斜插的线条打破了文字横向排放构成的僵硬格局，最终效果如图11-32所示。

图11-32

01 创建一个A4大小的空白文档，然后双击“矩形工具”□创建一个和页面大小相同的矩形，接着双击状态栏上的“编辑填充”按钮◈，在打开的“编辑填充”对话框中选择“渐变填充”，设置“类型”为“线性渐变填充”▩，再设置“节点位置”为0%的色标颜色为（C:16，M:22，Y:35，K:0）、“节点位置”为100%的色标颜色为（C:35，M:25，Y:36，K:0），最后单击“确定”按钮 确定 完成填充，效果如图11-33所示。

图11-33

02 导入学习资源中的“素材文件>CH11>05.psd”文件，拖曳到页面右下角，然后执行“效果>调整>亮度/对比度/强度”菜单命令，在打开的“亮度/对比度/强度”对话框中设置“亮度”为“－40”，接着单击“确定”按钮 确定 完成调整，设置如图11-34所示，效果如图11-35所示。

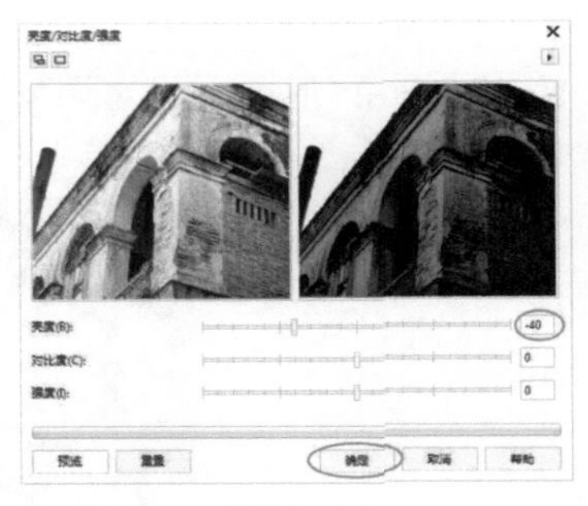

图11-34

图11-35

03 使用“钢笔工具”绘制不规则图形，然后填充黄色，去掉轮廓线，接着使用“文本工具”字输入文本，选择合适的字体和字号，填充黑色，效果如图11-36所示。

图11-36

04 使用与上述同样的方法输入文本，然后选择合适的字体和字号，填充黑色，接着拖曳到图中适当的位置，如图11-37所示。

图11-37

05 使用“文本工具”字输入两行文本，选择合适的字体和字号，然后分别选中每行开头的单词填充黑色，选中后面的单词填充白色，接着输入一行白色小字，如图11-38所示。

图11-38

06 使用“椭圆形工具”绘制4个椭圆，如图11-39所示，然后单击属性栏中的“合并”按钮进行合并，接着填充黑色，去掉轮廓线，效果如图11-40所示。

图11-39　图11-40

07 使用“钢笔工具”绘制两个小鸟的剪影，填充黑色，如图11-41所示，然后放置在页面中的适当位置，接着将云朵复制两次，放置在页面中，如图11-42所示。

图11-41　图11-42

08 使用“矩形工具”绘制一个矩形，填充颜色为(C:0, M:0, Y:0, K:20)，然后复制若干次进行组合旋转，接着双击“矩形工具”绘制一个矩形，再执行“对象>PowerClip>置于图文框内部”菜单命令，将组合图形置入矩形框中，如图11-43所示，最后使用与上述同样的方法绘制底部的线条，如图11-44所示。

图11-43

图11-44

09 使用“椭圆形工具”绘制一个椭圆，然后填充颜色为（C:58，M:0，Y:29，K:0），如图11-45所示，接着复制一份，将两个椭圆拖曳到图中合适的位置，最终效果如图11-46所示。

图11-45

图11-46

11.4 本课笔记